大数域原理

大一统大数域大常数$\mathcal{Q}$—— 从∞到∞

查理王　王勇　王進

壹田出版

2022年5月
美国·加利福尼亚·硅谷

大数域原理（从无穷大 ∞ 到无穷大 ∞）：大一统大数域整合和大常数Q

ISBN：978-1-949736-48-9

出版人：刘雁
封面设计：壹田出版
出版：壹田出版
定价：US$ 63.99
美国·旧金山·2022
电话：+1 (510) 320-8437
email: 1plus@1plusbooks.com
http://www.1plusbooks.com

道生一，一生二，二生三，三生万物。

——《道德经》老子(公元前 571 年—公元前 471 年)

一尺之捶，日取其半，万世不竭。

——《庄子·天下》庄子(公元前 369 年—公元前 286 年)

地球是人类的摇篮，但人类不可能永远被束缚在摇篮里。

——【前苏联】康斯坦丁·齐奥尔科夫斯基
Константин Эдуардович Циолковский
(1857 年 9 月 17 日—1935 年 9 月 19 日)

目 录

前言

一个常数，一个无穷大大数域生成率大常数 Q，横空出世。

迎着造物主开天辟地的创世辉光，无限可分无穷大大数域，从 0 到 1，破壳而生。

人类文明有史以来，历史上无穷大探索的所有重大发现都对以数学为基础的自然科学和社会科学以及人类文明进程的发展产生了极其深刻，深远持久和不可估量的重大影响。无穷大探索那些不朽的发现成为改变人类文明进程推动历史巨轮前进的伟大引擎，成为引导后人继续探索前进的高耸入云光芒万丈的光辉灯塔，成为人类文明进步史上不可磨灭的辉煌里程碑，激励着一代又一代世界科学英豪前赴后继为人类文明进步献身。那些义无反顾奋不顾身的探险英雄们彪炳青史的伟大发现，曾经触发人类历史上三次惊天动地的数学危机，见参考文献[36]。无穷大探索的所有重大发现都直接或间接地催生了一批又一批新兴学科，引发了一波又一波波澜壮阔的文明革命，极其深刻地影响和改变了人类文明进程的走向。

一个多世纪以前，伟大的德国数学天才康托尔发现了无穷大基数，并以一人之力开天辟地，独创现代数学基础的传统经典无穷大理论——集合论，同时也引爆了数学史上翻天覆地的第三次数学危机。数学史上群星璀璨，恒星辈出，但是引发数学危机的盖世英豪，屈指可数。见参考文献[36]。时至今日，第三次数学危机引发的排山倒海一般的巨大余波依然汹涌激荡。见参考文献[27]，[36]和[59]。康托尔的伟大发现得到了上个世纪伟大数学家希尔伯特的高度赞赏和评价。据百度百科："希尔伯特(Hilbert David，1862.1.23-1943.2.14) 高度赞誉康托尔的集合论 '是数学天才最优秀的作品'，'是人类纯粹智力活动的最高成就之一'，'是这个时代所能夸耀的最巨大的工作'。在 1900 年第二届国际数学家大会上，希尔伯特高度评价了康托尔工作的重要性，并把康托尔的连续统假设列入 20 世纪初有待解决的 23 个重要数学问题之首。" 见参考文献[59]。

这是引发震撼世界数学百年激辩千年巨变，风雷激荡影响极其深远的**希尔伯特 23 个世纪数学难题**的由来，其中把数学家康托尔在人类历史上首次提出的连续统问题（风靡全球的哥德巴赫猜想和黎曼猜想也仅仅排名第八）列为排名第一高居榜首的人类面临的最重要最困难的数学问题。这个经典排名大致勾画出现代数学的各个分支的重要性、困难程度以及优先级排序的基本框架，引导着 100 多年来人类数学领域的主攻方向。连续统问题困难程度举世皆知。连续统问题也是被奥地利数学家哥德尔证明在现有数学框架下无解的问题（哥德尔不完备定理，见参考文献[41]）。

数学发展史上猜想和难题汗牛充栋不计其数，但真正触及数学本质对数学进步贡献巨大具有极其重大学术价值和对人类文明进步有举足轻重深远影响的难题和猜想微乎其微。

在古往今来数学史上所有已知的数学问题和猜想里，连续统问题力挫众疑，名列前茅。

希尔伯特慧眼识珠，连续统问题意义非凡，是宝中之宝乃无价之宝。

人类历史上载入史册的几次翻天覆地的伟大数学革命都不是从列在书本上的难题猜想开始的。历次数学危机人类都付出了沉重的代价，有时先贤们甚至献出了宝贵的生命。第一次数学危机就是从希帕索斯的血泊中爆发的。据说希帕索斯发现了实数 $\sqrt{2}$，问道于他的老师大名鼎鼎的大数学家毕达格拉斯，结果问题没有被解决，提问者先被解决掉了，为他的伟大发现付出了生命的代价。

见参考文献[100]。每次数学危机都是百年乃至千年风云激荡，无数英雄豪杰历经千难万险在黑暗中苦苦探索。最终每次都是过关斩将，披荆斩棘，开宗立派，峰回路转，柳暗花明。

今天康托尔提出的连续统问题让人类再次面临严重数学危机。连续统问题即使采用大名鼎鼎所向披靡的欧几里得等量公理和皮亚诺算术公理或其他大师创建的各种公理体系如罗素公理和策梅洛公理等，也无济于事。连续统问题表面看是一个纯数学的基础理论问题，本质上是一个极其深刻的哲学问题。用人们熟悉的所有传统数学方法和思维方式根本无解。因为对连续统这一问题的彻底解决，不但涉及对数的本质的前所未有的重新认识，涉及对所有数学规则的重新认识，还涉及对现有已知公理体系及其局限性的重新认识，以及涉及是否需要构建全新的公理体系的必要性和重要性的大是大非问题的重新认识。就是说，连续统问题直接撼动数学最基础的根基：数的本质。高瞻远瞩深谋远虑的希尔伯特毫不犹豫直接把连续统问题列为基础数学第一号难题，远远排在近百年来享有数学皇冠上的明珠美誉之称被众多数学天才狂热追捧趋之若鹜的哥德巴赫猜想和黎曼猜想之前。后者属于应用范畴的难题，不在基础数学领域之列。

康托尔的连续统到底要干什么？统计和比较无穷大分数和实数数域元素的个数。这是人类文明有史以来所有数学天才不曾思考过也不敢思考的前无古人的一个超级难题，难在触及了令人谈之变色唯恐避之不及的发散无穷大。发散无穷大这个人类智商的黑洞无情吞噬着所有敢于窥探它奥秘的英雄。连续统这个近乎天方夜谭的天问赤裸裸地剥开了数的所有华丽外衣，直击数的本质，严苛地拷问着每一个灵魂的智商和良知。

数是这个蓝色星球上智商最高的物种人类创造的文明的基础。

统计数尤其是统计无穷大分数和实数数域元素的个数有什么意义呢？

意义极其重大。人类可以管理掌控追踪所有无穷大数域里的每一个元素。

除了希尔伯特和康托尔，迄今为止尚无人认识到连续统对基础数学和未来数学的极端重要性。

而从纯数学观点看，连续统问题的实质是无穷大集合的基数问题，其关键是分数集合的基数问题（见参考文献[42]和[44]）。这涉及到人们对康托尔发现的与所有人类已知的整数、分数、质数、实数以及超越数等等完全不同的一个全新的数——无穷大的**基数**的深刻认识问题。这个问题看似简单朴素平凡无奇，其实是一个前无古人的极其重大的数学基础理论课题，其**结论**直接触及数学基础理论基石，其**影响**几乎遍及所有传统经典数学和现代数学，其**重要性**远远超过所有传统经典数学其他难题。康托尔以其极其超凡卓越的洞察力和高度抽象思维能力提出了一个前无古人的极其重大的数学基础理论问题：无穷大集合的基数问题。康托尔以前的所有数学天才没有一个人想到无穷大数域（对应有序集合，下同）整数、分数和实数的个数（基数）到底是多少的问题，也没有意识到这个问题和基础数学有什么直接的重大意义和联系。抽象思维能力出类拔萃的德国数学天才康托尔是人类历史上第一个跳出单纯的数值元素之间函数关系的低维度思维局限，从更加抽象的有序数域（即集合，下同）的存在维度探索无穷大的英雄。为了解决这个头号难题，康托尔发明了一种对角线法，试图在传统认知的低维度数域里证明整数集合（对应整数数域）的基数和分数集合（对应分数数域）的基数是完全相等的，见参考文献[27]。

此结论一经出笼就石破天惊，激起轩然大波，震撼整个科学界，历经百余年激烈争辨已近乎成为经典证明模式。但对此结论学界仍旧一直争论不已。可以说 100 多年来，这个问题始终没有得到彻底的解决。分数的实质迷惑了人类 2000 多年，分数集合的基数问题困扰了人类 100 多年，人们始终没有跳出人为的主观的肤浅的一厢情愿的用元素的表面外在牵强附会的一一对应简单映射来度量高深莫测极其复杂的无穷大的传统思维怪圈。自康托尔发表集合论以来一百多年人类对无穷大的探索竟无尺寸之功。无穷大探索始终停留在传统的出神入化的等量变换，变幻莫测的逻辑推理和花里胡哨的符号游戏的低维度低层次的直觉定性猜测的原始初级阶段，完全没有进入高维度大视野高度抽象、完全没有进入借助现代高速计算机空前强大的计算能力来量化无穷大探索的全新的高维度高层次大视野的科学定量计算的高级阶段，严重阻碍了科学和人类的文明进步和发展。一个比较普遍的现象是近百年来物理等学科停滞不前，究其原因是因为数学停滞不前，数学停滞不前是因为数学基础理论停滞不前，数学基础理论停滞不前是因为人类对数的认识停滞不前，人类对数的认识停滞不前是因为大家对数的来龙去脉的探索缺乏热情，因此对数域的来龙去脉也缺乏基本的认识，仍然停留在千百年来传统的热衷于数的元素之间的函数关系和做题的阶段。

我们的探索发现：所有人类已知和未知的数域之间都存在完全不以人类主观意志为转移的内在的深刻的数理逻辑关系，这种逻辑关系是可以被人类发现和认识的。

我们的探索发现：**无限有界**无穷大真分数数域（对应有序集分数集合，见参考文献[45]，下同）与**无限无界**整数数域（对应有序集整数集合，见参考文献[45]，下同）元素之间不存在人为主观的、极其牵强附会的、表面的、片面的、静态的，相互间毫无关联的所谓一一对应的**映射关系**；而存在客观的、严密的、深刻的、稳定的、内在的和**不以人们的意志为转移**的数值运算逻辑**生成关系**；即所有分数都可以**一个不多一个不少**由所有整数生成，整个真分数数域可以完全由整数数域生成。因此，分数的基数完全由整数的基数和分数生成规律决定的，是由数的内在的生成遗传基因和数值运算生成规则决定的，而非由人为主观的外在的所谓一一对应的映射关系决定的。

我们的探索发现：所有人类已知的数域都是从最基本的整数生成的，不是平白无故无中生有从天上掉下来的，比如人们熟悉的整数数域、分数数域和实数数域以及超越数数域，都是通过一定的加减乘除幂等基本数值运算，从最基本的整数 0 和 1 生成的；而目前人类未知的基数数域也是从最基本的整数生成的，这些发现再次印证了宇宙的一个伟大真理：**万数可生，万物可生；万数可分，万物可分；万数相连，万物相连；万数有源，万物有源**。

我们的探索发现：整数数域的基数决定分数数域的基数，分数数域的基数决定实数数域的基数，实数数域的基数决定超越数数域的基数，依此类推。归根结蒂，整数数域的基数决定由整数数域的元素生成的所有无穷大数域的基数。

我们的探索发现：所有的无穷大大数域可以通过大数域生成率大常数 $\mathcal{Q}$ 整合成为一个有机的息息相关密不可分的完整的整体，形成一个前所未有的大一统的数学。

我们的探索发现：**量变引起质变。无穷大大数域数域的基数数量的大小决定数域的性质，决定未来数学发展方向。**

我们的探索发现：**质变引起更大的量变。无穷大大数域数域的元素性质的改变引发数域基数数量的巨大改变。**

我们的探索发现：**比连续统问题更深刻更重要的是大数域的大一统整合统一和全域融合贯通。**

茫茫宇宙没有孤岛。万数相联，万物相联，万理相连，万理相传，万道相通。

分数生成率大常数 Q，基数数域，大数域公理体系和大一统大数域大整合是大数域理论前所未有的革命性的重大发现，也是大数域理论远远超过康托尔传统无穷大理论－－集合论的关键。没有这些重要发现作基础，征服发散无穷大几乎是不可能的任务。

在大数域理论框架下，人类历史上第一次把所有无穷大大数域统一在一起。

这些发现及其后的其他发现，是运用哲学和奠定现代文明和科学基础的亚里士多德思维科学、欧几里得公理体系以及逻辑学和工程数学等，结合现代文明信息革命最新科学成果结晶的高速计算机——人类大脑智慧器官的伟大延伸，采用传统数学经典的基本分析推理方法，通过用有限逐步逼近无限的探索途径和仔细深入的系统研究与海量规模的数值计算，在由数域生成的全新维度上，根据所获得的海量规模数据提供和展示的某些数据变化的规律，找到了能够揭开无穷大奥秘的关键，找到了传统数学和经典无穷大理论进退维谷的困境所在，发现了解决分数集合基数问题的关键的钥匙和证据——整数数域和分数数域的稳定的数值逻辑联系，分数数域的生成通项公式以及大数域分数生成率大常数 Q，最重要的是在高于传统数域维度的数域生成维度里发现了一个此前人们完全未知极度抽象的难以想象的更加宏大的超大规模的数域——基数数域，发现了大数域公理体系，并以此初步构成了较为完整的大数域基础理论的基本框架。这是我们推导和发现的在传统数学里此前完全不为人知的以崭新视角和更高维度重新认识数的全新的完整的世界观和全新的领域：基数数域；这个客观存在的基数数域也称为超级数域，简称超数域，由于基数数域的概念极度抽象而又远远超出人们现有认知范围，以至于很难理解也很难捕捉到它的踪迹。本著作还发现并解决了一系列只有在大数域里运用大数域理论才能解决的长期困扰人们并在数学等领域内曾经被完全否定或被宣判为毫无意义的数学问题，发现并解决了一些长期困扰传统集合论的一直备受争议的自相矛盾的著名悖论，完全独立地用大数域理论体系性解决方案在新的更高维度里完整地兼容和拓展了极限理论里的洛必达法则在低维度有限条件下的个案性解决方案，基于大数域生成率大常数 Q 开创和构建的大数域框架基础理论，初步揭开了千百年来人们司空见惯习以为常的数——尤其是分数数域这样的大数域大系统大体系后面隐藏的某些奥秘，初步揭开了与数域紧密相连的无穷大的最为神秘的面纱。

据说大科学家特斯拉曾经讲过，“如果你了解 3，6，9 的美妙之处，你就拥有了通向宇宙客观真相的钥匙”。而构成大数域基础的关键的大数域分数生成率大常数 Q 中，小数点后的前六位正好包含了这三个神秘数字。人类历史上不同文明的各个民族在不同时期都对 3，6，9 这三个神秘数字产生过极大兴趣，记录了很多不可思议的东西，比如中国古代经典河图洛书等；可见 3，6，9 这三个数字背后隐藏着多少秘密，我们尚未得知；最不可思议的是，在大数域理论里，这三个神秘数字居然齐刷刷地反复出现在大数域分数生成率大常数 Q 的前六位里。这似乎在暗示和启迪我们这个常数后面有什么更大的奥秘。这是偶然巧合还是必然规律，希望大家一起探索，不妨对大数域分数生成率大常数 $Q=0.303963...$ 给予更多的关注。我们好奇的是，如果大常数 Q 是开启宇宙大门的钥匙，那么宇宙的大门究竟在哪里？如果大常数 Q 不是开启宇宙大门的钥匙，那么宇宙大门的钥匙在哪里？宇宙的大门又在哪里？科学家们最新发现的暗能量在宇宙占比是69%左右，恰好和我们发现的大常数 Q 相加等于 1，是不是就是人类发现的宇宙大门的钥匙？

基数数域和**无穷大大数域大一统整合**是人类从未开垦过的处女地。

本书是用无穷大大数域的基数数域以及全新的大数域公理体系来重新认识世界的全新世界观和系统的认识论。为此，特别在大数域原创基础理论里严格定义了一整套非常重要的原创数学概念。如：分数生成比率，分数生成规则，不重复分数，分数生成常数，数域生成维度等；清晰规范了大数域论理论的范畴，界限和基本规则体系，构建了全新的大数域公理体系；第一次发现了纯数学推导和工程数学推导探索无穷大的全新方法。最令人震撼的是，至少有两种完全不同的方法完全不同的思路（纯数学方法和工程数学方法）居然推导出完全一样完美重合的大数域生成率大常数和估值公式。就是说在无穷大大数域层面，大数域之间存在着千百年来人们的传统常识和习惯思维完全感知不到的极其深刻的数理逻辑规律。这些规律如果没有对亚理士多德和欧几里得的思维科学的深刻理解，没有严谨的哲学思维和严密的逻辑推理，没有各学科的融会贯通以及不借助人类现代文明的最先进科学成果（如计算机等）和我们独创的大一统互联网整合 UII 基础理论和技术等的发明的**启迪**是完全无法发现的。千百年来人们熟悉的传统数学的等量公理推理模式的思维方式，巧夺天工出神入化的数学技巧等，在鬼神莫测的无穷大领域面前根本是无能为力。

本著作主要阐述大数域生成率大常数 Q 的发现和基数数域等的发现以及大数域公理体系的构建等等原创性工作。本书介绍了笔者一系列的原创发现：整数数域和分数数域之间的大常数 Q 和基于该大常数 Q 的分数基数的精确数学通项估值公式以及海量规模数据支持的证据，是纯粹数理逻辑推理和工程数学相结合，再借助功率强大的计算机昼夜不停计算直到亿位数级的数值运算，在两年多的时间里对海量规模数据的反复验证推论得到的具有规律性认识的研究成果。这是在大数域和无穷大世界的人迹罕至的领域，在迄今为止最宏观的范围和最抽象的层面，人类历史上首次发现分数数域基数的精确的数学通项估值公式；首次发现联接**大体系大系统大数域整数数域和分数数域之间的生成率大常数 Q**；该大常数 Q 可以和人类所有文明和不同民族共同发现的人们熟知的伟大的常数圆周率 π 相媲美，而发现的困难程度却呈指数级暴增，以至于几千年来，人类对它一无所知。这是首次发现人们熟知的实数数域之外还存在一个人类完全未知的更加伟大更加广阔更加无边无际的基数数域；首次发现整数数域和分数数域里都包含无穷多个成双成对的孪生数域；首次发现大数域基数具有常量变量的二象性特征（属性），最令人吃惊的是基数作为无穷大的一个度量单位具有如此神秘难以琢磨的常量变量的特殊性质，让人们困惑不已。本书还首次发现了不同数域间相互联系具有内在规律的数域生成维度，使得基数作为无穷大度量单位具有常变二象性的特征第一次可从数域生成维度上被人类发现而原形毕露于光天化日之下，从此揭开了数和无穷大基数最为神秘的面纱。首次运用所发现的基数数域体系性解决方案独立完整地在高维度环境里兼容和拓展了极限理论里的洛必达法则在低维度有限条件下的个案性解决方案。所有这些发现都只能在基于率先发现大常数 Q 和大数域公理体系之后在数域生成维度上才能做出。

连续统问题只是大数域理论入门题。比连续统问题更加困难更加深刻更加宏大更加重要的是以大常数 Q 为主干线，以基数数域为基础底盘，以大数域公理体系为框架支柱的所有无穷大大数域的大一统整合，大一统联通和大一统统一，是人类梦寐以求的大一统数学。

数学变则世界巨变。数学前进一小步，文明前进一大步。

2500 年前第一个发现实数的是希伯索斯，一个为自己的伟大发现付出生命代价的英雄。见参考文献[43]，100 多年前第一个发现基数的英雄是康托尔，他们都是人类历史和文明进步史上**里程碑**式的开天辟地作出不可磨灭贡献的全新数的伟大发现者和全新领域的开拓者。

几千年人类熟视无睹司空见惯习以为常的基数的发现极其困难，分数生成率大常数 Q 和基数数域的发现难上加难。没有极度抽象思维能力几乎不可能发现。时至今日人们理解基数仍然困难重重，基本停留在识字水平，对基数概念的深刻含义仍然不甚了了，仍然只是有限有界的理解，对基数的应用仍然停留在纸上，但这个伟大发现确确实实让康托尔超越许多推动人类文明进步的人类恒星。如果说康托尔和欧几里得、开普勒、笛卡儿、牛顿和爱因斯坦等一样是伟大**全新领域**的开拓者和体系性贡献者，那么其他人就是耕耘者和拾荒者。分数生成率大常数 Q 和基数数域是大数域理论最震撼人心的发现，也是大数域理论最重要的一小步。

本书是著作者的原始原创原著，首次用中文全文正式公开发表。本书出版前的有关内容均已申请并获得了中国国家版权局的文字作品著作权证书。之前的原创大一统互联网整合 UII 基础理论与基本技术的原创发明等也都申请了系列发明专利并已全部进入实审阶段。

由于工作量计算量极其巨大，限于研究条件，本书错误和疏漏在所难免，欢迎读者批评指正。

著作者

2019 年 7 月初稿于中国北京

2022 年 5 月修改于美国加利福尼亚硅谷

第一篇

绪论

无穷大有序集合（对应数域，下同）的基数是现代数学基石的集合论中最基本的概念之一，它是由康托尔（Georg Cantor）于 100 多年前创建的。康托尔发明了一种对角线方法，通过一一对应的映射方法证明自然数集合（对应自然数数域，下同）的基数和分数数域基数完全相等，见参考文献[1]、[4]～[7]和 [42]。但是根据我们对分数起源的进一步探索和分析，发现自然数数域与分数数域之间存在着非常稳定坚实的极其深刻的完全不以人们意志为转移的数值逻辑关系，而非肤浅的表面的简单的人为的一一对应的映射关系；还发现了一些互相完全独立可以用完全不同的数学方法推导出来的相同的定量公式可用来揭示和描述这种数值逻辑关系。借助强大的计算机重新计算了分数数域的基数，获得了一些非常鼓舞人心和令人兴奋的结果，这些结果可能会影响数学的发展，也有可能会改变过去 100 多年来似已形成的根深蒂固的传统概念，并使我们能够从基数数域这个更加抽象，更高维度和更深层的根本原因上，从哲学原理最基本的原则出发而不是从表面和简单的现象以及我们的直觉的感性出发，重新思考基础数学的所有基本概念。

到目前为止，我们已经独立地发现了至少可用纯数学和工程数学两种完全不同类型的定量方法来生成几乎相同的分数数域的基数通项公式，我们的发现证明自然数数域的基数和分数数域的基数之间存在一种在我们发现之前完全不为人知更不以人们客观意志为转移的稳定的逻辑关系而非传统认识上主观人为的一一映射关系。我们使用计算机花费两年多的时间，获得了海量规模的第一手数据，通过对这些大量数据的反复分析和研究，最终发现和计算出分数数域的基数及其规律以及联结自然数和分数两大数域之间的关键常数数值，即一个反映数域间内在相互关系的**大数域分数生成率大常数 Q**。

无穷大是一个极其复杂和极为神秘的自然现象，几千年来人类一直在孜孜不倦梦寐以求探索无穷大的奥秘。征服无穷大是人类世世代代的梦想。我们的发现只是一个起点，但它们可能会打开一个我们从未见过的未知世界的窗口。

征服无穷大，从认识数开始；认识数从认识分数开始；认识分数，从提升数域生成维度开始，从改变世界观开始，从质疑现有公理体系开始。

由于自然数集合对应自然数数域，分数集合对应分数数域，以及实数集合对应实数数域，其余类推。因此分数数域的基数也是分数集合的基数，自然数数域和实数数域也同理。为避免混淆，本书所涉内容基本全部采用数域概念而非集合概念。下面本书尽量用数域的概念代替有序集合的概念讨论所有质数、整数、分数、实数和超越数以及基数等等数域的问题。

第一章 无穷大∞引出的思考

最深刻最伟大的规律常常隐藏在最简单最平凡最朴素的外表下面。

人们司空见惯习以为常熟视无睹的数也不例外。

说到数，大概世界上最简单最习以为常司空见惯的就是数了。但是就此以为数非常简单就大错特错了，数看起来简单，人们从识字开始甚至识字之前就开始识数，但是数的真实面目和深刻本质，却涉及到人类对整个物质世界的认识。

如果问任何一个小学生，100+99=？相信基于传统认知几乎所有人估计都会回答是 199；但是如果有人说 100+99=2，恐怕会被几乎所有人笑话为错误。

但是在大数域层面的超大规模范围里，在数域存在的层面，100+99 是数 100 的一个元素和数 99 的一个元素的个数相加而不是元素的值相加，因此 100+99=2 是成立的，只要把传统的普通的加法运算在全新的数域生成维度里扩展一下即可实现。因为此时相加的对象已经不再是每个数的元素个体的元素数值属性，而是每个数所在的整体的元素实体存在的数值属性， 这是大数域论所孜孜以求特别关注的重点。

探索无穷大的奥秘，探索无穷大的本质，实质上是探索数的奥秘，是探索数的本质。而探索数的本质在数字化的信息时代，也不再是简简单单的一个数学技巧问题或数学方法问题或数学学派问题，而是一个大是大非的哲学问题，完全超出数学本身的范畴。在无穷大这个极其复杂的领域面前，那些主要以欧几里得等量公理为依据的历代数学天才们引以为豪的出神入化的等量变换的数学技巧竟毫无用武之地。然而通过维度提升、观念更新和视角转变后的全新体系与方法论中，人们不难发现在低维度数值领域里，那些在传统数学里原本孤立静止地看似毫无意义或可能根本就无解或难解的问题竟然都被轻易地统统化解掉了。这全都仰赖全新的哲学所提供的正确的世界观和科学的系统的方法论。而有关大是大非的哲学问题全部都涉及到最基础的哲学概念，如存在、属性、维度和范畴等等，没有对这些哲学概念的深刻理解，没有现代计算机强大运算力的神助，仅靠已有的简单的欧几里得等量公理、数学技巧，玩弄符号游戏和传统数学方法，完全不可能也根本无法对大自然里最难以想象最神秘最复杂的无穷大现象进行任何有价值的思考和探索，更别说有意义的发现了。

在未来人类飞往半人马座探索宜居类地行星的超高速宇宙飞船上，远古人类孩提时代的借助风力的古老过时的帆船技术毫无用武之地。

第二章 无穷大∞探索与最新发现

40 多年前，本书第一作者第一次从俄裔美籍天才科学家 George Gamow 的世界名著《从 1 到无穷大》中了解到德国伟大数学天才康托尔的无穷大理论。这个颠覆常识匪夷所思的神奇理论激发了第一作者的强烈的好奇心和 40 多年来锲而不舍的执着追求与探索。几十年来第一作者一直尝试用康托尔的无穷大理论的独特眼光和全新视角重新审视观察和解释整个世界。2017～2018 年间，第一作者首次运用康托尔无穷大理论分析解剖互联网最大资源层面，独创全新的计算机科学的《大一统互联网整合 UII》基础理论和基本框架，该理论展示了康托尔无穷大理论在互联网基础理论和应用领域震撼人心的强大威力，同时第一次发现和创建了网络图标学基础理论及其应用技术，其中完美解释了为什么非大一统互联网整合 UII 基础理论和基本框架不能整合其他局域网络，进而解决人类有史以来最大资源层面的大一统互联网资源整合的根本问题。该理论首次提出的网权理论和制网权概念，深刻阐明了争夺掌握制网权对于争夺下一代互联网制高点的极端重要性。这些基于康托尔无穷大理论在计算机科学尤其是互联网领域的运用就取得初次的成功探索和发现，再度激励第一作者对康托尔无穷大理论产生更加强烈的好奇心，引发了第一作者对康托尔无穷大理论整个框架和几个核心本质问题与重要结论更加深入的思考和更为尖锐的质疑，并获得一系列出乎意料具有颠覆性效果的全新发现和系统性规律性认识。

2019 年 3 月在美国硅谷，第一作者率先跳出传统无穷大理论思维方式的怪圈，果断抛弃该理论一直沿用的一一对应映射方法，大胆采用全新的视角和思维方式，深刻考察分数的来龙去脉，发现了整数数域和分数数域元素之间存在内在的深刻逻辑关系 ROG，同时发现了分数数域生成规律；2019 年 7 月在中国廊坊首次发现了分数生成精确通项估值公式和分数生成率大常数 Q，2019 年 11 月验证 1000000（10^6，100 万）整数所生成的不重复生成分数的个数，2020 年 1 月在北京阿里云上耗费几十天时间验证了 10000000（10^7，1000 万）整数所生成的不重复生成分数的个数，2020 年 3 月在北京 GPU 上再耗费几十天时间进一步验证了 100000000（10^8，1 亿）整数所生成的不重复生成分数的个数。我们从纯数学和工程数学两个完全不同的方向，发现完全相同的分数数域或分数集合基数的精确通项估值公式，发现整数数域和分数数域之间的关键常数——大数域分数生成率大常数 Q。由于涉及极其巨大令人恐怖的计算工作量，因此仅在个人 PC 上就进行了前后长达半年多的计算，才得到 1000000（10^6，100 万）个整数所生成的不重复分数个数的总和。之后再借助阿里云和 GPU 以及长达几十天至数月昼夜不息连续地计算，我们才最终得以计算出 10^7（1000 万）和 10^8（1 个亿）的整数所能生成的全体不重复分数个数的总和。所有现代高速计算机计算的海量规模数据验证结果都提供了令人震撼的具有唯一性的高度一致的证据：分数数域和整数数域的基数之间存在牢固的数值逻辑关系。没有现代高速计算机的帮助根本无法揭示和发现分数数域或基数的精确通项估值公式，也不可能发现决定着分数数域和实数数域基数之间伟大

的关键大常数 Q。

整数数域分数数域之间存在的大常数 Q 完全没有圆周率 π=3.1415926和欧拉常数 e=2.71828…那么直观，是大自然深藏在更高维度的无穷大大数域里迄今为止最为隐蔽最为神秘最深不可测的客观规律，只有站在现代文明的所有辉煌成果之上和利用现代科学技术的伟大结晶才能看出端倪，难度之大可想而知。不仅如此，在一亿整数所生成的不重复分数个数的大常数 Q 小数点后前六位所展现的重复包含神秘数字 3，6，9 的令人费解的特性，似乎在鼓励人类继续计算 10^9，10^{10}，10^{20}，10^{30}，10^{100}，…，10^n，…次方的计算，去揭示更加深奥的宇宙奥秘，发现更多具有规律性的东西。我们发现，**小小区间[0，1]仍然隐藏着许许多多不为人知的奥秘**。

第三章 初步结论和启示

大数域理论是观察维度、抽象思维和计算力量的完美结合，让我们见识了维度、思维和力量的结晶所产生的前所未有、无与伦比的威力。

大数域理论质疑的是现代数学基石的康托尔无穷大理论的两个最著名结论：

第一，分数集合基数等于整数集合基数；

第二，部分可能等于整体。

大数域理论用严谨缜密的哲学思辨、严密谨慎的数理逻辑推理和经年累月的海量规模计算机数据的证据证明，这两个结论都是错误的。因为我们发现的所有证据都和这两个经典无穷大理论的结论完全相反。

大数域理论的结论是：

第一，分数数域(集合)基数远远大于整数数域(集合)基数；大无穷大倍；

第二，整体大于部分。整体恒大于部分，整体永远不等于部分。欧几里得等量公理完美无缺。

这两个结论是康托尔无穷大理论的基石和核心，也是现代数学的基石和核心。

客观真相往往都是冷冰冰的和血淋淋的，惨到让人完全无法直视。但真相就是真相，完全不以任何人的意志为转移。不管纸上谈兵的逻辑推导有多么完美漂亮，不管浩如烟海的理论文章有多么花里胡哨，在客观真相和证据面前，在真理目前都是花拳绣腿，不堪一击。赤裸裸的客观真相只有一个，朴素的简单的真理也只有一个。几年来高速计算机反复验证和严密哲学逻辑思考推理的结果是，康托尔经典无穷大理论的最核心的两个结论及其他重要结论不幸都是错误的。

科学的一个伟大力量在于，科学的所有结论都是可以被重复检验的，就是说科学之所以成为科学，成为人们世世代代可以完全信赖的依据和真理，成为人们漫漫黑夜里苦苦求索的灯塔和指路明灯，而不是哗众取宠显赫一时的戏法魔术和掩耳盗铃的孩童游戏，就是因为科学经得起千千万万年的时间和千千万万次的实验和实践的反反复复的验证，经得起最严酷最苛刻最海量证据的挑战和质疑。凡是经不起重复验证的东西都只是暂时的辉煌，只能显赫一时，成为过眼云烟，终究会被历史的滚滚波涛所淘汰。凡是不能重复检验的东西，或者经不起重复检验的东西都不是科学，只可能是玄学或占星术。

在这本原创著作里首次用中文正式公布我们的探索和发现，就是希望中国乃至全世界的科学工作者能够关注我们的最新发现，尽可能地动用远远超出我们能力范围的资源来重复验证我们的发现，一起揭开数学的奥秘，一起揭开无穷大的奥秘，一起揭开大自然的奥秘，一起寻找事物的客观真相，寻找宇宙的真理，希望我们的发现能够对数学、对科学、对人类文明的进步以及人类的未来有所贡献。

相信逻辑和证据、相信客观真相、相信真理，是我们在未知世界探索发现中对待所有客观事物的基本信念、基本态度和根本观点。

数学是万学之母。基础数学是数学的根基和命脉。

数学的基础，就是人类现代文明的基础。

现代文明发展离不开基础数学的每一点点微小的进步。基础数学的每一点进步都会产生链式反应，都会引起其他科学的巨大进步甚至革命性的进步。纵览人类发展历史，人类文明的所有伟大进步都是由数学原创的进步引起的。欧几里得等数学天才的对数学的开天辟地前无古人的伟大贡献催生了整个现代文明；而开普勒、笛卡尔、欧拉、高斯、牛顿、莱布尼兹、三 L（拉格朗日、拉普拉斯、勒让得）、黎曼、罗巴切夫斯基等等数学天才站在亚理士多德和欧几里得等科学巨人肩膀上，薪火相传继往开来的伟大贡献，直接引爆的人类历史上开天辟地前无古人的伟大的工业革命和信息革命，才有了后来其他所有学科如物理、化学、天文学、生物学、工程学等大踏步进步和井喷般蓬勃发展。越是数学基础领域的进步，就越能引发人类科学发展山崩海啸火山喷发一般翻天覆地波澜壮阔的文明进步和革命。

据说拿破仑说过；国家富强必须要依靠数学发达。见参考文献[3]。

纵观近现代文明的国家发展史几乎都在昭示着一个客观规律：推动人类文明进步引领现代文明前进的所有世界一流强国都是原创数学强国。无论是英国、法国、俄罗斯、德国，还是美国等没有一个例外。原创数学强则基础科学强，原创数学强则科技强，原创数学强则民族强，原创数学强则国强。

人类文明是踩着数学进步的脚印前进的。数学却是踩着探索者的脚印前进的。

大数域理论是伟大数学家希尔伯特勾勒的现代数学框架里第一梯队基础理论里最基础的核心，最顶层的数学架构设计。

大数域是人类关于用数重新认识无穷大的由低维度的初级阶段升华到用无穷大基数去深刻认识数，重新认识世界的和高维度的高级阶段的全新的世界观和系统的认识论。我们希望人们能够借用此著作里采用的全新的世界观与方法论，重新审视现代文明的基础理论支柱数学以及所有基础科学，重新审视原来基于传统数学所观察和认识的整个世界，重新审视因存在某些固有的带有根本性的认识局限所造成的诸多悖论和许多悬而未决的疑难杂症。也许能在不同领域诸如物理学，化学，生物学，天文学，宇宙学，量子力学，材料科学，地球物理学，天体物理学，计算机科学和其他如各种工程技术学等学科以及所派生出的相关前沿课题研究，如量子纠缠，暗物质，反物质，飞控失速，可控核聚变，星际探索与旅行，时空扭曲，质量转换，宇宙大爆炸，黑洞等等宏观和微观世界的许许多多人们长期以来一筹莫展的极端情况，不妨试试我们原创的全新的无穷大理论——大数域论，检验一下大数域理论的威力和效果，看看能否获得一些意想不到的特殊效果。

对无穷大这个未知领域的探索发现和深入研究过程让我们感到，由无穷大探索引出的数的起源和本质的探索和研究，使得我们对数的来龙去脉以及无穷大数域基数的来龙去脉有了更深刻的认识，尤其是大数域分数生成率大常数 Q 的发现，揭开了人们世世代代束手无策的无穷大大数域之间最深刻最神秘最难以发现的奥秘，我们的研究从原来仅由数构成的单个无穷大数域，已经拓展到深入研究由无穷大基数构成的所有无穷大基数数域，拓展到用大常数 Q 整合所有无穷大大数域成为一个有机整体的全新阶段，如果没有大常数 Q 的发现，这个抽象和升华到哲学层面的量变到质变的伟大认识飞跃是不可能实现的。

人类对数的认识从一般的数到由数构成的无穷大，进步到从无穷大到由无穷大基数构成的特殊的数——基数，是人们对数的认识的一次巨大的质的飞跃。就是说，由最初的从数来认识无穷大，进步和升华到今天的完全跳出无穷大的传统框架，从更高的数域生成维度里的相对有限有界的无穷大基数来认识数，是人们对数的认识的又一次更高阶段的巨大的质的飞跃，是人们有机会更好地用数来反映客观事物及其相互联系规律的认识的伟大升华。

大数域理论发现的轨迹和近代物理的大发现几乎一模一样，观察者维度的改变和参照系的改变引爆的就是观念的彻底改变。

他山之石可以攻玉。

大数域理论的发现和创立，再次展现了哲学思考在数学重大发展进程中所扮演的举足轻重无可替代的作用，展现了辩证法矛盾转化对立统一的伟大思想无与伦比的威力，展现了计算机科学在基础数学探索发现过程中已经扮演着决定成败的关键作用，展现了其他物理化学等学科尤其是人文学科和历史学科的彻底融会贯通对探索发现破解自然奥秘所产生的惊人的伟大力量。单凭数学一门学科之力，单凭已有的简单的公理体系，单凭一套符号游戏，单凭几个偏科数学天才闭门造车冥思苦想，没有多学科通力合作融会贯通，人类根本不可能在无穷大探索上超越康托尔获得任何有价值有意义的发现，更不可能破解和征服无穷大。

基于传统数学认知具有颠覆性的全新大数域理论需要花费一定的时间来消化理解和更新观念，需要时间来检验、接受和运用。我们真诚欢迎和希望一切热爱科学献身探索大自然奥秘的科学勇士们加入无穷大的探索发现和应用研究的行列，加入计算验证大常数 Q 的行列，仿效历史上爱丁顿利用日食检验光线经过太阳弯曲以及迈克尔逊-莫雷测量光速的激动人心的伟大实验一样，以科学的精神和以质疑的精神，以批判分析的精神和以实证的精神检验我们的发现尤其是分数生成率大常数 Q，以不懈的努力共同推进人类文明进步的伟大事业，推动历史车轮滚滚向前。

好奇和质疑是探索发现的源泉。证据是探索发现成果的最终裁判。

探索发现是人类文明进步的第一推动力。

我们期待基于大数域理论对**数**的全新认识，对**大一统大数域**的全新认识，激发人们的想象力，使人们可以在人类活动的所有生产实践和科学实验里反复检验和验证大数域理论原创的所有观念、概念、定义、规则、公理体系、公式和常数，可以在未来在无穷大的未知世界的研究中，在现代科学的探索上有更多鼓舞人心的发现和更多新的应用，可以扎扎实实地推动人类文明进步。

第四章 数统天下

几千年来，人类对数和数的关系研究比较透彻，许多数学天才做出了不可磨灭的杰出贡献。可对于数和数域的关系，数域和数域的关系，无论在康托尔之前还是之后，几乎无人问津。

人类对一维数轴上、二维平面上、三维立体空间里，到底有多少质数、整数、分数、实数、超越数，这些无穷大大数域之间是什么关系，不甚了解。借用现代社会管理中“人口统计”的说法，甚至连最基本的“数口”统计都没有，所有无穷大各大数域都处于各自为政老死不相往来的完全独立状态。

几乎可以说，灿烂辉煌的人类现代文明基本是完全建立在互相分离互不联通互相独立一盘散沙的几个主要无穷大数域孤岛的基础之上的。

为什么要计算无穷大数域的基数？因为好奇心驱使我们想知道数和无穷大数域的基础底盘到底有多大，我们想知道每个无穷大数域到底有多少元素，想做个详细的无穷大数域的“人口普查”，或数口普查数口登记，想知道那哪个无穷大数域的基数最大，哪个数域挖掘潜力最大，想知道每个大数域所有这些元素加在一起，乘在一起能产生多大的数量和能量，想知道任何一个几何图形里比如圆、三角形、正方形、梯形以及曲面等到底有多少点子……不然就和一个现代国家一样，一问有多少人口，答曰，很多很多人，这是非常不负责任的说法。就像我们在社会管理或治理活动中一定要精确定位量化跟踪到每一个人，才能最为便捷地实现对发展目标的有效管理。这就是大数域理论的任务。**大数域理论要精确定位追踪整合所有无穷大大数域里每一个数。**

只有知道一个国家的人口基数，才可以管理好一个国家，才可以整合一个国家的力量；只有知道所有大数域的元素基数和基础底盘真实大小，才可以深刻认识无穷大，才可以整合所有大数域的力量。只有整合所有大数域的力量，才可以如揭开核裂变和核聚变的规律引爆新的能源革命和引发新一轮文明进步一样，揭示数的更加深层的规律，推动人类文明进步。这就是大数域理论威力和魅力所在。正像能够根本**改变世界格局的一定是幅员辽阔人口基数巨大掌握现代文明高科技的广土巨族的伟大国家和民族。大数域的基数是量变引起质变的关键。**

大数域理论除了解决这个所有数域的“数口统计”外，还要进一步探索所有无穷大大数域之间深刻的内在联系的重大基础理论问题。

作为这个蓝色星球上智商最高的生物种群的人类，如果连自己引以为傲的文明基石的数域的基数是多少都不清楚，连“数口普查”都没有最起码最基本的概念，很难说这个智慧种群能够突破星系的限制走向星辰大海。

大数域理论就是用无穷大探索无穷大，用无穷大度量无穷大，用无穷大解释无穷大，用无穷大揭示无穷大，用无限可分探索无限，用无限可分揭示无限，从而解决所有无穷大数域的数口统计的重大基础理论问题，这是大数域理论和传统数学以及康托尔的无穷大理论的根本区别。大数域理论是人类历史上第一次完整全面深入地研究数和数域，数域和数域关系的数学或数学哲学。

大数域理论不单单是解决了一个连续统的问题，而是打开了连续统问题开启的一扇大门，看到一个前所未有的世界，站在连续统的阶梯上提出了一连串更加深刻的数口统计等问题，开拓了一个更加广阔的大数域大一统整合全新领域，提出了更多前所未有的新问题。大数域理论从最基础最初级的连续统问题开始，揭开了无穷大各大数域基数以及数域之间数值逻辑关系等更加深刻更加重大的基础理论问题的神秘面纱。

我们接下来的问题是，人类科学和工程领域的所有极端情况的积分，究竟是在哪个数域里积分的？为什么在这个数域积分？有没有多个不同基数数域并存的多变量多数域的积分？这包括航天，火箭，核聚变，宇宙，黑洞 …… 等等诸多极端环境多变量场景的极端情况。

山外有山，天外有天，这个谚语说的是一山更比一山高，一天更比一天远。

大数域理论希望知道整个一维数轴上、二维平面上、三维立体空间里，所有分数个数、实数个数、超越数个数以及基数个数的总数以及它们的值之和。对无穷大的所有大数域搞一个前无古人的数口调查，使得人们对数有一个清晰全面深刻准确的认识。**希望知道**大数域分数生成率大常数，大数域基础理论的数口统计以及大数域的完美整合对整个数学，整个物理，整个天文等等基础学科乃至整个文明进步有什么重大影响。**大数域理论让我们认识到**传统欧拉高斯数学和现代经典无穷大理论的天花板和极限，**让我们认识到**人们对数的认识的天花板和极限，**让我们认识到**山外有山，天外有天，数外有数，域外有域，理外有理，道外有道。后面每一层次的维度都远超前面一层。这个山是各个数学学科的山头门派，这个天是各个数学学科的天花板的天，这个数是整数分数实数超越数和基数，这个域是整数分数实数超越数和基数数域，这个理是欧几里得几何公理和等量公理以及皮亚诺公理，这个道是世界观宇宙观的维度大道。欧拉高斯还没有跳出到第三层，康托尔看到第三层但没有看完看透，欧几里德皮亚诺看到第一到第四层的全部，第五层的一部分；大数域理论看清并解释了全部六层。

大数域生成率大常数 Q 的发现和大数域理论的创立说明，迄今为止人类数学史上没有一个问题具**有康托尔的连续统问题所揭示的对数的本质探究的深度和广度，没有一个问题赶得上康托尔的连续统问题带给人类对自己基本生存文明大是大非何去何从的鞭辟入里震撼人心的灵魂拷问。**

任何重大数学问题的解决都是和文明进步大环境息息相关的。

大数域理论的观点是，要把连续统这样的数学问题放在整个现代文明的大环境下重新思考，

要把它放在整个数学公理体系的大框架下重新思考，要把它放在一个前所未有的高维度的大视角下重新思考，要把它放在一个哲学原理大是大非的十字路口的重大选择的关键节点处重新思考，尤其要把无穷大的数学问题放在一个更大范围无穷大的大抽象的思维方式下重新融会贯通通盘思考；不能片面地仅仅从数学角度，不能仅仅从传统解题的角度思考。

康托尔的连续统问题不但撼动数学的基石，更撼动人类文明的基石。

无穷大探索考验着人类的智商，考验人类的智慧，考验人类的视野，考验人类观察世界的维度，考验人类整合资源的能力，考验人类追求真理的诚心，毅力，勇气和决心。

大数域理论引发的更深层的思考是，既然分离割裂的无穷大数域和几个有限的公理体系都能够产生如此辉煌的伟大文明，那么所有实现完全彻底大一统整合统一和全域贯通的所有无穷大数域加全新的公理体系又会对数学和人类文明的进步产生怎样的影响？

大数域理论比连续统站得更高，看得更深，走得更远，大数域理论用大常数 Q 和大一统全新框架整合了所有无穷大大数域。连续统问题只是大数域理论里最简单的起步入门问题。

大数域理论是以大数域为基础底盘以新公理体系为支柱的大一统数学。

大数域理论可以数统天下。

第五章 打开宇宙天门的钥匙

根据最新资料，人们发现宇宙的暗能量在宇宙占比是 69%即 0.69 左右，见参考文献[101]。我们极为惊喜地发现，冥冥之中居然和我们推导发现的大数域生成率大常数 Q 之和约等于 1。这是不是提醒人们有更大的秘密存在于这两个看似毫不相干的发现之间呢？这两个看似毫不相干的领域发现的不同常数和万数之源的整数 1 完美整合在一起，是偶然巧合还是必然关联？这个大常数 Q 或者 $1-Q$ 的宇宙暗能量的占比是不是就是特斯拉预言的人类没有发现的宇宙大门的钥匙？

无穷大让人类渺小，宇宙让人类谦卑，探索让人类勇敢，发现让人类进步。

发现无穷大大数域分数生成率常数 Q 和后来的一系列发现让我们感到人类的存在和智商在大自然面前渺如灰尘和微乎其微，感到人类自以为是的所有的丰功伟绩和伟大辉煌都不过是那个灰尘上一群有一点极其有限的感知能力和理解能力的微生物们自娱自乐的游戏，感到人类认识世界刻在基因里的局限和缺陷，感到人类要探索发现一点点真理都需要面临重重困难，需要克服自身缺陷，需要付出极其巨大的努力和牺牲，没有千百年孜孜不倦的努力和执著的追求，没有一代接一代英雄的前赴后继，很难撬开浩瀚无边的宇宙天门的一丝缝隙去一窥大自然最深处的奥秘。宇宙天门略微被撬开一道窄窄的细缝，射出的一道道带着耀眼的智慧光芒的金光就刺得我们睁不开眼，让这个宇宙里这个微不足道的灰尘上的这一群有一点可怜智慧的微生物们欢天喜地几千年。

第六章 大数域基础概念一览

由于涉及较多的原创概念，这里把原创概念收集在一起开列如下以便检索。

大数域，数域基数，基数数域（超级数域或超数域），单分数生成比率 ROG，生成规则，不重复分数，分数生成常数，大数域生成率，大常数，大数域分数生成定理，给定区间，相邻间距，基准数域，基准发散速度，绝对发散速度，相对发散速度，基数反比定理，孪生数域，实际取值域，孪整比 ROTI，孪分比 ROTF，基数的常变二象性，数域的存在属性，数域的数值属性，度量单位，分数个数与整数值占比 ROGF2I，数域生成维度， 相对有界有限，相对有界无限，绝对有界有限，绝对有界无限，绝对无限无界，最小生成数域，最少生成元素，最简最少生成元素，最简最少生成数域，最大分数生成比率，最小分数生成比率，大数域公理体系，生成公理，可分公理，传承公理，大数域生成生态圈，前驱数，前驱数序列，后继数，前驱间距，后继间距，前驱比率，后继比率，前驱指数比率，后继指数比率， 原生母体数域，生成对数，可遍历，遍历运算，大一统整合，无穷小等差，无穷小等差序列，动态等差，有限质变运算，无限质变运算，可遍历，相对密度，绝对密度，大一统生成公理，高维度公理，规范性公理，兼容性公理，证据性公理，一致性公理，七有特征元素，七无特征元素，相邻数域，不相邻数域，落值越界，落值跨界， 瞬时存在，瞬时动态相邻元素，瞬时动态前驱元素，瞬时动态后继元素，瞬时动态相邻间距，瞬时动态对称后继元素，瞬时动态前驱间距，瞬时动态对称后继间距，无限可分动态瞬时等差。

第二篇

大数域理论基础

第一章 摘要

迄今为止，数学中存在至少三个主要的互相独立又密切关联而性质又完全不同的大数域：自然数数域、分数数域和实数数域，分别对应集合论里有序集的整数集、分数集和实数集。这三大数域具有完全不同性质的元素和基数。这三大数域外面是什么，还有什么，几千年来人们曾经茫然无知。我们试图揭示这三个主要的大数域之间的逻辑关系，最终用一个理论把三大主要的数域统一整合在一起，除此以外，尝试着把我们探索发现的三大数域外面更加壮丽更加宏伟的全新世界展示出来，抛砖引玉，以吸引更多勇敢的天才探险者们投入到无穷大的伟大探险之中，作出更加伟大的发现。本书将从分数的起源开始探索分数的本质，以找到自然数与分数之间的逻辑关系，并对这种逻辑关系进行数学方法的量化。这三个主要的大数域都是具有不同基数的无穷大，因此我们提出了一些新的定量方法来准确计算分数数域的基数，这与此前所有已知的传统理论的经典方法是完全不同的。经过探索思考和计算机海量规模数据的反复验证，我们发现三大主要数域以外存在的更大的超级规模的基数数域（超级数域或称超数域），发现了孪生数域，发现了基数的常量变量二象属性特征，发现了元素发散速度和基数的关系，发现了基数数域以及构成基数数域的数域生成维度，等等。在此基础上，可以通过我们发现的一些新的公式和具有规律性的特定大数域分数生成率大常数 Q 将所有主要的三个独立的分离的看似原本毫无关系的大数域整合到一个全新的更加宏大的基数数域和一个全新的理论中，称之为大数域理论，使得三大数域和基数数域有机地统一联系和整合在一起。大数域论是建立在坚实的完备的哲学原理基础之上，运用常规数学方法经科学推理得到的、并且运用计算机海量规模运算数据为证据提供强有力支撑的、完全兼容了传统数学但又完全独立于经典集合论之外的全新基础数学理论。在大数域理论里，尽管提及整数数域，这主要指自然数数域 $I=\{0, 1, 2, 3, \cdots, \infty\}$，而暂时不包括负整数数域和复数数域。类似地，下面为简化起见也不加区分直接地使用整数数域、正整数数域和自然数数域，同时用数域的概念代替集合的概念，下同。

第二章 引言

分数数域基数在基础数学里具有极端的重要性。而分数这一关乎数学未来发展的极端重要性几千年来被几乎所有数学天才忽略了，人们都去忙于规整漂亮优雅美轮美奂的整数和质数去了，没有人关心孤零零地坐在冷板凳上残缺不全丑陋不堪拖拖拉拉零零碎碎的分数。恰恰就是这个不起眼的分数，如中国古战场的街亭，马陵道，现代世界航海版图上的马六甲海峡和苏伊士运河一般，死死卡住了数学进一步大发展的咽喉要道，躲开了所有数学天才鹰鹫一般犀利无比的搜索目光，不显山不露水地静悄悄沉睡了几千年。分数和分数数域的极端重要性以及许许多多深深埋藏在大数域深层层面的深刻规律和诸多前所未见的伟大常数，直到大数域理论跋山涉水风尘仆仆步履艰辛的叩门到访才第一次揭开了她神秘的面纱，其美貌震惊天下。千百年来，通常以陪衬和配角或辅助性角色出现的分数及其分数数域在基础数学理论里的地位十分尴尬，高上不了阳春白雪的高端台面，无法和优美无比的质数及其数论相提并论，参与密码设计的顶尖项目，低下不了工程数学的桌面，充当工程师们忙碌奔波的助手；最常见的就是在千百年来人类社会的各类交易中或形形色色琳琅满目的各类市场上充当货物买卖的帮手，标价卖货。大数域理论第一次揭示，分数对于整个数学发展具有极其重大和不可替代的重要性，自始至终处于数学基础理论最重要的关键位置。这个重要性远非质数和整数可比。因为分数数域基数既远远大于整数数域基数，更远远大于质数数域，分数数域比整数数域复杂得多得多，分数数域更是理解和联接自然数数域和实数数域之间的逻辑联系的关键，是破解所有发散无穷大奥秘的关键。只是因人们囿于传统和根深蒂固的思维习惯总是以貌取数，轻视看似丑陋零碎难登大雅之堂的分数，过度重视美貌优雅的质数，使得丑小鸭一般的分数无所事事地坐了几千年的冷板凳。没有一个人认识到分数有什么比质数更重要的作用。因此分数数域在基础数学尤其是无穷大领域所具有的联接沟通不同数域的伟大的纽带的这一极端重要性，几千年来被人类完全忽视了。

而分数数域独有的“联接沟通不同数域的伟大的纽带的这一极端重要性”是迄今为止所有其他数域如质数数域等都不具备的。没有分数，就没有实数和超越数，就没有基数，也就没有传统数学和现代数学。分数是未来数学发展关键的关键，重点的重点。质数的影响可以忽略不计。

我们知道，如果一个数域的基数越大，整个数域包含的奥秘就越多，所处的维度也越高，对由此生成的衍生数域的影响也越大，所揭示的规律也就越深刻，探索发现也就越困难。

千百年来，关于美轮美奂的质数等的各种猜想与研究汗牛充栋，不计其数；好像从未有人猜想过**分数的个数**也就是**基数**到底有多少，直到一百多年前伟大的德国数学天才康托尔第一次注意到这个问题，认真进行了研究和探讨，用一一对应的映射原理发明了大名鼎鼎的对角线法证明：**分数的基数和整数的基数一样多**。这个前所未闻惊世骇俗的结论一经面世就惊天动地，震撼世界。

以下引自维基百科："希尔伯特的23个问题是德国数学家大卫·希尔伯特于1900年在巴黎举行的第二届国际数学家大会上作了题为《数学问题》的演讲，所提出23道最重要的数学问题。…… 希尔伯特问题中的1～6**是数学基础问题**，7～12是数论问题，13～18属于代数和几何问题，19～23属于数学分析"。见参考文献[10]。显而易见，从维基资料看：希尔伯特23个世纪数学问题中，由连续统问题引出的分数数域基数是基础数学里的**天字第一号问题**，大名鼎鼎的**哥德巴赫猜想**和**黎曼猜想（简称两猜）**也仅位居第八，根本没有进入数学大框架最基础领域最核心的基础理论第一梯队，和连续统问题相比，"两猜"的重要性和难度都远远逊色。因为质数数域的基数远远小于整数数域基数，小无穷大倍，而整数数域是基础母体数域，是一切大数域的源头，质数数域无法对分数数域、实数数域、超越数数域以及基数数域的生成产生任何有意义的重大影响。分数数域基数的基础性核心地位和重要性与解决的难度不言而喻。不彻底解决这个问题，就无法看清发散无穷大的来龙去脉，无法揭开发散无穷大规律，无法探索宇宙额奥秘。

简言之，连续统的关键是：第一，整数集合基数等于分数集合基数；第二，整数集合和实数集合之间，不存在一个集合基数比整数集合基数大同时基数又比实数基数小的集合。一百年来，这一论断根本无法证明正确，也无法推翻，模棱两可，似是而非，完全无规可循，无案可稽，全凭极度抽象思维。难度系数属于天顶星，既不能证明对，也没有人能否定康托尔的对角线法到底怎么证明整数集合基数等于分数集合基数的。就这么一个看似简简单单的对角线"证明"，似乎大家都看懂了，似乎又没有完全看懂，这种似懂非懂似是而非模模糊糊的状态，也成为作者一直以来挥之不去的疑问。分数集合基数到底几何，几近成为千古之谜。

表面上看分数集合基数和整数集合基数是否一样多是个纯数学问题，其实分数集合基数和整数集合基数的数值关系本质上是这两个数域之间到底有什么深层逻辑联系的问题，再深入思考是个哲学问题，是个世界观的大是大非的问题，是分数数域是如何从无到有产生的，又是如何演化成为大家既熟知又陌生的今天的模样的大问题，是个分数的来龙去脉到底是怎么回事的重大基础理论的大问题。现在看来，人们所有运用传统数学做的观察分数的角度都是十分有限的，是极为片面的，支离破碎的，静止的、孤立地看待这个简单又神秘、熟悉又陌生的分数，尤其是对待分数数域的方法总体上简单粗暴，缺少理性冷静分析，缺少全局的、整体的、客观的，不以人的意志为转移的和踏踏实实的梳理分析，所有方法都流于形式，浮于表面现象，就事论事，缺乏哲学深度，缺乏总揽全局的大局观，得出的结论往往非常偏颇甚至完全失真。

大数域理论认认真真仔仔细细地详尽分析了整数和分数之间的深刻逻辑关系，揭示了其间的伟大奥秘，首次发现分数数域的演化过程的来龙去脉和分数数域生成基数之间的规律，使得分数数域的奥秘大白于天下。

大数域理论用高速计算机持续几十天 24 小时昼夜不停运算的最终结果发现了分数基数的真实数据和内在规律，彻底推翻康托尔的错误结论。我们的发现是：分数数域基数远远大于整数数域基数。因为计算分数数域基数对人类思维维度、高度抽象思维能力和计算能力有着极其苛刻极其严格的要求，远远超过康托尔的抽象思维能力和时代。计算分数数域基数的技术要求和人类文明和技术进步密不可分，所以计算机发明以前的人类不可能解决分数基数的问题，就是看出来规律也束手无策，无法验证。经过一年多时间的计算机计算，用海量规模数据所提供的铁一般事实，已经能够证明分数的基数远远大于整数。同时发现了可以和圆周率 π = 3. 1415926 媲美的大数域分数生成率大常数 $\mathcal{Q}$ 。为此，我们欢迎全世界数学和计算机科学等各行各业的科学天才继续验证、反驳甚至否定和推翻我们的发现。

无限集合的基数作为集合论中最基本的概念之一，由康托尔(Georg Cantor)于 100 多年前创建。康托尔发明了一种对角线方法，通过一一对应映射方法证明自然数数域的基数和分数数域的基数完全相等，见图 1。

这张大名鼎鼎经典的对角线图百年不衰争论不已，若稍加仔细研究就不难发现，其中完全没有不重复分数的基本概念，没有给定区间的概念，没有维度的概念，没有设定正确前提的概念，没有证据的概念，不知道重复分数的存在会影响分数基数的计数因此应该全部删除，不知道有限有界到无限无界是本质性的重大质变拐点人为设定都会完全失效需要极其谨慎，没有找到整数和分数深层次的联系和规律，粗鄙肤浅主观武断，以有限的几个整数和分数的人为联接就想说明无穷大集合整数集合（数域）基数和分数集合（数域）基数一样多显然是不可能的。

实际上，**无限无界**的无穷大的神秘程度和复杂程度远远超出依据欧几里得等量公理体系基本理论框架的传统经典数学，远远超过康托尔的经典无穷大理论的认识深度，远远超出皮亚诺公理，罗素公理和策梅洛公理等近代以来所有公理体系的思维范畴，也远远超过人类已有的所有认知。

事情的起因来自直觉。来自第一作者对数天生的敏感。直觉判断康托尔关于整数基数和分数基数一样多的结论非常可疑，有可能是错的。所有所谓证明都是隔靴搔痒，寻找证据才是关键。

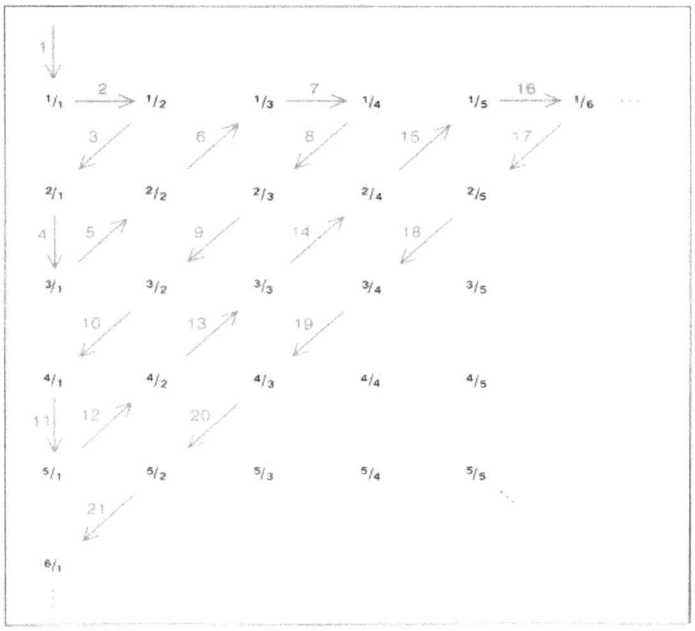

图 1　康托尔证明分数基数等于整数基数的对角线法

纵观整个人类文明历史和数学发展史，在几乎所有重大数学进展中，直觉的重要性有时候会远远超过花里胡哨逻辑推理的重要性，尤其在无穷大探索中更是如此。**大数域生成率大常数 Q** 的发现就是来源于对康托尔关于整数基数和分数基数一样多的著名对角线法证明的质疑，来源于作者对数天生的极为敏感的直觉。

根据对分数起源的进一步探索和分析，我们发现自然数数域与分数数域之间存在着非常稳定坚实的极其深刻的完全不以人们意志为转移的数值逻辑关系，而非肤浅的表面的简单的人为设定的一一对应关系。我们还发现了一些互相完全独立，可以用完全不的数学方法推导出来的完全相同的定量公式可用来揭示和描述这种数值逻辑关系。最后，通过使用这些方法，借助强大的计算机，重新计算了分数数域的基数，并获得了一些非常鼓舞人心和令人兴奋的结果，这些结果可能会影响数学的发展。这些结果可能会改变过去 100 多年来的根深蒂固的传统概念，并使我们能够从数域这个更加抽象、更高维度和更深层的根本原因上，从哲学原理最基本的原则出发而不是从表面和简单的现象以及我们的直觉出发，重新思考基础数学的所有基本概念。到目前为止，我们已经发现了至少两种完全不同类型的定量方法来生成几乎完全相同的分数数域的基数通项估值公式，这足以证明自然数数域的基数和分数数域的基数之间存在一种稳定的逻辑关系而非传统的一一映射关系。我们使用计算机花费两年多的时间，获得大量第一手数据，通过对这些大量数据的反复分析和研究，最终发现和计算出分数数域的基数及其规律以及联结自然数数域和分数数域两大数域之间的关键常数数值，即一个反映数域间内在相互关系的**大数域分数生成率大常数**Q。无穷大是一个极其复杂和极为神秘的自然现象，千百年来人类孜孜不倦梦寐以求一窥无穷大的奥秘。征服无穷大是人类世世代代的梦想。我们的发现只是一个起点，但它们可能会打开一个我们从未见过的未知世界的窗口。

征服无穷大，从分数开始。

完全不同于传统经典无穷大理论，大数域理论承前启后兼收并蓄集传统经典数学的所有辉煌成果之大成，依据独立发现的**大数域分数生成率大常数**Q，继往开来，向前向下兼容传统数学几乎所有公式常数，使大数域理论和传统经典数学几近天衣无缝地整合成为一个更加伟大的整体而不是互相孤立，互不相干，各自为政。大数域理论开辟出完整的全新的自成体系的大数域领域。

在这里，欧拉高斯洛必达等所有伟大先贤的经典公式和常数都可以在大数域理论中找到它们不可撼动的位置，得到大数域理论高维度大视角的全新解释，继续放射着他们曾经穿越时空的伟大的智慧的光芒。这是之前割裂传统的无法继承的更无法解释传统经典数学的所有辉煌成果的经典传统无穷大理论完全无法做到的。

由于自然数集合对应自然数数域，分数集合对应分数数域，以及实数集合对应实数数域，因此这里的分数数域的基数也就是分数数集合的基数，自然数数域和实数数域也同理，其他集合亦同，本著作全部采用数域概念而非集合概念。

第三章 问题的提出

我们观察到以下现象：对自然数数域 N = {0， 1，2，3，4，...，n，n+1，...}中的任何给定自然数 n，根据分数的生成规则，每个自然数 n 可以且仅仅可以生成**一定数量的真分数**，所有自然数所生成的**不重复**的真分数才真正构成分数数域：

$F = \{\frac{1}{2},\frac{1}{3},\frac{2}{3},\frac{1}{4},\frac{3}{4},\frac{1}{5},...., \frac{n-2}{n},\frac{n-1}{n}...\}$ 。这种现象引出了以下问题：

这种现象背后的本质是什么？

数及其各种表达形式的本质是什么？数和函数，哪个是本，哪个是末？

在自然数数域和真分数数域之间是否存在任何实际的客观的有意义有价值的逻辑关系？如果是，这种逻辑关系是什么？这种逻辑关系为什么存在？

所有无穷大数域之间是否存在任何实际的客观的有意义有价值的数值逻辑关系？如果存在，

意味着什么？揭示了什么规律？

分数从哪里来？怎么来的？往哪里去？为什么？

分数数域的基数和自然数数域的基数一样多吗？

为什么要计算无穷大数域的基数？有什么意义？

数域从哪里来？怎么来的？往哪里去？为什么？到底有多少个数域？

为什么几千年来这些无穷大大数域都是一盘散沙互不相干没有任何联系的？

部分可以等于整体吗?

处理无界无限无穷大这种超复杂现象，用传统的一一对应的映射方法正确吗？科学吗？可以用计算机验证吗？有哲学原理作依据吗？

一一对应的映射方法逻辑推理是无条件成立吗？可以适用于无限无界无穷大吗？如果是，根据是什么，为什么？如果不是，局限性在那里？

一个没有任何伟大证据且无法验证的理论是科学吗？经典无穷大理论的证据又在哪里？？

有没有定量方法可以量化无穷大研究？

本书所述旨在通过我们的探索发现，尝试着回答类似的所有这些问题。

第四章 基本概念定义

基本概念定义 1：基本数值生成运算

基本数值**生成运算**：所有能够产生数值结果而非逻辑值结果的基本运算如+，−，*，/，∧，…，即加，减，乘，除，指数（幂）等数值运算都是**基本数值生成运算**。

基本概念定义 2：生成元素

基本数值运算的**生成元素**：所有由一个或一组相同或不同或一系列能够产生数值结果而非逻辑值结果的基本运算如+，−，*，/，∧，等基本数值生成运算的一次或多次运算所产生的数值结果，都是这个或这些数值运算的**生成元素**。

基本概念定义 3：不重复元素

基本数值生成运算生成的**不重复元素**：所有由一个或一组相同或不同或一系列的能够产生数

值结果而非逻辑值结果的基本运算如+，－，*，/，∧， 等基本数值生成运算所产生的**不重复或唯一的**数值结果，都是这个或这些基本数值生成运算生成的**不重复元素**。重复元素影响数域基数的计算结果，产生完全错误的结论。

基本概念定义 4：生成数域

基本数值生成运算的**生成数域**：所有由一个或一组相同或不同或一系列的能够产生数值结果而非逻辑值结果的基本运算如+，－，*，/，∧，等基本数值生成运算所生成的所有**不重复**元素构成**生成数域**，简称**数域**；特别注意，在大数域理论里， 所有**生成数域**用花括号界定其所有生成运算所生成的元素范围，花括号内是由该数域生成运算生成的全体元素。花括号加所有元素的表达式只是一种实体存在的形象表示，不具备传统数学的一般数学表达式所具备的数值属性，**不能直接参与数值计算**，比如由加法生成的全体整数的整数数域 I={1，2，3，4，5，6，......，n，n+1，......}；整数数域 I 是没有任何数值属性的文字表达式，不能拿来直接进行数值运算，其数值属性如整数数域 I 的基数 C_I 和花括号里每个元素的值才能够参加有效的数值运算。所有如下表达式如：

(1) 6*{1，2，3，4，5，6，...... ，n，n+1，...}

(2) $\frac{3}{5}$*{1，2，3，4，5，6，...... ，n，n+1，...}

(3) 100 - {1，2，3，4，5，6，...... ，n，n+1，...}

(4) 26+{1，2，3，4，5，6，...... ，n，n+1，...}

(5) $\{1,2,3,4,5,6,......,n,n+1,...\}^6$

(6) $\sqrt{\{1,2,3,4,5,6,......,n,n+1,...\}}$

......

在大数域理论里，都属于无效操作，被认为毫无意义。

大数域理论**的基本原则是，在大数域实体存在的花括号表达式如没有特别说明和合理解释，禁止使用传统数学系统的所有数值运算的交换率，分配率和结合率等。**

即大数域理论严格禁止花括号实体文字表达式的下列随心所欲的用法：

(1) 2*{1，2，3， . . . ，n，n+1，. . . } ≠ {1，2，3，. . .. ，n，n+1，...}*2；

(2) 2*{1，2，3，4，5，6，...... ，n，n+1，...} ≠ {2*1，2*2，2*3，2*4，2*5，2*6，...... ，2*n，2*(n+1)，...}；

(3) {1，2，3，4，5，6，...... ，n，n+1，...}- 1 ≠ {1-1，2-1，3-1，4-1，5-1，6-1，...... ，n-1，(n+1)-1，...}；

(4) {2，4，6，8，10，12，...... ，2n，2n+2，...} ÷ 2 ≠ {2 ÷ 2，4 ÷ 2，6 ÷ 2，8 ÷ 2，10 ÷ 2，12 ÷ 2，...... ，2n ÷ 2，2(n+1) ÷ 2，...}；

(5) $\{1, 2, 3, 4, ..., n, n+1, ...\}^2 \neq \{1^2, 2^2, 3^2, 4^2, ..., n^2, ...\}$；

(6) $\frac{3}{5}$ *{1，2，3，. . . . ，n，n+1，. . . } ≠ {1，2，3，. . . ，n，n+1，. . . }* $\frac{3}{5}$；

(7) 100 - {1，2，3，. . . ，n，n+1，. . . } ≠ - {1，2，3. . . . . ，n，n+1，. . . }+100；

. . . . . .

基本概念定义 5：实体文字表达式

生成数域的**实体文字表达式：**所有由一个或一组相同或不同或一系列的能够产生数值结果而非逻辑值结果的基本运算如+，－，*，/，∧，等基本数值生成运算所生成的所有不重复元素构成由这个或这些基本数值生成运算生成的生成元素组成的生成数域，用花括弧括起来，称为生成数域的**实体文字表达式**，简称**实体表达式**。该实体表达式仅仅是表示该数域实体的存在，生成数域的数值运算规则，其元素的基本架构示意，不具备任何数值意义，不可以当做数值表达式的函数使用。

生成数域的实体表达式的最大特点是不能直接参加数值运算。如整数数域 *I* 有**实体表达式** *I*= {1，2，3，4，5，…，n，n+1，… }，不能直接参加数值运算。

基本概念定义 6：实体数值表达式

生成数域的**实体数值表达式：**在所有由一个或一组相同或不同或一系列的能够产生数值结果而非逻辑值结果的基本运算如+，－，*，/，∧，等基本数值生成运算所生成的不重复元素里，如果可以用一个通项公式来精确生成每一个不重复元素，或者可以用一个通项估值公式来精确生成所有不重复元素的个数总和即基数，这些元素的生成通项公式或者元素总和基数的生成通项公式（函数）都称为实体的数值（函数）表达式，简称**数值（函数）表达式**。一个生成数域的实体数值（函数）表达式至少有一个，一个是元素生成通项估值公式，还有其他如元素个数之和或基数的通项估值公式等等。生成数域的实体数值（函数）表达式的最大特点是都是数值函数，都可以直接参加数值运算。

基本概念定义 7：生成基数

基本数值运算的生成数域的**生成基数：**所有由一个或一组相同或不同或一系列的能够产生数值结果而非逻辑值结果的基本运算如+，－，*，/，∧，等基本数值生成运算所生成的不重复元素的个数之总和，称为该生成数域的生成基数，简称基数；**数域的基数是数域实体存在的全局数值属性，数域元素的数值属性是数域元素的局部数值属性。**如整数数域 *I* 的基数是 $\mathcal{G}$ 。见参考文献[42]。

基本概念定义 8：大数域的度量单位

大数域的度量单位：以下引自维基定义，见参考文献[16]。然后稍加扩展："度量是指对于一个物体或是事件的某个性质给予一个数字，使其可以和其他物体或是事件的相同性质比较。度量可以是对一物理量（如长度、尺寸或容量等）的估计或测定，也可以是其他较抽象的特质。

度量通常以一标准或度量衡表示。度量以数字加上单位来表示，如距离即以多少英里或多少公里来表示。

度量是大部分自然科学、技术、经济学及其他社会科学中定量研究的基础。度量的过程为估计一数量的多寡和相同类型（如长度、时间、重量等）一单位的多寡之间的比例。度量即为此过程的结果，表示为"数字加上一个单位"，其中实数为估计的比例。如 9 米，其便包含物体长度和长度单位，即米之间的比例。不像计数和整数个数个物体一般地可精确知道，每一个度量都是一个存在些许不确定性的估计。度量包括了测量尺度（包括量值）、计量单位及不确定性。透过度量可以比较不同的量测，并且减少误会。"

整数数域，分数数域和实数数域里所有数值元素的度量单位都是数，是可以对其他物体进行度量并进行数值运算的以及可以生成数值结果。

需要特别注意的是，在大数域里，数域的度量单位是基数，是一个以整数数域基数为基本度量尺度的已知存在的数值属性的全新度量单位，是极度抽象的无穷大度量单位，但是这个无穷大度量单位也是一种度量单位，是已知实体存在的一个数值属性，既然是数值属性，就不仅仅是普通数值。基数是一个兼有普通数的数值属性的超级度量单位，因此也可以对基数进行数值运算，生成的结果也是数域无穷大基数域里的无穷大基数值而不是普通意义上的普通数的普通数值。而更一般的，凡是可以用来度量或比较其他物体或存在的大小的存在，就是度量单位。度量单位的最大特点就是其数值属性，即可以直接参加数值运算。

普通数如整数分数实数是无法度量无穷大的。因为不是一个维度的存在。

大数域的度量单位就是以某个大数域的基数为基本度量单位度量其他大数域的相对大小的基本度量工具。

大数域理论认为：不能用有限度量无限。只能用无限度量无限，只能用无穷大度量无穷大。

一一对应映射方法是用有限度量无限，大数域理论是用无限度量无限。这是根本区别。

比如整数数域 I 的基数 C_I 就是大数域的基本度量单位。我们以数域 C_I 的基数为参照的基本尺度在数域生成维度里去度量其他无穷大数域比如质数数域、分数数域、实数数域、超越数数域和基数数域等等。

基本概念定义 9：基准基数

自然数数域的**基准基数**：我们定义自然数数域的基数为本著作进行无穷大探索的**基准基数或基本度量单位**；基准基数是我们度量其他无穷大数域基数的大小的基本标尺和基本单位。比如整数数域 I 的基数 C_I 就是大数域的**基准基数**。

基本概念定义 10：最初原始生成分数

最初原始生成分数：由除法运算所产生的未经任何化简约分的不可约最简分数，称为**最初原始生成分数。

比如$\frac{1}{2},\frac{1}{3},\frac{2}{3},\frac{3}{4},\frac{5}{6},\ldots$ 等等都是未经任何化简约分的不可约最简分数。而$\frac{2}{4},\frac{3}{6},\frac{11}{22},\frac{6}{9},\frac{5}{100},\ldots$ 等等不是不可约最简分数，因为还可以进一步约分成为最简分数$\frac{1}{2},\frac{1}{2},\frac{1}{2},\frac{2}{3},\frac{1}{20},\ldots$ ，所以它们不是最初原始生成分数。

基本概念定义 11：　不重复分数

不重复分数，最初原始生成的不可约不可化简的分数就是**不重复分数**。

例如，在从 6 所能够生成的所有真分数$\frac{1}{6},\frac{2}{6},\frac{3}{6},\frac{4}{6},\frac{5}{6}$中，只有$\frac{1}{6},\frac{5}{6}$是不(非)重复分数；它们是最初原始生成的最简分数。$\frac{2}{6},\frac{3}{6},\frac{4}{6}$不是最初原始生成的不可约不可化简的最简分数，因为它们可以在生成之后可以继续二次化简为最简分数。分别化简为$\frac{1}{3},\frac{1}{2},\frac{2}{3}$。**不重复分数**的概念在破解分数基数的奥秘的探索发现过程中扮演着举足轻重的关键角色。

基本概念定义 12：分数生成规则

分数生成规则：由自然数数域里的所有元素通过**除法运算**所生成的所有**不重复分数**可以直接构成分数数域，这个除法运算就是分数的原始生成规则，简称**分数生成规则**，加法和减法以及乘法(+，　-，*，/)并不能把自然数元素转化为分数，只有除法运算可以把自然数元素转化为分数。只有除法运算能够从整数数域生成分数数域。

分数生成规则就是分数数域的起源，因为分数数域中的所有真分数都是通过除法运算从所有自然数中直接生成的。分数数域的基数的基本意思是该数域里分数的个数，而由自然数数域的每个自然数生成的不重复真分数的数量始终是稳定且不变的，因为每个自然数所生成的真分数的个数是不变的。我们知道，例如，在分数$\frac{1}{2},\frac{2}{4},\frac{9}{18},\ldots$ 等中，所有$\frac{2}{4},\frac{9}{18}$ 等等都被视为重复真分数；只有一个不重复的真分数$\frac{1}{2}$ 可以保留，而所有其他重复真分数都必须删除，如果不删除，就会在计算基数时重复计数，从而造成计算基数结果失真。

基本概念定义 13：大数域

大数域：基本概念定义 4 里定义的生成数域，如果该数域里元素个数之和是普通有限数字（即自然数），如 1，2，3，…，　n，则该生成数域称为**普通数域**；如果该数域里元素个数总和是无穷大，或数域的基数趋于无穷大(比如全体自然数的个数总和即基础基数 $\to\infty$)，则该生成数域称为大数域；大数域和生成数域都简称为数域。为方便起见，本书中有限数目元素数域和无限数目元素数域统称数域。区别在于数域的基数；有限数域基数采用普通有限数字，如 1，2，3，…， n，无穷大无限数域基数采用当 $n \to \infty$ 自然数数域基数 C_I 为基本度量单位。

基本概念定义 14：给定区间

给定区间：就是对于任何一个给定自然数 n，包含了所有数 0，1，2，3，……，n 的范围[0，n]就是自然数 n 的给定区间。

给定区间里的自然数数域，质数数域，分数数域和实数数域等等不同数域的总的元素个数或基数，以及这些元素的发散速度是完全不一样的， 元素之间存在非常稳定的逻辑关系，是可以用通项公式等函数来描述的。而这些逻辑关系只有在一定的给定区间[0，n]里才有意义。整个数轴只不过是这个给定区间[0，n]的 n $\to$∞的无限扩展，彻底理解给定区间[0，n]里所有元素之间的关系，也就彻底理解了无穷大，[0，1]是[0，n] 当 n=1 的特例，而[0，∞) 是[0，n] 当 n$\to$∞的特例。任何脱离给定区间[0，n]的无穷大基数的讨论都是没有意义的。

一一对应映射方法根本无法准确反映这些复杂的数值逻辑关系。

有了给定区间概念，我们就可以采用类似数学归纳法的基本方法，一个区间一个区间地做探索发现，逐步逼近无穷大，逐步逼近客观真相，稳扎稳打，从小到大，从简到繁，由表及里，由近及远，由有限及无限，从易到难，从已知到未知，一步步揭开无穷大的奥秘。任何试图走捷径耍小聪明想当然和异想天开脱离实际脱离人类成功进行探索发现历史规律的方法都是无稽之谈，无本之木和无源之流。见参考文献[66]，数学归纳法。

对任意给定的自然数 n 在给定区间[0，n]内，由 1 到 n 的每个自然数生成的不重复分数的总数也是固定不变的。如果[0，n+1]区间里所有自然数生成的不重复分数的总数也是遵循同一规律，就可以找出[0， ∞) 区间整个数域的生成规律。

基本概念定义 15：大数域基数数域

大数域基数数域（超级数域或简称超数域）：由所有无穷大数域基数比如质数数域基数，整数数域基数，分数数域基数，实数数域基数，……所有基数组成的超大规模的超级数域（简称超数域），就是大数域基数数域。在大数域基数数域范畴里，所有其他无穷大数域基数都是基数数域里相对有限有界的基本数值元素。所有无穷大基数都可以参加各种基本数值运算。所有无穷大基数和任何其他数域的数值元素运算的结果仍然属于基数数域。

基本概念定义 16：大数域**定义域**

大数域**定义域：**即自变量 x 的取值范围，是函数三要素(定义域、值域、运算规则) 之一。

和传统数学一样，一般大数域定义域定义在任何一个无穷大数域上，比如质数数域，自然数数域，分数数域，实数数域等数域，**比传统数学更加广泛更加一般更加抽象的是，大数域的自变量 x 的取值范围还可以定义在无穷大基数组成的基数域上。**

可以取无穷大**基数域上**的基数值。

基本概念定义 17：大数域**值域**

大数域**值域：**大数域值域则是所有函数生成的值，这些值不单单是传统的自然数，分数，实数等数域里元素本身的值，还可以是所有无穷大基数数值组成的基数数域里的基数值。同样，比传统数学更加广泛更加一般更加抽象的是，大数域的函数的取值范围还可以定义在无穷大基数组成的基数数域上。比如下面定义的

$$C_P, C_I, C_F, C_{Fimproper}, C_{Gauss}, C_{Euler}, C_{Cantor}, C_R, C_{Tr}, C_{TP}, C_{P!}, C_C, \ldots\ldots$$

等基数数所组成的基数数域。

第五章　高斯-勒让得公式

第一节　从高斯和勒让得的发现说起

据说当年对数表发明以后，人类历史上不世出的德国数学天才数学王子年仅 15 岁的高斯看完对数表以后，思索良久，发现了名垂青史的伟大的高斯质数公式 $C_P = \frac{n}{ln(n)}$。这个公式的伟大意义在于人类历史上可以用数值逼近的方法找到一个无穷大范围内质数的个数总数的极其简洁深刻的通项估值公式，可以估算任意给定区间内质数大致的个数。事实上，进一步的研究发现，当这个任意区间趋近于无穷大时，就成为质数数域的基数通项估值公式。见参考文献[8]和[29]。

但是，即使有了高斯公式，也仅仅是找到了质数数域的基数的下限，法国数学家、大名鼎鼎的三 L（其他两个 L 是拉普拉斯和拉格朗日）之一的勒让得发现了质数数域的基数上限公式 $\frac{n}{ln(n)-1.08366}$，其中 B=1.08366 被称为勒让得常数。当两大著名公式中区间内 n 的取值无穷大时，两个上下限公式的差别都趋近于 0，然而高斯公式更为深刻简洁方便，对于无穷大的探索发现而言足矣。高斯和勒让得可以说是人类历史上率先发现质数数域基数通项公式的天才，是率先走到无穷大门边并且有所斩获的探索英雄，可惜由于历史的局限性，没有基数和维度的概念，没有看到无穷大基数的深远意义，没有看到高斯质数公式更深刻的含义——除了公式 $C_P = \frac{n}{ln(n)}$ 代表的不仅是质数的分布规律的函数，而且还是一个无穷大基数，一个前所未见的更加宏大的数域——基数数域的一个元素，没有看到黑夜里上帝已经点亮的微弱的烛光，也就没有横刀立马杀入

无穷大领域，进一步获得更多的突破和发现。

第二节 高斯下限公式和勒让得上限公式的误差

借助先贤们的伟大发现，我们首先计算全体质数数域的基数。给定整数 n 或区间[1，n]里，所有质数的个数总数符合高斯公式下限和勒让得公式上限，$\frac{n}{ln(n)} \le p \le \frac{n}{ln(n)-1.08366}$；即当 n 趋于无穷大 $n \to \infty, n = C_I$ 时，高斯公式下限和勒让得公式上限的差别都是无穷小，可以忽略不计，p 就是质数数域的基数 C_p。这个高斯-勒让得公式在大数域范围内对精度的要求已经足够，完全可以满足大数域基数数域的基本要求。由此，可以得到如下**质数数域基数通项估值公式：**

(1) $$C_P = \frac{C_I}{ln(C_I)}$$

表 1　高斯和勒让得质数定理验证表

序号	数字范围	区间素数个数	素数累积总数	素数占全体整数百分比	数字范围	$\frac{n}{ln(n)}$ 高斯下限	勒让得上限 $\frac{n}{ln(n)-1.06833}$
1	10^1	4	4	40.00%	10	4.34	8.20
2	10^2	21	25	25.00%	100	21.71	28.40
3	10^3	143	168	16.80%	1,000	144.76	171.70
4	10^4	1061	1229	12.29%	10,000	1085.74	1230.51
5	10^5	8363	9592	9.59%	100,000	8685.89	9588.40
6	10^6	68906	78498	7.85%	1,000,000	72382.41	78543.18
7	10^7	586081	664579	6.65%	10,000,000	620420.69	665139.70
8	10^8	5096876	5761455	5.76%	100,000,000	5428681.02	5768003.71
9	10^9	45086079	50847534	5.08%	1,000,000,000	48254942.43	50917518.83
10	10^10	404204977	455052511	4.55%	10,000,000,000	434294481.90	455743003.60
11	10^11	3663002302	4118054813	4.12%	100,000,000,000	3948131653.67	4124599868.66
12	10^12	33489857205	37607912018	3.76%	1,000,000,000,000	36191206825.27	37668527415.33
13	10^13	308457624821	346065536839	3.46%	10,000,000,000,000	334072678387.12	346621096884.65
14	10^14	2858876213963	3204941750802	3.20%	100,000,000,000,000	3102103442166.08	3210012022164.23
15	10^15	26639628671867	29844570422669	2.90%	1,000,000,000,000,000	28952965460216.80	29890794226981.80

数据验证的过程比较简单，限于篇幅，过程省略，这里仅给出最终结果。下同。这里仅提供检验高斯下限公式和勒让得上限公式有效性的强有力证据，表 1 是用高斯下限公式 $\frac{n}{ln(n)}$ 和勒让得上限公式 $\frac{n}{ln(n)-1.06833}$ 从 10^1～10^{15} 时的估值数据和真实数据做的误差比较，误差总体趋于收敛，最小达到 2.9%，见引自**参考文献[36]**“关于π(x)、x / ln x 和 li(x) 的数值”的表。在大数域理论看来，高斯下限公式 $\frac{n}{ln(n)}$ 基本可以作为质数数域基数的估值公式，简洁，深刻，逻辑关系一目了然。

从表 1 中，可以看到在每个区间中，所有生成的不重复真分数与相应自然数之间的不同关系，并且可以看到质数所生成的分数对整个分数数域的贡献。这个质数数域基数通项估值公式(1)的发现属于高斯和勒让得。

第三节 高斯-勒让得公式的启迪

事实上，深入研究发现，高斯-勒让得公式对于量化无穷大探索具有非常深远的意义。高斯和勒让得的伟大发现启迪我们：

第一，质数数域的总的个数即基数是存在的。

第二，质数数域的总的个数即基数是有自身规律的而且是一定的。

第三，质数和整数之间存在着深刻的稳定的内在的不以人们意志为转移的客观规律。这个客观规律可用某种近似逼近通项估值公式表示。

第四，质数数域的总的个数即基数是可以用通项估值公式逼近的，只要误差范围随区间趋于无穷 大而收敛于 0 或收敛于某个常数，则该通项估值公式就可以视为可接受的估值公式。

第五，**质数数域的基数**都与整数数域基数有关，都**和给定区间内整数 n 的取值息息相关**。特别注意关键词**给定区间！**不是漫无目标没有限制随随便便放任自流！

第六，质数数域的基数不等于整数数域基数，质数数域基数远小于整数数域基数，小无穷大倍。

第七，高斯-勒让得通项估值公式逼近客观真相的真实数据的结果是可以用实实在在的数据验证的；即有海量规模数据支持的，**是有证据的，**不是纸上谈兵的自说自话捕风捉影无法检验的空口无凭的白话，更非无根无底虚无缥缈的海市蜃楼。

第八，高斯-勒让得公式还启迪我们其他数域的基数也可以用类似的办法求解。

第九，高斯-勒让得的天才发现止步于维度和世界观，而受到维度和世界观以及人类文明科技水平整体发展的极大的限制，不可能看得更远，也无法解释和验证看到以后的现象；高斯不知道的是，他头顶很高很高的上方是有一个无法看见也无法突破的天花板的。只要改变维度和世界观就有可能作出新的发现；只要利用最新的信息革命的伟大成果计算机，就有可能可以验证这些发现。

第十，同样是质数数域的基数，传统无穷大理论及其人们自以为是主观臆想的一一对应映射方法是**根本无法解释**高斯-勒让得质数定理的质数基数通项估值公式的，无论是理论推导还是证据原则需要的海量规模数据检验都束手无策，根本无法将其纳入传统无穷大理论体系，二者完全不可兼容甚或互相矛盾。**即传统数学和康托尔的经典无穷大理论是互相矛盾尖锐对立格格不入的。**

事实上，在我们完全独立地意外推导出大数域理论最关键的分数生成规律公式及其常数之后惊喜地发现整个思路和推理过程居然和上面总结的高斯-勒让得公式的几个关键步骤均不谋而合，竟有殊途同归异曲同工之奇效。

我们沿着先哲们开辟的道路，站在高斯和勒让得的肩上继续无穷大的艰辛的探索和发现。

第四节 各类数对生成最多不重复分数的贡献

分数如此重要值得我们认真研究。从传统认知出发对无穷大的探索，在数的常规运算范围里，我们需要知道不同类型的数对生成最多不重复分数贡献的具体情况。即需要知道整数里面的偶数，奇数和质数，到底哪个对生成不重复分数的贡献最大，哪个最小，以及为什么等。我们可以看到，当自然数 n → ∞ 时，质数生成的分数在所有整数所生成的总分数总数里占比的百分比降低。高斯 Gauss 公式可以用于估值任何自然数 n 区间内的质数总数的下限；见参考文献[8]和[39]。因此，对于任何给定的自然数 n，我们可以看到质数的实际数 p 大于下限：$p \geq \frac{n}{\ln(n)}$ 我们可以此高斯公式来估值质数与其他数字相比的生成分数的贡献的趋势。因此我们需要简洁明了的高斯公式，我们需要知道质数数域的个数或基数。而各类数如奇数，偶数和质数等对生成分数的贡献下面我们会做分别详细的介绍。这里先给出有关的结论，质数单个元素生成的分数的个数最多，偶数最少，但是累积起来，当区间[1， n] 为无穷大时，我们会看到应该是奇数对全体生成分数的个数最多，偶数其次，最后，那些数量最少的才是质数。因为对于任何给定的自然数 n，我们知道：

（A）由偶数 n 产生的分数的数量 N_E 为 $N_E \leq \frac{n}{2}$。

（B）由奇数 n 生成的分数的数量 N_O 为 $N_O \geq \frac{n}{2}$。

（C）由质数 p 生成的分数的数量 N_P 为 $N_P = p-1$。

（D）为了找到任意给定自然数 n 区间内的质数个数 p，可用勒让得发现的 Legendre 公式和高斯 Gauss 公式计算质数个数的上限和下限：$\frac{n}{\ln(n)} \leq p \leq \frac{n}{\ln(n)-1.08366}$；见参考文献[39]。

（E）由所有自然数 n 产生的分数的数目 N_N，即由自然数 n 产生的分数的最大值是 $N_N = \frac{n*(n+1)}{2} - n = \frac{n*(n-1)}{2}$，其中包括重复项。

所有上面所提供的这一切都是为我们寻找生成分数数域基数通项公式做准备。沿着高斯和勒让得这些卓越的前辈探险者的伟大足迹，依据这里准备好的基本的有价值的数据，我们需要找到一个精确的公式来计算分数数域的基数。下面开始计算。

第六章 揭开分数基数奥秘的关键

有了前面的基础理论框架和基本概念，可以开始我们的探索。分数看起来如此简单如此熟悉，揭开分数基数奥秘的关键在哪里呢？下面从具体分析开始，一步步揭开分数不为人知的神秘面纱，看看这个我们天天打交道的司空见惯熟视无睹的分数对我们究竟有多么陌生。从前面讨论的具体事实和数据开始，这是一个纯粹的分析过程。我们将推导出给定区间[1，n]里**全体整数**可以生成的所有**不重复分数**，分别找出这些所有不重复分数在此区间里的最小上限和最大下限，然后设法找出可以无限逼近存在于这个最小上限和最大下限之间的生成分数的最佳逼近通项估值公式，最后对这个最佳逼近通项估值公式进行数据验证。和前面的高斯-勒让得公式一样，检验其误差是不是随着整数 n 的增加而收敛于某个常数或趋于 0。如果是，则该公式正确反映给定区间[1，n]里全体整数可以生成的所有不重复分数的客观真相。

第一节 分数生成比率 ROG

逻辑推理重要，逻辑推理所依据的前提的正确性更重要。

我们好奇的是，整数和分数之间除了康托尔发明的表面的肤浅的自以为是人为主观臆想的生拉硬扯的一一对应映射关系，活生生把两个外在的毫不相干的数域，一个**无界无限有序有标识有定位有数值有自身生成规律**的整数数域和一个**有界无限有序有标识有定位有数值有自身生成规律**的分数数域的元素死死绑在一起，然后指鹿为马说他们基数一样多的一厢情愿的方案以外，是不是还存在其他**更深刻更稳定的完全不以人类意志为转移的内在数值逻辑联系呢**？

答案是肯定的。

这个**逻辑联系**就是我们首先发现的**分数生成比率** ROG（Ratio Of Generating）。

我们知道，在传统的自然数数域（对应自然数集合，下同）$I=\{1, 2, 3, 4, ..., n, n+1, ...\}$ 中，对于任何给定的自然数或整数 n，每个自然数 n 生成的真分数的数量也可以是固定的或不变的，并且可以用单个整数生成分数的生成比率（ROG, Ratio Of Generating）来反映每个自然数和该自然数所生成的分数数目之间的逻辑关系。即 ROG 是每个自然数 n 的数量（通常为 1）与由 n 生成的真分数的数量（通常为 1 到多）之间的比率，根据该比率，通过分数生成规则，自然数集合中的所有 n 个自然数所生成的真分数数域为 $F=\{\frac{1}{2},\frac{1}{3},\frac{2}{3},\frac{1}{4},\frac{1}{5},\frac{2}{5},...\frac{n-2}{n},\frac{n-1}{n}\}$。只有质数 P_1 可以生成最大数量的相应真分数，即 P_1 -1。在 m<n 的分数数域 $\{\frac{1}{2},\frac{1}{3},\frac{2}{3},\frac{1}{4},\frac{1}{5},\frac{2}{5},...\frac{m}{n}\}$ 中，规则 R_F 是生成规则(Generating Rule)，它生成分数数域 F 中的所有分数。表 2 中列出了可以由数域 I 中的每个自然数生成的对应分数。关于这种稳定的 ROG 关系，请参见下面的图 2。在这里，在分数数域中分数的生成规则是：$\frac{m}{n}$；这里 m <n; $\frac{m}{n}$ 是不可约分数或最简分数或不重复分数。

表 2 整数生成不重复分数关系 ROG

序号	整数	整数生成的不重复分数						整数个数	整数生成的不重复分数个数	分数生成比率ROG
1	2	1/2						1	1	1:1
2	3	1/3	2/3					1	2	1:2
3	4	1/4	3/4					1	2	1:2
4	5	1/5	2/5	3/5	4/5			1	4	1:4
5	6	1/6	5/6					1	2	1:2
6	7	1/7	2/7	3/7	4/7	5/7	6/7	1	6	1:6
7	8	1/8	3/8	5/8	7/8			1	4	1:4
8	9	1/9	2/9	4/9	5/9	7/9	8/9	1	6	1:6
9	10	1/10	3/10	7/10	9/10			1	4	1:4
……	……	……	……	……	……	……	……	……	……	……
100	100	1/100	3/100	7/100	……	……	. 99/100	1	40	1:40
101	101	1/101	2/101	3/101	……	……	100/101	1	100	1:100
……	……	……	……	……	……	……	……	……	……	……
200	200	1/200	3/200	7/200	……	……	199/200	1	80	1:80
……	……	……	……	……	……	……	……	……	……	……
……	211	1/211	2/211	3/211	……	……	210/211	1	210	1:210
……	……	……	……	……	……	……	……	……	……	……

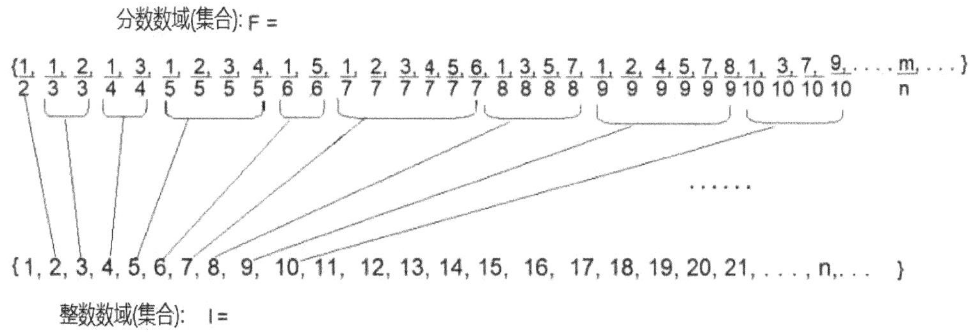

图 2 部分整数生成分数关系

下面是每个自然数与其所生成的所有不重复分数之间的 ROG 的一些例子：

2 只能生成 1 个不重复真分数：2 和分数 $\frac{1}{2}$ 之间的 ROG 为 1：1；即：$ROG_{2;\ fraction}$= 1：1。

3 是质数，只能生成 3-1 = 2 个不重复真分数 $\frac{1}{3},\frac{2}{3}$, 故 ROG 为 1：2；即 $ROG_{3;\ fraction}$ = 1：2。

4 是偶数，并且只能生成 2 个不重复真分数，如前所述，并且删除了 1 个重复的分数 $\frac{2}{4}$ 。ROG 也是 1：2；即 $ROG_{4;\ fraction}$ = 1：2； 而 $ROG_{5;\ fraction}$ = 1：4；…，依次类推，详见图 2。自然数 100 只能生成 40 个不重复真分数如 $\frac{1}{100},\frac{3}{100},\frac{7}{100},...,\frac{99}{100}$， 而其余 59 个重复的分数例如 $\frac{2}{100},\frac{4}{100},\frac{5}{100},\frac{6}{100},...,\frac{98}{100}$ 被删除，因为它们是可化简的。

所以 100 和其生成的不重复真分数之间的 ROG 为 1:40,即 $ROG_{100:fraction}$ = 1：40。

继续进行这种简单的计算，可以获得每个自然数与通过分数生成规则 $\frac{m}{n}$ (m<n)生成的其对应的不重复真分数之间的所有 ROG。我们发现所有自然数与这些自然数生成的分数之间存在非常稳

定的逻辑关系；这个关系就是 ROG 即分数生成比率。这些 ROG 分数生成比率存在于任何自然数及其生成的分数之间，且处处存在又彼此不同。

表 3　整数与整数生成不重复分数个数的关系

整数	每个整数生成不重复分数个数	每个整数生成不重复分数个数								
2	1	1/2								...
3	2	1/3	2/3							...
4	2	1/4		3/4						...
5	4	1/5	2/5	3/5	4/5					...
6	2	1/6				5/6				...
7	6	1/7	2/7	3/7	4/7	5/7	6/7			...
8	4	1/8		3/8		5/8		7/8		...
9	6	1/9	2/9		4/9	5/9		7/9	8/9	...
10	4	1/10		3/10				7/10		...
...	...	...	...	...	...	...	...	...	...	...
90	24	1/90						7/90		...
91	72	1/91	2/91	3/91	4/91	5/91	6/91		8/91	...
92	44	1/92		3/92		5/92		7/92		...
93	60	1/93	2/93		4/93	5/93		7/93	8/93	...
94	46	1/94		3/94		5/94		7/94		...
95	72	1/95	2/95	3/95	4/95		6/95	7/95	8/95	...
96	32	1/96				5/96		7/96		...
97	96	1/97	2/97	3/97	4/97	5/97	6/97	7/97	8/97	...
98	42	1/98		3/98		5/98				...
99	60	1/99	2/99		4/99	5/99		7/99	8/99	...
100	40	1/100		3/100				7/100		...

对于任何给定的自然数，其 ROG 都是非常稳定不变的。此外，我们发现偶数、奇数和质数的 ROG 不同。质数 p 的 ROG 最大，最多可以生成 p-1 个不重复分数；偶数 E 的 ROG 最小，最多可以生成 $\frac{E}{2}$ 不重复的分数；奇数 O 最多可以生成 O-1 个不重复真分数，该分数数目小于等于（p-1）并且大于 $\frac{E}{2}$；如果从 O 和 E 中都删除了所有重复分数，则在一定的区间内存在（p-1）≥（O-1）≥ $\frac{E}{2}$。有关不重复真分数 ROG 的统计表显示在表 3 中，所有自然数均小于等于 200。此处仅列出 1～100 的部分结果。空白单元格表示已删除重复部分。

表 3 列出了由每个自然数 n 产生的不重复真分数的数目 M 是不变的固定数目；对于所有自然数及其产生的分数，M<n，因为对于每个自然数，其可以产生的分数的数目 M 等于或小于 n-1。"不重复分数之和"一列中的数字还表明，每个自然数都可以生成固定数目的不重复真分数，并且它们之间具有稳定的分数生成比率 ROG，因此我们可以在自然数集（自然数数域）和所生成的分数集（分数数域）之间建立非常稳定的逻辑关系。使用此 ROG 表，我们可以估值由 1 到所有自然数生成的所有不重复真分数的实际的基数。这是用建立通项估值公式的办法来量化整个分数数域或

分数数域的基数求解过程而不是用直观猜测的方法来估计/或估值分数数域的基数。这是一个非常清晰的合情合理的逻辑。

ROG 采用的是一种类似数学归纳法的方法，这种通过逐步增加区间检验逻辑关系成立的方法在无穷大探索里起到了非常重要的作用，其深刻程度和重要性远远超过一一对应映射方法。

第二节 分数生成比率 ROG 揭示的规律

现在我们已经看到分数生成比率 ROG 能够反映每个整数和不重复分数之间稳定不变的牢不可破的逻辑关系。单个看这些 ROG 却非常不规则。

每个整数生成分数的个数的关键是每个整数可以生成的不重复分数的个数是恒定不变的，这个分数生成比率（ROG，Ratio Of Generating）对每一个整数都是固定不变的，这就是每个整数可以生成的不重复分数的个数最核心最内在的逻辑关系，或许有人会问，这个分数生成比率关系 ROG 看上去似乎杂乱无章，每个整数的 ROG 都不一样，似乎毫无规律可言，实在看不出来如何用 ROG 来探索无穷大和分数的基数？别急，后面在更高层次更大规模的范围通过海量规模的数据分析慢慢就可以看出规律来了。正是这个独一无二的分数生成比率关系 ROG，让我们终于迈出了初步揭开分数数域基数和整数数域基数的深藏的规律最关键的第一步。但也仅仅是第一步而已，因为离目标还有很远很远的距离，一路荆棘丛生，险象环生，还有许许多多假象陷阱和五花八门的岔路会让我们迷失方向，一不留神就会把我们引入歧途，使我们心心念念发现无穷大规律的梦想因误判和粗心在不经意间误入歧途化为泡影。整数和分数的分数生成比率关系仍然是这个我们要寻找的无穷大的深藏规律的一个表皮下面的一层外皮，比起传统肤浅人为主观的一一对应映射虽然已经深刻了许多，但是仍然没有触及分数生成规律的大门，没有踩着探索发现的大道，没有摸着人类文明发展的主脉络。如果就此停步就会错过激动人心的伟大发现。

我们需要的是连续不断的抽象思维的推理链才能发现规律。分数生成比率 ROG 是这个抽象思维的推理链里一个极为重要的概念。既然每一个整数生成的不重复分数的个数的分数生成率 ROG 是恒定不变的，那么可以推导出重要结论：所有整数生成的不重复分数的个数之和也应该是恒定不变的。就是说分数数域的基数是一个确定值。我们的目的是利用分数生成率 ROG 推导的这个重要结论去寻找整数生成分数个数的较小的上限和较大的下限，进而找到这个分数数域的基数的通项估值公式。**ROG 是大数域理论的起点，也是连续统问题的终点。**

从发现 ROG 那一刻起，ROG 这个揭示分数本质的重要概念的重大深远意义就逐步展现出来。

第七章 解决方案一：纯数学方法计算分数数域基数的上限

有限或无限数域的基数是数域中元素个数的总数。现在，我们计算全体真分数的基数的上限。考虑自然数数域 I = {0，1，2，3，4，5，6，7，8，9，...，*K-1*，*K*，...}，令 K =2。生成规则 R_F 因为 K 是 $f_I(K) = K$。在这里，我们定义：

C_I：自然数数域的基数（或称康托尔基数）；

C_E：偶数数域的基数；

C_O：奇数数域的基数；

C_{twin}：孪生数域的基数；

C_F：分数数域的基数；

C_{Fb}：菲波拉奇数数域的基数；

$C_{Fimproper}$：假分数数域的基数；

C_{Fall}：全体分数数域的基数；

C_P：质数数域的基数或高斯基数 C_{Gauss}；

C_T：孪生质数数域的基数；

C_R：实数数域的基数；

C_{Euler}：欧拉基数，定义为 $ln(C_I)$；

C_{FP}：全体质数生成的分数的基数；

C_{FT}：全体孪生质数生成的分数的基数；

$C_{P!}$：全体质数阶乘乘积所生成的数域的基数；

C_{Tr}：超越数数域的基数；

C_{base2}：以 2 为底整数为指数运算生成数域的基数；

C_{Fbase2}：以 2 为底指数运算生成整数子数域生成的分数子数域的基数；

C_C：基数数域的基数；......

这里假设 $K=2n$，这可以大大简化计算，因为如果 $K=2n$，则小于 K 的数字中恰好有一半是偶数，而另一半是奇数。即有 n 个偶数和 n 个奇数，这可加快处理速度。采用奇数也一样，推导过程稍麻烦一点，有兴趣的读者可以尝试一下。

令偶数集合 E = {2，4， 6， 8， 10，...，$K=2n$，...}且 n = 1；集合 E 的基数表示为 C_E，当 $K\to\infty$，其生成规则为 f_E（n）= 2n。

令奇数集合 O = {1，3，5，7，9 ...，K-1 = 2n-1，...}，n = 1；集合 O 的基数为 C_O，当 $K\to\infty$，它的生成规则是 f_0（n）= 2n-1。

当 $K=2n$ 时，存在 $n=\frac{K}{2}$ 个偶数，并且每个自然数 K 最多可以生成 K-1 = 2n-1 个分数，其中包括重复项，如前所述。因此，由前 K 个偶数自然数生成的相应真分数的总和最多为 1 + 3 + 5 + ... +（2n-1）= n^2（包括重复分数）。

(2) $$n^2=\frac{K*K}{2*2}=\frac{K^2}{4}$$

此处，公式（2）是由 n 个偶数生成的真分数的总数，其中至少有不超过一半以偶数为分子的分数是重复的，因为所有偶数都可以除以 2， **所以** n 个偶数生成的真分数的总数在 K>10 的时候应该不大于 $(\frac{K^2}{4})*\frac{1}{2}=\frac{K^2}{8}$。 然后，我们对奇数进行计数。当 K-1 = 2n-1 时，有 n 个奇数，但是 n = 1 不能生成任何分数，因此只有（n - 1）个奇数自然数将对 K 之前所有自然数生成的真分数的总数有所贡献。这是因为 3 可以生成总计 3 - 1 = 2 个分数，5 可以生成 5 - 1 = 4 个分数，7 可以生成 7 - 1 = 6 个分数，...，并且自然数 2n - 1 可以生成最多 2n - 2 个分数。

因此，由前 n - 1 个奇数（包括所有重复的分数）生成的这些真分数的总数为：2+ 4 + ... +（2n - 2）=（（2n-2 + 2）*（2n - 1 - 1）÷ 2）÷ 2 = n^2 - n。即有公式(2a)：$n^2-n=\frac{K^2}{4}-\frac{K}{2}$，因此，小于自然数 K 的所有自然数（偶数和奇数）都可以生成的所有对应的真分数（包括重复分数）的总和最多为公式（2）+（2a）的结果之和：$n^2+n^2-n=2*n^2-n=n*(2n-1)$。

我们之前设了 $K=2n$，因此在上式（2a）中将 n 替换为 $\frac{K}{2}$；然后，我们有

(3) $$\frac{K(K-1)}{2}\to\frac{C_I*(C_I-1)}{2}=C_F\approx 0.5*C_I^2$$ 。

当 $K\to\infty$，$K\to C_I$，K 为自然数集合的基数 C_I 时，公式（3）趋向于分数数域的基数；即

$C_F \approx \frac{C_I * (C_I - 1)}{2}$，或近似等于 $C_F \approx 0.5 *\ C_I^2$。但是，在公式（3）中，$0.5 * C_I^2$ 通项估值公式太粗糙，需要尝试更准确的通项估值公式。即系数 0.5 太粗糙，需要找到一个更加精确的系数。

表 4 质数和整数所生成的不重复分数在总生成不重复分数里占比

序号	整数个数（1）	累积不重复分数个数（2）	整数对分数之比（1）：（2）（3）	区间内质数个数（4）	质数个数累加（5）	区间内质数生不重复成分数个数(6)	质数生成分数不重复个数累加(7)	质数生成分数在不重复分数中占比（7）：（2）
1	10	31	32.26%	4	4	13	13	41.94%
2	20	127	15.75%	4	8	56	69	54.33%
3	30	277	10.83%	2	10	50	119	42.96%
4	40	489	8.18%	2	12	66	185	37.83%
5	50	773	6.47%	3	15	128	313	40.49%
6	60	1101	5.45%	2	17	110	423	38.42%
7	70	1493	4.69%	2	19	126	549	36.77%
8	80	1965	4.07%	3	22	220	769	39.13%
9	90	2479	3.63%	2	24	170	939	37.88%
10	100	3043	3.29%	1	25	96	1035	34.01%

由于公式(3) 里的 $0.5 *\ C_I^2$ 是所有自然数可以生成的不重复分数的最大上限，所以只要找到所有自然数可以生成的不重复真分数的一个下限就可以界定基数估值公式的大致范围了（设定下限主要目的是寻找通项估值公式，甚至可以假设下限为 0，仍然不影响最后推理结果而得到精确的通项估值公式，直接采用下限为 0 也一样，而且推导过程更加简单，有兴趣的读者可以自己尝试一下计算真分数数域基数的上限）。公式 (3) 里的 $0.5 *\ C_I^2$ 就是分数数域基数的上限。

作为探索发现所需的进一步铺垫，这里顺便给出质数和整数所能生成的分数的总数以及在总的生成分数里所占的比重，见表 4。从表 4 可以看出，质数单个元素生成的分数的个数最多，但是累积起来，当区间为无穷大时，后面可以看到，慢慢地应该是奇数对全体生成分数的贡献最大，偶数其次，最后才是质数。

第八章 纯数学方法计算分数数域基数的下限

计算所有自然数可以生成的不重复真分数数域的基数下限。

从公式（2a）中发现由 K 个偶数生成的包含重复分数项的分数总数为 $\frac{K*(K-1)}{2}$，但是需要从 $\frac{K*(K-1)}{2}$ 中删除最大重复分数项数；而 K 个自然数里有 $\frac{K}{2}$ 个偶数和 $\frac{K}{2}$ 个奇数。$\frac{K}{2}$ 个偶数和 $\frac{K}{2}$ 个奇数产生的真分数的个数是不一样多的：

由公式(2)知道：$\frac{K}{2}$ 个偶数所产生的最多分数数目为：$\frac{K^2}{4}$

由公式(2a)知道：$\frac{K}{2}$ 个奇数所产生的最多分数数目为：$\frac{K^2}{4}-\frac{K}{2}$；

所有偶数都含有 2，因此至少一半的分数是重复分数应该被删除掉以免因重复计算造成失真，这样，$\frac{K}{2}$ 个偶数所产生的最多分数的数目（包含重复分数）在 $K>10$ 的时候应该不超过：$(\frac{K^2}{4})*\frac{1}{2}=\frac{K^2}{8}$；这个数远远小于所有 $\frac{K}{2}$ 个奇数所产生的最多分数数目 $\frac{K^2}{4}-\frac{K}{2}$；由于全体整数生成的所有不重复分数的总和 C_F 还包括所有奇数所生成的分数 C_O，所以，假设 $\frac{K^2}{8}<C_F$ 成立（即使 $\frac{K^2}{8}>C_F$ 也会在后面系数调整里慢慢调整到精度最高的正确系数，后面可以看到这个假设是正确的，而且节省很多时间），即 $\frac{K^2}{8}<C_F$ 因此根据这个假设，我们直接拿这个 $\frac{K^2}{8}$ 作为我们的所有自然数可以生成的不重复真分数数域的基数 C_F 的下限（前面说过，其实有很多下限，最小下限是 0。可以任意选其中一个合适的）；当 $K\to C_I$ 我们得到：

(4) $[\frac{C_I^2}{8}]<C_F<[\frac{C_I^2}{2}]$。

第一节 第一种直接推导的方法

总结前面的讨论，根据不等式（4），可以通过采用以下平均值来获得分数数域基数的近似通项估值公式，即分数数域的估值基数公式为：

$$C_F \approx ([\frac{C_I^2}{8}]+[\frac{C_I^2}{2}])*\frac{1}{2} \quad ;$$

(5) $C_F \approx [\frac{5*C_I^2}{16}]$

由此，可以得到一个更为精确的公式，因为 $\frac{5}{16}\approx 0.3125$ 我们用 0.31 作为系数：

(6) $C_F \approx [\frac{5*C_I^2}{16}] \approx [\frac{31*C_I^2}{100}]=[0.31*C_I^2]$。

表 5 是通项估值公式（5）和（6）测试结果之间的比较。

现在，我们看到通项估值公式 $0.31*C_I^2$ 比 $0.5*C_I^2$ 更准确，估值精度更高。通过更改系数测试，还找到了一个更加准确的公式，如下所示：

(7) $$C_F=[\frac{303968*C_I^2}{1000000}]=[0.303968*C_I^2]。$$

通过使用此通项估值公式，我们可以获得很高的估算精度。这里的公式（5），（6）和（7）为具有不同精度的不同应用提供不同的解决方案。

表 5 通项估值公式（5）和（6）测试结果

整数区间	$0.31\cdot C_I^2$ 公式（6）计算值	$\frac{5}{16}\cdot C_I^2$ 公式（5）计算值	实际不重复分数累加个数 C_F	公式（6）计算值和实际值误差%	公式（5）计算值和实际值误差 %
10	31	31	31	0.00%	0.00%
20	124	125	127	2.36%	1.57%
30	279	281	277	0.72%	1.44%
40	496	500	489	1.43%	2.25%
50	775	781	773	0.26%	1.03%
60	1116	1125	1101	1.36%	2.18%
70	1519	1531	1493	1.74%	2.55%
80	1984	2000	1965	0.97%	1.78%
90	2511	2531	2479	1.29%	2.10%
100	3100	3125	3043	1.87%	2.69%

后面的表 6 验证会列出所有公式（7）的计算值相对于实际值的误差精度，这里的表 5 只比较公式（5）和（6）相对于实际值的误差精度。

不难看出，通项估值公式(5)，(6)，(7)的系数 0.5，0.3125，0.31，0.303968…，似乎和某个固定值常数 0.303968 有关，而且越接近这个值，通项估值公式的估值精度就越高。我们大胆猜想，整数个数和整数生成的不重复分数个数之间是否存在一个类似圆周率＝ π3.1415926..的常数存在，可以作为该通项公式的系数？如果是，让我们看看这个非常接近 0.30396 固定值常数或**分数生成率**究竟是什么，可以通过怎样的计算得到这个常数或**分数生成率**。

另外，证明整数数域基数不等于分数数域基数的推导过程可参见本篇第四十二章第六节《经典案例详细分析》的详细分析说明。

第二节 第二种更加简洁的方法

事实上，还可以采用另外一种更加简洁的推导方法，直接推导出整数数域生成分数数域基数的通项估值公式。

由公式（3）得知，整数数域生成分数数域的上限的通项估值公式是 $0.5*C_I^2$，从公式（2）知道，由前 $\frac{K}{2}$ 个偶数生成的相应真分数的总和最多分数数目(包含重复分数)是 $\frac{K^2}{4}$， 因为所有偶数都可以除以 2，所以 $\frac{K}{2}$ 个偶数生成的真分数的总数在 K>10 的时候应该不超过：

$(\frac{K^2}{4})*\frac{1}{2}=\frac{K^2}{8}$；而 $K\xrightarrow{K\to\infty}C_I$；我们把上限扩大一点，使原来的上限 $0.5*C_I^2$ 再加 $\frac{K^2}{8}$，

下限直接用 0，就有： $0.5*C_I^2<0.5*C_I^2+\frac{K^2}{8}\xrightarrow{K\to\infty}C_I^2+\frac{C_I^2}{8}=\frac{5*C_I^2}{8}$

即 $0.5*C_I^2<\frac{5*C_I^2}{8}$

因为如果提高上限增大误差仍然可以推导出整数生成分数的通项估值公式，说明该通项估值公式是一定客观存在，然后我们取上下限的平均值，就有：

$$(0+\frac{5*C_I^2}{8})\div 2=\frac{5*C_I^2}{8*2}=\frac{5*C_I^2}{16}=0.3125\ *C_I^2\approx 0.31*C_I^2;$$

和公式（6）和（7）几乎一模一样，吻合得近于完美。推导完毕。

下面还有一种方法是用勒让得高斯上下限公式考虑所有质数生成不重复分数的方法。稍微麻烦一点但是精度比较高。

第三节 第三种更加精确的方法

这个方法的特点是只要计算全体偶数、全体奇数以及全体质数可以分别生成多少含有最少重复分数的总数就可以确定计算分数数域基数的上限和下限了，采用和方法一完全相同的前提条件；

第一步：求分数数域基数 C_F 的上限

我们知道，由公式(2)全体偶数 K=2n 可生成的分数如果含有重复分数则为 n^2，见公式（2）；$n=\frac{K}{2}$ 则可生成的分数如果含有重复分数则重复分数的数目是为 $\frac{K}{2}*\frac{K}{2}=\frac{K^2}{4}$，由于 K 是偶数，偶数至少可以被 2 整除，K 里所有偶数生成的分数里面只要分子为偶数的分数都可以被 2 整除。而分子为偶数的分数在偶数生成的分数 n^2 里面大约占一半。所以 n 个偶数生成的真分数的总数在 K>10 的时候应该不大于 $(\frac{K^2}{4})*\frac{1}{2}=\frac{K^2}{8}$。故在 K>10 的时候有至少一半 n^2 即 $n^2/2$ 是重复分数，应该减去，故全体偶数 K=2n 剩下含有最少重复分数总的分数个数为：

$n^2-\frac{K^2}{8}=(\frac{K}{2})^2-\frac{K^2}{8}=\frac{K^2}{8}$；由 $K-1=2n-1$ 全体奇数可生成的含有重复的分数的个数为 n^2-n；见公式（2a）。而 $n=\frac{K}{2}$，故我们有全体奇数生成的分数个数总数是：$n^2-n=\frac{K^2}{4}-\frac{K}{2}$；

奇数和质数之间，可生成的重复分数仅仅由非质数的奇数产生，而质数不产生任何重复分数。故非质数的奇数越少则可生重复分数就越少，非质数的奇数越多则可生重复分数就越多，或质数越少则重复分数就越多，质数越多则重复分数就越少。

根据这个原理，所有整数产生的最少重复分数上限应该是含有非奇数多的下限高斯公式而不是上限的勒让得公式。但由于重复分数实在太多，我们只能一步步缩小各类数所生成的分数上下限的范围，以期得到比较精确的通项估值公式。

$K=2n$ 个整数里面含有 n 个奇数，而奇数含有 $K=2n$ 的所有质数，质数所生成的分数都是不重复的分数，即有任何质数 p，p 可以生成的不重复分数为 $\frac{1}{p},\frac{2}{p},\frac{3}{p},\ldots\frac{p-1}{p}$，全部是第一次生成，不和任何以前质数或其他偶数奇数生成的分数重复，而只要不是质数的每个奇数比如 9，15，21，25 等奇数生成的真分数都至少一次重复：比如奇数 9 可以生成的 $\frac{1}{9},\frac{2}{9},\frac{3}{9},\frac{4}{9},\frac{5}{9},\frac{6}{9},\frac{7}{9},\frac{8}{9}$ 共 8 个数里面 $\frac{3}{9}$ 和 $\frac{6}{9}$ 都是重复分数，是 $\frac{1}{3}$ 和 $\frac{2}{3}$ 的未化简分数。因为不是质数的奇数至少含有一个质数，而该质数是可以约掉的，比如 9 含有质数 3，3 是可以约掉的。这就出现重复分数。凡是分子奇数可以被质数除掉的就是重复分数。而根据勒让得质数个数上限估值公式，整数 K 里质数的个数下限为 $[\frac{K}{\ln(K)}]$，上限为 $[\frac{K}{\ln(K)-1.08366}]$ 因此 K 个整数里的 n 个奇数里不包括质数的奇数总数目为 $n-[\frac{K}{\ln(K)-1.08366}]$，而 $n-[\frac{K}{\ln(K)-1.08366}]$ 就是奇数里不包括质数的奇数的总个数的下限，如果这些奇数生成的分数至少有一次重复，则应该从总的分数里扣除，因此得到：

$$\frac{K^2}{4}-\frac{K}{2}-(n-[\frac{K}{\ln(K)-1.08366}])=\frac{K^2}{4}-\frac{K}{2}-(\frac{K}{2}-[\frac{K}{\ln(K)-1.08366}])=$$

$$\frac{K^2}{4}-\frac{K}{2}-\frac{K}{2}+[\frac{K}{\ln(K)-1.08366}]=\frac{K^2}{4}-K+[\frac{K}{\ln(K)-1.08366}];$$

这就是奇数可以生成的部分不重复的真分数之和相对较小的一个上限，再加上全体偶数 $K=2n$ 剩下不含有重复分数总的分数个数至少为 $\frac{K^2}{8}$：则有 $\frac{K^2}{4}-K+[\frac{K}{\ln(K)-1.08366}]+\frac{K^2}{8}$ $=\frac{3K^2}{8}-K+[\frac{K}{\ln(K)-1.08366}]$；所以就是所有 K 个整数可以生成真分数的相对较小的一个上限（因为非质数奇数里还有多于一次重复的分数未排除）：

$$C_F < \frac{3K^2}{8} - K + [\frac{K}{\ln(K) - 1.08366}]，当 K \xrightarrow{K\to\infty} C_I；$$

所以，即有全体整数生成分数的相对较小的一个上限：$C_F < \frac{3C_I^{\ 2}}{8} - C_I + [\frac{C_I}{\ln(C_I) - 1.08366}]$

第二步：求分数基数为 C_F 的下限

我们知道，0 是最小的下限，我们寻找较大的一个非 0 的下限，而我们知道根据高斯质数个数下限估值公式，当 K 为自然数，K 里所含质数个数下限为：$[\frac{K}{ln(K)}]$，至少可以生成 $[\frac{K}{ln(K)}]$ 个不重复分数；由于全体质数已经包含在奇数里了，因此全体质数生成的分数也全部包含在全体奇数生成的分数里面了，即奇数所生成的分数里含全部 $[\frac{K}{ln(K)}]$ 个质数所生成的全部不重复分数， 因此不做另外计算。由于小于自然数 K 的所有自然数（偶数和奇数）都可以生成的所有对应的真分数（包括重复分数）的总和最多为公式（2）+（2a）的结果之和：$n^2 + n^2 - n = 2 * n^2 - n = n * (2n - 1) = 2n^2 - n$，而我们预先假设 K=2n，代入后得：$\frac{K^2}{2} - \frac{K}{2}$；当 K>10 假设其中最多一半是重复分数，先删除这一半重复分数（注意，这里也删除了奇数生成的总的分数 $\frac{K}{2}$ 的一半分数 $\frac{K}{4}$，后面要补回来），则余下：$(\frac{K^2}{2} - \frac{K}{2}) \div 2 = \frac{K^2}{4} - \frac{K}{4} = \frac{K(K-1)}{4}$；再补回来奇数中减掉的 $\frac{1}{2}$ 的重复分数，至少有 $\frac{K}{4}$；得到在 K 整数范围内整数可生成的含较少的可重复分数的分数个数的下限：

$$\frac{K(K-1)}{4} + \frac{K}{4} = \frac{K^2 - K + K}{4} = \xrightarrow{K\to\infty} \frac{C_I^2}{4}$$，则所有整数可生成的分数的下限和上限为：

$$\frac{C_I^2}{4} < C_F < \frac{3C_I^2}{8} - C_I + [\frac{C_I}{\ln(C_I) - 1.08366}]$$

我们可以演算，当整数趋于无穷大时， 这个估值公式能够比较准确界定分数基数的值。进一步得到：$\frac{C_I^2}{4} < C_F < \frac{3C_I^2}{8} - C_I + [\frac{C_I}{\ln(C_I) - 1.08366}] < \frac{3C_I^2}{8}$ 因为当 $C_I > 2, C_I - [\frac{C_I}{\ln(C_I)}] > 0$；

最后我们得到与方法一和方法二一模一样完全相同的不等式：

$$\frac{C_I^2}{4} < C_F < \frac{3C_I^2}{8}$$

再取平均值得（因为估值公式就在平均值附近）：

$$C_F=(\frac{C_I^2}{4}+\frac{3C_I^2}{8})\div 2=\frac{5C_I^2}{16}=0.3125*C_I^2;$$

推导结束。

至此至少可以用三种不同上下限的纯数学方法推导出界定分数基数的通项估值公式；从中我们发现了某种具有规律性的东西，即整数生成分数的通项估值公式(7)的系数似乎一直在逼近某个稳定值 0.3125……，似乎构成遵循某种规律的某种常数。根据所有计算获得的第一手数据**发现，整数的个数和整数生成的不重复分数个数之间似乎存在某种稳定的逻辑关系，其系数趋于一个稳定值**。这个发现特别鼓舞人心。

第九章 解决方案一的测试和验证

下面用公式（7）验证分数生成通项估值公式的计算值相对于实际值的误差精度， 公式（5）和（6）前面已经验证了，不再重复。

作为验证证据，这里我们提供部分数据测试检验我们推导的估值公式的精确度。对于有限数域，其基数是有限数域中元素的数量，但是该基数是特定数值，即我们常见的数字，1，2，3 等。对于无穷大数域，其基数是无穷大数域中元素全体数量，是个只能想象的抽象概念，趋向于∞。为简单起见，我们使用符号 $C_{Factual}$ 表示分数的有限数域和无穷大数域的实际基数，使用符号 $C_{Festimate}$表示分数的有限数域和无穷大数域的计算估值基数，并使用符号 C_I 表示在以下所有测试中自然数的有限数域和无限数域的真实基数。在下面的图 3 中，我们可以看到公式（6）对于从 100 到 5000 的所有测试数据都具有非常稳定的误差，并且其稳定值约为 1.98%或 1.99%。但是，公式（7）在最后一列中的精度比公式（6）高得多。我们可以使用表 6 中的数据来测试公式（7）。我们假设精度误差为 0.1%。而估值值与实际值之间的差是最大可接受误差，如果测试结果在此范围内，则表示测试通过。在以下测试中，估值值与精确值之间的差异称为误差差异。

由于大数域基数存在常量变量二象性（见本篇后面第二十六章《大数域无穷大基数的双重性：常量变量二象属性》的说明），这里为推导简单起见，暂时用整数无穷大基数 C_I 的常量属性在元素层面的常数范围进行推导，以免引起混乱。这是和普通的传统数学分析所不同的地方。以后为减少运算符号替换的频率，突出重点简化非关键必要的过程，类似情况都按此办理，不再赘述，从而使得我们可以只关注最关键最核心的问题。

测试实例 1：

如果 C_I = 10000 和 $C_{Factual}$ = 30397485，则由公式（7）我们有：

$C_{Festimated}$= [0.303968 * C_I^2] = [3.03968 *（10000)²/10] = 30396800。

误差差值为$\left|\frac{30397485 - 30396800}{30397485}\right|$ = 0.002253% < 0.1%。

测试结果被接受。

测试实例 2：

如果 C_I = 1000 和 $C_{Factual}$ = 304191，则我们有：

$C_{Festimated}$= [0.303968 * C_I^2] = [3.03968 *（1000²）/10] = 303968。

误差差值为$\left|\frac{304191 - 303968}{304191}\right|$ = 0.073309%<0.1%。

测试结果被接受。见表 6。

为了节省篇幅，省略了中间过程的所有其他测试结果并只显示了最后四个：实例 12 至 14。

测试实例 12：

如果 C_I = 100000 和 $C_{Factual}$ = 3039650753，则我们有：

$C_{Festimated}$= [0.303968 * C_I^2] = [3.03968 *（100000)²/10] = 3039680000。

误差差值为$\left|\frac{3303965075\,3 - 3039680000}{3039650753}\right|$ = 0.00096218%<0.1%。

测试结果被接受。

测试用例 13 更加一般更加普遍。我们使用随机数，例如 56789。

测试实例 13：

如果 C_I = 56789 和 $C_{Factual}$ = 980312729，则我们有：

$C_{Festimated}$= [0.303968 * C_I^2] = [3.03968 *（56789)²/10] = 980293918。

误差差值为$\left|\frac{980312729 - 980293918}{980312729}\right|$ = 0.0019188%<0.1%。测试实例 14：对于 195972 这样的随机数，我们以这种方式继续测试。部分测试结果示于图 3。如果 C_I = 195972 和 $C_{Factual}$ = 11673762043，则我们有：

$C_{Festimated}$ = [0.303968 * C_I^2] = [3.03968 * (195972)²/10] = 11673898573。

误差差值为$\left|\frac{1167376204\ \ 3 - 1167389857\ \ 3}{9116737620\ \ 43}\right|$ = 0.001169545% <0.1%。

测试结果被接受。图 3 中可以看出公式(7)中实际值与计算值之间的误差非常小。

表 6 测试结果

整数基数C_I	实际分数基数 C_F	$0.31*C_I^2$ 公式计算值	系数0.31计算与实际值误差 %	$0.303968*C_I^2$ 公式计算值	0.303958计算与实际值误差
100	3043	3100	1.87%	3039	0.131622%
200	12,231	12400	1.38%	12158	0.600428%
300	27,397	27900	1.84%	27357	0.146215%
400	48677	49600	1.90%	48634	0.088416%
500	76115	77500	1.82%	75992	0.161859%
600	109499	111600	1.92%	109428	0.064883%
700	149017	151900	1.93%	148944	0.049012%
800	194749	198400	1.87%	194539	0.107948%
900	246325	251100	1.94%	246214	0.045083%
1000	304191	310000	1.91%	303968	0.073363%
2000	1216587	1240000	1.92%	1215872	0.058806%
3000	2736187	2790000	1.97%	2735712	0.017363%
4000	4863601	4960000	1.98%	4863488	0.002323%
5000	7600457	7750000	1.97%	7599200	0.016541%
6000	10943163	11160000	1.98%	10942848	0.002879%
7000	14895145	15190000	1.98%	14894432	0.004787%
8000	19455781	19840000	1.97%	19453952	0.009402%
9000	24621517	25110000	1.98%	24621408	0.000443%
10000	30397485	31000000	1.98%	30396800	0.002254%
....	....	....	....	....	....
38000	438934351	447640000	1.98%	438929792	0.001039%
39000	462332563	471510000	1.99%	462335328	0.000598%
40000	486345715	496000000	1.99%	486348800	0.000634%

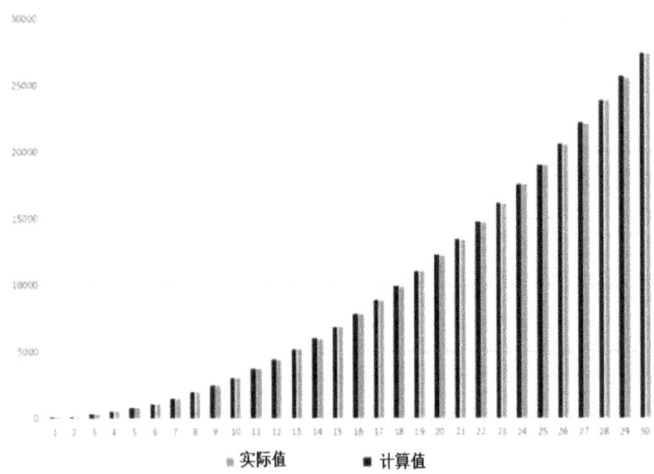

图 3 实际值与计算值之间的误差

第十章 解决方案二：工程数学方法

在这里，我们还可使用与方法一完全不同的另一种方法来佐证大数域自然数数域和分数数域之间数值逻辑关系通项估值公式的存在。我们使用多项式函数作为分数数域的预期基数生成的通项估值公式。我们使用由某些自然数生成的不重复分数的数据，并通过生成多项式函数来分析它们，如下所示：

情况 1：自然数增量为 1；我们使用表 7 中列出的计算机计算出的数据：可以使用多项式函数，通过表 7 中列出的数据生成的所有点来获得以下公式。见图 4：

(8) $Y_{x\ increase=1} = 0.3025 * x^2 + 1.0309 * x + 1.6952$。

当 $x \to \infty$ 时，可以忽略 $1.0309 * x + 1.6952$ 中的所有项。我们的估算公式为：

(9) $Y_{x\ increase=1} = 0.3025 * x^2 \approx Y_{x\ increase=1} = 0.3025 * x^2$。

情况 2：自然数增量为 10；根据表 8 中列出的数据，我们可以使用多项式函数，通过提取从数据中生成的所有点来获得以下公式；

(10) $Y_{x\ increase=10} = 30.399 * x^2 + 1.5598 * x + 0.1354$。

结果见图 5：

此处，x increase = 10 是一个自然数变量，并且其增量为 10。

因此当将步长增加变为步长增加 x 增加= 1 时，将 x increase= 10 更改为以下公式：

(11) $Y_{x\ increase=1} = 0.30399 * x^2 + 0.15598 * x + 0.1354$。

当 $x \to \infty$ 时，可以忽略 $0.15598 * x + 0.1354$ 中的所有项。因为它们对分数数域基数的最后结果没有影响。我们的估算公式为：

(12) $Y_{x\ increase=1} = 0.30399 * x^2 \approx Y_{x\ increase=1} = 0.3039 * x^2$。

情况 3：自然数增量为 100；考虑区间长度为 100、200、300 等，依据表 9 中列的数据，

表 7 自然数增量为 1 计算结果

整数	不重复分数累加个数
2	1
3	3
4	5
5	9
......	......
99	3003
100	3043

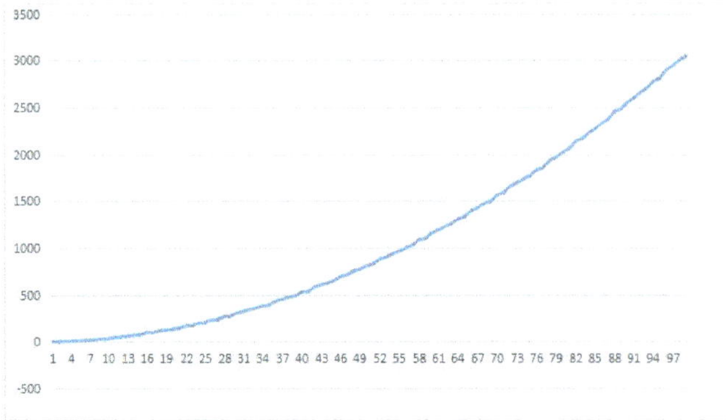

图 4 步长增加为 1 的数据生成的多项式函数

可以使用从 1 到 10^8 所有整数生成的不重复的真分数的所有数据来计算 x 增量= 100、1000、10000 等的每个自然数增量大小，以获得不同的多项式函数。见图 6。并且得到：

(13) $Y_{x\ increase=100}= 3039.6 * x^2+ 16.729 * x + 2.619$。

因此，当通过步长增量转换将 x 增量= 100 改变为 x 增量= 1，可以获得以下公式：

(14) $Y_{x\ increase=1}= 0.30396 * x^2+ 0.16729 * x + 2.619$。

当 $x\to\infty$，可以忽略 0.16729 * x + 2.619 中的所有项。估算公式为：

(15) $Y_{x\ increase=1}= 0.30396 * x^2 \approx Y_{x\ increase=1}= 0.30396 * x^2$

比较后发现，公式（14）和（15）与公式（8）几乎相同，系数差异很小，可以忽略不计；我们尝试了许多其他的自然数步长增加来获得不同的多项式函数，并且它们看起来都非常相似。唯一的存在细微差别之处是系数 0.3039 ...； 如前所述，该系数趋于一个稳定的常数，我们设定该常数为分数生成率常数或**分数生成率大常数，简称大常数：**

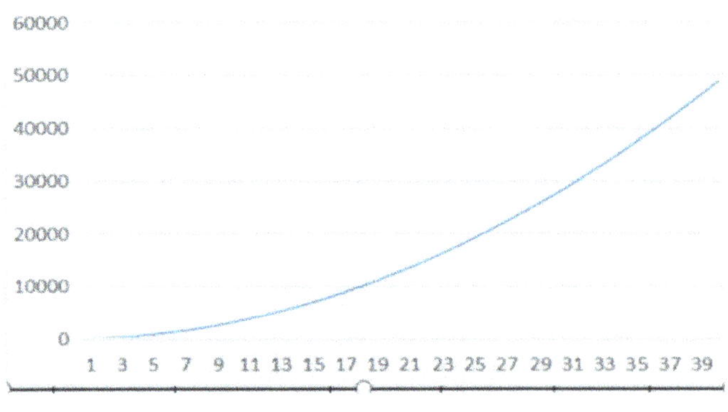

图 5 步长增加为 10 的数据生成的多项式函数

比较方法一和方法二，可总结如下：两种方法是完全独立且不同的解决方案，但是两者都能够产生非常相似甚至几乎相同的分数数域通项估值公式，都能为估值计算无穷大分数数域基数提供足够的计算精度和准确性。

我们这里用各种不同区间，不同步长来寻找大数域分数生成通项估值公式的事实表明，这个分数生成通项估值公式以及分数生成率大常数 $\mathcal{Q}$ 是和区间以及步长毫无关系的，是完全不以任何人的主观意志为转移的独立的客观存在的自然规律。说明工程数学方法和纯经典数学理论方法的推导具有极高的拟合度。在数据量大到一定数量级时，工程数学方法完全逼近纯理论推导。

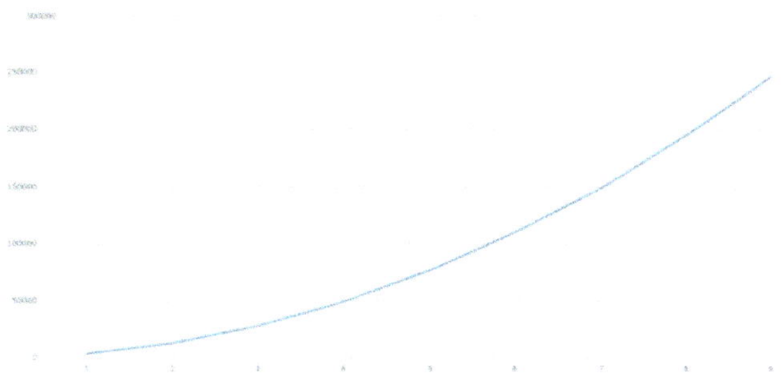

图 6 步长增加为 100 的数据生成的多项式函数

(16) $Q = 0.303963\ldots$；

表 8 自然数增量为 10 计算结果

序号	整数区间长度	整数生成不重复分数累加个数
1	10	31
2	20	127
3	30	277
4	40	489
5	50	773
………	………	……… …..
20	200	12231
21	210	13413
22	220	14725
23	230	16153
24	240	17543
25	250	19023

表 9 自然数增量为 100 计算结果

整数区间长度	整数生成不重复分数累加个数
100	3043
200	12231
300	27397
400	48677
500	76115
600	109499
700	149017
800	194749
900	246325
1000	304191

在后面本篇**第四十五章《经典案例四：用工程数学方法求调和级数之和》**用一节专门介绍讨论工程数学办法求解经典传统数学公式的情况，以说明获得极高的精确度的近似估值公式。目的是用这种方法验证工程数学方法求解经典数学公式的准确性和可靠性。

第十一章 解决方案二的测试和验证

第二种方法的测试与第一种方法的测试相同。此略。

第十二章 大数域分数生成率大常数Q

第一节 分数生成率大常数Q的发现

直觉觉得分数的生成规律没有 ROG 这么简单，背后一定还有更加深刻的东西。让人感到神奇不可思议的是，直觉常常在冥冥之中在迷茫之中指点迷津，引导着探索的发现。在强烈好奇心的驱使下，我们踏上了用计算机逐步计算所有整数生成不重复分数的个数的艰难征途。我们想找出是什么东西在决定着不重复分数生成个数的精度，想找出规律性的东西。我们不断增大整数的个数，从 10^5，10^6，10^7 增加到 10^8，以计算出这些整数所能生成的不重复分数的个数，看看计算结果之间有没有什么规律性的东西。我们首先发现整数每增加一个数量级，生成不重复分数的运算量和时间至少增加 100 倍。根据这些测试用例的结果，无论整数怎么增大，我们发现，所生成的不重复分数的个数的前几位越来越趋向于一个稳定的数值，就是我们前面发现公式（7）里的分数生成率大常数Q=0.303968...，当我们计算到 10^8 这个数值是 0.303963551636591。我们用 10^8 的整数生成的不重复分数的个数的生成率大常数 0.303963551636591 代入公式（8）替换粗略常数 0.303968 去检验前面 10^2，10^3，10^4，10^5，10^6，10^7 的实际生成结果，发现误差精度远远高于用 10^6，10^7 所得的结果。就是说，整数取值越大，整数生成不重复分数的估值公式计算值和实际值的误差精度就越小，该误差是趋于收敛于 0。我们把高速计算机海量计算结果浓缩整理成表 10，可以清晰地反映这个生成率大常数的产生规律。表 10 的第一列是整数，以 10 的倍数递增，第二列是该行整数所生成的不重复分数的个数。假如不用 10，用其他任何一个数也可以得到同样结果，只是取 10 较为方便。

我们发现：每个 10 的 T 次方（T=2，3，…，7，8，…）的 C_F 实际值与公式（7）的系数之间存在相当稳定的逻辑关系，如下所示：

$$C_F \approx [0.3039635516\ 36591 * C_I^2]$$

进一步地，如果我们使用Q =0.303963551636591，则可以获得：

(17) $C_F \approx [0.3039635516\ 36591 * C_I^2]$。

我们把 10^8 以内所有整数按数量级递增所生成的分数的个数开列成表 10。看看其中究竟存在着怎样非比寻常的规律和大数域分数生成率大常数Q是怎么被发现的。

在表 10 中，我们看到，当整数达到 10^8 时，实际值的前 6 位的常数为Q≈**0.**303963551636591。这称为分数生成常数（FGC, Fraction Generating Constant）或分数数域常数（FSC，Fraction System

Constant）或大数域**分数生成率大常数** Q。著名的常数圆周率π非常直观，是几乎所有文明所有文化所有民族在不同地域共同发现的，但神秘的大数域**生成率** Q 却掩藏得极其隐秘，千百年来深深埋藏在极度抽象的不为人知的数域层面，直到今天才为人类历史上首次发现，而且是自然数数域和分数数域之间的大数域数学常数。

表 10 大常数 Q 出现的规律

序号	整数区间 C_I	整数生成不重复分数累加个数 C_I	估值公式计算生成不重复分数累加个数 C_F =[0.303963551636591* C_I^2]	计算值与实际值误差精度%
1	10	31	31	0.0000000000000000%
2	100	3043	3040	0.0985869208018403%
3	1000	304191	303964	0.0746241670529371%
4	10000	30397485	30396356	0.0037141230598518%
5	100000	3039650753	3039635517	0.0005012417951294%
6	1000000	303963152391	303963551637	0.0001313468415035%
7	10000000	30396356427241	30396355163660	0.0000041570146837%
8	100000000	3039635516365910	3039635516365910	0.0000000000000000%

到目前为止，我们知道大数域**分数生成率大常数** Q 是联结自然数数域和分数数域的两个大数域的关键纽带，同时也是联结分数数域和实数数域的两个大数域的关键纽带，是联接人类所有已知大数域的关键纽带。我们用公式（17）中的常数来确定分数数域的基数的估值值的准确性。分数生成常数（FGC，Fraction Generating Constant)还确定了自然数集和分数集之间的定量关系。当我们使 T> 6 时，可以获得更好的 FGC 或大数域**生成率**的 Q 值。常数或**分数生成率或**大数域**生成率** Q（FGC）越精确，需要的计算量就越大。即有常数：

(18) $Q\approx 0.303963551636591...$

就是说，给定一个整数区间 K，区间 K 里所有整数生成的不重复分数的个数之总和是整数个数的平方的某个常数倍，这个常数倍数就是**分数生成率或大数域生成率**，和圆面积是半径平方的常数圆周率π的常数倍的关系类似，只是常数值不同。见表 10。至此，我们终于发现了大数域自然数数域和分数数域之间数值逻辑关系的重要常数或称**分数生成率**或简称大数域**生成率** $Q\approx 0.303963...$；Q 是大数域常数，简称**大常数**。其精度完全取决于自然数 10 的 T 次方的全体自然数生成的分数的个数和截取的位数(有兴趣的读者可以采用 3，4，5，6，7，8，9 代替 10 进行求解，结果也是完全一样的，只是需要做一点简单变换)。

刹那间，迷惑了人类几千年的分数数域和整数数域之间联通的所有障碍被这个标记着大常数 $Q\approx 0.303963...$ 的神秘通道完全打通了。

大自然里分数数域和整数数域之间最神秘的秘密联通通道居然隐藏在这里，居然隐藏得这么深，居然隐藏了千千万万年，躲过了人类几乎所有数学天才比猎鹰和警犬还灵敏千万倍的嗅觉和视觉器官几千年的苦苦搜索，简直太不可思议了！

在发现**大常数 Q** 两年以后的 2021 年 5 月，我们意外地读到了高斯等发现质数定理公式的过程介绍，惊奇地发现文章中高斯的发现过程竟和我们的 Q 常数的发现过程有某种奇异的不谋而合之处，其中的一张图还专门介绍了质数分布规律，其数据图表和我们构造生成分数的分布规律的表 10 居然非常地相似。

表 10 是大数域理论里程碑式的发现。

以下引自参考文献[22]和[39]：“数学家惊呆了！为啥？因为他看到自变量每扩大 1000 倍，比值总是增加大约 7。如果你也对数很敏感的话（其实高中生就可以），你发现这不正是对数的性质吗？我们把对数以及对数和比值的差距加进来：这样就得到了‘素数定理’”。

表 10 第三列里的黑框清晰展示出大常数 Q 随整数个数增加反复出现的规律。

最令人震撼的是，大常数 Q 在整数为 10^7 时精度高达百万分之四；比表 1 的高斯公式同样数量级的精度要高出百万倍以上。参见表 10 第 5 列，“计算值与实际值误差精度%”一列。

表 10 里面最重要的是，从第 5 列可以看出，随着计算整数个数的增加，估值公式与实际计算结果的误差是收敛的，而且收敛速度很快。

大数域理论从最简单的不重复分数发现了最深刻的生成几乎所有无穷大大数域的大常数 Q。

第二节 发现大常数 Q 的最低门槛工作量

在表 10 里，从第二列第二行开始，每一行都是上一行的 10 倍，第三列表面上是干巴巴的数字，其实是人类文明有史以来伟大的信息革命最高成果的辉煌结晶。从第三列第二行开始每一行都是前一行的 100 倍左右；就是说，只要整数增加一个数量级，计算工作量和计算时间就增加两个数量级；第一次完整出现 3039 是在 10^4，第一次完整出现 30396 是在 10^5，第一次完整出现 303963 是在 10^6， 然后这 6 个数一直稳定存在；即要发现完整的 303963 最低门槛，必须计算 10^6 个整数生成的分数，计算工作量至少是 303963152391 次对不重复分数进行的判别。

仅仅只有 8 行 5 列的表 10 这张普通得不能再普通的数据序列，其中最震撼人心的地方，莫过于它完全揭示了几千年来一直深深埋藏在人迹罕至的深山野岭里的大数域之间以及大数域元素之间的一个伟大规律。简简单单的每一行数字，都浓缩着高速计算机昼夜不停地海量规模的计算，凝聚着人类文明发展最伟大的进步，闪烁着现代文明信息革命的伟大光芒，尤其是最后一行，居然让功能已经相当强大的 GPU 都昼夜不息马不停蹄地整整计算了 40 多天。为此，我们理解前人的局限性，若没有高维度正确的哲学思想引领和全新的世界观并且借助现代高速计算机的强大运算功能，人类历史上此前所有伟大的探险英雄，即使是欧拉高斯康托尔这样的旷世英才，仅凭人类微不足道的体力和有限的生命，仅凭人脑的肌肉蛋白细胞的可怜智力根本无法发现这一大自然最神秘的奥秘的，这是穷尽几代甚至几十代天才毕生精力跋山涉水也无法到达的巅峰仙境。

在分析表 10 中的 C_I 分别取 10^1，10^2，10^3，10^4，10^5，10^6，...，10^T 等的实际值之后，我们最终发现以下规则：当 T = 2、3、4、...等时，Q 与每个 10^T 生成的每个实际的值的前 6 位相关。为了获得更高的精度，我们可以使用更大的 T 值并从中获取更多的位数，如表 10 所示。我们发现 0. 3039631 的精度要比 0. 303968 好得多，而 0. 303963 是 303963152391 的实际值的前 6 位数字除以 1000000 的结果。该规则是，可以计算任意 T 的 10^T 以获得生成的不重复真分数的数目或基数，其中 T = 1、2、3、4、5，. . . 10、100、. . . 例如，对于 T = 8，我们获得了 10^8 个自然数所生成的不重复真分数的总数 3，039，635，516，365，910，因此 Q= 0.303963551636591，我们可以提炼并抽象地使用此 Q 作为系数来估值在每个区间中，从 1 到 10^9 的所有数字可以生成多少个不重复真分数。10^9 生成的 Q 可以比 10^8、10^7、10^6...、10^2 等生成的所有其他 Q 值具有更高的精度。

根据表 10，每个实际值除以 1000000 的所有前 6 位数字均接近 0.303 至 0.304 的值；依次为：0.310000，0.304300，0.304191，0.303974，0.303965，0.303963，...。T 越大，常数 Q 值趋于越稳定，最后它将成为一个非常稳定的常数，可用于以非常高的精度估算分数数域的基数；我们测试了从 10 到 1 亿的所有情况都足以证明这一点。因此，我们将小于 100000000 的实际值的前 6 位或更多位作为公式(18)中的当前测试系数。我们可以从 0.303963152391 中取一个常数 Q = 0.303963 来计算 100000000 个自然数，而 100000000 可以生成分数的总个数是 3039635516365910。我们简单地从 3039635516365910 中获取前 6 位数字 303963，然后将该数字除以 1000000。如此，可以获得 Q = 0.303963，一个特定的常数，从而最终得到我们认为可通用的通项估值公式，如下所示：

(19) $C_F \approx Q * C_I^2 = 0.303963551636591 * C_I^2$。

公式（19）就是我们的发现，与圆面积和半径的公式 $A = \pi * r^2$ 非常相似；这个结果以无可辨驳的事实和铁的证据证明，在更高的维度和更深的基础层面整数数域和分数数域之间是密切相连和密不可分的，整数数域和基数数域的基数之间存在牢不可破的数理逻辑关系。

大数域理论发现：无穷大大数域受数值运算生成规律支配。整数数域生成分数数域。整数数域的基数决定分数数域的基数。分数数域的基数远远大于整数数域的基数。

Q = 0.303963 **是大数域理论的第一个重大发现。**

第三节 大数域分数生成定理

大数域分数生成定理：　分数数域的基数和整数数域的基数的平方成正比。

这一定理揭示了分数数域和整数数域之间的深刻数值逻辑关系。

推导过程及证明详见公式（19）。同时，我们也对分数生成率大常数 Q = 0.303963 充满了好奇心。由于计算工作量实在太过巨大而受到我们个人计算机容量（16 G RAM）和运算速度的极大限制，我们寻求阿里云和 GPU 的帮助，花了将近一年的时间来获得 1 到 100000000(即 10^8)的所有结果。根据我们 2 年多来计算的经验估计，只有用 100000000((即 10^9)或更大的自然数生成的分数，才能获得比公式（19）更高精度的分数生成常数生成率；而要获得更高精度的分数生成常数生成率，就需要更快的计算机比如 GPU 和超算。GPU 的计算时间将为 4000 天或更长时间才可以获得更好的分数以生成恒定的分数生成常数 Q，但无论如何，其小数点后 6 位数都是趋于非常稳定的数值 303963。它揭示了自然数数域的基数和分数数域的基数之间深刻的内在逻辑关系和特有的相互制约的定量关系。

据说特斯拉曾经讲过，如果你了解 3，6，9 的美妙之处，你就拥有了通向宇宙客观真相的钥匙。大数域常数或分数生成率或大数域生成率 Q≈0. 303963… 中小数点后的前六位正好包含这三个神秘数字；见参考文献[11]～[12]。这是偶然巧合还是必然规律，仍然是个谜。希望大家尽可能动用世界上最好的超算资源，计算 10^{10}，10^{20}，10^{100}，…，的整数可以生成的不重复分数的个数，彻底揭开无穷大的真正奥秘，看看隐姓埋名几千年踏破铁鞋无觅处神秘的大数域分数生成率大常数 $Q = 0.303963...$ 的小数点后 20 位，100 位，1000 位，…，稳定以后的庐山真面目到底是个什么模样。

第四节 现有大常数 Q 的后三位值的推测

由于我们缺乏必要的超算条件来做进一步的验证计算，这需要至少 10^{10}，10^{20}，10^{100}，10^{200} 以上的巨大规模的运算工作量，根据这几年计算的经验，整数每增加一个数量级，计算量和时间就增加 100 倍。但又按捺不住好奇心，只好冒险大胆推测一下现有小数点后 6 位分数生成率大常数 $Q = 0.303963$ 的接下来的后 3 位数值估计很有可能是 633；即 $Q = 0.303963633$ … 。我们被这个神秘常数深深吸引，甘愿冒着出错的风险，大胆预测后面三位未知的数也是由 3，6，9 组成，愿意仿效俄罗斯伟大化学家门杰列夫发现元素周期表能够准确预言人类未知化学元素性质一样去预测我们现已发现的这个神奇的大常数的其余最近 3 位的数字。如果检验正确，那么以现在 GPU 的计算能力计算 10^8 需要大约 40 天，预估 GPU 计算 10^{15} 可能需要的时间大约是

4000000000000000 天/365 天=10958900000000 年，大约 11 万亿年，早就远远超过已知宇宙年龄。所以我们热切企盼各路英雄能用超算助一臂之力，热切企盼国内外有条件的科学勇士们能用当今世界最快的超算帮助验证一下我们的推测。

第五节 如何计算大常数 Q

按公式（19）， 我们得到：

(20). $Q=\dfrac{C_F}{C_I^2}$；

因此，我们可以手算或用计算机程序计算任何给定整数比如 n 的范围[1，n]以内所有不重复分数的个数，再除以整数 n 的平方就可以得到大数域分数生成率大常数 Q，当 n 趋于无穷大时，n= C_I。比如我们计算 10 以内的大常数 Q，步骤就是先用预先编制好的计算机程序计算给定区间[0，10]内所有整数生成的不重复分数的个数得到 31，再除以 10 的平方 100，得 0.31；再比如我们计算 100 以内的常数 Q，步骤就是先用预先编制好的计算机程序计算给定区间[0，100]内所有整数生成的不重复分数的个数得到 3043，再除以 100 的平方 1000，得 0.3043；其实任何一个数，比如 5341 也是一样。给定区间[0，5341]内所有整数生成的不重复分数的个数得到 8672981，再除以 5341 的平方 28526281，相除 $\dfrac{8672981}{28526281}=0.30403476\ 008$；这个 n 值越大，则 Q 值就越接近一个常数，当 n=10^8 时，10^8 以内所有整数生成的不重复分数分数的个数就是 $Q=0.303963......$；其他数如偶数 20000 生成不重复分数 121590395 个，比值 $\dfrac{121590395}{20000*20000}=0.3039759875$，奇数 20001 生成不重复分数 121603387 个，比值 $\dfrac{121603387}{(20001*20001)}=0.30397806\ 893$ 等也是一样，不再赘述。

再进一步，给定一个非 10 的整数和非 10 的整数次方的数，比如 36589，区间[0，36589]里所有整数（包括 36589）生成的大数域分数生成率 Q 如何计算呢？利用计算机程序可得到如下数值： 区间[0，36589]里所有整数（包括 36589）生成的不重复分数的总的个数：406950701，Q 就近似等于：$Q=\dfrac{406950701}{36589*36589}=0.30397699729$。

第十三章 单分数生成比率与大数域生成率大常数 Q 的关系

单分数生成比率 ROG 与大数域生成率 Q 的关系是局部和全局的关系，共性是 ROG 和 Q 都反映已经存在固定的逻辑关系，不同是单分数生成比率 ROG 描述每一个整数可以生成的不重复分数的个数，比较简单，但是变化起伏很大，很难看出规律；大数域生成率 Q 描述整个整数数域所有整数可以生成的不重复分数的个数的累加，非常有规律，也非常稳定；而大数域生成率 Q 正是基于单分数生成比率 ROG 的概念的大规模扩展才发现规律的，前者微观，后者宏观；前者局部，后者全局，前者个案，后者整体，前者随机变化，后者恒定不变。

第十四章 神奇生成率大常数 Q 和神秘数字 3，6 和 9

人类历史上不同文明的各个民族在不同时期在不同地域都对 3，6，9 这三个神秘数字产生过极大兴趣，比如远古中国的河图洛书（见参考文献[14]），就记录了很多不可思议的东西，都和 3，6，9 三个数字有关；道德经上说“三生万物”，佛教、道教、太极等也屡次提及神秘数字 3，6，9。见参考文献[20]；天才科学家特斯拉对 3，6，9 更是推崇备至，见参考文献[40]。3，6，9 这三个数字背后究竟隐藏着多少秘密，我们尚未得知；最不可思议的是，人类一共发现的 60 多个重要数学常数里，没有一个常数仅仅包含数字 3，6，9。在大数域理论里，这三个神秘数字居然一次性齐刷刷地反复出现在大数域分数生成率 Q 中小数点后的前六位。这似乎在暗示和启迪我们这个大数域生成率大常数后面有什么更大更神奇更深不可测的奥秘。

根据我们的经验，计算的整数每增加一个数量级，工作量和运算时间就增加二个数量级即 100 倍，非常恐怖。计算整数一个亿所生成的不重复分数个数是我们个人能力和有限资源的极限。我们盼望全中国全世界的数学和计算机天才用世界最快的超级计算机来检验我们的发现，求出 10 的 10，20，30，40，50，60，...，乃至 100 次方及其以上的所有整数生成的不重复分数之和，我们计算到一个亿仅仅看清了前六位神奇生成常数生成率或大数域**生成率** $Q\approx0.303963\cdots$ 是稳定不变的，10 亿次以上的运算已经远远超出我们的能力和可调用资源，严重阻碍了我们的探索和发现。

我们非常好奇这个大常数 Q 的前 10 位，前 20 位，前 100 位会是什么模样。希望看到 100 位，1000......稳定以后神奇生成常数生成率或大数域**生成率** $Q\approx0.303963\ldots$ 的全景和全貌，希望看到大数域**生成率** $Q\approx0.303963\ldots$ 是不是特斯拉所说的完全由神奇数字 3，6 和 9 组成，如果是，那么大数域**生成率** $Q\approx0.303963\ldots$ 是不是特斯拉说的打开宇宙奥秘的钥匙。我们很想知道，如果算出神奇生成常数生成率或大数域**生成率** $Q\approx0.303963\ldots$ 的一万位，一亿位甚至更多，能不能确定这稳定的一亿位甚至更多都仅仅包含特斯拉心心念念的宇宙神秘数字 3，6，9？如果是，那么，Q常数生成率或大数域生成率是不是开启宇宙大门的钥匙？如果是，那么宇宙的大门在哪里？如果不是开启宇宙大门的钥匙，那么宇宙大门的钥匙又在哪里？

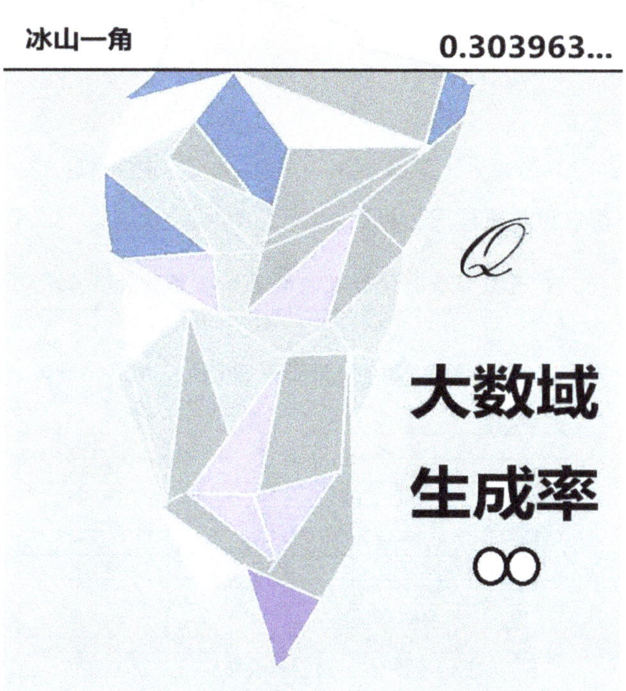

图 7 目前计算的大数域生成率大常数 Q 只是冰山一角

我们的发现只是冰山一角沧海一粟，见图 7。如此微不足道的发现已经让我们热血沸腾，激动不已，更加伟大更加震撼人心的宇宙奥秘还在前面等待着人类去探索发现。如同站在人类伟大先辈肩膀上一样才刚刚看到茫茫宇宙的一些宏伟壮美奇观，希望后来的勇士们站在我们的肩膀上继续前进，继续探索发现，揭示宇宙震撼人心深不可测的伟大奥秘，为人类文明进步作出贡献。

第十五章 偶数数域和奇数数域的基数

偶数数域和奇数数域的基数的计算比较简单，给定任何一个整数 n，在区间[1，n]内，假如 n 是偶数，则在区间[1，n]内的偶数个数恰好是 $\frac{n}{2}$；假如 n 是奇数，则在区间[1，n－1]内的偶数个数恰好是 $\frac{n-1}{2}$；无论哪种情况，在 n 趋于无穷大时都恰好是 C_I，就有如下奇数数域和偶数数域的基数公式：

(21). $C_O = \frac{C_I}{2}$;

(22). $C_E = \frac{C_I}{2}$;

(23). $C_O + C_E = C_I$;

(24). $C_O = C_E = \frac{1}{2}C_I$;

经验证完全符合观察和逻辑推理。见表 11。

表 11 奇数数域和偶数数域的基数在整数数域基数的占比

序号	数字范围	偶（奇）数个数	偶（奇）数占全体整数数百分比（常数）
1	10	5	50.00%
2	100	50	50.00%
3	1000	500	50.00%
4	10000	5000	50.00%
5	100000	50000	50.00%
6	1000000	500000	50.00%
7	10000000	5000000	50.00%
8	100000000	50000000	50.00%
9	1000000000	500000000	50.00%
10	10000000000	5000000000	50.00%

下面证明 $C_E = \frac{1}{2}C_I$。为简单起见，设 $n = 2K$ 是偶数，在区间[0，n]里，偶数的个数即基数是 $C_E" = \frac{1}{2} * n$。先证明偶数情况：

（1）当 $n=2$，则偶数个数为 $C_E" = \frac{1}{2} * n = \frac{1}{2} * 2 = 1$；即一个偶数 2，成立；

（2）设 $n = 2K$ 时，偶数个数为 $C_E" = \frac{1}{2} * n = \frac{1}{2} * 2K = K$ 个偶数，成立；

（3）偶数 n 的唯一一个后继偶数是 $n+2$（偶数增长步长是 2），在区间[0，n+2]里偶数个数为等号左边：$C_E"+1 = K+1$;等号右边：$\frac{1}{2} * n + 1 = \frac{n+2}{2} = \frac{2K+2}{2} = K+1$ 也成立；当 $n \to C_I$ 时，

$C_E" \xrightarrow{K\to\infty} C_E$;偶数基数为 $C_E" = C_E = \frac{1}{2}C_I$;

证毕。

同样，奇数数域的基数 $C_O = \frac{C_I}{2}$ 证明过程也一样，此略。

值得注意的是，无论怎么计算，都无法得出康托尔的整体等于部分的结论。

另外，其他证明方法可以参阅后面本篇第四十二章，经典案例一《经典案例详细分析》一节的详细介绍，采用我们独创的无穷大容器法的证明得到相同的结论。

第十六章 偶数数域和奇数数域生成分数数域的基数

根据我们的计算，我们进一步发现，由全体偶数和全体奇数所生成的不重复分数的总数是不一样的。假设 C_{F_E} 为全体偶数所产生的不重复分数； C_{F_O} 为全体奇数所产生的不重复分数；

我们用计算机计算了 100，1000，10000，100000，1000000 以内的所有偶数和所有奇数所产生的分数的总数。得到结果如下:

第一：所有奇数所产生的分数的总数通项公式：

$Y = 0.8037x^2 + 1.8846x - 2.3786$

自然数增量为 2；我们使用高速计算机计算出的数据，结果见图 8：

当 x→∞ 时，可以忽略 1.0309 * x + 1.6952 中的所有项。**所有奇数所产生的不重复分数基数的通项**公式为：$Y_{x\ increase=2} = (0.8037 / 4)*x^2 = 0.200925 * x^2$， 即为：

(25) $C_{F_O} = 0.200925 * C_I^2$

但是计算到 1000000 的时候，奇数生成分数为：202，641，733，232，故奇数生成常数为 0.202641733232；

(26) $C_{F_O} = 0.202641733232 * C_I^2$

(27) $J = 0.202641733232$；

这里我们得到一个新的**奇数生成常数** $J = 0.202641733232$；

第二：所有偶数所产生的分数的总数通项公式：

$Y = 0.407x^2 + 1.1643x + 1.8046$。

自然数增量为 2；我们使用高速计算机计算出的数据，结果见图 9：

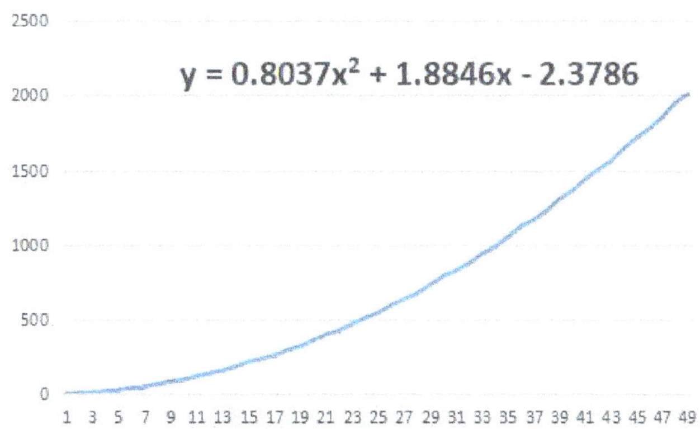

图 8 所有奇数所产生的不重复分数的生成函数

当 x→∞ 时，可以忽略 1.1643x + 1.8046 中的所有项。**所有偶数所产生的分数基数的通项**公式为：$Y_{x\ increase=2} = (0.407 / 4)* x^2 = 0.10175 * x^2$，调整后得：

(28) $C_{F_E} = 0.1013211838788637 \quad * \quad C_I^2$

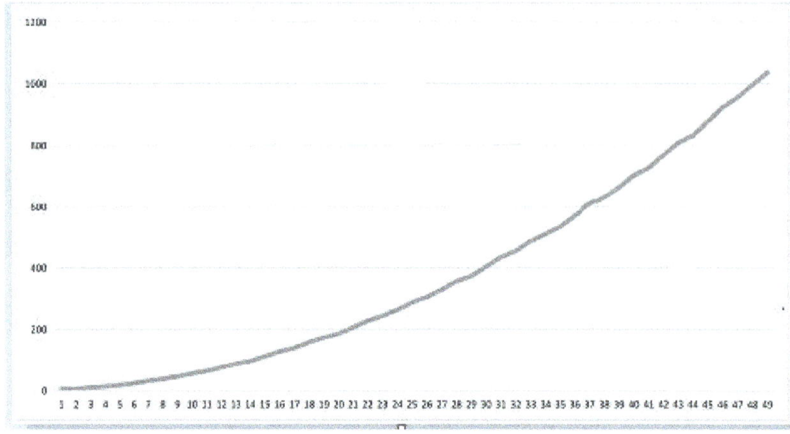

图 9 所有偶数所产生的分数的生成函数

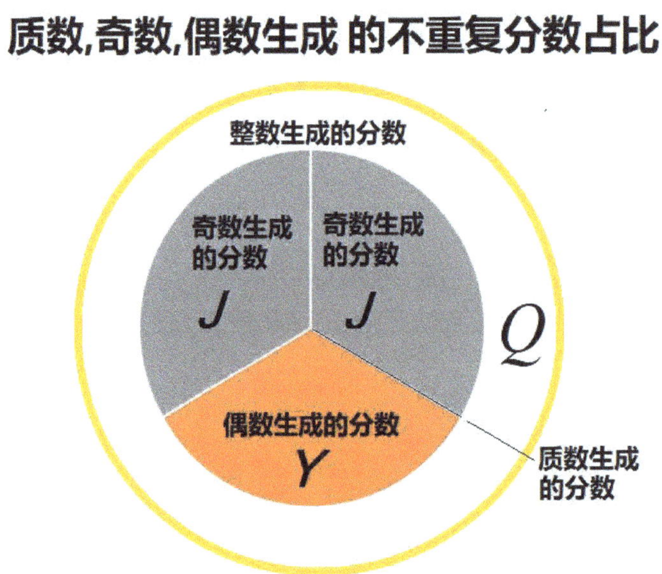

图 10 常数 Q,Y,J 之间的逻辑关系及其占比

但是我们计算到 100，000，000 的时候，全体自然数生成的分数的**基数**是：3，039，635，516，365，910，其中全体偶数生成的分数**基数**为：1，013，211，838，788，637，而其中全体奇数生成分数**基数**为 2，026，423，677，577，273；这里我们得到一个新的**偶数基数生成常数**：

(29) $Y = 0.1013211838788637$;

由(18)，(27)和(29)得知，

奇偶数生成分数大常数定理：全体自然数生成分数大常数 Q 等于全体偶数生成分数大 Y 常数与奇数生成分数大常数 J 之和； 即：

(30) $Q = Y + J =$

$$0.1013211838788637 + 0.2026423677577273 = 0.303963551636591;$$

我们发现奇数生成常数是偶数生成常数的 2 倍：$\frac{0.10132118\ 38788637}{0.20264236\ 77577273} \approx 0.5$；即

(31) $J = 2 * Y;$

由(17)，(27)，(28)，(29)，(30)和(31)得知，我们发现了决定分数数域基数的几个重要常数 Q，Y，J 和通项公式；这些互相关联常数可从图 10 看出来。

我们还发现，按高斯质数定理，所有质数生成的全部不重复分数个数为 $C_P = \frac{C_I}{ln(C_I)}$，$C_P$ 占全体整数生成分数的总数 C_I 的比率是：$\frac{C_P}{C_I} = \frac{\frac{C_I}{\ln(C_I)}}{Q*C_I^2} = \frac{\frac{C_I}{\ln(C_I)}}{Q*C_I^2} = \frac{1}{Q*C_I*\ln(C_I)} \to 0$，因此图 10 里我们只画一条极细的细线表示 C_P 占比，C_P 和整个整数以及偶数和奇数生成的不重复分数个数 C_I，C_E 和 C_O 相比可以忽略不计。我们计算到 10^5，所有的计算结果完全正确。

第十七章　质数数域生成分数数域的基数

我们知道，质数 P 可生成 P－1 个不重复分数。区间[1，100]里有质数 25 个：2，3，5，7，11，13，17，19，23，29，31，37，41，43，47，53，59，61，67，71，73，79，83，89，97。可生成 2+3+5+7+11+13+17+19+23+29+31+37+41+43+47+53+59+61+67+71+73+79+83+89+97-25=1035 个不重复分数，这是质数数域生成的分数数域在[1，100]区间里的数值。见表 12。

表 12 质数数域生成的分数及其占比

序号	数字范围	区间真分数个数	真分数累积	重复和不重复真分数之比	素数个数	素数累积	素数生成分数	素数累积生成分数	素数生成分数累积和真分数累积占比
1	10	31	31	68.89%	4	4	13	13	41.94%
2	20	96	127	66.84%	4	8	56	69	54.33%
3	30	150	277	63.68%	2	10	50	119	42.96%
4	40	212	489	62.69%	2	12	66	185	37.83%
5	50	284	773	63.10%	3	15	128	313	40.49%
6	60	328	1101	62.20%	2	17	110	423	38.42%
7	70	392	1493	61.82%	2	19	126	549	36.77%
8	80	472	1965	62.18%	3	22	220	769	39.13%
9	90	514	2479	61.90%	2	24	170	939	37.88%
10	100	564	3043	61.47%	1	25	96	1035	34.01%

第一节 质数生成分数的基数通项估值公式

从高斯质数定理（1）和我们发现的分数生成定理（19）推导出质数生成分数的基数通项估值公式，经系数调整，可得给定区间[1，n]里初步给出质数生成的分数的基数经验通项估值公式为：

$$(32)\quad C_{FP}=[\frac{G*C_I^{\ 2}}{lnC_I}]=[\frac{0.51600669\,113239*C_I^{\ 2}}{lnC_I}]；\quad G=0.51600669\,113239...;$$

这里，$G=0.51600669\,113239...$ 是质数生成不重复分数的常数；

表 13 步长 100 万 15 个子区间的 100 万个质数生成分数的基数估值公式

序号	区间	质数生成分数个数累加	估值公式 $\frac{0.51600669113239*C_I^2}{ln(C_I)}$	误差
1	1000000	37,550,323,525	37,349,809,764	0.533986773441%
2	2000000	142,913,679,989	142,261,731,011	0.456183745310%
3	3000000	312,470,855,449	311,386,748,517	0.346946575462%
4	4000000	544,501,361,115	543,100,447,747	0.257283721947%
5	5000000	838,596,344,595	836,318,338,636	0.271645109553%
………		………		………
10	10000000	3,203,324,329,777	3,201,412,265,485	0.059689999985%
11	11000000	3,853,639,343,263	3,850,937,321,790	0.070116096288%
12	12000000	4,561,367,615,959	4,558,470,042,578	0.063524223979%
13	13000000	5,326,233,726,367	5,323,729,080,357	0.047024710869%
14	14000000	6,147,375,805,903	6,146,458,062,766	0.014929022817%
15	15000000	7,026,421,677,367	7,026,421,677,367	0.000000000007%

表 14 各种系数计算结果比较

序号	区间	质数生成分数个数累加	经验估值公式(1)计算分数个数 $\frac{0.51600669113239*C_I^2}{ln(C_I)}$	公式(1)误差	经验估值公式(2)计算分数个数) $\frac{0.5282285\ *C_I^2}{ln(C_I)}$	公式(2)误差	经验估值公式(3)计算分数个数) $\frac{0.519*C_I^2}{ln(C_I)}$	公式(3)误差
1	1000000	37,550,323,525	37,349,809,764	0.533986773441%	38,234,453,789	1.82190%	37,566,472,685	0.04301%
2	2000000	142,913,679,989	142,261,731,011	0.456183745310%	145,631,252,600	1.90155%	143,086,978,645	0.12126%
3	3000000	312,470,855,449	311,386,748,517	0.346946575462%	318,762,058,546	2.01337%	313,193,075,318	0.23113%
4	4000000	544,501,361,115	543,100,447,747	0.257283721947%	555,963,982,237	2.10516%	546,250,925,084	0.32131%
5	5000000	838,596,344,595	836,318,338,636	0.271645109553%	856,126,847,058	2.09046%	841,169,746,849	0.30687%
6	6000000	1,192,390,554,405	1,190,229,992,074	0.181195860933%	1,218,421,028,589	2.18305%	1,197,134,410,275	0.39784%
7	7000000	1,607,060,948,523	1,604,190,912,449	0.178589124239%	1,642,186,766,100	2.18572%	1,613,496,681,088	0.40047%
8	8000000	2,080,482,962,471	2,077,667,678,735	0.135318759475%	2,126,878,004,292	2.23001%	2,089,720,043,934	0.44399%
9	9000000	2,613,520,980,609	2,610,206,290,716	0.126828516703%	2,672,029,989,785	2.23870%	2,625,347,864,983	0.45253%
10	10000000	3,203,324,329,777	3,201,412,265,485	0.059689999985%	3,277,238,896,200	2.30743%	3,219,983,372,968	0.52005%
11	11000000	3,853,639,343,263	3,850,937,321,790	0.070116096288%	3,942,148,193,116	2.29676%	3,873,276,266,289	0.50957%
12	12000000	4,561,367,615,959	4,558,470,042,578	0.063524223979%	4,666,439,087,450	2.30351%	4,584,913,321,388	0.51620%
13	13000000	5,326,233,726,367	5,323,729,080,357	0.047024710869%	5,449,823,567,892	2.32040%	5,354,611,558,702	0.53279%
14	14000000	6,147,375,805,903	6,146,458,062,766	0.014929022817%	6,292,039,189,808	2.35325%	6,182,113,118,679	0.56508%
15	15000000	7,026,421,677,367	7,026,421,677,367	0.000000000007%	7,192,845,067,295	2.36854%	7,067,181,323,851	0.58009%

表 13 是质数生成的分数的基数估值公式，演算给定整数 n =15，000，000 以内所有质数生成分数个数之和，精度随 n 增加而增加，误差→0；表 14 是我们推导的质数生成的分数的基数估值公式在几个不同常数下计算不同的基数值进行比较。

取系数为 $\boldsymbol{G} = 0.519$ 的公式计算表，整体趋于收敛，在取整数 1500 万值时，误差为 0.58009%，而公式（32）的误差却为 0。给定整数越大，则公式（32）的误差就越小，当区间整数=15000000 时，系数 0.519 似乎比系数 0.51600669113239 的误差要小得多，但是当区间整数=1000000 即 100 倍以后，系数 0.51600669113239 似乎比系数 0.519 的误差明显反超，要小许多。还可以看到，系数 0.5282285 的精度误差是三个系数 0.51600669113239，0.5282285 和 0.519 里最大的。

第二节 质数和奇偶数生成的分数数域基数之间的关系

由公式（25），（28）和（32）我们可以看出，全体奇数，偶数和质数生成的几种不同分数数域基数之间的关系是非常有规律的：奇数生成的分数数域的基数是偶数的 2 倍；由于奇数包含质数，所以搞清奇数和质数生成的 2 种不同分数数域基数之间的关系就可以了。根据公式（32），

$$C_{FP} = [\frac{0.51600669\ 113239 * C_I^{\ 2}}{\ln C_I}]$$

根据公式（25），

$$C_{Fo} = 0.200925 * C_I^2$$

求出 C_{FP} 和 C_{Fo} 的相对发散速度为：

$$\frac{C_{Fo}}{C_{FP}} = \frac{0.200925\ * C_I^2}{\frac{0.51600669\ \ 113239\ \ * C_I^2}{\ln C_I}} = 0.38938448\ \ 561 * \ln C_I ;$$

即质数生成的分数数域的元素的发散速度比奇数生成的分数数域的元素的发散速度要快得多，大无穷大倍；奇数生成的分数数域的基数比质数生成的分数数域的基数大无穷大倍，大 $0.38938448561 * ln(C_I)$ 倍。同样偶数生成的分数数域的基数比质数生成的分数数域的基数大 $\frac{0.38938448\,561 * ln(C_I)}{2} = 0.19469224\,28 * ln(C_I)$ 倍。即在整个由全体整数，偶数和奇数分别生成的所有相应的分数数域里面，整数生成的分数数域可以分为三等份，一份是全体偶数生成的，两份是全体奇数生成的，见图 10。质数生成的分数数域的基数在总的分数数域基数里的占比可以忽略不计。即质数在生成分数数域基数甚至生成实数数域和超越数数域的贡献无足轻重可以忽略不计。

第十八章 不重复分数之值的总和

第一节 [0，1]区间分数值之和

继续提升问题难度，检测一下大数域理论和大常数 Q 的威力。数学历史上人们似乎都对质数的几个著名问题猜想津津乐道趋之若鹜，以为质数问题就是宇宙终极难题。然而有一个问题似乎几千年无人问津，欧拉高斯等天才都把比较简单的特例解决了，唯独没有触碰这个难题。这就是区间[0，1]里所有不重复分数值之和等于多少。这也是第一作者少年时代迷茫困惑的一个问题。

这个问题看似简单，其实是一个比连续统问题难度还大得多的难题，因为这个问题的解决，仅仅破解连续统问题是远远不够的，仅仅发现大常数 Q 也不够，还需要前无古人的全新的强大的公理体系提供理论依据，这个问题是传统数学完全无能为力的。这也是这个问题几千年无人问津的缘由之一。今天用大数域基础理论的牛刀小试一下这个难题。

下面用大数域理论发现的大常数 Q 和独创的无穷小瞬时等差公理，解决第一作者少年时代的疑惑，所有分数之和是多少，用数学语言就是：区间[0，1]里所有分数的值加在一起等于多少。大数域理论发现了这个公式，现在我们用计算机检验一下大数域理论的威力。这里要采用后面将定义的无穷小等差的重要概念和**瞬时等差公理**，见概念定义 58-**无限可分瞬时等差**和**大体系第六公理：瞬时等差公理**。其余类推。根据公式（19），我们得到所有自然数生成不重复分数基数的通项估值公式：

$$C_F \approx \quad Q * C_I^2 = [0.30396355\,16365910 * C_I^2] \quad 。$$

根据这个通项公式，在区间[0，1]而且在某个时刻，**有序排列的分数之间的间距在无限可分情况下**都是**无穷小**因此可认为**分数之间间距**是**无穷小瞬时等差，这是无限可分永恒动态的瞬时静态**，设 0 是不重复真分数下限的极限值；1 是不重复真分数上限的极限值，可以求出区间[0，1]里所有自然数生成不重复分数之和：

$$\frac{1}{2}+\frac{1}{3}+\frac{2}{3}+\frac{1}{4}+\frac{3}{4}+\frac{1}{5}+\frac{2}{5}+.... = C_{F_{Sum}} \approx \frac{(Q * C_I^2)}{2} * (0+1) = \frac{Q * C_I^2}{2} = 0.1519817758182955 * C_I^2 \text{。}$$

即：

$$(33) \quad C_{F_{Sum}} \approx \; = 0.1519817758182955 * C_I^2 = S * C_I^2 = \frac{Q}{2} * C_I^2 \text{。}$$

我们设常数 $\boldsymbol{S}$=0.1519817758182955 是分数之和常数，比如 1000 以内所有自然数生成分数之和实际值为：152095.499999998；

公式（33）是**整数分数定理：**所有整数生成分数的值之和为整数生成分数基数的二分之一。

为什么可以用传统数学的等差级数之和公式求解所有分数之值的和呢？因为大数域理论独创的**传承公理**在公理体系和基础理论上保证了传统数学的所有公式都可以被大数域理论继承，特别是由后面的大数域无穷小动态瞬时等差公理： **在某一时刻所有相邻分数都无限小等差所有分数的最近相邻前驱间距和最近相邻后继间距趋于0的无穷小的极限瞬间是完全相等的，即整个分数序列是无穷小动态限瞬间等差序列（见瞬时等差公理）**。这是欧几里得等量公理体系完全无能为力的。可以看出，有了传承公理和瞬时等差公理的强大支持，大数域理论不但可以在更高维度上兼容整合几乎所有传统数学的公式，更可以解决许多传统数学束手无策的难题。

我们发现的估值公式(31)计算值为：151981.50，误差精度为(152095.499999998-151981.7758182955)/152095.499999998=0.074771562%；

10000 以内所有自然数生成分数之和是：15198742.499999998，精度误差为(15198742.499999998-15198177.58182955)/ 15198742.499999998=0.003716874%；

100000 以内所有自然数生成分数之和是：1519825376.4999976，精度误差为(1519825376.4999976-1519817758.182955)/ 1519825376.4999976=0.000501262%

1000000 以内所有自然数生成分数之和是：151981776195.5，精度误差为(151981776195.5-151981775818.2955)/ 151981776195.5=0.0000248190611%，见表 15。

可见，自然数取值越大，自然数生成分数之和与我们发现的估值公式的计算结果的误差就越小，在取自然数 1000000（一百万）时，精度高达千万分之二。即当自然数 K 越大，则自然数 K 以内所有自然数生成的分数的值之和的前几位是一个常数，等于Q常数的一半，测试验算全部准确无误，其测试验算过程省略。自然数数域基数，分数数域基数和自然数生成分数之和与圆的半径及圆面积的关系，可参见图 11。**公式（33）的难度，深刻程度以及对全新公理体系的苛刻要求已经远远超过传统数学的欧拉公式：** $1+\frac{1}{2}+\frac{1}{3}+\frac{1}{4}+\frac{1}{5}+....+\frac{1}{n}=ln(n)+\gamma$。

表 15 全体自然数生成不重复分数之和公式误差

区间	所有整数生成不重复分数值之和累加实际值	整数生成不重复分数值之和估值公式值 $C_{Fsum}=0.151981775818295*C_I^2$	精度误差
10	15.5000000000	15.1981775818	1.9472414076%
100	1521.5000000000	1519.8177581830	0.1105646939%
1000	152095.4999999990	151981.7758182950	0.0747715624%
10000	15198742.4999999000	15198177.5818295000	0.0037168744%
100000	1519825376.4999900000	1519817758.1829500000	0.0005012627%
1000000	151981776195.5000000000	151981775818.2950000000	0.0000002482%

第二节 偶数和奇数生成的不重复分数值之和

同样可以求出所有偶数生成不重复分数之和$\frac{1}{2}+\frac{1}{4}+\frac{3}{4}+\frac{1}{6}+\frac{5}{6}+\frac{1}{8}+\frac{3}{8}+\frac{5}{8}....$以及求出所有奇数生成不重复分数之和$\frac{1}{3}+\frac{2}{3}+\frac{1}{5}+\frac{2}{5}+\frac{3}{5}+\frac{4}{5}+\frac{1}{7}+\frac{2}{7}+\frac{3}{7}+\frac{4}{7}+\frac{5}{7}+\frac{6}{7}....$的通项估值公式分别是：

(34) $C_{F_{SumEven}} \approx 0.1013211838788637* \frac{1}{2}C_I^2* = \frac{1}{6}*Q*C_I^2$

(35) $C_{F_{SumOdd}} \approx 0.2026423677577273*\frac{1}{2}*C_I^2 = \frac{1}{3}*Q*C_I^2$

所有公式测试验证完全正确，此处省略。

由公式（33），（34）和（35）我们有：

(36) $C_{F_{Sum}} = C_{F_{SumEven}} + C_{F_{SumOdd}}$ 。

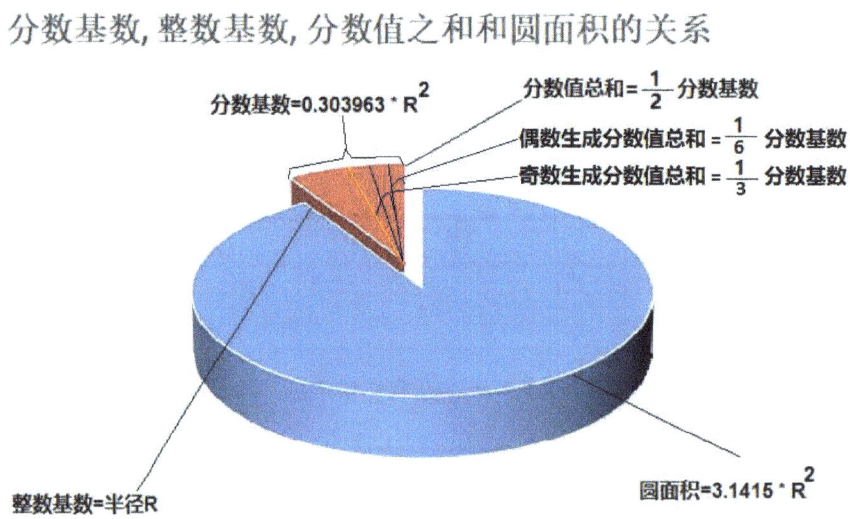

图 11 分数值总和以及分数、整数等基数相对大小示意图

公式（34）是**偶数分数定理**，即所有偶数生成分数的值之和为整数生成分数基数的六分之一。

公式（35）是**奇数分数定理**，即所有奇数生成分数的值之和为整数生成分数基数的三分之一。

公式（36）是**整数分数整合定理**，即所有奇数生成分数的值之和为整数生成分数的值之和的三分之二，所有偶数生成分数的值之和为整数生成分数的值之和的三分之一，所有奇数和偶数生成分数的值之和等于整数生成分数的值之和。

我们的发现和测试表明，等差数列之和通项公式对公差 d 为静态固定值的自然数等差数列是有效的，对公差 d 为动态无限可分值的分数数列也是有效的。

第三节 分数基数的试金石

当年几乎无人相信爱因斯坦在广义相对论里预言光线经过大质量天体如太阳会弯曲，好在极具探险和求真精神的英国科学家亚瑟·爱丁顿决心验证一下。第一次世界大战过后，爱丁顿率领观测队在西非普林西比岛观测 1919 年 5 月 29 日的日全食，拍摄日全食时太阳附近的星星位置，大队人马千里迢迢跋山涉水不辞辛苦，要检验究竟是爱因斯坦时空观正确还是牛顿时空观正确。实验结果最后确定爱因斯坦理论正确，爱丁顿的老祖宗牛顿的时空观是错的。见参考文献[98]。

今天，风驰电掣历史列车的车轮来到一个数学发展历史的紧要关口，来到一个数学基础理论大是大非的十字路口。基础数学何去何从，等待证据的检验和审判，等待真理的检验和审判。

康托尔无穷大理论说，分数数域的基数和整数数域的基数一样多，都是 C_I，大数域无穷大理论说，分数数域的基数和整数数域的基数不一样多，分数数域基数是 $Q*C_I^2$。究竟谁对谁错，孰是孰非呢？有没有一个经典的案例可以作为统一标准来检验分数数域的基数究竟几何呢？有。

这个检验标准和试金石就是[0，1]区间里所有真分数值之和。我们的检验标准就两个：
第一，随着整数 n 的不断增加，10^1，10^2，……，10^{10}，10^{100}，……，所有 n 个整数生成的不重复分数值之和的实际值和公式计算值应该趋于一致；
第二，随着整数 n 的不断增加，所有 n 个整数生成的不重复分数值之和的实际值和公式计算值的误差精度应该收敛趋于 0；

由上一节公式（33）得知，[0，1]区间分数值之和是 $0.5*Q*C_I^2$，因为大数域理论证明分数数域基数是 $Q*C_I^2$，最震撼的是当区间增加时，通项公式计算值和实际值的误差是趋于 0 收敛的。表 15 表明在整数 1 到 1000000 即 100 万的整数生成的分数的值之和，计算值和实际值的误差居然小于 1 亿分之 3，即达到 0.0000002482%，这样骇人听闻的精度只有大数域大常数才能获得。而且整数区间从 10 的 5 次方增加一个数量级到 10 的 6 次方，计算值和实际值的误差收敛就缩小 0.0005012627/0.0000002482=2020 倍，即误差收敛超过 3 个数量级；再来看康托尔的分数数域基数是 C_I，假设所有分数都是均匀分布，[0，1]区间里最大分数值逼近 1，最小分数值逼近 0，运用大数域无穷小动态瞬时等差公理，就有康托尔的[0，1]区间里所有分数个数是 C_I，则所有分数值之和公式为：$(0+1)*C_I = 0.5*C_I$。康托尔本人并没有发现这个公式，这是我们从大数域理论推导的结果。有兴趣的读者可以自行验算一下。因此我们说，[0，1]区间分数值之和的通项公式 $0.5*Q*C_I^2$ 是检验分数数域基数的划时代的里程碑标志和试金石。

即使是求解任意给定整数区间里整数生成的不重复分数值之和这个大数域理论一般问题，也远远超过了以欧几里得等量公理体系为基础的传统数学和一一对应映射为基础的康托尔集合论的认知范围，是这些传统数学和传统无穷大理论永远无法理解和解决的难题。

第十九章 质数生成分数之值的总和

继续提升问题难度，检验大数域理论公理体系的威力。采用前面的高斯质数公式（1）和公式（32），我们可以求出所有质数生成不重复分数的值之和，根据大数域无穷小动态瞬间等差公理，所有由质数生成的分数数域的元素序列也是动态瞬间等差序列，因此有在区间[0，1]：

$C_{FP_{sum}} = \frac{1}{2}+\frac{1}{3}+\frac{2}{3}+\frac{1}{5}+\frac{2}{5}+\frac{3}{5}+\frac{4}{5}+\frac{1}{7}+\frac{2}{7}+\frac{3}{7}+\frac{4}{7}+\frac{5}{7}+\frac{6}{7}....+\frac{1}{P}+\frac{1}{P}...+\frac{p-1}{P}$；我们知道，每个质数 P 可以生成 $\frac{1}{P},\frac{2}{P},\frac{3}{P},...,\frac{P-1}{P}$ 共 $(P-1)$ 个不重复分数；这 $(P-1)$ 个不重复分数数值之和是：$\frac{1}{P}+\frac{2}{P}+\frac{3}{P}+,...,+\frac{P-1}{P}=\frac{1+2+3++...+(P-1)}{P}=\frac{(1+P-1)*(P-1)}{P}*\frac{1}{2}=\frac{P*(P-1)}{2*P}=\frac{(P-1)}{2}$ ；质数生成最大分数值 $\frac{(P-1)}{P}\xrightarrow{P\to\infty}1$ 应该无限接近 1，即上限为 1；质数生成最小分数值 $\frac{1}{P}\xrightarrow{P\to\infty}0$ 应该无限接近 0，即下限为 0；按高斯质数定理，在给定区间[1，C_I)里一共有最多 $\frac{C_I}{lnC_I}$ 个质数，知道了质数生成分数总个数为公式（32）， 以及每个质数可生成的全体不重复分数的值之和是固定不变的 $\frac{(P-1)}{2}$，那么，给定区间[1，C_I)里其所有质数生成分数值之和就是：$\frac{C_I}{lnC_I}*\frac{(P-1)}{2}*(0+1)*\frac{1}{2}$；当 P 趋于无穷大，则 $(P-1)\xrightarrow{P\to\infty}C_I$；就变成：$0.25*\frac{C_I^2}{lnC_I}$；调整系数后，可以得到全体质数生成不重复分数之值总和的基数 $C_{FP_{sum}}$ 的通项估值公式（也称**全体质数生成分数值之和定理**）为：

(37) $C_{FP_{sum}} \approx [\frac{0.51600669\ 113239\ *C_I^2}{2*ln(C_I)}] = [\frac{0.25800334\ 556*C_I^2}{ln(C_I)}] \approx \frac{C_{FP}}{2}$

以及单个质数生成分数值之和定理：

(38) $\frac{1}{P}+\frac{2}{P}+\frac{3}{P}+,...,+\frac{P-1}{P}=\frac{P-1}{2}$

公式（37）中的常数 W =0.25800334556 是**全体质数生成分数之和常数**。且质数生成分数之和常数 $W = 0.25800334556...$ 与质数生成分数的常数 $G = 0.51600669\ \ 113239\ ...$ 的逻辑关系为：

(39) $W = \frac{G}{2} = 0.25800334556$；

计算结果和实际数据的误差见表 16。这里 W 和 G 都是估值常数，更精确的常数值有待大量计算获取。**这个难题难度超过连续统，在传统数学的欧几里得等量公理体系里完全无解。**

单个质数生成分数值之和定理：单个质数和该质数所生成的所有不重复分数的值之和是一个定数，其值等于该质数减 1 后余下的一半。简称**单质分值定理**。

全体质数生成分数值之和定理：全体质数所生成的所有不重复分数的值之和恰好是全体质数所生成的所有不重复分数的基数的一半。简称**全质分值定理**。

求解这个公式用到了大数域无穷小动态瞬间等差公理，即所有由质数生成的分数数域的元素序列也是动态瞬间等差序列，这个瞬间等差公理也是大数域理论最重要的公理之一。

公式（37）被称为**全体质数生成分数值之和定理**，（38）被称为**单个质数生成分数值之和定理；两个定理都**深刻揭示了质数和质数所生成的所有不重复分数的值之和之间深层稳定的数理逻辑关系，根据在网上搜索与有关查询，可初步确认是我们第一次发现和提出了这两个重要定理。

表 16 估值结果和真实计算结果的对比

序号	单个质数P	单个质数生成不重复分数个数 (P-1)	质数生成不重复分数值之和 $\frac{P-1}{2}$	全体质数生成不重复分数值之和累加	$C_{FPnum}=\frac{0.25800334556*C_I^2}{ln(C_I)}$ 公式生成值	公式生成值和实际值误差
1	2	1	0.50	1	1	197.7761177377%
2	3	2	1.00	2	2	40.9068594378%
3	5	4	2.00	4	4	14.5046370212%
4	7	6	3.00	7	6	0.0494294023%
5	11	10	5.00	12	13	13.2094436132%
6	13	12	6.00	18	17	2.8606487514%
7	17	16	8.00	26	26	3.2057088987%
8	19	18	9.00	35	32	8.3123406469%
9	23	22	11.00	46	44	4.3326797704%
10	29	28	14.00	60	64	8.2986630049%
11	31	30	15.00	75	72	3.0843796748%
12	37	36	18.00	93	98	5.7473364575%
13	41	40	20.00	113	117	3.8122663082%
14	43	42	21.00	134	127	4.9932324438%
15	47	46	23.00	157	148	5.4134614886%
......		......	......	......	......	......
165	977	976	488.00	36,496	35,772	1.9825082627%
166	983	982	491.00	36,987	36,181	2.1791297301%
167	991	990	495.00	37,482	36,729	2.0087022734%
168	997	996	498.00	37,980	37,142	2.2046052459%

第二十章 布朗常数 B_2 在大数域理论里的意义

由参考文献[83]和[84]我们得知，布朗常数（也叫布隆常数）是 1919 年，挪威数学家维果·布朗（Viggo Brun）证明了所有孪生素数的倒数之和收敛于一个数学常数，称为布朗常数(Brun's constant) $B_2=(\frac{1}{3}+\frac{1}{5})+(\frac{1}{5}+\frac{1}{7})+(\frac{1}{11}+\frac{1}{13})+(\frac{1}{17}+\frac{1}{19})+(\frac{1}{29}+\frac{1}{31})+...\approx 1.902160578$

大数域理论怎么解读这个由无穷多对孪生质数的倒数之值之和的布朗常数呢？对大数域理论有什么意义呢？其实布朗常数 $B_2 = 1.90216057\ 8...$ 和欧拉公式的伽玛常数 γ 意义非常类似。分析过程也一样。这里简单说一下。

（1）无穷多对孪生质数的倒数组成一个元素无穷多的序列；

（2）这些无穷多的序列的元素的值是收敛的；

（3）无穷多对孪生质数的倒数之值之和收敛于一个常数（超越数）；

（4）所有孪生质数的倒数形成的数域的基数和孪生质数的基数是一样多的；

（5)所有孪生质数数域基数个倒数的元素的值之和可以是一个有限的超越数而小于某个整数2；即基数和超越数可以统一在一个公式里。

（6）布朗常数是孪生质数生成的不重复分数里一个很小的子域的元素值之和，是一个非常特殊的特例。更加复杂的例子如所有孪生质数生成的所有不重复分数之和，在大数域理论创立之前，人类束手无策，传统数学只能只能处理一些最简单的特例。

后面可以看到，大数域理论可以处理所有难度远远超过布朗公式和布朗常数的几乎任何孪生质数生成的分数的问题，而不仅仅处理一些简单特例，并完全拓展了布朗常数的局限，扩展到所有领域。见本书《第八篇 大数域理论对无穷大∞探索的主要贡献》中的《第四章 大数域理论和孪生质数定理：孪生质数生成分数数值之和》。

布朗常数和欧拉伽玛常数的不同是，伽玛常数是一个基数数值附带的超越数常数项，布朗常数没有基数而全部身家就是一个超越数常数项。

布朗常数再一次表明，任何传统数学里有意义的公式和常数，大数域理论都可以并行不悖完美无缺地兼容整合进大数域理论体系并且赋予前所未有的全新的内容。

第二十一章 分数基数与分数值之和的关系

由公式(33)知道，不重复分数值之和 $\frac{1}{2}+\frac{1}{3}+\frac{2}{3}+\frac{1}{4}+\frac{3}{4}+\frac{1}{5}+\frac{2}{5}+\frac{3}{5}+\frac{3}{5}....+\frac{n-2}{n}+\frac{n-1}{n}+...$

$$=C_{F_{Sum}}=[Q*C_I^2]*(0+1)*\frac{1}{2}=0.1519817758182955*C_I^2;$$

而我们知道所有分数数域基数是公式（19）。因此分数值之和与分数基数之比是一个常数：

(40). $$\frac{C_{F_{Sum}}}{C_F}=\frac{[Q*C_I^2]*0.5}{[Q*C_I^2]}=0.5;$$

验证 10，100，一直到 10^6，都准确无误。比如：自然数 7 可以生成 6 个不重复分数：

$\frac{1}{7},\frac{2}{7},\frac{3}{7},\frac{4}{7},\frac{5}{7},\frac{6}{7}$而$(\frac{\frac{1}{7}+\frac{2}{7}+\frac{3}{7}+\frac{4}{7}+\frac{5}{7}+\frac{6}{7}}{6})=0.5$；又比如：自然数 14 可以生成 6 个不重复分数：

$\frac{1}{14},\frac{3}{14},\frac{5}{14},\frac{9}{14},\frac{11}{14},\frac{13}{14}$；而其值之和$(\frac{\frac{1}{14}+\frac{3}{14}+\frac{5}{14}+\frac{9}{14}+\frac{11}{14}+\frac{13}{14}}{6})=\frac{(\frac{42}{14})}{6}=0.5$；

随机检验任何一个自然数所生成的不重复真分数值之和与该自然数生成的不重复真分数的个数之比，都是 0.5。这个常数又反过来证明分数数域基数通项估值公式的正确。

第二十二章 全体假分数的基数

按照经典数学的规定，分子大于或等于分母的分数叫假分数，假分数大于 1 或等于 1。 假分数（improper fraction）和真分数相对，分子小于分母的分数叫真分数。全体假分数基数其实就是数轴上所有区间全体分数基数和整数基数之和。

简言之，假分数就是自然数与真分数的和，比如$2\frac{1}{14},3\frac{3}{4},9\frac{5}{7},7\frac{9}{4},3\frac{11}{8},8\frac{13}{2}$，等等。由于假分数在分数生成实数的过程中扮演举足轻重的角色，所以这里专门讨论全体假分数的基数。

我们知道自然数的基数是 C_I，分数的基数是 C_F，而假分数就是每一个自然数都可以和所有真分数构成假分数。这样就有 $C_I * C_F$ 个假分数，全体假分数数域的基数 $C_{F_{improper}}$为：

(41). $C_{F_{improper}} = C_I * C_F$；

从公式（41）可看出，全体假分数数域的基数比全体真分数数域的基数要大无穷大 C_I 倍。

表 17 全体真分数和假分数的基数关系

全体真分数和假分数的基数关系

整数	运算	真分数数域	生成	假分数数域	该运算假分数基数
0	+	$\{\frac{1}{2},\frac{1}{3},\frac{2}{3},\frac{1}{4},\frac{3}{4},\frac{1}{5},\frac{2}{5},\frac{3}{5},\frac{4}{5},\frac{1}{6},\cdots\frac{n-1}{n}\cdots\}$	⟶	$\{\frac{1}{2},\frac{1}{3},\frac{2}{3},\frac{1}{4},\frac{3}{4},\frac{1}{5},\frac{2}{5},\frac{3}{5},\frac{4}{5},\frac{1}{6},\cdots\frac{n-1}{n}\cdots\}$	C_F
1	+	$\{\frac{1}{2},\frac{1}{3},\frac{2}{3},\frac{1}{4},\frac{3}{4},\frac{1}{5},\frac{2}{5},\frac{3}{5},\frac{4}{5},\frac{1}{6},\cdots\frac{n-1}{n}\cdots\}$	⟶	$\{1\frac{1}{2},1\frac{1}{3},1\frac{2}{3},1\frac{1}{4},1\frac{3}{4},1\frac{1}{5},1\frac{2}{5},1\frac{3}{5},1\frac{4}{5},1\frac{1}{6},\cdots1\frac{n-1}{n}\cdots\}$	C_F
2	+	$\{\frac{1}{2},\frac{1}{3},\frac{2}{3},\frac{1}{4},\frac{3}{4},\frac{1}{5},\frac{2}{5},\frac{3}{5},\frac{4}{5},\frac{1}{6},\cdots\frac{n-1}{n}\cdots\}$	⟶	$\{2\frac{1}{2},2\frac{1}{3},2\frac{2}{3},2\frac{1}{4},2\frac{3}{4},2\frac{1}{5},2\frac{2}{5},2\frac{3}{5},2\frac{4}{5},2\frac{1}{6},\cdots2\frac{n-1}{n}\cdots\}$	C_F
.	. .	....	....	...	...
k	+	$\{\frac{1}{2},\frac{1}{3},\frac{2}{3},\frac{1}{4},\frac{3}{4},\frac{1}{5},\frac{2}{5},\frac{3}{5},\frac{4}{5},\frac{1}{6},\cdots\frac{n-1}{n}\cdots\}$	⟶	$\{k\frac{1}{2},k\frac{1}{3},k\frac{2}{3},k\frac{1}{4},k\frac{3}{4},k\frac{1}{5},k\frac{2}{5},k\frac{3}{5},k\frac{4}{5},k\frac{1}{6},\cdots k\frac{n-1}{n}\cdots\}$	C_F
.	. .	....	....	...	...
↓ ∞ C_I					

参见表 17，全体真分数和假分数的基数关系。考虑到自然数包括 0，所以公式（41）是所有假分数数域和真分数数域的基数的通项公式。即真分数是 0 +真分数的假分数的一个特例。

整个数轴上全体分数（包括假分数和真分数）的基数应该是：

$$(42).\quad C_{F_{all}} = C_I * C_F$$

第二十三章 欧几里得关于整体大于部分公理的正确性

康托尔的无穷大理论除了推导证明整数数域基数等于分数数域基数的重要的结论以外，还有另外一个极为重要的结论就是部分等于整体，见参考文献[1]。

我们用高速计算机两年多来计算的结果反复证明，这两个结论都是错误的。即使在发散无穷大领域，欧几里得关于整体大于部分的公理也是正确的，而部分等于整体的结论是荒谬的，是违反欧几里得的公理的，是不符合自然规律的，是完全没有根据一厢情愿的臆想，是经不起现代计算机科学超大规模计算验证的，是不负责任的想当然和异想天开脱离实际脱离人类成功探索发现历史的无稽之谈，康托尔集合论里许许多多荒谬绝伦的错误结论都是由于严重违背欧几里得的这个伟大公理而引起的，见参考文献[1]。即[0，1]区间里的真分数基数 C_F 和整个数轴上的 C_I 个区间所有真分数基数 C_F 之和 $C_I * C_F$ 是完全不一样的，以数域元素为参数的函数是千变万化的，所以元素是本，生成数域是生成元素的大本营，函数是末，是反映数域里数之间关系的表象。

以发散无穷大做借口，仅凭简单人为一一映射方法就武断得出论断“部分可以等于整体”，这一匪夷所思的结论不但颠覆欧几里得的几何公理，也颠覆人类有史以来所有认知，直接挑战人类文明所有已有成果。几千年来，伟大的欧几里得几何原理里所规划的整个数学框架甚至科学框架风雨不倒，不动如山，引导人类从饮血茹毛的蛮荒愚昧走向文明进步，从地球摇篮走向茫茫星海，走向浩瀚宇宙。一个又一个人类的伟大天才全部是踩着亚理士多德和欧几里得的伟大肩膀，踏着先贤艰辛探索的清晰足迹，跟着伟大哲人高举的光芒万丈的文明火炬，沿着伟大先贤开辟的康庄大道才一步一步作出伟大发现的，哥白尼，伽力略，欧拉，高斯，牛顿，黎曼，罗巴切夫斯基，爱因斯坦，……包括康托尔没有一个例外；欧几里得几何原理里除了第五公设有局限性以外，还没有发现能够被事实和数据证明的任何重大原则错误。

今天“部分可以等于整体”的命题等于直接掀翻欧几里得等量公理里的第五公理：整体大于部分。等于向全世界宣布，这个欧几里得的第五公理错了。见参考文献[17]。如果这个第五公理错了，将比第五公设的局限性的缺陷要严重得多，直接拷问质疑挑战整个现代文明体系和框架的合理性和所有辉煌成果，对现代文明几乎是灾难性和毁灭性的打击。不是发几篇不疼不痒的论文，博得几声喝彩拿奖那么简单惬意。康托尔的无穷大体系自发明以来 100 多年从未有过任何现代科学的实战检验的辉煌战例，从未有过如牛顿物理，黎曼几何和爱因斯坦相对论预言（光线经过大质量天体弯曲以及遥远天体的引力波等）以及门捷列夫元素周期表一般震撼世界的伟大验证，从未有过任何足以彪炳青史的伟大贡献，见参考文献[18]，所有我们看到的都是符号游戏变戏法一般的自说自话的所谓推导证明，全部是象牙塔里空洞的脱离实际的理论文章，没有一个铁板钉钉的铁证支持这个传统无穷大理论，而欧几里得的公理体系的累累战果是整个现代文明，所有人类天才如哥白尼、开普勒、伽力略、欧拉、高斯、牛顿、黎曼、罗巴切夫斯基、爱因斯坦等等，包括康托尔，都是亚理士多德和欧几里得的学生，可谓硕果累累，空前绝后。

今天我们一定要穷追不舍，绝不搞“康”云亦云。一定要彻底搞清楚到底是欧几里得的等量公理体系正确，还是康托尔的无穷大理论里“部分可以等于整体”的结论正确，这是一个大是大非问题，来不得半点马虎，事关人类文明发展的万年大计，一定要透过现象看本质，一定要彻底弄个水落石出。因为我们坚信，如果伟大的欧几里得几何原理的公理体系存在如此致命重大的基础理论缺陷，根本不可能引导人类社会走到今天，也不可能创造如此辉煌灿烂的现代文明，早就和人类所有尘封已久的草本文明如古玛雅文明，古埃及文明，古印第安文明和阿兹台克文明等等一样销声匿迹淹没在波涛汹涌大浪淘沙的历史长河之中了。

我们的推理非常简单，既然整体等于部分，那么，无穷小也是无穷大的部分，尽管是微不足道的一部分，无穷大也可以等于无穷小。如果康托尔是对的，如果部分等于整体，迄今为止的人类的所有现有数学体系，所有以欧几里得等量公理体系为基础的数学公式数学等式，欧拉公式，高斯公式等数学公式都是错的，所有数学证明，数学大奖都毫无意义。这个文明的基础不复存在。

证明可参见本篇的《第四十二章 经典案例》的《第六节 经典案例详细分析》。

证据为准，数据说话。现代高速计算机海量规模运算数据验证结果和证据面前，客观真相面前，一切清清白白，水落石出。大是大非大方向一旦错了，哲学层面一旦错了，所有结论都有问题，所有证明推导都没有任何意义，都是玩弄符号文字的拙劣游戏，都是自欺欺人的戏法，没有任何学术价值，更不用说对人类文明进步有什么有意义的贡献。按文明成果检验，如果说欧几里得公理体系实战检验的成功率是100%的话，康托尔无穷大理论的实战检验成功率是0%，因为迄今为止没有任何一个实战检验成功的辉煌战例足以证明康托尔无穷大理论里几个最著名的判断：

（1）整数数域基数等于分数基数数域，

（2）部分等于整体

是正确无误的。恰恰相反，我们采用的人类文明进步最辉煌的成果信息革命最伟大的结晶——现代最新科技计算机空前强大的计算能力所得的结果反复证明，康托尔无穷大理论这两个最重要的结论都是完全错误的。更进一步，100 年来所有基于这个错误结论的理论推导都是错误的。都是自欺欺人的无稽之谈。

我们发现，根本原因是首先涉及到整体和部分的概念定义及其一致性和完整性，涉及到亚理士多德的思维科学最最基础的东西：概念定义。如果一个核心概念内涵和外延都可以不加说明就随心所欲随随便便修改，如果一个核心概念可以随随便便地收缩放宽成为可调控的玩偶的话，如果一个核心概念在任何情况下不能始终和原始定义保持一致性的话，所有推理推导和结论都是违背亚理士多德的思维科学的基本原理，所有结论都非常可疑。整体就是整体，部分就是部分，啥时候整体等于部分了？怎么相等的？为什么相等？没有证明，看不到任何有意义的变换，只有魔术和似是而非的说明和描述。整体突然莫名其妙变成了部分，要么整体这个概念的定义有问题，要么部分这个概念的定义有问题，要么中间偷换了概念，两个概念都没有自始至终保持定义的一致性和完整性。另外一个原因是混淆了数域存在的实体属性和数域元素的数值属性，没有分清数域生成的根本原因，没有搞清数域的来龙去脉。除了数域本身的生成规则以外，其他生成规则产生的数域是和原来的数域完全不同的数域。这个不同不单单是数域的实体存在不同，还是每个元素不同，还有可能也是基数不同。其他原因则是“部分可以等于整体”的结论是观察者的参照系选择出了问题，观察者的所处的维度过于低端，处于从下往上看的状态，观察者的观察工具太过于原始，观察者的观察世界的方法过于片面，用静态的，片面的，局部的，一知半解的肤浅的认识，随随便便挑战欧几里得的公理体系，好比莫比乌斯带（见图 30）上的蚂蚁，不可能感知高维度空间的存在一样。观察者无法看清数域的全局，井底之蛙，一鳞半爪，仅仅是从人为设定的一一对应数之间的关系，从数域的内部，凭一知半解的肤浅理解和表面感知的认识去推测人类有史以来最复杂最神秘也是最困难的无穷大现象，其后果必然是灾难性的。

我们尖锐质疑欧几里得的公理体系，我们更尖锐质疑康托尔的无穷大体系。我们尖锐质疑康托尔无穷大体系里的所有概念和方法，质疑康托尔理论拥护者的所有概念和方法。事实证明欧几里得的公理体系因质疑再次辉煌和展现出穿越时空的卓越。康托尔的无穷大体系及其拥护者的辩白则因质疑被发现存在重大致命基础理论缺陷，使得几乎所有基本概念都存在严重问题，尤其是一一对应的对角线方法证明分数基数和整数基数相同的结论根本经不起现代高速计算机的海量数据的严格检验。

我们要让不食人间烟火的虚无缥缈神秘莫测高不可攀的无穷大脚踏实地重返人间，让无穷大理论接受人类现代文明最新成果最新技术最苛刻最严格的检验，让无穷大理论成为人类文明进步的动力和阶梯，而不是只能被无所事事的闲人束之高阁成为泛泛空谈，自娱自乐，玩弄符号游戏的哗众取宠的戏法，成为少数精英手里无所事事任人打扮的玩偶。

流行的东西未必是正确的。在对无穷大科学的探索中，我们只关心正确的，真实的，经得起实践反复检验的，有海量规模证据能够证明的东西。至于是谁说的，怎么说的并不重要，重要的是客观真相。我们不会昧着良心指鹿为马颠倒黑白人云亦云，这样违背科学精神。

我们对胡编乱造自娱自乐空洞无物浪费时间的符号游戏不感兴趣。我们感兴趣的是客观真相。我们感兴趣的是可以揭示和证实客观真相的证据。

我们寻找事物的客观真相和本质。我们寻找真正反映事物本质和真相的证据。

真理面前人人平等。真相面前没有权威，只有对错。

事实面前没有贵贱，只有真假。

第二十四章 基数反比定理：数域元素发散速度和基数的关系

如果用动态的观点看待每个不同的数域，其元素是在各自的数域里以不同的发散速度奔向该数域的无穷大基数的。不同的是有些数域的元素的发散速度是恒定不变的常量，比如整数，偶数和奇数数域的元素的发散速度都是恒定不变的，发散速度都是匀速；而许多数域的元素的发散速度是变速的，是变量，比如分数、质数和实数数域的元素的发散速度都是一直变化的，还有加速和减速的不同，其元素发散速度都是变速的。无论数域的元素的发散速度是变速还是匀速都涉及到观察者的参照系选择的重大问题，见参考文献[37]。无穷大数域的基数和数域元素发散速度有密切相关的联系，有必要认真讨论一下。根据需要，我们继续定义新的概念。

基本概念定义 18：数域元素的相邻间距：

对于一个给定的区间里由某种或某些数值运算（比如+，－，*，/，∧，…，）产生的数域，该数域里的存在从小到大元素数值的自然排序，每两个相邻元素 a_1 与 a_2 之间的间隔的相邻间距是这两个元素数值的差 $a_1-a_2=d$；该两个相邻元素之间的相邻间隔可以是常量，比如自然数、偶数、奇数等，这是**常量间距或静态间距**，恒定不变；也可以是变量和**无穷大**，如质数、菲波拉奇数和所有假分数以及指数序列级数如 {2∧(1∧1)， 2∧(2∧2)， 2∧(3∧3) ， 2∧(4∧4)， …， 2∧(K∧K)， …} 等；还可以是**无穷小**， 如分数和实数（两个相邻元素间距为无穷小）这后二者是**变量间距或动态间距**，恒定变化。

基本概念定义 19：基准数域：

基准数域就是全体整数数域。基准数域基数就是整数数域基数。

基本概念定义 20：数域元素的发散速度：

对于一个给定的区间里由某种或某些数值运算（比如+，－，*，/，∧，…，）产生的所有元素，任意一个元素和其相邻元素之间的相邻间距 $\boldsymbol{d}$ 是该数域元素发散的速度，简称该数域元素发散速度，记为 $\boldsymbol{V_{Exp}= d}$。

基本概念定义 21：数域元素的静态和动态发散速度：

对于一个给定的区间里由某种或某些数值运算（比如+，－，*，/，∧，...，）产生的所有元素，任意一个元素和其相邻元素之间的相邻间距 ***d*** 是该数域元素发散的速度，如果 ***d*** 是恒定不变的常量，则 ***d*** 就是静态发散速度；如果 ***d*** 是变化的变量，则 ***d*** 就是动态发散速度；简称该数域元素静态和动态发散速度。

自然数数域，偶数数域，奇数数域元素的发散速度都是静态常量发散速度；而质数数域，分数数域和实数数域元素的发散速度都是动态变量发散速度；质数数域的元素的绝对发散速度是趋于无穷大，而分数数域和实数数域元素的绝对发散速度都是趋于无穷小即 0。

基本概念定义 22：数域元素的基准发散速度：

在自然数数域或基准数域里，每两个相邻元素之间的相邻间距 *d*=1 即发散步长为 1 的发散速度是无穷大元素的均匀基准发散速度，即两个相邻自然数间距 1 是数域理论里所有数域元素发散的**基准发散速度**，记为 $V_{BASE}=1$。

基本概念定义 23：数域元素的绝对发散速度：

我们把自然数数域基数 ***I*** 和任何一个数域 ***K*** 的基数的比值，称为该数域 ***K*** 元素相对于自然数数域元素基准发散速度的**绝对**发散速度，简称该元素**绝对**发散速度。记为 $V_{abs(K;\ I)}$。

基本概念定义 24：数域元素的相对发散速度：

把任何一个数域 ***L*** 和任何一个数域 ***K*** 的基数的比值称为该数域 ***K*** 元素相对于数域 ***L*** 元素的发散速度的相对发散速度，简称该元素相对发散速度。记为 $V_{rel(L;\ K)}$。

自然数的绝对发散速度就是

(43) $V_{abs(I;\ I)}=\dfrac{C_I}{C_I}=1$；

恒等于 1，恰好等于自然数相邻元素的间距 1；和观察一致。

偶数和奇数的绝对发散速度就是

(44) $V_{abs(E;\ I)}=\dfrac{C_I}{C_E}=\dfrac{1}{\frac{1}{2}}=2$；

(45) $V_{abs(O;\ I)}=\dfrac{C_I}{C_O}=\dfrac{1}{\frac{1}{2}}=2$；恒等于 2

恰好等于偶数和奇数的相邻元素的间距 2，和观察一致。

质数的绝对发散速度就是

(46) $V_{abs(P;\ I)}=\frac{C_I}{C_P}=\frac{C_I}{\frac{C_I}{ln(C_I)}}=ln(C_I)$； $ln(C_I)$ 趋于无穷大。

即质数的绝对发散速度是随区间 n 趋于无穷大而变化的，也是趋于无穷大，质数的绝对发散速度是自然数的发散速度的 ln（C_I），和观察一致。

真分数的绝对发散速度就是

(47) $V_{abs(proper;\ I)}=\frac{C_I}{C_F}=\frac{C_I}{0.303963*C_I^2}=\frac{1}{0.303963*C_I}$；

趋于 0；和观察一致。

假分数的绝对发散速度就是

(48) $V_{abs(improper;\ I)}=\frac{C_I}{C_I*C_F}=\frac{1}{0.303963*C_I^2}\to 0$；

趋于 0；也和观察一致。

由于假分数分布在整个数轴，即有 C_I 个区间[0，1]，因此假分数的元素比分布在[0，1]之间的真分数的元素多得多，因此假分数发散速度相对于真分数要慢无穷大倍，和我们观察一致。

质数对假分数的相对发散速度就是

(49) $V_{rel(prime;\ improper)}=\frac{C_I*C_F}{C_P}=\frac{0.303963\ *C_I^3}{C_I/ln(C_I)}=0.303963\ *C_I^2*ln(C_I)\to\infty$

即质数比假分数的发散速度要快得多，为无穷大，和观察一致。

质数对真分数的相对发散速度就是：

(50) $V_{rel(prime;\ proper)}=\frac{C_F}{C_P}=\frac{0.303963*C_I^2}{C_I/ln(C_I)}=\frac{0.303963*C_I^1}{1/ln(C_I)}=0.303963*C_I*ln(C_I)\to\infty$

即质数比真分数的发散速度要快得多，为无穷大。假分数对真分数的发散速度就是：

(51) $V_{rel(improper;\ proper)}=\frac{C_F}{C_I*C_F}=\frac{1}{C_I}\to 0$

即真分数比假分数的发散速度要快得多，为无穷大倍。

实数对自然数的绝对发散速度就是：

(52) $V_{abs(real;\ I)}=\frac{C_I}{C_R}$

实数对真分数的相对发散速度就是：

(53) $V_{rel(real;\ F)}=\frac{C_F}{C_R}=\frac{0.303963\ *C_I^2}{C_R}$

……

可以看出，自然数数域，偶数数域，奇数数域等里面的任意一个元素和其相邻元素的相邻间距为常量的数域；其绝对发散速度为常量；

质数数域是任意一个元素和其相邻元素的相邻间距为变量的数域；相邻间距为趋于无穷大的变量。其绝对发散速度趋于无穷大；

真分数数域，实数数域等也是任意一个元素和其相邻元素的相邻间距为变量的数域；但相邻间距为趋于无穷小；其绝对发散速度故趋于无穷小；

假分数数域是元素相邻间距为变量的数域；相邻间距趋于无穷小；故其绝对发散速度趋于无穷小；

指数序列级数数域如{2∧(1∧1)，2∧(2∧2)，2∧(3∧3)，2∧(4∧4)，2∧(5∧5)，...2∧(**K∧K**)，...}组成的数域的元素相邻间距为变量；其绝对发散速度趋于无穷大；发散速度大于质数的发散速度。

综上，我们可以得到如下两个关于基数的反比定理。

基数反比定理 1（绝对反比定理）：　和基准数域元素相比较，　一个数域元素的绝对发散速度和其数域元素的基数成反比。

对于一个给定的区间里**基准数域** $\boldsymbol{I}$ 和任何一个数域 $\boldsymbol{K}$，该数域 $\boldsymbol{K}$ 元素绝对发散的速度 $V_{abs(K;\ I)}$ 和该数域 $\boldsymbol{K}$ 的基数相对于**基准数域** $\boldsymbol{I}$ 的基数大小成反比，　即：　一个数域的基数和该数域元素相对于**基准数域**的绝对发散速度成反比。基数越大，绝对发散速度越小，基数越小，绝对发散速度越大。

基数反比定理 2（相对反比定理）：　和非基准数域元素相比较，一个数域元素的相对发散速度和其数域元素的基数成反比。

对于一给定的区间里任何一个数域 $\boldsymbol{M}$ 和数域 $\boldsymbol{K}$，该数域 $\boldsymbol{K}$ 元素相对发散速度 $V_{rel(K,\ ,M)}$ 和该数域 $\boldsymbol{K}$ 元素的基数相对于数域 $\boldsymbol{M}$ 元素的基数大小成反比，　即：二个数域的基数和这两个数域元素相互之间的相对发散速度成反比。基数越大，相对发散速度越小，基数越小，相对发散速度越大。

元素具有较大相对发散速度的数域基数较小，元素具有较小相对发散速度数域基数较大。就是说，不同数域的值的元素的绝对和相对发散的速度是不一样的。基数越大，绝对和相对发散速度越慢；基数越小，绝对和相对发散速度越快；

证明：过程比较简单，这里省略。

第二十五章 数域元素的发散速度和元素生成函数的导数

既然每个不同数域的元素相对于其他不同数域的元素都有不同的发散速度，那么，也一定有速度的变化存在。我们希望知道所有这些通项估值公式的瞬时发散速度变化。导数的引进就是自然而然的。

第一节 数域元素的发散速度的导数

我们知道，根据公式(43)，整数数域里自然数对自然数的绝对发散速度就是：

$$V_{abs(I;\,I)}=\frac{C_I}{C_I}=1;$$

对其求导得自然数对自然数的绝对发散速度的速度变化为：

(54) $V_{abs(I:I)}{}'=1'=0;$

恒等于 0，就是说自然数的绝对发散速度的速度变化率为 0。

偶数和奇数的绝对发散速度的速度变化率就是

(55) $V_{abs(E:I)}{}'=2'=0;$

(56) $V_{abs(O:I)}{}'=2'=0;$

恒等于 0，就是说偶数和奇数的绝对发散速度变化为 0。

质数的绝对发散速度的速度变化就是

(57) $V_{abs(P:I)}{}'=(\ln(C_I))'=\dfrac{C_I{}'}{C_I}=\dfrac{1}{C_I}$；趋于 0。

即质数绝对发散速度的速度变化是随区间 n 趋于无穷大而趋于 0。

真分数的绝对发散速度的速度变化率就是

(58) $(V_{abs(proper:I)})'=$

$$\left(\frac{1}{0.303963*C_I}\right)'=\frac{0-C_I'}{0.303963*C_I^2}=\frac{-1}{0.303963*C_I^2}=\frac{-3.289874}{C_I^2};$$

假分数的绝对发散速度的速度变化就是

$$(V_{abs(improper:I)})'=\left(\frac{1}{0.303963*C_I^2}\right)'=\frac{-2C_I}{0.303963*C_I^4}=-6.579748*C_I^{-3};$$

(59)

趋于 0。由于假分数分布在整个数轴，即有 C_I 个区间[0，1]，因此假分数比分布在[0，1]之间的真分数多得多，因此假分数发散速度相对于真分数要慢无穷大。

质数对假分数的相对发散速度的速度变化就是

(60) $(V_{abs(prime:improper)})' =$

$$(\frac{C_I * C_F}{C_P})' = (\frac{0.303963 * C_I^3}{C_I / ln(C_I)})' = (0.303963 * C_I^2 * ln(C_I))'$$

$$= 0.303963*(2*C_I*ln(C_I)+C_I^2*C_I'/C_I)) = 0.303963*C_I*(2*ln(C_I)+1))$$

即质数比假分数的发散速度的速度变化要快得多→∞ 。

质数对真分数的相对发散速度的速度变化率就是

(61) $(V_{abs(prime:proper)})' =$

$$(0.303963*C_I*ln(C_I))' = 0.303963*(C_I'*ln(C_I)+C_I*(ln(C_I))') =$$

$$(0.303963 * C_I * \ln(C_I))' = 0.303963 * (C_I' * \ln(C_I) + C_I * \frac{C_I'}{C_I}) =$$

$$(0.303963*C_I*ln(C_I))' = 0.303963*(1*ln(C_I)+1) = 0.303963 * (ln(C_I)+1).$$

即质数比真分数的发散速度的速度变化要快得多，趋于无穷大。

假分数对真分数的发散速度的速度变化率就是：

(62) $(V_{rel(improper:proper)})' = (\frac{C_F}{C_I * C_F})' = (\frac{1}{C_I})' = \frac{-1}{C_I^2};$

即真分数比假分数的发散速度的速度变化要快得多。

实数对自然数的发散速度就是：

(63) $(V_{rel(real:I)})' = (\frac{C_I}{C_R})' = \frac{C_R * C_I' - C_R' * C_I}{C_R^2} = \frac{C_R - C_R' * C_I}{C_R^2}$

；

实数对真分数的发散速度的速度变化率就是：

$$V_{rel(real;\ I)} = \frac{Q * C_I^2}{C_R} \quad (V_{rel(real:F)})' = (\frac{Q * C_I^2}{C_R})' = \frac{Q * C_R * 2 * C_I * C_I' - C_R' * Q * C_I^2}{C_R^2} =$$

(64)

$$\frac{0.303963 * C_I * (2 * C_R - C_I)}{C_R^2}$$

；

……

现在，直接对分数基数的公式 C_F 求导看看等于什么：

$$f_P(x)' = (C_F)' = (0.303963 \ * C_I^{\ 2})' = 2 * Q * C_I$$
(65)

按照前面定义的整数数域基数和偶数数域基数的关系，可以理解为分数数域基数发散速度变化率相对于整数域基数的发散速度变化率之比是 $0.607629 \ * C_I$ 倍。

直接对以半径 R 为变量的圆面积公式 $A(r) = \pi * r^2$ 求导看看结果等于什么：

(66) $$A(r)' = (\pi * r^2)' = 2\pi * r$$

而 $2\pi * r$ 却是圆周长公式，即以半径 R 为变量的圆面积公式求导后圆面积变为圆周长；则对以整数为变量的分数数域基数生成公式的通项估值式求导的结果一致，是大于一半的整数基数的倍数：

(67) $$(C_F)' = (Q * C_I^{\ 2})' = 2Q * C_I > \frac{1}{2} C_I$$

即对高阶无穷大数域基数求导的结果得到的是低阶无穷大基数的倍数。

第二节 数域元素的生成函数的导数

这里，数域元素的生成函数就是元素的生成公式，是不同于数域基数的通项估值公式。按照大数域理论的定义，由于大数域的所有数域元素都是由整数元素通过不同的基本数值运算的各种组合生成的，因此，大数域的所有数域元素都可以由数域元素的某种生成函数表示，所以我们要探索一下，直接对这些变量函数表达式求导，看看能够得到什么。

首先，所有整数元素的通项估值公式是 $f_I(x) = x$ ，求导后得到：

(68) $$f_I(x)' = 1$$

就是说，整数数域的基数是整数数域的基数的 1 倍；合乎逻辑。

而所有奇数元素的基数的通项估值公式是 $f_O(x) = 2x$，求导后得到：

(69) $$f_O(x)' = 2$$

整数数域的基数是奇数数域的基数的 2 倍；也合乎逻辑。

所有偶数元素的通项估值公式是 $f_E(x) = 2x$ 求导后得到：

(70) $$f_E(x)' = 2$$

整数数域的基数是偶数数域的基数的 2 倍；也合乎逻辑。

由公式（69）和（70）推得，奇数数域的基数是偶数数域的基数的 1 倍，即：

(71) $$f_E(x)' = 2 = f_O(x)' = \frac{1}{2} f_I(x)'$$

即某个数域基数的生成函数的导数是该数域基数和整数数域基数的比值关系。

最后，对质数数域的通项估值公式求导，看看对 C_P 求导后的结果等于什么：

(72)

$$(C_P)' = \left(\frac{C_I}{ln(C_I)}\right)' = \frac{ln(C_I) * C_I' - C_I * ln(C_I)'}{(ln(C_I))^2} =$$

$$\frac{ln(C_I) * C_I' - C_I * ln(C_I)'}{(ln(C_I))^2} = \frac{ln(C_I) * 1 - C_I * \frac{1}{C_I}}{(ln(C_I))^2} = \frac{ln(C_I) - 1}{(ln(C_I))^2} = \frac{(ln(C_I) - 1)}{(ln(C_I))^2}$$

;

就是说，不同基数值的数域的元素的绝对和相对发散的速度是不一样的，不同基数值的数域的元素的绝对和相对发散速度的速度变化率也是不一样的。

第二十六章 大数域无穷大基数的双重性：常量变量二象性

估计有人会问，大数域无穷大基数是一个存在实体的数值属性，可以作为数值度量单位，应该是常量，怎么会和变量一样求导呢？

这涉及大数域无穷大基数的一个特别诡异特别神秘的特性：即大数域无穷大基数这种极其特殊的度量单位具有在某些情况下表现出常量特性，在某些情况下又表现出变量特性的常变量双重特征的属性——常变量双重性或简称常变二象性。

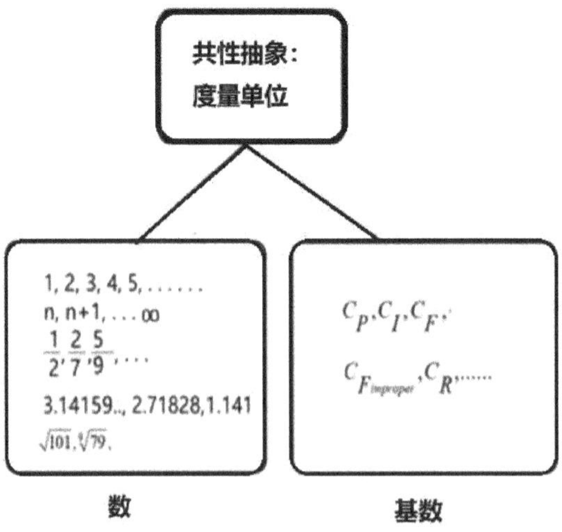

图 12 传统普通数和无穷大基数的共性抽象关系

大数域无穷大基数是一个数值度量单位没错，但又是一个极其特殊的度量单位，是同时具有常量和变量的双重特性并且可以在不同维度里变换自身角色的一个度量单位。传统的普通数和无穷大基数的共性抽象关系，见图 12。就是说二者都是物质世界的度量单位，这样普通的数和基数在度量单位的抽象层面完全统一起来。

大数域无穷大基数在给定数域的元素层面的局部是一个无限无界或无限有界的变化的存在，但是在更高维度（数域生成维度）的全局，动态变化的无限无界或无限有界都变成相对有限有界的稳定的存在。这就是无穷大基数的常变量双重性（二象性）存在的哲学根据。

任何一个大数域无穷大基数都不像传统数学里三大数域整数，分数和实数数域里的任何一个确定的数值元素那样都有一个确定的数值，比如 2，9，19，10000，1/2，5/9，101/109，. . .，3.1415916，2.71828，$3^{(1/2)}$，等等。任何一个大数域无穷大基数都不是一个个我们熟悉的具体的确定的数，而是一个个具有数值属性的度量单位的存在。或者说大数域无穷大基数是一个个具有数值属性的度量单位的极其特殊的数。在基数这种极为特殊数种身上，有限和无限，有界和无界，静态和动态，局部和全局，常量和变量，相对和绝对等等完全互相矛盾的对立属性第一次罕见地天衣无缝地统一在这些无穷大大数域的基数身上，而且根据人们观察这些基数的维度不同，视角不同和参照系不同，基数这个极其特殊的数种展示出令人头晕目眩的神秘莫测的完全不同的属性，让人们百思不得其解。这是人类认识数利用数走出蒙昧走进现代文明以来，就已知的所有数里还没有发现一个数具有无穷大基数这样同时兼有常量和变量的二重身份的常变二象性的复杂多变的独有特性。由此，让我们不禁十分自然地联想到光的波粒二象性特征，冥冥之中似乎在昭示着二者间是不是也存在着某种内在的联系？这也正是无穷大极具魅力极具诱惑力却让几乎所有人望而却步的原因。所有数域里的元素只能无限逼近无穷大基数，却永远无法到达无穷大基数。即在每个数域内部，对于该数域的所有元素，该大数域无穷大基数是一个个永远无法达到的终极目标，即大数域无穷大基数是所有大数域常规数值元素如 1，2，3，1/2，3. 1415926，2. 71828，$5^{0.5}$，…等等，只能无限动态逼近却永远遥不可企及的动态终点。

就是说，从局部看，从数值元素角度看，所有大数域的无穷大基数永远是一个个变量，**永远是绝对，无限，无界，变化，动态**；从全局看，从整个数域外部看，从基数数域本身来看，对于所有数域而言，每个数域内的元素已经可以忽略不计了，所有大数域无穷大基数都是确确实实存在的实体，具有实实在在的可以进行数值运算的数值属性，是一个个可以互相比较大小，相互密切相关，存在牢固数值逻辑联系的实体存在，**永远是相对，有限，有界，稳定，静态。**在以大数域为基本单位而不是以某个数域里的具体元素为基本单位这个更为抽象的更高维度和更加全局的层面，所有的大数域无穷大基数都是相对稳定的，静止的，所有的大数域无穷大基数值都是固定的。就是说，全局看，所有大数域无穷大基数永远是一个个有限有界的常量；因此当我们讨论大数域元素的发散速度时，就是从局部看大数域无穷大基数，这时候的大数域无穷大基数就是一个个无限无界的变量，当然可以求导。

大数域无穷大基数这个一身同时兼有常量和变量的双重身份或称常变二象性并且可以在不同环境自由转换身份的奇异特性很像光的波粒二象性，大数域无穷大基数在不同的维度和层面展示完全不同的特性；在低维度的局部层面展示动态的，随机的，不可到达的，变幻莫测的变量特性；在高维度层面展示静态的，稳定的常量特性；所有这些互相矛盾的特性都完美结合在大数域无穷大基数上，互相矛盾互相兼容还不互相排斥，这大概是无穷大最令人难以捉摸的诡异特性，也是大数域无穷大最让人费解，最令人着迷的地方；因为大数域无穷大基数的这些特性，在低维度局部环境下表现出变量特性，在高维度全局环境下又表现出常量特性，特别容易搞混早已习惯于常规传统数学固化了思维模式的人们的逻辑思路。因为一直以来，人们接触的度量单位都是要么是变量，要么是常量，清清楚楚，没有模棱两可，人们从来没有接触到一个既是变量又是常量同时具有双重属性（即有二象性特征）的度量单位。神奇的大数域无穷大基数第一次兼而有之。

如果以数域的元素作为参照系，数域的基数始终是绝对无限的，动态的，全局的，变量的，不可控的，无限无界的，虚无缥缈的，遥不可及的，永远无法看清基数的真面目；如果是以数域的整体的存在作为参照系，数域的基数就立刻摇身一变自动成为相对有限有界的静态的局部的常量的可控的实实在在的，垂手可得。

就是说，无穷大连续统基数问题本质上不单纯是一个数学问题而是一个前所未有的哲学问题，这也是为什么一百年来连续统问题挡住了人类所有数学天才前进的脚步。因为无穷大基数变幻莫测的变身戏法迷惑了几乎所有人，彻底搅乱了人们的常规思维。

大数域理论第一次从哲学层面完全揭开无穷大基数的最为诡异的一身二任的**常量变量二象属性的神秘特性**。这是迄今为止所有传统数学技巧都无能为力无济于事的，**因为这是以哲学层面的个体存在的全局属性为第一优先，以本质客观真相为第一优先而非以表象为第一优先，这种以存在全局属性为第一优先哲学思辨作为逻辑推理大前提和推理主线的思维方式，完全超出以欧几里得等量公理为基础和以存在数值属性关系以及以技巧推导推理为主线的传统数学认知的范围。**

第二十七章 其他运算生成的数域的基数

根据我们对大数域生成规则的严格定义，我们可以用任何+，－，*，/，^...的数值运算所生成的元素，构建任何数域。

例 1，用乘法构建由所有整数平方的整数值所组成的新数域：$f(x)=x^2$；1^2，2^2，3^2，4^2，…，n^2，…，就是计算 1，4，9，16，25，…，81，100，…，有多少个。这个问题可转换为如下问题：

给定一个整数 n 或给定区间[1，n]，所有由 1，2，3，．．．，*k* 个整数的平方所生成的值全部落在区间[1，n]里，求 *k* 的大小。*k* 就是该给定区间[1，n]内这个平方运算生成的 *k* 个元素的基数；

因为如果直接计算 n^2，计算值 n^2 跑到整数 n 给定区间[0，n]以外而无须计数；

我们设该函数的基数值为 $C^2_{square}=[C_I]$，则：

(73) $C_{square}=[\sqrt{C_I}]$

即这个由所有整数平方的值所组成的新数域的基数也是无穷大，但基数比整数数域的基数要小无穷大，要小 $\frac{C_I}{C_{square}}=\frac{C_I}{\sqrt{C_I}}=\sqrt{C_I}$ 倍，发散速度也比整数要快 $\sqrt{C_I}$ 倍。

例 2，我们用乘法构建由所有整数立方的整数值所组成的新数域：$f(x)=x^3$；1^3，2^3，3^3，…，n^3，…，我们设该函数的基数值为 C_{cube}，则：

(74) $C_{cube}=[\sqrt[3]{C_I}]$

即这个由所有整数立方的值所组成的新数域的基数也是无穷大，但是基数比整数数域的基数要小无穷大，要小 $\sqrt[3]{C_I}$ 倍，发散速度也比整数要快 $\sqrt[3]{C_I}$ 倍；和前面例 1 里由所有整数平方的值所组成的新数域的基数 $\sqrt{C_I}$ 相比，所有由整数立方运算生成的立方的值相对于所有整数平方运算生成的值的相对发散速度是

(75) $\frac{C_{square}}{C_{cube}}=\frac{\sqrt{C_I}}{\sqrt[3]{C_I}}=\sqrt[6]{C_I}$ ，

即相对发散速度快 $\sqrt[6]{C_I}$ 倍。立方的基数比平方的少 $\sqrt[6]{C_I}$ 倍，和观察的一样。

同样，我们可以计算给定区间 n 内或给定整数 n 内，所有整数的任意次方生成的值组成的数域的基数；这种数域是无穷多的，这些数域的基数也是无穷多的。限于篇幅，这里仅抛砖引玉，不做展开。

特别神奇的是，给定一个整数 n 或给定区间[1，n]，所有由 1，2，3，…，m(m<n)个整数的 2 次方，3 次方，m 次方所生成的值全部落在区间[1，n]里，基数 k 的值居然和该给定整数 n 或给定区间[1，n]里，所有整数开方 1，2，3，…，m 次方所生成的值全部落在区间[1，n]里的基数 k_1，

完全分别对应相等；下面解释。

例 3，用开方指数运算构建给定整数 n 或给定区间[1，n]里由所有整数开二次方的整数值所组成的新数域：f(x) = [$x^{\frac{1}{2}}$] =[$\sqrt{x}$]；即 $\sqrt{1}, \sqrt{4}, \sqrt{9}, \sqrt{16}, \ldots, \sqrt{100}, \ldots$ ，因为其他整数生成的开二次方的数值是实数，不在整数数域，所以不考虑实数，只考虑整数。其实这个问题和例 1 的问题完全一样：

给定一个整数 n 或给定区间[1，n]，所有由 1，2，3，…，*k* 个整数的平方所生成的值全部落在区间[1，n]里，求 *k* 的大小。这个 *k* 就是该给定区间[1，n]内这个平方运算生成的 *k* 个元素的基数；只不过例 1 是求 X 的平方值 f(x)的元素的基数，而例 3 是例 1 的逆运算，例 3 是求 f(x)的开 2 次方值 $\sqrt{f(x)}$ 的所有整数元素的基数。因此在同一个给定区域，基数相同，合情合理，没有悖论，不互相矛盾。不同的是例 1 是平方运算后生成元素的基数；此例中的例 3 是例 1 平方运算后生成元素反过来逆运算再开 2 次方所得元素的基数。由于只取正数值，因此一个变量 x 对应一个函数值 f(x)，故生成数域基数完全相同。见图 13。

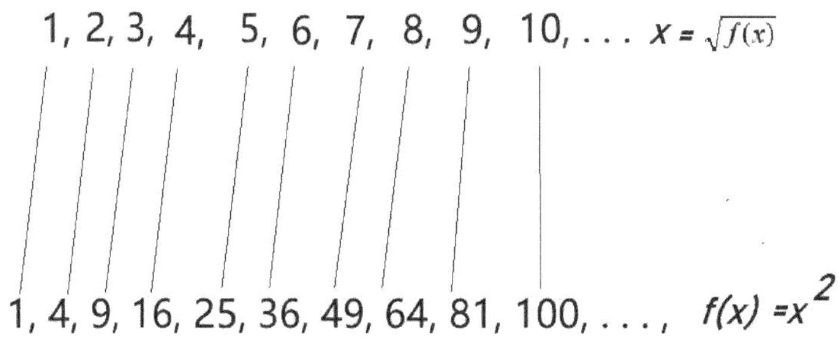

图 13 一一对应关系的局限性

特别要注意的是，在大数域理论里，变量 x 和函数值 *f(x)*的一一对应关系并不表示全体整数的 2 次方所生成的新的数域的基数和全体整数的基数一样多，不能想当然幼稚肤浅地把两个完全不同性质不同运算规则产生的数域的基数混淆在一起等同起来，而是前者比后者要少得多，少无穷大 $\sqrt{C_I}$ 倍。因为传统的一一对应的映射规则在定量计算无穷大基数时完全无效，以后会深入讲解这个问题。

我们设该函数的基数值为 $C_{sqrt}^2 = [C_I]$， 则： $C_{sqrt} = [\sqrt{C_I}]$

即所有整数平方的值所组成的新数域基数也是无穷大，但是基数比整数数域基数要小无穷大，

(76) $\frac{C_I}{C_{sqrt}} = \frac{C_I}{\sqrt{C_I}} = \sqrt{C_I}$ ，

发散速度也比整数数域元素要快得多，要快 $\sqrt{C_I}$ 倍；

类似地，也可用指数运算构建由所有整数开 3，4，5，6，…m…次方指数运算的整数值所组成的新数域及其基数：和例 3 相同。限于篇幅，不一一列举。

第二十八章 整数孪生数域

由上一章我们推导出孪生数域的概念。所谓整数孪生数域就是在给定一个整数 n 或给定区间[0，n]，所有由 1，2，3，……，k 个整数的 2 次方运算结果组成的数域 A_2，和所有由 1，2，3，……，k 个整数的 1/2 次方运算结果的正整数值（取绝对值）组成的数域 B_2 所构成的一对因为采用互为逆运算的相同数值指数运算而形成的两个独立又密切关联的整数数域 A_2 和 B_2，就是整数孪生数域 A_2 和 B_2，由于分别采用 2 和 2 的倒数 1/2 进行指数运算，所以我们定义为数域 A_2 和数域 B_2 为 2 阶整数孪生数域，数域 A_2 和数域 B_2 的基数分别记为 C_{T21} 和 C_{T22}；整数孪生数域的最大特点是在给定区间[1，n]里它们的基数完全一样，参见图 14，

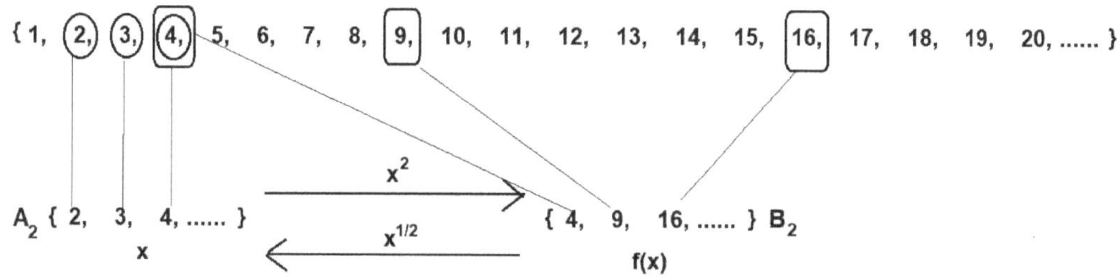

图 14　2 阶整数孪生数域

即 $C_{T21}=C_{T22}$。2 阶整数孪生数域的基数为：

(77) $C_{T21}=C_{T22}=\sqrt{C_I}$；

C_{T21} 意思是 2 阶整数孪生数域(**2 次方**生成的数域)的基数，C_{T22} 意思是 2 阶整数孪生数域（**开 2 次方**生成的数域）的基数。

同样，我们定义所有整数数域为一阶整数孪生数域，即整数数域自己和自己互为孪生。或整数数域的孪生数域为 0；

定义所有整数数域为 3 阶整数孪生数域是在给定一个整数 n 或给定区间[0，n]，所有由 1，2，3，……，k 个整数的 3 次方的运算结果组成的数域 A_3，和所有由 1，2，3，……k 个整数的 1/3 次方运算结果的正整数值（取绝对值）组成的数域 B_3 所构成的一对因为采用互为逆运算的相同数值指数运算而形成的两个独立又密切关联的整数数域 A_3 和数域 B_3，就是整数孪生数域，由于分别采用 3 和 3 的倒数 1/3，所以我们定义为数域 A_3 和数域 B_3 为 3 阶整数孪生数域；而且它们的基数完全一样。数域 A_3 和数域 B_3 的基数分别记为 C_{T31} 和 C_{T32}；整数孪生数域的基数值为

(78) $C_{T31}=C_{T32}=\sqrt[3]{C_I}$；

C_{T31} 意思是 3 阶整数孪生数域是由整数 3 次方运算结果生成的数域的基数，C_{T32} 意思是 3 阶整数孪生数域是由整数 1/3 次方运算结果生成的数域的基数。

……

即在给定一个整数 n 或给定区间[1，n]，所有由 1，2，3，...，m 个整数的 ki 次方的运算结果组成的数域 A_{ki} 的基数是多少？即 $2^{k2}<n, 3^{k3}<n, 4^{k4}<n, ..., m^{km}<n$，我们要求出 $k_2, k_3, k_4, ...$，k_m=？以及需要知道 m=？$k_2<k_3<k_4<...<k_m$；显然 $k_m=2$；因为 k_m 是整个底数系列里指数最小，底数最大的数，$m^2<n$，$m=\sqrt[2]{n}$，任何数 $L>m=\sqrt[2]{n}$ 的 2 次方后或即 L2 后都会跑出设定区间[1，n]的范围——因为 L2>n，在下一个区间计算都会算到，为了避免重复计算，暂不予考虑。

在给定一个整数 n 或给定区间[1，n]，如下 2，3，4，....， kn 阶孪生整数数域系列分别是：

$A_{21}=\{2^2, 3^2, 4^2, 5^2, 6^2, 7^2, ..., m_2^2\}$

$A_{31}=\{2^3, 3^3, 4^3, 5^3, 6^3, 7^3, ..., m_3^3\}$

$A_{41}=\{2^4, 3^4, 4^4, 5^4, 6^4, 7^4, ..., m_4^4\}$

......

$A_{m1}=\{2^{kn}, 3^{kn}, 4^{kn}, 5^{kn}, 6^{kn}, 7^{kn}, ..., m_{kn}^{kn}\}$

$m_2=\sqrt[2]{n}$，$m_3=\sqrt[3]{n}$，$m_4=\sqrt[4]{n}$，$m_5=\sqrt[5]{n}$，.....，$m_{kn}=\sqrt[kn]{n}$；

A_{21} 数域的基数是：$C_{A_{21}} = m_2 - 1 = [\sqrt{n} - 1]$;

A_{31} 数域的基数是：$C_{A_{31}} = m_3 - 1 = [\sqrt[3]{n} - 1]$;

A_{41} 数域的基数是：$C_{A_{41}} = m_4 - 1 = [\sqrt[4]{n} - 1]$;

……

A_{m1} 数域的基数是：$C_{A_{m1}} = m_{kn} - 1 = [\sqrt[kn]{n} - 1]$;

而 *kn* 是：$kn = \left\lfloor \frac{ln(n)}{ln(2)} \right\rfloor$;

而这里符号 $\lfloor\ \rfloor$ 是向下取整运算的意思，比如 $\lfloor 2.9785 \rfloor = 2$; $\lfloor 3.0785 \rfloor = 3$;；[ ]是四舍五入取整，如[2.9754]=3；[3.02578]=3；其余类推。类似地，见表 18。

表 18 里面每一列（比如第 2 级）就是 m_2 在不同区间[1，10]，[1，10^2]，[1，10^3]，...，[1，10^{20}]的最大指数上限，m_2 分别在这些区间等于：3，6，9，13，... 66；66 是底数 2 在最后一个区间[1，10^{20}]的最大指数上限，一旦指数取值超过这个上限 66，2^{66} = 73，786，976，294，838，206，464<10^{20}；2^{67} = 147，573，952，589，676，412，928>10^{20} 就不在设定的[1，10^{20}]区间范围，属于下一个计算区间内容。可以挨个演算第 2 级所有区间，以及挨个演算第 3，4，5，....级所有区间的最大指数上限，全部完全符合设定。

(79) $C_{SumItwin} = C_{A_{21}} + C_{A_{31}} + C_{A_{41}} + ... + C_{A_{m1}} =$

$$([\sqrt{C_I}]-1)+([\sqrt[3]{C_I}]-1)+([\sqrt[4]{C_I}]-1)+([\sqrt[5]{C_I}]-1)+\ldots+([\sqrt[kn]{C_I}]-1)$$

表 18　2，3，．．．K 阶整数孪生数域计算

序号	整数	K级	2级	3级	4级	5级	6级	7级	8级	9级	10级	......	66级	67级	68级
1	10^1	10^(1/k)	3	1	0	0	0	0	0	0	0	......	0	0	0
2	10^2	(10^2)^(1/k)	6	3	2	2	2	1	1	1	1	......	0	0	0
3	10^3	(10^3)^(1/k)	9	5	4	3	3	3	2	2	2	......	1	1	1
4	10^4	(10^4)^(1/k)	13	7	6	5	4	4	3	3	3	......	1	1	1
5	10^5	(10^5)^(1/k)	16	9	7	6	5	5	5	4	4	......	2	2	2
6	10^6	(10^6)^(1/k)	19	12	9	8	7	6	6	5	5	......	2	2	2
7	10^7	(10^7)^(1/k)	23	14	11	9	8	7	7	6	6	......	3	3	3
8	10^8	(10^8)^(1/k)	26	16	12	10	9	8	8	7	7	......	3	3	3
9	10^9	(10^9)^(1/k)	29	18	14	12	11	10	9	8	8	......	4	4	4
10	10^10	(10^10)^(1/k)	33	20	16	13	12	11	10	9	9	......	4	4	4
11	10^11	(10^11)^(1/k)	36	22	17	15	13	12	11	11	10	......	5	5	5
12	10^12	(10^12)^(1/k)	39	24	19	16	14	13	12	12	11	......	6	6	6
13	10^13	(10^13)^(1/k)	43	26	21	18	16	14	13	13	12	......	6	6	6
14	10^14	(10^14)^(1/k)	46	28	22	19	17	16	15	14	13	......	7	7	7
15	10^15	(10^15)^(1/k)	49	30	24	20	18	17	16	15	14	......	7	7	7
16	10^16	(10^16)^(1/k)	53	33	26	22	20	18	17	16	15	......	8	8	8
17	10^17	(10^17)^(1/k)	56	35	27	23	21	19	18	17	16	......	8	8	8
18	10^18	(10^18)^(1/k)	59	37	29	25	22	20	19	18	17	......	9	9	9
19	10^19	(10^19)^(1/k)	63	39	31	26	23	21	20	19	18	......	9	9	9
20	10^20	(10^20)^(1/k)	66	41	32	28	25	23	21	20	19	......	10	10	10

因为给定整数 n 的 2 的最大次方数为 kn，$2^{kn}\leq$ n，所以 $kn=\left\lfloor \frac{\ln(C_I)}{\ln(2)} \right\rfloor$ 即 kn 是给定区间[1，n]里 2 的指数运算的上限：

(80)
$$C_{SumItwin}=([\sqrt{C_I}]-1)+([\sqrt[3]{C_I}]-1)+([\sqrt[4]{C_I}]-1)+([\sqrt[5]{C_I}]-1)+\ldots+([\sqrt[\left\lfloor\frac{\ln(C_I)}{\ln(2)}\right\rfloor]{C_I}]-1)$$

公式（80）等号右边一共有 $\left\lfloor \frac{\ln(C_I)}{\ln(2)} \right\rfloor -1$ 项。表 19 显示的就是 10^{20} 以内所有孪生整数次方或开方数域基数之和。

可以看出，在给定一个整数 n 或给定区间[0，n]后，如 10^{20}，所有各阶孪生整数数域基数之和与这个区间[0，10^{20}]整数基数之比为：0.000000014634%；即微不足道，完全可以直接忽略不计。

由于占比趋于收敛，当 $n\to\infty$ 时，所有各阶孪生整数数域基数的和与这个区间整数基数之占比可以趋于 0；比如给定区间 10，开 2 次方取整为 3，就是说区间[1，10]里有 3 对孪生数域数，

第 1 对孪生整数是 1 和 1；第 2 对孪生整数是 2 和 4；第 3 对孪生整数是 3 和 9；

这里第 1 对孪生整数 1 和 1 没有意义， 所以减去 1。同理可以验证给定区间 100，开 2 次方取整为 10，就是说区间[1，100]里有 10 对孪生整数包括 1，都要减去 1；还可以检验给定区间 1000，100000，．．．，等等。结论都一致。

简单验证 1：给定整数 10，在区间[1，10]里，共有 2 个 3 次方：1，2，共有 3 个 2 次方：1，2，3；$[\sqrt[2]{10}]$=3，$[\sqrt[3]{10}]$=2；$[\sqrt[1]{100}]=10$；因为 1 的任何次方都是 1，所以基数在区间[1，10]

里共有 2-1=1 个 3 次方: 2，共有 3-1=2 个 2 次方：2，3：

表 19 孪生整数次方或开方数域基数之和

序号	区间	$[\sqrt[3]{a}]-1$	$[\sqrt[4]{a}]-1$	$[\sqrt[5]{a}]-1$	$[\sqrt[6]{a}]-1$	$[\sqrt[7]{a}]-1$	$[\sqrt[8]{a}]-1$	$[\sqrt[9]{a}]-1$	$[\sqrt[10]{a}]-1$	......	$[\sqrt[64]{a}]-1$	$[\sqrt[65]{a}]-1$	$[\sqrt[66]{a}]-1$	$[\sqrt[67]{a}]-1$
1	10	1	0	0	0	0	0	0	0	......	0	0	0	0
2	100	3	2	1	1	0	0	0	0	......	0	0	0	0
3	1,000	9	4	2	2	1	1	1	0	......	0	0	0	0
4	10,000	20	9	5	3	2	2	1	1	......	0	0	0	0
5	100,000	45	16	9	5	4	3	2	2	......	0	0	0	0
6	1,000,000	99	30	14	9	6	4	3	2	......	0	0	0	0
7	10,000,000	214	55	24	13	9	6	4	4	......	0	0	0	0
8	100,000,000	463	99	38	20	12	9	6	5	......	0	0	0	0
9	1,000,000,000	999	176	62	30	18	12	9	6	......	0	0	0	0
10	10,000,000,000	2153	315	99	45	25	16	11	9	......	0	0	0	0
11	100,000,000,000	4640	561	157	67	36	22	15	11	......	0	0	0	0
12	1,000,000,000,000	9999	999	250	99	50	30	20	14	......	0	0	0	0
13	10,000,000,000,000	21543	1777	397	145	70	41	26	18	......	0	0	0	0
14	100,000,000,000,000	46414	3161	629	214	99	55	34	24	......	0	0	0	0
15	1,000,000,000,000,000	99999	5622	999	315	137	73	45	30	......	0	0	0	0
16	10,000,000,000,000,000	215442	9999	1583	463	192	99	58	38	......	0	0	0	0
17	100,000,000,000,000,000	464157	17781	2510	680	267	132	76	49	......	0	0	0	0
18	1,000,000,000,000,000,000	999999	31621	3980	999	371	176	99	62	......	0	0	0	0
19	10,000,000,000,000,000,000	2154433	56233	6308	1466	516	236	128	78	......	0	0	0	0
20	100,000,000,000,000,000,000	4641587	99999	9999	2153	718	315	165	99	......	1	1	1	0
	各阶整数孪生数域基数总计：	4641587	99999	9999	2153	718	315	165	99	......	1	1	1	**0**
	各阶孪生基数总计分别占整数基数比:	**0.046415870005%**	**0**	**0**	**0**	**0**	**0**	**0**	**0**	......	**1**	**1**	**1**	**0**
	各阶孪生基数总和	**4755225**												
	各阶孪生基数总和占整数基数比:	**0.047552250005%**												

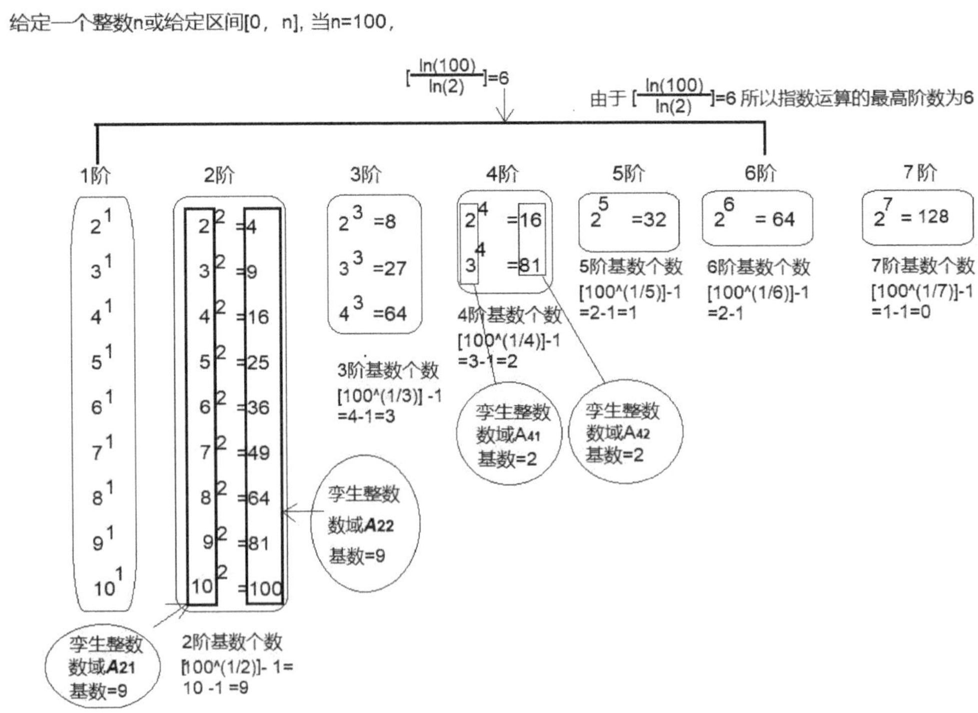

图 15 各阶孪生整数数域基数的计算

简单验证 2：比如给定整数 100，在区间[1，100]里，共有 1 个 7 次方：1，共有 2 个 6 次方：1，2；共有 2 个 5 次方：1，2；共有 3 个 4 次方：1，2，3；共有 4 个 3 次方：1，2，3，4；共有 10 个 2 次方，为 1，2，3，...10；$[\sqrt[2]{100}]=10$；$[\sqrt[3]{100}]=4$；$[\sqrt[4]{100}]=3$；$[\sqrt[5]{100}]=2$；$[\sqrt[6]{100}]=2$；$[\sqrt[7]{100}]=1$；因为 1 的任何次方都是 1，删除 1 不算。有效基数是， 在区间[1，100]里，共有 1-1=0 个 7 次方；共有 2-1=1 个 6 次方：2；共有 2-1 个 5 次方：2；共有 3-1 个 4 次方：12，3；共有 4-1 个 3 次方：2，3，4；共有 10-1=9 个 2 次方：2，3，...，10；

简单验证 3：比如给定整数 10000，在区间[1，10000]里，共有 2 个 9 次方：1， 2，共有 3 个 8 次方：1，2，3；共有 3 个 7 次方：1，2，3；共有 4 个 6 次方：1，2， 3，4；共有 6 个 5 次方：1，2，3，4，5，6；共有 10 个 4 次方：1，2，...，9，10；共有 21 个 3 次方：1，2，3，...，20，21；共有 100 个 2 次方：为 1，2，3，...，99，100；$[\sqrt[2]{10000}]=100$；$[\sqrt[3]{10000}]=20$，...，$[\sqrt[8]{10000}]=3$，$[\sqrt[9]{10000}]=2$；而因为 1 的任何次方都是 1，所以有效基数是计算基数的数值减 1，即在区间[1，10000]里，共有 2-1=1 个 9 次方；共有 3-1=2 个 8 次方：2，3；共有 3-1=2 个 7 次方：2，3；共有 4-1=3 个 6 次方：2，3，4；共有 6-1=5 个 5 次方：2，3，4，5，6；共有 10-1=9 个 4 次方：2，...，9，10；有 21-1=20 个 3 次方：2，3，...，20，21；共有 100-1=99 个 2 次方：为 2，3，...，99，在区间[1，10000]里，20 个 3 次方的发散速度比 100 个 2 次方的发散速度要快 100/20=4 个整数倍。见图 15。每个方框里等式两端的一对互为指数运算结果构成一对孪生整数数域。

第二十九章 偶数孪生数域

偶数数域是整数数域的一个部分，我们发现偶数数域也存在偶数孪生数域。由第二十七章推导出孪生数域的概念。所谓 2 阶偶数孪生数域就是在给定一个整数 n 或给定区间[0，n]，所有由 2，4，6，......2k 个偶数的 2 次方运算结果组成的数域 E_2，和所有由 4，8，16，...，2^m 个整数的 1/2 次方运算结果的正整数值（取绝对值）组成的数域 E_{22} 所构成的一对因为采用互为逆运算的相同数值指数运算而形成的两个独立又密切关联的整数数域 E_2 和 E_{22}，就是偶数孪生数域 E_2 和 E_{22}，由于分别采用 2 和 1/2（2 的倒数）进行指数运算，所以我们定义为数域 E_2 和数域 E_{22} 为 2 阶偶数孪生数域，2 阶偶数孪生数域 E_2 和数域 E_{22} 的基数分别记为 $C_{Te\,21}$ 和 $C_{Te\,22}$；2 阶偶数孪生数域的最大特点是它们的基数完全一样，参见图 16 即 $C_{Te\,21}=C_{Te\,22}$。2 阶偶数孪生数域的基数值为

(81) $C_{Te\,21}=C_{Te\,22}=\frac{[\sqrt{C_I}]}{2}$；

$C_{Te\,21}$ 意思是 2 阶偶数孪生数域（**2 次方**生成的数域）的基数，$C_{Te\,22}$ 意思是 2 阶偶数孪生

数域（开 **2 次方**生成的数域）的基数。

同样我们定义所有一阶偶数数域为一阶偶数孪生数域，即偶数数域自己和自己互为孪生。或一阶偶数数域的孪生数域为 0。

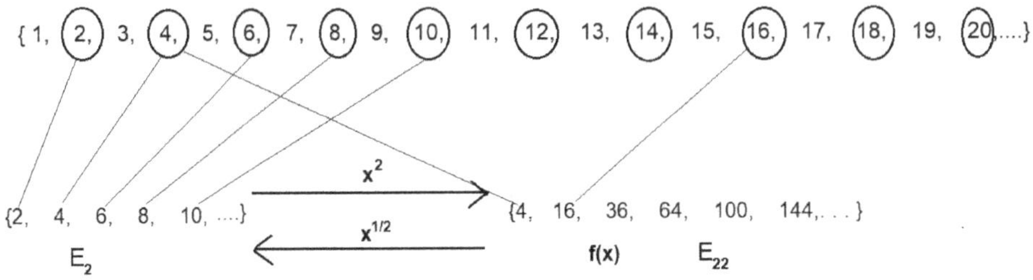

2阶偶数孪生数域E_2和 E_{22}

图 16　2 阶整数孪生数域基数

我们定义所有偶数数域为 3 阶偶数孪生数域是在给定一个整数 n 或给定区间 n]，所有由 2，4，…，2k 个偶数的 3 次方的运算结果组成的偶数数域 E_3，和所有由 8，64，216，…，2k 个偶数的 1/3 次方运算结果的正整数值（取绝对值）组成的数域 E_{33} 所构成的一对因为采用互为逆运算的相同数值指数运算形成的两个独立又密切关联的偶数数域 E_3 和数域 E_{33}，就是 3 阶偶数孪生数域，由于分别采用 3 和 3 的倒数 1/3，所以定义为偶数数域 E_3 和偶数数域 E_{33} 为 3 阶偶数孪生数域；而且它们的基数完全一样。3 阶偶数孪生数域 E_3 和数域 E_{33} 的基数分别记为 $C_{Te\,31}$ 和 $C_{Te\,32}$；偶数孪生数域的最大特点是它们的基数完全一样。即 $C_{Te\,31}=C_{Te\,32}$。偶数孪生数域的基数公式如下：

(82) $C_{Te\,31}=C_{Te\,32}=\frac{[\sqrt[3]{C_I}]}{2}$；

$C_{Te\,31}$ 的意思是 3 阶偶数孪生数域是由整数 3 次方运算结果生成的 3 次方数域的基数，$C_{Te\,32}$ 的意思是 3 阶偶数孪生数域是由整数 1/3 次方运算结果生成的开 3 次方数域的基数。

……

很明显，按照上面定义，在给定区间[1，n]里，第 m 次方运算所生成的 m 阶偶数孪生数域 A_m 是：2∧m1，4∧m2，….. ，(2k)∧mk，当 $m=[\frac{\sqrt{C_I}}{2}]$ 趋于无穷大时，可以生成 $\left\lfloor\frac{\ln C_I}{\ln 2}\right\rfloor-1$ 对 2，3，…，$\left\lfloor\frac{\ln C_I}{\ln 2}\right\rfloor$ 阶偶数孪生数域。这些 $[\frac{\sqrt{C_I}}{2}]$ 个 2 阶，3 阶，4 阶，……，$\left\lfloor\frac{\ln C_I}{\ln 2}\right\rfloor$ 阶偶数孪生数域的基数分别是 $[\frac{\sqrt{C_I}}{2}]$，$[\frac{\sqrt[3]{C_I}}{2}]$，$[\frac{\sqrt[4]{C_I}}{2}]$，……，$[\frac{\sqrt[\left\lfloor\frac{\ln(C_I)}{\ln 2}\right\rfloor]{C_I}}{2}]$，而我们知道 $\sqrt[\left\lfloor\frac{\ln(C_I)}{\ln 2}\right\rfloor]{C_I}=C_I^{\left\lfloor\frac{\ln(2)}{\ln(C_I)}\right\rfloor}\to C_I^{\,0}=1$，所以我们有如下公式：

(83) $[0.303963*C_I^{\left\lfloor\frac{\ln(2)}{\ln(C_I)}\right\rfloor}]=[0.303963*C_I^{\,0}]=[0.303963*1]=0;$

这里$[a^{(1/2)}]$是指开方后四舍五入，例如[0.303963]是要四舍五入取整的，即 [0.303963]=0；[4.89990173963]=5。下同。因此，所有这些偶数孪生数域基数之和 $C_{SumEtwin}$ 就是如下公式：

(84) $$C_{SumEtwin} = ([\frac{\sqrt{C_I}}{2}]) + ([\frac{\sqrt[3]{C_I}}{2}]) + ([\frac{\sqrt[4]{C_I}}{2}]) + ([\frac{\sqrt[5]{C_I}}{2}]) + ... + [\frac{\sqrt[\left\lfloor \frac{\ln C_I}{\ln 2} \right\rfloor]{C_I}}{2}] + 0$$

如给定区间 10，偶数 10 开 2 次方取整为 3，即区间[1，10]里有 3 对孪生数域数，第 1 对孪生数域数是奇数 1 和 1；第 2 对孪生数域数是偶数 2 和 4；第 3 对孪生数域数是奇数：3 和 9；这里第 1 对孪生数域数 1 和 1 完全没有任何意义。所以减去 1；剩下 2 和 3，3 是奇数不算，只有 2 是偶数，所以区间[1，10]内偶数孪生数域只有一个偶数 2；而 4，6，8，10 虽然都是偶数，但是平方运算后其值都大于 10，都跑到当前给定数域区间[1，10]以外，可暂时不计，以后会算到的。现在不算是避免重复计算。所以给定区间 10 里偶数孪生数域基数是经过四舍五入的：$[\frac{\sqrt{10}}{2}] = [\frac{3.16}{2}] = [1.5] = 1;$ 同理，可以验证给定区间 100，开 2 次方取整为 10，就是说区间[1，100]里有 10 对孪生数域数包括 1；区间[1，100]里剩下偶数孪生数域只有 5 个偶数：2，4，6，8，10，$[\frac{\sqrt{100}}{2}] = [\frac{10}{2}] = [5] = 5;$ 类似地，还可以检验给定区间 1000，100000，. . . ，等。结论都一致。

简单验证过程同整数，此处省略。

第三十章 奇数孪生数域

奇数孪生数域几乎和偶数孪生数域的情况一模一样。这里不再重复。

有兴趣的读者可以自己推导一下。限于篇幅，图 17 只列出示意性说明和所有奇数孪生数域通项估值基数公式供参考。唯一不同是开方后四舍五入取整减 1。

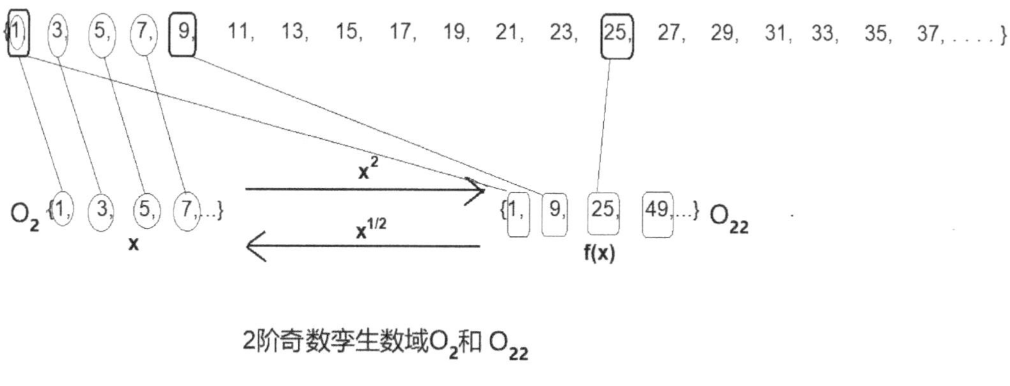

图 17 奇数孪生数域

所有这些奇数孪生数域基数之和 $C_{SumOtwin}$ 就是如下公式：

$$C_{SumOtwin}=([\frac{\sqrt{C_I}}{2}-1])+([\frac{\sqrt[3]{C_I}}{2}-1])+([\frac{\sqrt[4]{C_I}}{2}-1])+([\frac{\sqrt[5]{C_I}}{2}-1])+\ldots\ldots+[\frac{\sqrt[\left\lfloor\frac{\ln C_I}{\ln 2}\right\rfloor]{C_I}}{2}-1] \quad (85)$$

这里减 1 是删除重复的 1，以免基数计数错误。

第三十一章 全体整数孪生数域基数之和与整数数域基数的关系

由公式（80）得知，全体整数孪生数域基数之和的公式是：

$$C_{SumItwin}=([\sqrt{C_I}]-1)+([\sqrt[3]{C_I}]-1)+([\sqrt[4]{C_I}]-1)+([\sqrt[5]{C_I}]-1)+\ldots+([\sqrt[\left\lfloor\frac{\ln(C_I)}{\ln(2)}\right\rfloor]{C_I}]-1)$$

我们希望知道，在每个给定区间内所有全体整数孪生数域基数之和与整数数域基数之比(简称孪整比)ROTI（Ratio Of Twin to Integer），即占百分比是多少，当整数数域基数趋于无穷大时，孪整比 ROTI 是不是收敛并且趋于 0？就是说这个所有全体整数孪生数域基数之和与整数数域基数之比的孪整比 ROTI 是不是可以忽略不计？

表 20 是孪整比 ROTI 在步长区间增量为 10 的占比图。可以看出，随步长区间不断增加，占比越来越小，即在给定整数 10000 时，区间[1，10000]以内所有全体整数孪生数域基数之和与整数数域基数之比(孪整比)ROTI 为 0.41%，几乎可以忽略不计。

表 21 是 ROTI 在步长区间增量为 1000000 的占比图。

表 22 是 ROTI 在步长区间增量为 100000000 的占比图，中间过程省略。计算共 10000 个区间，总计 10^{12} 的整数以内每个增量区间里所有孪生数域的基数。

可以看出，随着步长区间不断增加，占比越来越小，即在给定整数 10^{12} 时，区间[1，10^{12}]以内所有全体整数孪生数域基数之和与整数数域基数之比 ROTI 为 0.0001%，几乎为百万分之一。可以忽略不计。

表 20 在步长区间增量为 10 孪整比

序号	整数	$[\sqrt{a}]-1$	$[\sqrt[3]{a}]-1$	$[\sqrt[4]{a}]-1$	$[\sqrt[5]{a}]-1$	$[\sqrt[6]{a}]-1$	$[\sqrt[7]{a}]-1$	$[\sqrt[8]{a}]-1$	$[\sqrt[9]{a}]-1$	$[\sqrt[10]{a}]-1$	……	$[\sqrt[18]{a}]-1$	$[\sqrt[19]{a}]-1$	$[\sqrt[20]{a}]-1$	总和	%	二次方根占总和比%
1	10	2	1	0	0	0	0	0	0	0		0	0	0	3	30.00000%	33.333333%
2	20	3	1	1	0	0	0	0	0	0	.	0	0	0	5	25.00000%	40.000000%
3	30	4	2	1	0	0	0	0	0	0	.	0	0	0	7	23.33333%	42.857143%
4	40	5	2	1	1	0	0	0	0	0	.	0	0	0	9	22.50000%	44.444444%
5	50	6	2	1	1	0	0	0	0	0	.	0	0	0	10	20.00000%	40.000000%
6	60	6	2	1	1	0	0	0	0	0	.	0	0	0	10	16.66667%	40.000000%
7	70	7	3	1	1	1	0	0	0	0	.	0	0	0	13	18.57143%	46.153846%
8	80	7	3	1	1	1	0	0	0	0	.	0	0	0	13	16.25000%	46.153846%
9	90	8	3	2	1	1	0	0	0	0	.	0	0	0	15	16.66667%	46.666667%
10	100	9	3	2	1	1	0	0	0	0	.	0	0	0	16	16.00000%	43.750000%
……	……	……	……	……	……	……	……	……	……	……	.	……	……	……	……	……	……
9995	99950	315	45	16	8	5	4	3	2	2		0	0	0	406	0.40620%	22.413793%
9996	99960	315	45	16	8	5	4	3	2	2		0	0	0	406	0.40616%	22.413793%
9997	99970	315	45	16	8	5	4	3	2	2		0	0	0	406	0.40612%	22.413793%
9998	99980	315	45	16	8	5	4	3	2	2		0	0	0	406	0.40608%	22.413793%
9999	99990	315	45	16	8	5	4	3	2	2		0	0	0	406	0.40604%	22.413793%
10000	100000	315	45	16	9	5	4	3	2	2		0	0	0	407	0.40700%	22.604423%
总计	2797169																

表 21 步长区间增量为 1000000 孪整比

序号	区间	$[\sqrt{a}]-1$	$[\sqrt[3]{a}]-1$	$[\sqrt[4]{a}]-1$	$[\sqrt[5]{a}]-1$	$[\sqrt[6]{a}]-1$	$[\sqrt[7]{a}]-1$	$[\sqrt[8]{a}]-1$	$[\sqrt[9]{a}]-1$	$[\sqrt[10]{a}]-1$	......	$[\sqrt[33]{a}]-1$	$[\sqrt[34]{a}]-1$	总和	%
1	1,000,000	999	99	30	14	9	6	4	3	2	......	0	0	1166	0.1166000000%
2	2,000,000	1413	124	36	17	10	6	5	4	3	......	0	0	1618	0.0809000000%
3	3,000,000	1731	143	40	18	11	7	5	4	3	......	0	0	1962	0.0654000000%
4	4,000,000	1999	157	43	19	11	7	5	4	3	......	0	0	2248	0.0562000000%
5	5,000,000	2235	169	46	20	12	8	5	4	3	......	0	0	2502	0.0500400000%
6	6,000,000	2448	180	48	21	12	8	6	4	3	......	0	0	2730	0.0455000000%
7	7,000,000	2644	190	50	22	12	8	6	4	3	......	0	0	2939	0.0419857143%
8	8,000,000	2827	199	52	23	13	8	6	4	3	......	0	0	3135	0.0391875000%
9	9,000,000	2999	207	53	23	13	8	6	4	3	......	0	0	3316	0.0368444444%
10	10,000,000	3161	214	55	24	13	9	6	4	4	......	0	0	3490	0.0349000000%
11	11,000,000	3315	221	56	24	13	9	6	5	4	......	0	0	3653	0.0332090909%
12	12,000,000	3463	227	57	25	14	9	6	5	4	......	0	0	3810	0.0317500000%
13	13,000,000	3604	234	59	25	14	9	6	5	4	......	0	0	3960	0.0304615385%
14	14,000,000	3740	240	60	25	14	9	6	5	4	......	0	0	4103	0.0293071429%
......	......	......	......	......	......	......	......	......	......	......	......	......	......	......	......
9990	9,990,000,000	99948	2152	315	98	45	25	16	11	8	......	1	0	102665	0.0010276777%
9991	9,991,000,000	99953	2152	315	98	45	25	16	11	8	......	1	0	102670	0.0010276249%
9992	9,992,000,000	99958	2152	315	98	45	25	16	11	8	......	1	0	102675	0.0010275721%
9993	9,993,000,000	99963	2152	315	98	45	25	16	11	8	......	1	0	102680	0.0010275193%
9994	9,994,000,000	99968	2153	315	98	45	25	16	11	8	......	1	0	102686	0.0010274765%
9995	9,995,000,000	99973	2153	315	98	45	25	16	11	8	......	1	0	102691	0.0010274237%
9996	9,996,000,000	99978	2153	315	98	45	25	16	11	8	......	1	0	102696	0.0010273709%
9997	9,997,000,000	99983	2153	315	98	45	25	16	11	8	......	1	0	102701	0.0010273182%
9998	9,998,000,000	99988	2153	315	98	45	25	16	11	8	......	1	0	102706	0.0010272655%
9999	9,999,000,000	99993	2153	315	98	45	25	16	11	8	......	1	0	102711	0.0010272127%
10000	10,000,000,000	99999	2153	315	99	45	25	16	11	9	......	1	0	102719	0.0010271900%

表 22 步长区间增量为 100000000 孪整比 ROTI

序号	区间	$[\sqrt{a}]-1$	$[\sqrt[3]{a}]-1$	$[\sqrt[4]{a}]-1$	$[\sqrt[5]{a}]-1$	$[\sqrt[6]{a}]-1$	$[\sqrt[7]{a}]-1$	$[\sqrt[8]{a}]-1$	$[\sqrt[9]{a}]-1$	$[\sqrt[10]{a}]-1$	......	$[\sqrt[40]{a}]-1$	总和	误差%
1	100000000	9999	463	99	38	20	12	9	6	5	......	0	10651	0.010651%
2	200000000	14141	583	117	44	23	14	9	7	5	......	0	14943	0.007472%
3	300000000	17319	668	130	48	24	15	10	7	6	......	0	18227	0.006076%
4	400000000	19999	735	140	51	26	15	10	8	6	......	0	20990	0.005248%
5	500000000	22359	792	148	53	27	16	11	8	6	......	0	23420	0.004684%
6	600000000	24493	842	155	55	28	16	11	8	6	......	0	25614	0.004269%
7	700000000	26456	886	161	57	28	17	11	8	6	......	0	27630	0.003947%
8	800000000	28283	927	167	59	29	17	11	8	6	......	0	29507	0.003688%
9	900000000	29999	964	172	60	30	18	12	8	6	......	0	31269	0.003474%
10	1000000000	31621	999	176	62	30	18	12	9	6	......	0	32933	0.003293%
11	1100000000	33165	1031	181	63	31	18	12	9	7	......	0	34517	0.003138%
12	1200000000	34640	1061	185	64	31	18	12	9	7	......	0	36027	0.003002%
13	1300000000	36054	1090	188	65	32	19	12	9	7	......	0	37476	0.002883%
14	1400000000	37415	1117	192	66	32	19	12	9	7	......	0	38869	0.002776%
15	1500000000	38728	1143	195	67	32	19	13	9	7	......	0	40213	0.002681%
......	......	......	......	......	......	......	......	......	......	......	......	......	......	......
9990	999000000000	999498	9995	998	250	98	50	30	20	14	......	0	1011025	0.000101%
9991	999100000000	999548	9995	998	250	98	50	30	20	14	......	0	1011075	0.000101%
9992	999200000000	999598	9996	998	250	98	50	30	20	14	......	0	1011126	0.000101%
9993	999300000000	999648	9996	998	250	98	50	30	20	14	......	0	1011176	0.000101%
9994	999400000000	999698	9996	998	250	98	50	30	20	14	......	0	1011226	0.000101%
9995	999500000000	999748	9997	998	250	98	50	30	20	14	......	0	1011277	0.000101%
9996	999600000000	999798	9997	998	250	98	50	30	20	14	......	0	1011327	0.000101%
9997	999700000000	999848	9997	998	250	98	50	30	20	14	......	0	1011377	0.000101%
9998	999800000000	999898	9998	998	250	98	50	30	20	14	......	0	1011428	0.000101%
9999	999900000000	999948	9998	998	250	98	50	30	20	14	......	0	1011478	0.000101%
10000	1000000000000	999999	9999	999	250	99	50	30	20	14	......	0	1011533	0.000101%

表 23 是 ROTI 在步长区间增量为 10^{10} 的占比图。计算共 10000 个区间，总计 10^{14} 的整数以内每个增量区间里所有孪生数域的基数。可以看出，随着步长区间不断增加，占比越来越小，即在给定整数 10^{14} 时，区间[1，10^{14}]以内所有全体整数孪生数域基数之和与整数数域基数之比 ROTI 为 0.00001%，

表 24 是 ROTI 在步长区间增量为 10^{12} 占比图，中间过程省略。计算共 10000 个区间，总计 10^{16} 的整数以内每个增量区间里所有孪生数域的基数。可以看出，随着步长区间不断增加，占比越来越小，即在给定整数 10^{16} 时，区间[1，10^{16}]以内全体整数孪生数域基数之和与整数数域基数之比 ROTI 为 0.0000001%，新增添的最后一列是除 1 外其余各项之和在整数数域基数里的占比。可以看出 0.0000001%，微不足道。

就是说当 n 大于 10^{16}，公式（79）可以简写为新的估值公式：

(86) $C_{SumItwin} \approx [\sqrt{C_I}]$

根据我们的统计数据和前面的公式（80），我们有如下公式

(87) $$C_{SumItwin} = ([\sqrt{C_I}]-1)+([\sqrt[3]{C_I}]-1)+([\sqrt[4]{C_I}]-1)+\ldots([\sqrt[\left\lfloor \frac{\ln C_I}{\ln 2} \right\rfloor]{C_I}]-1)$$

当 C_I>10， 我们得到以下公式：

(88) $$([\sqrt{C_I}]-1) > ([\sqrt[3]{C_I}]-1)+([\sqrt[4]{C_I}]-1)+\ldots([\sqrt[\left\lfloor \frac{\ln C_I}{\ln 2} \right\rfloor]{C_I}]-1)$$

或者

(89) $$([C_I^{(\frac{1}{2})}]-1) > ([C_I^{(\frac{1}{3})}]-1)+([C_I^{(\frac{1}{4})}]-1)+([C_I^{(\frac{1}{4})}]-1)+\ldots.++([C_I^{\left\lfloor \frac{\ln(C_I)}{\ln 2} \right\rfloor}]-1)$$

表 23 步长区间增量为 1010 孪整比 ROTI

序号	整数a	$\sqrt{a}$	$\sqrt[3]{a}$	$\sqrt[4]{a}$	$\sqrt[5]{a}$	$\sqrt[6]{a}$	$\sqrt[7]{a}$	$\sqrt[8]{a}$	$\sqrt[9]{a}$	$\sqrt[10]{a}$	......	$\sqrt[50]{a}$	总和	占比%
1	10000000000	99999	2153	315	99	45	25	16	11	9	......	0	102719	0.00103%
2	20000000000	141420	2713	375	113	51	28	18	12	9	......	0	144791	0.00072%
3	30000000000	173204	3106	415	123	54	30	19	13	10	......	0	177026	0.00059%
4	40000000000	199999	3418	446	130	57	31	20	14	10	......	0	204181	0.00051%
5	50000000000	223605	3683	471	136	59	32	20	14	10	......	0	228086	0.00046%
6	60000000000	244947	3913	493	142	61	33	21	14	10	......	0	249690	0.00042%
7	70000000000	264574	4120	513	146	63	34	21	15	11	......	0	269556	0.00039%
8	80000000000	282841	4307	530	150	64	35	22	15	11	......	0	288035	0.00036%
9	90000000000	299999	4480	546	154	65	35	22	15	11	......	0	305387	0.00034%
......	......	......	......	......	......	......	......	......	......	......	......	......	......	......
9990	9.99E+13	9994997	46399	3160	629	214	98	55	34	24	......	0	10045726	0.00001%
9991	9.991E+13	9995497	46400	3160	629	214	98	55	34	24	......	0	10046227	0.00001%
9992	9.992E+13	9995998	46402	3160	629	214	98	55	34	24	......	0	10046730	0.00001%
9993	9.993E+13	9996498	46404	3160	629	214	98	55	34	24	......	0	10047232	0.00001%
9994	9.994E+13	9996998	46405	3160	629	214	98	55	34	24	......	0	10047733	0.00001%
9995	9.995E+13	9997498	46407	3160	629	214	98	55	34	24	......	0	10048235	0.00001%
9996	9.996E+13	9997998	46408	3160	629	214	98	55	34	24	......	0	10048736	0.00001%
9997	9.997E+13	9998498	46410	3161	629	214	98	55	34	24	......	0	10049239	0.00001%
9998	9.998E+13	9998998	46411	3161	629	214	98	55	34	24	......	0	10049740	0.00001%
9999	9.999E+13	9999498	46413	3161	629	214	98	55	34	24	......	0	10050242	0.00001%
10000	1E+14	9999999	46414	3161	629	214	99	55	34	24	......	0	10050746	0.00001%

根据公式 (88) 或 (89)（在 10^{14} 次方验证百分占比<0.0000001%），可推导出一系列结论：

(90) $C_{SumItwin} \geq ([C_I^{(\frac{1}{2})}]-1);$

或直接采用公式（86）近似公式：

(91) $$C_{SumItwin} \approx [C_I^{(\frac{1}{2})}];$$

即 $([C_I^{(\frac{1}{2})}]-1)$ 甚至 $[C_I^{(\frac{1}{2})}]$ 可以当做 $C_{SumItwin}$ 的下限，从而大大简化我们的计算和推导过程。

由公式（91），得所有孪生数域基数之和与整数数域基数值的比，看看能够推导出什么：

(92) $$ROTI = \frac{C_{SumItwin}}{C_I} \approx \frac{[C_I^{\frac{1}{2}}]}{C_I} = \frac{1}{[C_I^{\frac{1}{2}}]} \to 0$$

所有全体整数孪生数域基数之和与整数数域基数之比 ROTI（Ratio Of Twin to Integer 孪整比），即孪整比 ROTI 是收敛并且趋于 0。

表 24 步长区间增量为 1012 孪整比 ROTI

序号	区间	$[\sqrt{a}]-1$	$[\sqrt[3]{a}]-1$	$[\sqrt[4]{a}]-1$	$[\sqrt[5]{a}]-1$	$[\sqrt[6]{a}]-1$	$[\sqrt[7]{a}]-1$	$[\sqrt[8]{a}]-1$	$[\sqrt[9]{a}]-1$	.....	$[\sqrt[60]{a}]-1$	总和	误差%
1	1000000000000	999999	9999	999	250	99	50	30	20	.....	0	1011533	0.0001011533%
2	2000000000000	1414212	12598	1188	287	111	56	33	22	.....	0	1428597	0.0000714299%
3	3000000000000	1732049	14421	1315	311	119	59	35	23	.....	0	1748426	0.0000582809%
4	4000000000000	1999999	15873	1413	330	124	62	36	24	.....	0	2017958	0.0000504490%
5	5000000000000	2236066	17098	1494	345	129	64	37	24	.....	0	2255358	0.0000451072%
6	6000000000000	2449488	18170	1564	358	133	65	38	25	.....	0	2469942	0.0000411657%
7	7000000000000	2645750	19128	1625	369	137	67	39	25	.....	0	2667242	0.0000381035%
8	8000000000000	2828426	19999	1680	379	140	68	40	26	.....	0	2850861	0.0000356358%
9	9000000000000	2999999	20799	1731	388	143	69	40	26	.....	0	3023300	0.0000335922%
10	10000000000000	3162276	21543	1777	397	145	70	41	26	.....	0	3186381	0.0000318638%
.....	.....	.....	.....	.....	.....	.....	.....	.....	.....	.....	.....	.....	.....
9991	9991000000000000	99954988	215377	9996	1583	463	192	98	58	.....	0	100182944	0.0000010027%
9992	9992000000000000	99959990	215385	9996	1583	463	192	98	58	.....	0	100187954	0.0000010027%
9993	9993000000000000	99964992	215392	9997	1583	463	192	98	58	.....	0	100192964	0.0000010026%
9994	9994000000000000	99969994	215399	9997	1583	463	192	98	58	.....	0	100197973	0.0000010026%
9995	9995000000000000	99974995	215406	9997	1583	463	192	98	58	.....	0	100202981	0.0000010025%
9996	9996000000000000	99979996	215413	9997	1583	463	192	98	58	.....	0	100207989	0.0000010025%
9997	9997000000000000	99984997	215420	9998	1583	463	192	98	58	.....	0	100212998	0.0000010024%
9998	9998000000000000	99989998	215428	9998	1583	463	192	98	58	.....	0	100218007	0.0000010024%
9999	9999000000000000	99994998	215435	9998	1583	463	192	98	58	.....	0	100223014	0.0000010023%
10000	10000000000000000	99999999	215442	9999	1583	463	192	99	58	.....	0	100228025	0.0000010023%

从公式（92）我们得知，整数数域基数比所有孪生数域基数之和大约大 $[C_I^{(\frac{1}{2})}]$ 倍。即无穷大。这个结论在计算全体实数的基数时特别重要和特别有用。

通过大量数据分析，有如下结论：

(1)　与整数数域基数相比，每一个整数孪生数域的基数都是非常小的，而且所有的整数孪生数域的基数之和也都是非常小的；当整数趋于无穷大时，二者都几乎可以忽略不计；

(2)　在以整数为底数的同一阶的指数运算里，孪生数域里底数最小的元素发散最慢，如 2；底数较大的元素发散较快，如 K，$K>2$；

(3)　整数数域基数比所有孪生数域基数之和大约大 $[C_I^{(\frac{1}{2})}]$ 倍；

(4)　无穷大整数孪生数域的基数和基数之和的重要性将在以后讨论中体现出来。

因为孪生整数产生孪生分数，而孪生分数产生重复实数，重复实数严重影响实数数域的基数，所以，重复实数必须全部删除。如果孪生数域产生孪生分数在全体整数数域基数和全体分数数域基数中的占比可以忽略不不计，再证明由此生成的全部重复实数占全体实数的占比也可以忽略不计的话，实数数域基数通项公式的精度就可以提高。

第三十二章 偶（奇）数孪生数域与整数数域的关系

我们希望知道，在每个给定区间内，所有全体整数孪生数域基数之和与整数数域基数之比(简称孪整比)ROTI（Ratio Of Twin to Integer），即占百分比是多少，当趋于无穷大时，孪整比 ROTI 是不是收敛并且趋于 0？这个所有全体整数孪生数域基数之和与整数数域基数之比的孪整比 ROTI 是不是可以忽略不计？

表 20 是孪整比 ROTI 在步长区间增量为 10 的占比图。可以看出，随着步长区间不断增加，占比越来越小，就是说在给定整数 10000 时，区间[1，10000]以内所有全体整数孪生数域基数之和与整数数域基数之比(孪整比)ROTI 为 0.41%，几乎可以忽略不计。

由公式（80）得知，全体整数孪生数域基数之和的公式是：

$$C_{SumItwin} = ([\sqrt{C_I}]-1)+([\sqrt[3]{C_I}]-1)+([\sqrt[4]{C_I}]-1)+...([\sqrt[\left\lfloor \frac{\ln C_I}{\ln 2}\right\rfloor]{C_I}]-1)$$

由公式（84）得知：

$$C_{SumEtwin} = ([\frac{\sqrt{C_I}}{2}])+([\frac{\sqrt[3]{C_I}}{2}])+([\frac{\sqrt[4]{C_I}}{2}])+([\frac{\sqrt[5]{C_I}}{2}])+.....+[\frac{\sqrt[\left\lfloor \frac{\ln C_I}{\ln 2}\right\rfloor]{C_I}}{2}]$$

由公式（85）得知

$$C_{SumOtwin} = ([\frac{\sqrt{C_I}}{2}-1])+([\frac{\sqrt[3]{C_I}}{2}-1])+([\frac{\sqrt[4]{C_I}}{2}-1])+([\frac{\sqrt[5]{C_I}}{2}-1])+.....+[\frac{\sqrt[\left\lfloor \frac{\ln C_I}{\ln 2}\right\rfloor]{C_I}}{2}-1]$$

我们有如下公式：

(93) $$C_{SumItwin} = C_{SumOtwin} + C_{SumEtwin}$$ 。

第三十三章 分数孪生数域

因为分数数域的基数比整数数域的基数大无穷大 Q^*C_I 倍，所以分数孪生数域的情况要比整数孪生数域复杂得多。所谓分数孪生数域就是在给定一个整数 n 或给定区间[0，1]，由自然数 1 到 n 所生成的所有不重复分数组成的分数数域：$A=\{\frac{1}{2},\frac{1}{3},\frac{2}{3},\frac{1}{4},\frac{3}{4},\cdots\frac{1}{9},\frac{2}{9},\frac{4}{9},\cdots\frac{n-1}{n}\cdots\}$里元素的每个分数的 2 次方运算结果组成的新数域 $A_{22}=\{\frac{1}{4},\frac{1}{9},\frac{4}{9},\frac{1}{16},\frac{9}{16},\frac{1}{25},\frac{4}{25}\cdots\}$，和所有由 $A_{22}=\{\frac{1}{4},\frac{1}{9},\frac{4}{9},\frac{1}{16},\frac{9}{16},\frac{1}{25},\frac{4}{25}\cdots\}$ 里的每个分数的 1/2 次方运算结果的分数数值（取绝对值）组成的数域 $B_{22}=\{\frac{1}{2},\frac{1}{3},\frac{2}{3},\frac{1}{4},\frac{3}{4},\frac{1}{5},\frac{2}{5}......\}$ 所构成的一对因为采用互为逆运算的相同数值指数运算而

形成的两个独立而又密切关联的分数数域 A_{22} 和 B_{22}，就是分数孪生数域 A_{22} 和 B_{22}，由于分别采用 2 和 2 的倒数 1/2 进行指数运算，故定义为数域 A_{22} 和数域 B_{22} 为 2 阶分数孪生数域，数域 $\boldsymbol{A_{22}}$ 和数域 $\boldsymbol{B_{22}}$ 的基数分别记为 C_{TF21} 和 C_{TF22}；分数孪生数域的最大特点是基数完全一样，即 $C_{TF21}=C_{TF22}$。和直觉不同的是，这里 $B_{22}=\{\frac{1}{2},\frac{1}{3},\frac{2}{3},\frac{1}{4},\frac{3}{4},......\}$ 的定义域和取值域看起来和全体分数的数域的定义域和取值域 $A=\{\frac{1}{2},\frac{1}{3},\frac{2}{3},\frac{1}{4},\frac{3}{4},\cdots,\frac{1}{9},\frac{2}{9},\cdots\frac{n-1}{n}\cdots\}$ 似乎没有不同，但是它和分数数域的生成规则完全不一样，定义域一样都是定义在全体分数数域这个定义域上的，但是取值的取值域完全不一样，$\boldsymbol{B_{22}}$ 是由规则要求的**给定整数 n** 内分数数域里所有由**分数的平方**生成的值所组成的取值域数域，其基数不大于给定整数 n 的 $\sqrt{n}$，而全体分数数域的定义域和取值域都是全体分数，所以这两个数域的定义域虽然一样但是生成数域的值域是完全不同的，所以值域基数也完全不同，B_{22} 生成的值域数域基数是 Q^*C_I，全体分数生成的值域数域基数是 $Q^*C_I{}^2$；完全不是一个东西。假如没有给定区间给定整数 n 这一限制，就会陷入"部分等于整体"的自相矛盾逻辑错误的谬论，而"给定区间或给定整数 n"这一限制，也是数学归纳法的核心。任何无端取消这一限制的无穷大数学推导，都会导致灾难性后果。这里 B_{22} 基数值为：

(94) $C_{TF22}=C_{TF21}=Q^*(\sqrt{C_I})^2-1\approx Q^*C_I=0.303963^*C_I$

C_{TF21} 的意思是 2 阶分数孪生数域（2 次方生成的数域）的基数，C_{TF22} 的意思是 2 阶分数孪生数域（由 2 次开方数域生成）的基数。

推导证明如下：

由前面发现的公式（19），设给定一个整数 n，由[1， n] 所有整数生成的所有不重复分数的个数为 $Q^*n^2=0.303963^*n^2$；

但是 n 个整数里，最多只有 $[\sqrt{n}]$ 个整数可以生成 2 次方的值全部落在 n 以内，大于 $[\sqrt{n}]$ 的整数的数在平方运算后都大于 n，即都跑出区间[1，n]的范围；因此大于 $[\sqrt{n}]$ 的整数生成的分数也不在这 1 到 n 个整数生成分数的范围之内。故按我们的通项公式，小于等于 $[\sqrt{n}]$ 的所有整数生成的分数的个数应该是：

$Q^*[\sqrt{n}]^2$ = Q^*n；证明完毕。计算机数据检验正确。

故 2 阶分数孪生数域基数为 $n\to\infty$：

(95) $C_{TF22}=C_{TF21}=Q^*C_I=0.303963^*C_I$。

参见图 18，同样定义一阶分数孪生数域为分数数域自己和自己互为孪生。

基本概念定义 25：实际可取值域

在任何给定的整数 n 或区间[1，n]内，由某种或某些指定的数值运算在一个定义域数域里取值而生成的另外一个值域，我们把**给定的整数 n 或区间[1，n]内**由该指定的数值运算在一个该定义域数域里按数值运算要求确确实实能够取到的所有取值组成的数域定义为给定区间或给定整数和给定运算的**实际可取值域**或简称**实际取值域**，**实际取值域**和定义域是完全不同的，实际取值域可能等于定义域，也可能实际取值域小于定义域。即：可以在定义域上取所有值**并不等于实际可以取到**所有值。

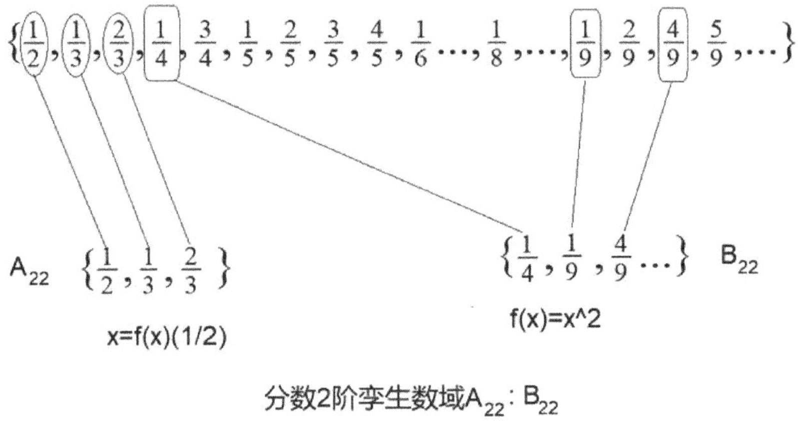

图 18 2 阶分数孪生数域

基本概念定义 26：实际生成值域

在任何给定的整数 n 或区间[1，n]内，由某种或某些指定的数值运算在一个定义域数域里取值而可以生成的另外一个值域，我们把给定的整数 n 或区间[1，n]内由该指定的数值运算在一个该定义域数域里按数值运算要求确确实实能够取到的所有取值所生成的所有属于该定义域的数值组成的数域定义为给定区间或给定整数和给定运算的实际生成值域，如果不是实际取值域里的数值运算后所生成的实际生成值一定不属于该运算生成的实际生成值域；实际生成值域和普通值域是完全不同的，实际生成值域可能等于普通值域，也可能小于普通值域。但是实际生成值域不可能超过普通值域。即：不是实际取值域里的数值运算后所生成的实际生成值一定不属于该运算生成的**实际生成值域**。实际生成值域概念比较抽象，我们会在下面本篇第四十二章《经典案例一》中详细介绍。

图 18 里，孪生数域 A_{22} 和 B_{22} 都是定义域定义在整个分数数域里的，而分数数域的基数是 $Q*C_I^2$；但孪生数域 A_{22} 平方运算和 B_{22} 开方运算的运算生成的值域却是定义在整个分数数域里的一个子域——**实际取值域**里面。

比如图 18，给定整数 n 或区间[1，n]，n 个整数生成的全体分数为 $Q*C_I^2$；理论上我们可以取分数 $\frac{1}{2},\frac{1}{3},\frac{3}{3},\frac{1}{4},\frac{3}{4},...,\ \frac{n-2}{n},\frac{n-1}{n},...$ 整个分数数域里的任何分数，但在实际条件给定整数 n 或区间[1，n]的平方运算限制下，我们在当前取不到分母大于 $\sqrt{C_I}$ 的整数生成的分数，同理在实际条件给定整数 n 或区间[1，n]的开方运算限制下，我们可以取给定区间里的任何分数，但是这些分数开方运算的值却不全落在给定区间[1，n]里。

孪生数域 A_{22} 和 B_{22} 的值域基数其实是他们**实际取值域**的基数，而非定义域的基数。这一点非常容易搞混。

其中 A_{22} 平方后的值域是 B_{22}，而 B_{22} 开方后的值域是 A_{22}；互为孪生数域，这两个孪生数域的基数是相同的，但是两个孪生数域的基数远远小于分数数域的基数是 $Q*C_I^2$，因为在任何给定的整数 n，孪生数域 A_{22} 和 B_{22} 的取值范围虽然是整个分数数域，但是由于给定的整数 n 和运算的限制，孪生数域 A_{22} 和 B_{22} 是不可能取遍所有分数数域 $Q*C_I^2$ 的值，最多只能取遍 $\sqrt{C_I}$ 个整数所生成的分数数域的值。这里涉及一个**实际取值域**的概念，这里孪生数域 A_{22} 平方运算和 B_{22} 开方运算的取值域基数远远小于分数数域的基数；就是说，理论上可以取整个分数数域的所有值，实际上由于给定的整数 n 和运算的限制，超出 $\sqrt{C_I}$ 以外的分数数域的值在给定的整数 n 和运算的限制范围内永远不可能取到，所以孪生数域 A_{22} 平方运算和 B_{22} 开方运算的实际取值域不等于分数数域，故二者的基数和分数的基数也不相等。通常，人们习惯上会想当然地认为 A_{22} 和 B_{22} 既然定义在整个分数数域上，他们的基数就应该等于分数的基数，其实 $\sqrt{C_I}$ 以外的整数生成的分数的值虽然属于分数数域定义域范围，却在当前给定的整数 n 和开方或平方运算的限制下永远不可能取到，所以 A_{22} 和 B_{22} 的实际取值域和值域是一样的， 但是远小于分数数域的基数。

比如给定区间 10，一共有 10 个正整数，1，2，3，4，5，6，7，8，9，10。首先每个数开 2 次方，得如下数值：

$$\sqrt{1}=1.000;\sqrt{2}=1.414...;\sqrt{3}=1.732...;;\sqrt{4}=2.000,\sqrt{5}=2.236,$$

$$\sqrt{6}=2.449,\sqrt{7}=2.646;,\sqrt{8}=2.8284;,\sqrt{9}=3.00,\sqrt{10}=3.16227,$$

这里 1 必须除去，不算孪生数域元素，只有 2 和 3 是孪生数域元素；2 和 3 是孪生数域元素 4 和 9 的 2 次方根孪生数域元素， 其他的数不是，而是实数数域的数值。

验证 1：即给定整数 10 或区间[1，10]，只有 2 对孪生整数，2 和 3，4 和 9；其中 $2^2=4$，$3^2=9$；这 2 对孪生数域基数是 2，但是这第一对孪生整数 2 和 3 生成的不重复分数是：$\{\frac{1}{2},\frac{1}{3},\frac{2}{3}\}$，第二组孪生整数 4 和 9 生成的全体不重复分数却是：$\{\frac{1}{4},\frac{3}{4},\frac{1}{9},\frac{2}{9},\frac{4}{9},\frac{5}{9},\frac{7}{9},\frac{8}{9}\}$；但只有其中 $\{\frac{1}{4},\frac{1}{9},\frac{4}{9}\}$ 是 $\{\frac{1}{2},\frac{1}{3},\frac{2}{3}\}$ 的孪生分数数域。

由公式（94）知道：当 $C_I=10$，$[0.303963*C_I]=3$；和上面计算的 10 以内孪生整数生成分数的个数 3 一样；$C_{TF22}=C_{TF21}=[0.303963*C_I]=3$；

验证 2：给定整数 100 或区间[1，100]，只有 10 对孪生整数，1，2，3，4，5，6，7，8，9，10；其中 $2^2=4$，$3^2=9$，$4^2=16$，$5^2=25$，$6^2=36$，$7^2=49$，$8^2=64$，$9^2=81$，$10^2=100$；这 2 对孪生整数数域即{2，3，4，5，6，7，8，9，10}和{4，9，16，25，36，49，64，81，100}每个整数数域都

是基数是 10，但是这第一个孪生整数生成的分数却是：$\{\frac{1}{2},\frac{1}{3},\frac{2}{3},\frac{1}{4},...,\frac{9}{10}\}$，基数是 C_{TF22}=30；另外一个孪生整数生成的全体分数是：$\{\frac{1}{4},\frac{1}{9},\frac{4}{9},\frac{5}{9},\frac{6}{9},\frac{7}{9},\frac{8}{9},...,\frac{98}{100},\frac{99}{100}\}$；但其中 $\{\frac{1}{4},\frac{1}{9},\frac{4}{9},\frac{1}{16},\frac{9}{16},\frac{1}{25},\frac{4}{25},...,\frac{49}{100},\frac{81}{9}\}$ 是 $\{\frac{1}{2},\frac{1}{3},\frac{2}{3},\frac{1}{4},\frac{3}{4},\frac{1}{5},\frac{2}{5},\frac{3}{5},\frac{4}{5},...,\frac{7}{10},\frac{9}{10}\}$ 的孪生分数。基数也是 C_{TF21}= [0.303963*C_I]=30。由公式（94）知道：当 C_I=100，[0.303963*C_I]=30；和上面的 100 以内孪生整数生成分数的个数 30 一样；C_{TF22}=C_{TF21}=31 ≈ [0.303963*C_I] = 30；验证完毕。其余类推。

我们定义所有 **3 阶分数孪生数域**是在给定一个整数 n 或给定区间[0，n]，所有由 1，2，3，...，k 个整数的 3 次方的运算结果组成的数域 A_3，和所有由 1，2，3，...，k 个整数的 1/3 次方运算结果的正整数值（取绝对值）组成的数域 B_3 所构成的一对因为采用互为逆运算的相同数值指数运算而形成的两个独立又密切关联的分数数域 A_3 和数域 B_3，就是分数孪生数域，由于分别采用 3 和 3 的倒数 1/3，所以我们定义为分数数域 A_3 和分数数域 B_3 为 3 阶整数孪生数域；而且它们的基数完全一样。分数数域 A_3 和分数数域 B_3 的基数分别记为 C_{T31} 和 C_{T32}；分数孪生数域的最大特点是它们的基数完全一样。即 $C_{TF31}=C_{TF32}$。见图 19。

基数值为 $C_{TF31}=C_{TF32}=\sqrt[3]{C_I}$；$C_{TF31}$ 的意思是 3 阶分数孪生数域是由分数 3 次方运算结果生成的 3 次方分数数域的基数，C_{TF32} 的意思是 3 阶分数孪生数域，是由分数 1/3 次方运算结果生成(开 3 次方)的分数数域的基数。

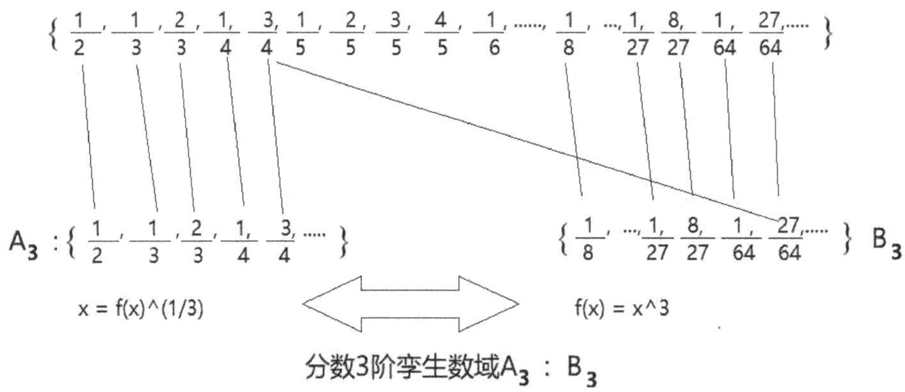

图 19 分数 3 阶孪生数域 A3 和 B3

大数域理论里，无论开多少次方，整数孪生数域只取落在整数数域范围内的一个正整数值，或分数孪生数域只取落在分数数域范围内的一个正分数值，或实数孪生数域只取落在实数数域范围内的一个正实数值。其余值不在大数域理论的数域范围，不属于孪生数域范畴，暂不讨论。

同样，3 阶分数孪生数域基数公式为：

(96) $$C_{TF32}=C_{TF31}=\mathcal{Q}*(\sqrt[3]{C_I})^2=\mathcal{Q}*(C_I^{2/3})=0.303963*C_I^{2/3};$$

……

检验如下：

验证 1：即给定整数 10 或区间[1，10]，但是$[10^{1/3}]=2$只有 2 对 3 次方孪生整数，1，2；1 不算，其中 $2^3=8$($3^3=27$ 不在给定整数 10 或区间[1，10]范围之内，故不计)这 1 对孪生数域基数是 1，但是这第一组孪生整数生成的分数却是：$\{\frac{1}{2}\}$，另外一个孪生整数 8 生成的全体分数却是：

$\{\frac{1}{8},\frac{3}{8},\frac{5}{8},\frac{7}{8}\}$；但只有其中$\frac{1}{8}$是$\frac{1}{2}$的 3 阶孪生分数，因为只有$\frac{1}{8}$开 3 次方可以得到孪生分数$\frac{1}{2}$，其余的分数$\{\frac{3}{8},\frac{5}{8},\frac{7}{8}\}$开 3 次方都是实数，属于实数域，不在分数数域之内，故不计。

由公式（96）知道：$[0.303963*C_I^{(2/3)}]=[0.303963*10^{(2/3)}]=1$，因为 $C_I=10$；和上面计算的 10 以内孪生整数生成分数的个数 1 一样；$C_{TF32}=C_{TF31}=[0.303963 * C_I^{\frac{2}{3}}]=1$；

验证 2：

给定整数 100 或区间[1，100]，则我们有$[100^{(1/3)}]=4$，即只有 4 对 3 次方孪生整数，1，2，3，4；1 不算，其中 $2^3=8$，$3^3=27$，$4^3=64$；这 2 对孪生整数数域每个整数数域都是基数是 3，但是这第一组孪生整数{2，3，4}生成的分数却是：{1/2，1/3，2/3，1/4，3/4}，孪生分数基数是 $C_{TF32}=5$；另外一个孪生整数生成的全体分数却是：$\{\frac{1}{8},\frac{3}{8},\frac{5}{8},\frac{7}{8},\frac{1}{27},...,\frac{26}{27},...\frac{1}{64},\frac{3}{64},...,\frac{4}{64}\}$；但是开 3 次方后仍然生成分数而不是实数的分数只有$\{\frac{1}{27},\frac{8}{27},\frac{1}{64},\frac{27}{64}\}$；孪生分数基数是 $C_{TF31}=5$；而估值公式计算孪生分数基数值为 $C_{TF21}=[0.303963*100^{\frac{2}{3}}]=6$。估值公式和实际计算大致相等。

验证 3：

给定整数 1000 或区间[1，1000]，$[0.303963*1000^{\frac{1}{3}}]=[1000^{\frac{1}{3}}]=3$，即只有 10 对 3 次方孪生整数，1，2，3，4，6，7，8，9，10；1 不算，其中 $2^3=8$，$3^3=27$，$4^3=64$，…，$10^3=1000$；这 10 对孪生整数数域每个整数数域都是基数是 10，但是这第一组孪生整数{2，3，4，5，6，7，8，9，10}生成的分数却是：$\{\frac{1}{2},\frac{1}{3},\frac{2}{3},\frac{7}{8},\frac{1}{4},\frac{3}{4},...\frac{9}{10}\}$，孪生分数基数是 $C_{TF32}=31$；另外一个孪生整数生成的全体分数却是：$\{\frac{1}{8},\frac{3}{8},\frac{5}{8},\frac{7}{8},\frac{1}{27},...,\frac{729}{1000}\}$；但开 3 次方后仍然生成分数而不是实数的分数只有

$\{\frac{1}{8},\frac{1}{27},\frac{1}{64},\frac{3}{64},\frac{27}{64},......,\frac{729}{1000}\}$共 31 个；孪生分数基数是 $C_{TF31}=31$；而估值公式计算孪生分数基数值

$C_{TF31}=31=C_{TF31}=31=[0.303963*1000^{\frac{2}{3}}]=30$。估值公式和实际计算大致相等。

验证完毕，其余类推。

类似地，仿此可以继续取值 10000，100000，. . . . ，都是误差收敛。

很明显， 按照上面定义，第 m 次运算所生成的 m 阶整数孪生数域 A_m 和 B_m 分别是：1^m，2^m，3^m，......$k^m<C_I$，

当 k 趋于无穷大 $\sqrt{C_I}$ 时，可生成 $\sqrt{C_I}$ 对 2，3，4，…，$\sqrt{C_I}$ 阶整数孪生数域。更加一般的公式是，第 m 阶分数孪生数域基数为：

(97) $C_{TFm2}=C_{TFm1}=Q*(\sqrt[m]{C_I})^2=Q*(C_I^{2/m})=0.303963*C_I^{2/m}$;

当 m 趋于 C_I 或∞，则 $\frac{2}{m}\to 0$;

表 25 分数孪生数域基数之和

序号	整数a	不重复分数	不重复分数累加	Q*a; Q=0.303963...	a^(2/3)运算后孪生质数个数	a^(2/3)运算后孪生质数个数累加	Q*a^(2/3); Q=0.303963...	Q*a^(2/4); Q=0.303963...	Q*a^(2/5);Q=0.303963...
1	10	31	31	3	1	1	1	0	0
2	20	96	127	6	0	1	2	1	1
3	30	150	277	9	2	3	2	1	1
4	40	212	489	12	0	3	3	1	1
5	50	284	773	15	0	3	4	2	1
6	60	328	1101	18	0	3	4	2	1
7	70	392	1493	21	2	5	5	2	1
8	80	472	1965	24	0	5	5	2	1
9	90	514	2479	27	0	5	6	2	1
10	100	564	3043	30	0	5	6	3	1
11	110	672	3715	33	0	5	6	3	1
12	120	670	4385	36	0	5	7	3	2
13	130	768	5153	40	4	9	7	3	2
14	140	846	5999	43	0	9	8	3	2
15	150	858	6857	46	0	9	8	3	2
……	……	……	……	……	……	……	……	……	……
90	900	5260	246325	274	0	31	28	9	4
91	910	5450	251775	277	0	31	28	9	4
92	920	5748	257523	280	0	31	28	9	4
93	930	5562	263085	283	0	31	28	9	4
94	940	5558	268643	286	0	31	29	9	4
95	950	5930	274573	289	0	31	29	9	4
96	960	5626	280199	292	0	31	29	9	4
97	970	5876	286075	295	0	31	29	9	4
98	980	6084	292159	298	0	31	29	9	4
99	990	5820	297979	301	0	31	30	9	4
100	1000	6212	304191	304	0	31	30	9	4

这里下标 T 表示孪生数域，F 表示分数，m 表示阶数，m1 表示 m 阶次方孪生的一半，m2 表示 m 阶开方孪生的一半。

(98) $C_{TFC_I2}=C_{TFC_I1}=[Q*(\sqrt[m]{C_I})^2]=[Q*(C_I^{\frac{2}{m}})]\xrightarrow{m\to\infty}[0.303963*C_I^{\,0}]=[0.303963*1]=0;$

这些 $\sqrt{C_I}$ 对 2 阶，3 阶，4 阶，…， C_I 阶整数孪生数域的基数分别是

$Q*(\sqrt[2]{C_I})^2, Q*(\sqrt[3]{C_I})^2, Q*(\sqrt[4]{C_I})^2, ..., Q*(\sqrt[\left\lfloor \frac{\ln C_I}{\ln 2} \right\rfloor]{C_I})^2$，而我们知道 $\sqrt[\frac{\ln C_I}{\ln 2}]{C_I} = C_I{}^0 = 1$，

所以，所有这些分数孪生数域基数之和 $CSum_{Ftwin}$ 就是：

$Q*(\sqrt{C_I})^2 + Q*(\sqrt[3]{C_I})^2 + Q*(\sqrt[4]{C_I})^2 + Q*(\sqrt[5]{C_I})^2 + ... + Q*(\sqrt[\left\lfloor \frac{\ln C_I}{\ln 2} \right\rfloor]{C_I})^2$; 即

(99) $$CSum_{Ftwin} = Q*((\sqrt{C_I})^2 + (\sqrt[3]{C_I})^2 + (\sqrt[4]{C_I})^2 + (\sqrt[5]{C_I})^2 + ... + (\sqrt[\left\lfloor \frac{\ln C_I}{\ln 2} \right\rfloor]{C_I})^2);$$ 或

(100) $$CSum_{Ftwin} = Q*(C_I + C_I^{\frac{2}{3}} + C_I^{\frac{2}{4}} + C_I^{\frac{2}{5}} + C_I^{\frac{2}{6}} + C_I^{\frac{2}{7}} ... + C_I^{2*\left\lfloor \frac{\ln 2}{\ln C_I} \right\rfloor});$$

经过我们计算验证，上述公式正确，见表 25。

第三十四章 全体分数孪生数域基数之和与分数数域基数的关系

由公式（100）得知，全体分数孪生数域基数之和的公式是：

$$CSum_{Ftwin} = Q*(C_I + C_I^{\frac{2}{3}} + C_I^{\frac{2}{4}} + C_I^{\frac{2}{5}} + C_I^{\frac{2}{6}} + C_I^{\frac{2}{7}} ... + C_I^{2*\left\lfloor \frac{\ln 2}{\ln C_I} \right\rfloor});$$

和前面整数数域的情况一样，我们已经知道，在每个给定区间内，所有全体整数孪生数域基数之和与整数数域基数之比 ROTI（Ratio Of Twin to Integer），即占百分比是 $ROTI = \frac{1}{\lfloor \sqrt{C_I} \rfloor} \to 0$；现在我们希望知道，在每个给定区间内，所有全体分数孪生数域基数之和与分数数域基数之比 ROTF（Ratio Of Twin to Fraction 简称孪分比），即分数孪生数域基数之和占分数数域基数的百分比是多少？当趋于无穷大时，孪分比 ROTF 是不是收敛并且趋于 0？即这个全体分数孪生数域基数之和与分数数域基数之比的孪分比 ROTF 是不是可以忽略不计？

根据我们的统计数据和前面的公式（100），

$$CSum_{Ftwin} = Q*(C_I + C_I^{\frac{2}{3}} + C_I^{\frac{2}{4}} + C_I^{\frac{2}{5}} + C_I^{\frac{2}{6}} + C_I^{\frac{2}{7}} ... + C_I^{2*\left\lfloor \frac{\ln 2}{\ln C_I} \right\rfloor});$$

我们得到以下全体分数孪生数域基数之和与分数数域基数之比公式：

$$ROTF = \frac{CSum_{Ftwin}}{C_F} = \frac{Q*(C_I + C_I^{\frac{2}{3}} + C_I^{\frac{2}{4}} + C_I^{\frac{2}{5}} + C_I^{\frac{2}{6}} + C_I^{\frac{2}{7}} ... + C_I^{2*\left\lfloor \frac{\ln 2}{\ln C_I} \right\rfloor})}{Q*C_I^2}; = \frac{1 + \frac{1}{C_I^{\frac{1}{3}}} + \frac{1}{C_I^{\frac{2}{4}}} + \frac{1}{C_I^{\frac{3}{5}}} + ... + \frac{1}{C_I^{1+\frac{2*\ln 2}{\ln C_I}}}}{C_I}$$

经过我们的计算验证，上述公式趋于 0；证明如下：

$$\because C_I \to \infty, \therefore C_I^{\frac{1}{3}} > 3; \therefore \frac{1}{C_I^{\frac{1}{3}}} < \frac{1}{3};$$

$$\because C_I \to \infty, \therefore C_I^{\frac{2}{4}} > 4; \therefore \frac{1}{C_I^{\frac{2}{4}}} < \frac{1}{4};$$

$$\because C_I \to \infty, \therefore C_I^{\frac{3}{5}} > 5; \therefore \frac{1}{C_I^{\frac{3}{5}}} < \frac{1}{5};$$

……

$$\because C_I^{1+\frac{2*\ln 2}{\ln C_I}} > C_I; \therefore \frac{1}{C_I^{1+\frac{2*\ln 2}{\ln C_I}}} < \frac{1}{C_I};$$

代入得：

$$ROTF = \frac{C_{Sum_{Ftwin}}}{C_F} = \frac{1+\frac{1}{C_I^{\frac{1}{3}}}+\frac{1}{C_I^{\frac{2}{4}}}+\frac{1}{C_I^{\frac{3}{5}}}+\frac{1}{C_I^{\frac{4}{6}}}\dots+\frac{1}{C_I^{1+2\left\lfloor\frac{\ln 2}{\ln C_I}\right\rfloor}}}{C_I} < \frac{1+\frac{1}{3}+\frac{1}{4}+\frac{1}{5}+\frac{1}{6}+\dots+\frac{1}{C_I}}{C_I} < \frac{1+\frac{1}{2}+\frac{1}{3}+\frac{1}{4}+\frac{1}{5}+\frac{1}{6}+\dots\dots+\frac{1}{C_I}}{C_I}$$

而分子部分是有名的调和级数，其和已知（见参考文献[15]），得如下公式：

$$1+\frac{1}{2}+\frac{1}{3}+\frac{1}{4}+\frac{1}{5}+\frac{1}{6}\dots+\frac{1}{m}+\dots+\frac{1}{C_I} = \ln(C_I)+r;$$
(101)

所以，我们有公式如下：

$$ROTF = \frac{C_{Sum_{Ftwin}}}{C_F} = \frac{1+\frac{1}{3}+\frac{1}{4}+\frac{1}{5}+\frac{1}{6}+\dots+\frac{1}{C_I}}{C_I} < \frac{1+\frac{1}{2}+\frac{1}{3}+\frac{1}{4}+\frac{1}{5}+\frac{1}{6}+\dots\dots+\frac{1}{C_I}}{C_I} = \frac{\ln(C_I)+r}{C_I} \to 0$$
(102)

$$ROTF = \frac{C_{Sum_{Ftwin}}}{C_F} = \frac{\ln(C_I)+r}{C_I} \to \frac{\ln(C_I)}{C_I} \to 0$$
(103)

所有全体分数孪生数域基数之和与分数数域基数之比 ROTF（Ratio Of TwintoFraction 孪分比），当趋于无穷大时，孪分比 ROTF 是收敛并且趋于 0。

就是说，即全体分数孪生数域基数之和与分数数域基数之比（孪分比）在无穷大时可以直接忽略不计，不影响分数数域基数。

依次类推，还有孪实之比，所有全体实数孪生数域基数之和与实数数域基数之比（孪实之比）ROTR（Ratio Of Twin to Real Number），以后将会看到公式（103）的极端重要性。

第三十五章 整数阶乘运算生成的数域

我们有 1！=1；2！=2*1；3！=3*2*1；4！=4*3*2*1；……..；依此类推，对任何一个给定整数 n，n！=n*（n－1）*......*3*2*1；当 n 趋于无穷大，则 C_I*（C_I－1）*......*3*2*1；

所以，阶乘运算生成的阶乘数域元素的发散速度是：

$$\frac{C_I!}{C_I} = (C_I - 1)! \to \infty$$
(104)

所有整数阶乘生成的阶乘数域是：{1!，2!，3!，4!，5!，6!，7!， 8!， 9!， 10!，. . . }={1，2，6，24，120，720，5040，40320，362880，3628800，...}；汇总后列表，见表 26。

表 26　阶乘数域元素的基数估值公式

序号	n!	区间	阶乘元素数目	阶乘元素数目累加	指数	公式（1）：$\log_{10}(C_l)$
1	1!	10	1	1	10^1	1
2	2!	10	1	2	10^1	1
3	3!	10	1	3	10^1	1
4	4!	100	1	4	10^2	2
5	5!	1,000	1	5	10^3	3
......	......	......	......	......	......	......
97	97!	1.E+152	1	97	10^152	152
98	98!	1.E+154	1	98	10^154	154
99	99!	1.E+156	1	99	10^156	156
100	100!	1.E+158	1	100	10^158	158
101	101!	1.E+160	1	101	10^159	160
102	102!	1.E+162	1	102	10^160	162
96	96!	1.E+150	1	96	10^150	150

表 27　阶乘数域基数在整数及在质数的数域基数里的百分占比

序号	数字范围	阶乘数列数个数	阶乘数列累积总数	阶乘数占全体整数百分比	数字范围	阶乘数占全体质数百分比	质数个数	质数累积总数
1	10^1	3	3	30.0000000000000000%	10	75.0000000000%	4	4
2	10^2	1	4	4.0000000000000000%	100	16.0000000000%	21	25
3	10^3	1	5	0.5000000000000000%	1000	2.9761904762%	143	168
4	10^4	1	6	0.0600000000000000%	10000	0.4882017901%	1061	1229
5	10^5	1	7	0.0070000000000000%	100000	0.0729774812%	8363	9592
6	10^6	1	8	0.0008000000000000%	1000000	0.0101913425%	68906	78498
7	10^7	1	9	0.0000900000000000%	10000000	0.0013542408%	586081	664579
8	10^8	1	10	0.0000100000000000%	100000000	0.0001735673%	5096876	5761455
9	10^9	1	11	0.0000011000000000%	1000000000	0.0000216333%	45086079	50847534
10	10^10	1	12	0.0000001200000000%	10000000000	0.0000026371%	404204977	455052511
11	10^11	1	13	0.0000000130000000%	100000000000	0.0000003157%	3663002302	4118054813
12	10^12	0	13	0.0000000013000000%	1000000000000	0.0000000346%	33489857205	37607912018
13	10^13	1	14	0.0000000001400000%	10000000000000	0.0000000040%	308457624821	346065536839
14	10^14	1	15	0.0000000000150000%	100000000000000	0.0000000005%	2858876213963	3204941750802
15	10^15	1	16	0.0000000000016000%	1000000000000000	0.0000000001%	26639628671867	29844570422669

对于任意给定整数 n，区间[1，n]内整数阶乘数域的基数**估值公式为：**

(105) $$\frac{4*log_{10}(C_1)}{ln(log_{10}(C_1))+1.22}=C_{1!}$$

这里表 27 是阶乘数域基数在整数数域基数以及在质数的数域基数里的百分占比，说明整数阶乘数域的基数比质数数域都要小很多。

表 28 里阴影列名称为"公式(2)：$\frac{4*log_{10}C_1}{ln(log_{10}C_1)+1.22}$ 和 "公式（2）精度%"。在 10^{162} 以内基本正确，验算误差为 0%。在 100！生成的数里，一共有累积实际生成的数值组成的数域{1!，2!，3!，4!，5!，6!，7!，8!， 9!，10!，...， 100！}={1，2，6，24，120，720，5040，40320，362880，3628800，...}的基数为 102 个，估值公式计算基数为 102 个，故误差为=(|（102－102）|)/102=0%。 常数 FF =1.22 被称为阶乘分数基数生成常数，简称阶分常数。

公式（105）的整数阶乘的基数估值公式在指数大于 33 时已经几乎和实际值完全吻合。

表 28 阶乘数域基数的百分占比

序号	区间	整数阶乘个数	整数阶乘个数累加	指数	公式（1）：$\log_{10}(C_I)$	公式（1）精度%	整数阶乘基数估值公式（2）：$\frac{4*\log_{10}(C_I)}{\ln(\log_{10}(C_I))+1.22}$	公式（2）精度%
1	1.E+01	1	1	10^1	1	0.00%	3	200.000000%
2	1.E+01	1	2	10^1	1	50.00%	3	50.000000%
3	1.E+01	1	3	10^1	1	66.67%	3	0.000000%
4	1.E+02	1	4	10^2	2	50.00%	4	0.000000%
5	1.E+03	1	5	10^3	3	40.00%	5	0.000000%
6	1.E+03	1	6	10^3	3	50.00%	5	16.666667%
7	1.E+04	1	7	10^4	4	42.86%	6	14.285714%
8	1.E+05	1	8	10^5	5	37.50%	7	12.500000%
9	1.E+06	1	9	10^6	6	33.33%	7	22.222222%
10	1.E+07	1	10	10^7	7	30.00%	8	20.000000%
…………	………		…………		………	…………	………	………
97	1.E+152	1	97	10^152	152	56.70%	97	0.000000%
98	1.E+154	1	98	10^154	154	57.14%	98	0.000000%
99	1.E+156	1	99	10^156	156	57.58%	99	0.000000%
100	1.E+158	1	100	10^158	158	58.00%	100	0.000000%
101	1.E+160	1	101	10^159	160	58.42%	101	0.000000%
102	1.E+162	1	102	10^160	162	58.82%	102	0.000000%

第三十六章 基数数域的构成和运算

基数数域的构成：

（1）由所有无穷大数域基数数值所组成的数域 D1；

（2）由所有无穷大数域基数值经加减乘除幂运算结果所组成的数域 D2；

（3）由（1）和（2）数域 D1，D2 的基数与基数数域，超越数数域，实数数域，分数数域和整数数域之间所有元素的加减乘除幂运算结果所组成的数域 D3；

（4）由超越数数域，实数数域，分数数域和整数数域之间所有元素的加减乘除幂运算结果所组成的数域 D4（包括各种孪生数域等）；

（5）基数=基数部分+普通数部分（整数|分数|实数|超越数）；

（6）超越数，实数，分数和整数其实是基数部分为 0 的特殊基数；

（7）基于上述（1）～（6）原理生成的其他基数。

这样，由数域 D1，D2，D3，D4 和其他基数等组成了基数数域。由此可见，基数数域要比整数数域，分数数域，实数数域和超越数数域大得多，大无穷大倍。

基数数域的运算规则如下：

⑴基数与整数的所有数值运算，生成的值全部属于基数数域；

(2) 基数与分数的所有数值运算，生成的值全部属于基数数域；

(3) 基数与实数的所有数值运算，生成的值全部属于基数数域；

(4) 基数与超越数的所有数值运算，生成的值全部属于基数数域；

(5) 基数与基数的所有数值运算，生成的值可能属于整数数域，也有可能属于分数数域，还有可能属于实数数域和超越数数域，也会有可能属于基数数域；即

(1) 基数 +（－，*，/，　∧）　整数=基数；

(2) 基数 +（－，*，/，　∧）　分数=基数；

(3) 基数 +（－，*，/，　∧）　实数=基数；

(4) 基数 +（－，*，/，　∧）　超越数=基数；

(5) 基数 +（－，*，/，　∧）　基数=基数|整数|分数|实数；

竖杠 “|” 表示或的意思。应用举例：

基本内容读者可以参见后面本篇第四十五章《经典案例四：用工程数学方法求调和级数之和》里关于调和级数之和的通项公式：$1+\frac{1}{2}+\frac{1}{3}+\frac{1}{4}+\frac{1}{5}+\frac{1}{6}+\frac{1}{7}+\frac{1}{8}+....+\frac{1}{n}=\ln(n)+\gamma$；

这个调和级数之和通项公式中已经非常清晰地把两个完全不同性质的数尤其是实数的欧拉常数 $\gamma=0.5772156649$ 和 $\ln(n)\xrightarrow{n\to\infty}\ln(C_I)$ 的整数数域无穷大基数 C_I 的自然对数值 $ln(C_I)$ 天衣无缝地无可辨驳的紧密联系在一起，这就是基数数值的自然对数值 $ln(C_I)$ 参与数值运算并且获得极富开创性基数数值结果的伟大意义的最好的说明。自此，欧拉公式完全兼容于大数域理论并且获得了全新的解释，获得了更加宏大的发展空间。传统经典数学和无穷大大数域理论终于完美地整合在了一起。大数域理论和经典传统数学完全融会贯通，源于传统数学，又高于传统数学。

上式中，$ln(C_I)$ 公式左边是一个无穷大数域的每个元素之值之和，就是所有分子为 1 而分母为所有整数的一类分数数域里分数元素的数值之和 $1+\frac{1}{2}+\frac{1}{3}+\frac{1}{4}+...+\frac{1}{n}$ 其值为无穷大基数，右边是整数数域无穷大基数 C_I 的自然对数值 $ln(C_I)$，其值也是无穷大基数，且这个 $ln(C_I)$ 是一个基数数值而非普通数值。欧拉常数 $\gamma=0.5772156649$ 则是实数值。这个公式表明，基数数值可以和所有已知普通数值一样在全新的数域生成维度内参与所有数值运算，包括对数运算。基数数值和普通数值的数值运算的结果是基数。而计算结果 $ln(C_I)+\gamma$（$\gamma=0.57721566\ 49$）是落在基数数域而非实数数域。这和传统经典数学以及康托尔的无穷大理论是不一样的。

这个例子体现了迄今为止所有公理体系里没有涉及的一个基本原则，遗传继承原则，即基数数域完完全全遗传继承了整数数域的所有基本运算功能和几乎所有基本原则，这就是我们后面大数域理论里要专门独立创建的大数域公理体系的**传承公理**，这是大数域理论区别于其他理论的重大原创之一。因为基数数域是从整数数域经过基本数值运算等原则生成而来的，**衍生生成数域**从**母体原始数域**遗传继承母体数域所有特性和原则就是生成原则的主要特征。

图 20 展示了迄今为止比较完整的各种各样主要的大数域的逻辑关系的基础框架，仿佛是一扇通往宇宙深处那些慑人魂魄震撼人心的伟大奥秘的智慧大门，又好像是人类文明进步的无穷无尽的天梯的一部分，吸引着古往今来人类那些惊天动地可歌可泣最勇敢最天才的英雄们义无反顾，持续不断的探索发现。而在所有这些不同大数域之间，紧密联接整合这些不同基数的大数数域天梯的阶梯之间的伟大纽带就是大数域生成率大常数 Q。这就是大数域理论的伟大发现。不出意外的话，大数域理论将真正打开揭示宇宙奥秘的智慧之门。

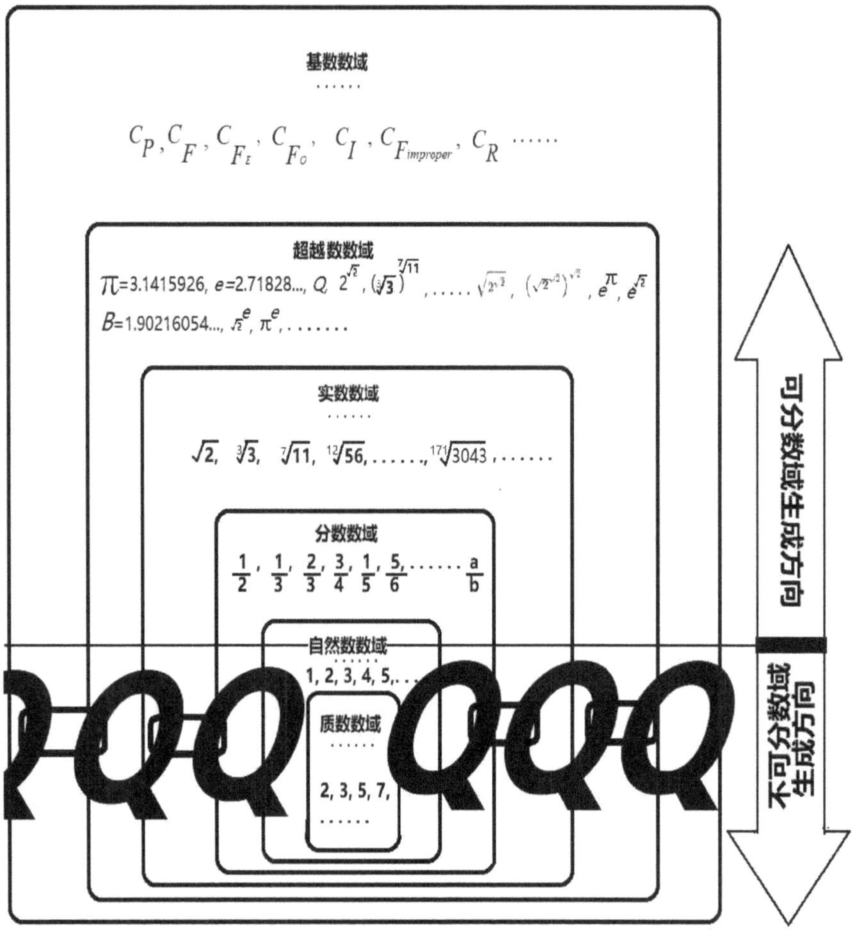

图 20 大数域分数生成率大常数 $\mathcal{Q}$ 整合链

另外等式 $1+\frac{1}{2}+\frac{1}{3}+\frac{1}{4}+\frac{1}{5}+\frac{1}{6}+...+\frac{1}{C_I}=\ln(C_I)+\gamma$ 左边是多个分数之和，右边是无穷大基数的对数与一个实数常数之和 $ln(C_I)+\gamma$；可知在新的数域生成维度内，两个不同的无穷大基数的差可以是任何一个超越数，实数，分数或整数等。推而广之两个不同的无穷大基数的和，乘积，商及幂运算也可是任何一个超越数、实数、分数或整数和基数。基数数域和其他数域的关系，见图 20。

图 20 通过大数域分数生成率常数 Q 链把所有已知的数域完美地整合在一起成为一个有机的整体，彻底改变了各个无穷大数域各自为政互不相干的孤立状态。就是说，和我们前面采用高斯-

勒让得公式所受到的启发一样（见第二篇第五章第三节《高斯-勒让得公式的启迪》），由于无穷大基数的概念尤其是数域生成维度的概念的引入，大数域理论可以把欧拉公式和欧拉常数原本指代的一般个别的特殊情况直接推广成为普遍的情况，上升到基本规律的层面，从而揭示出大数域无穷大基数更深刻更一般更不为人知的规律性的客观存在，成为大数域理论运算规则的重要基石。这是康托尔的传统经典无穷大理论**根本无法做到**的。

人类历史上大常数 $\mathcal{Q}$ 第一次把一盘散沙的所有无穷大大数域全域贯通。

迄今为止，人类今天所有辉煌文明成果都是建立在离散的互相隔离互不联通一盘散沙支离破碎的无穷多个无穷大大数域基础上的，大数域理论第一次把这些毫不相干的大数域整合在一起。一个完整的整合的互相联通的大一统的大数域会给人类文明进步带来怎样翻天覆地的变化，已经远远超出我们有限的想象力。我们盼望大数域理论开启人类文明升级为星际文明的新纪元。

第三十七章 大数域理论需要注意的事项

常见下面一些表达式：假设有自然数集合 I ={1，2，3，4，5，. . . k，. . .}；还有偶数集合 E ={2，4，6，8，10，. . . ，2m，. . .}和奇数集合 O ={1，3，5，7，9，. . . ，（2m－1），. . .}；假定自然数集合 I 的基数是 C_I，而奇数集合 O 的基数是 C_O，偶数集合 E 的基数是 C_E；一一对应的映射证明 C_I，C_O 和 C_E 都是一样的。见参考文献[1]。

因为如果把自然数集合 I ={1，2，3，4，5，. . . . k，. . .}的每个元素乘以 2，就得到偶数集合 E ={2，4，6，8，10，. . . ，2m，. . .}；

把奇数集合 O ={1，3，5，. . .，（2m－1），. . .}每个元素加 1，就得到偶数集合 E ={2，4，6，8，10，. . .，2m，. . .}；

似乎可以对集合的整体进行简单的直接数值运算：

2*自然数集合 I =2* I =2 * {1，2，3，4，5，. . . k，. . .}={2*1，2*2，2*3，. . . ， 2*K，. . .}=偶数集合 E={2，4，6，8，10，. . . ，2m，. . .}；

奇数集合 O ={1，3，5，7，9，. . .，（2m－1），. . .}+1= O +1=={1，3，5，7，9，. . .，（2m－1），. . .}+1={1+1，3+1，5+1，7+1，9+1， (2m－1）+1}=偶数集合 E ={2，4，6，8，10，. . . ，2m，. . .}；

而大数域理论证明，他们的基数是完全不一样的，这样的运算是不合理的，是完全忽视客观存在和违反其内在规律的。大数域理论不允许这样随随便便进行数值计算的。

因为，自然数集合 I ={1，2，3，4，5，⋯，k，. . .}是一个存在，不是一个数值，一个事物如自然数集合的作为客观存在的**存在属性**是不能进行数值运算的，只有该事物自身存在的**数值属**

性如基数等能够进行数值运算，就是说，

2* I ≠ 2 * {1，2，3，4，5，...k，...} ≠ {2*1，2*2，2*3，...，2*K，...}；

2* I ≠ 2 * {1，2，3，4，5，...k，...}；

2 * {1，2，3，4，5，...k，...}是毫无意义的。

按照前面定义：基数是数域全局的数值属性，数域元素的数值属性是数域局部的数值属性。

这里，集合论和大数域理论都是使用花括号来囊括所有该集合或数域的元素，**在大数域理论里，花括号{...... }所囊括的所有该数域的元素，只能被该数域内元素的生成规则改变或产生，对全局数值属性的数值运算是全封闭的，即所有该数域的元素根本不受全局数值属性的数值运算的影响**。就是说，全局数值属性的数值运算对花括号所囊括的所有该数域的元素没有任何作用，是完全封闭的。这和普通传统数学里对括号的用法完全不同，因为数域是一个由数值运算规律生成元素组成的实体存在。大数域里的花括号{ }表示**界定和确认这个数域实体存在，并不是传统数学里可直接用于运算的数学表达式**，传统数学里的数学表达式所用的括号是可以参与数值运算和表示界定运算的优先级和运算作用的范围，所以大数域里的界定数域元素的花括号和传统数学的括号具有完全不同的意义。这一大是大非根本原则必须十分明确，若不搞清楚这一点，所有推理都将是灾难性的。

大数域理论里需要注意的事项是： 在大数域实体存在定义层面如自然数**数域** I ={1，2，3，4，5，. . . k，. . .}，**如果没有特别说明和合理解释，大数域理论严厉禁止大数域实体表达式使用传统数学系统的所有数值运算的交换率，分配率和结合率等。即：**

2* I 是**不能随随便便就**等于 2 * {1，2，3，4，5，...k，...}；

2 * {1，2，3，4，5，...， k，...}更是**不能随随便便就像简单数学运算一样**，直接放入花括号里成了{2*1，2*2，2*3，...， 2*K，...}。就是说数域基数的数值运算和数域数值元素的数值运算不是一个去括号（或称脱括号）的简单数学问题而是一个极其深刻的哲学问题。不能有一丝一毫的马虎大意。

因为一个是全局的数值属性——基数 C_I，一个是全局里每个单一个体局部的数值元素的数值属性——整数 1，2，3，4，...，二者完全不同，取值和落值于完全不同的数域，根本不能混为一谈，而对全局的数值属性的数值运算和对全局里每个单一个体局部的数值元素的数值属性的运算没有任何关系的，更不可能相等。

一个事物的存在属性如**数域**{1，2，3，4，5，...k，...}存在与否和事物本身的数值属性如事物的基数 C_I 和数值元素 2，3，4 是不一样的，只有事物本身的数值属性才可以做数值运算，非事物本身数值属性的如事物本身的存在这一客观实体表达式则是完全不能做数值运算的。即客体事物存在的属性不能做数值运算。

虽然数域的存在属性（实体表达式）是非数值的，无法做数值运算，但数域的基数属性（实体数值表达式）中是包含有数值属性的，所以，基数在一定条件下是可以做数值运算的。

数域的存在属性（实体表达式）和数域的数值属性（实体数值表达式）是两个完全不同的概念。所以说，直接对数域做怎样怎样的数值运算是不合理不严谨也不严格的，严格地说应该是对集合或对数域的基数和数值元素等等客观存在的数值属性在一定条件下做数值运算。

因此，一般而言，对整个数域（集合）做+，-，*，/ 和∧的运算毫无意义。所以 $2*I$ ={1，2，3，4，5，....k，...}只能理解为基数数值 C_I 的 2 倍即 $2*C_I$，而不是{2*1，2*2，2*3，...，2*K，...}；而{2*1，2*2，2*3，...，2*k，...}是对 I ={1，2，3，4，5，....k，...}所有数域的元素进行了新的乘法运算，乘以 2，因此所生成的数域{2*1，2*2，2*3，...， 2*k，...}是一个全新的数域，和原来的数域{1，2，3，4，5，....k，...}是完全不同的， 即使这样，大数域理论也禁止这种运算。就是说，是所在数域的元素所属的两个完全不同的数域：

$2*I$ ＝2*{1，2，3，4，5，…，k，...}=$2*C_I$ ≠ {2*1，2*2，2*3，...， 2*K，...}；

C_O +1 ≠ {1+1，3+1，5+1，7+1，9+1，...， (2m－1) +1}；

数域的基数的数值属性和数域数值元素的数值属性是根本不同的，前者是全体（整体），后者是个体（局部）。对全局整体中**某个数值属性**的数值进行运算，不等于对全局整体里每个元素的数值属性的数值都进行运算。数域的基数数值属性的数值运算与集合或数域的数值元素的数值属性的数值运算是根本不一样的，绝对不能随便等同起来。

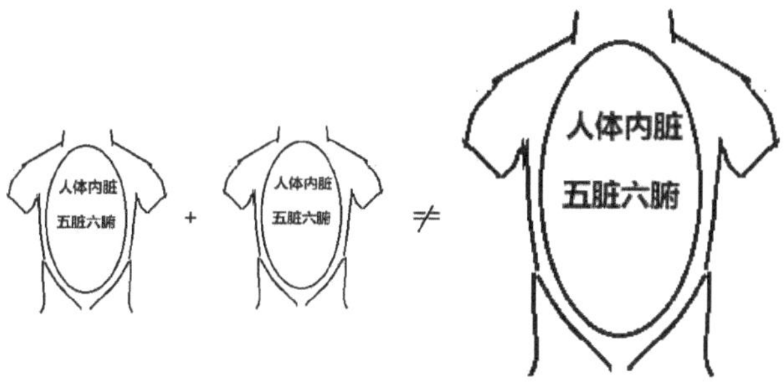

图 21 两个不同个体相加不等于一个放大 2 倍个体

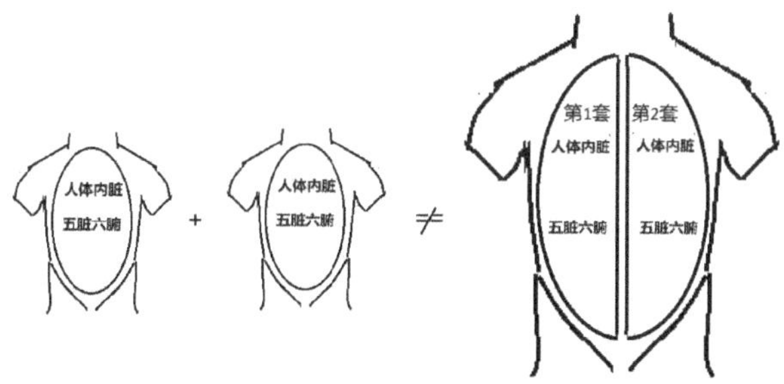

图 22 两个不同个体相加不等于一个个体拥有 2 套不同内容

比如两个人相加，只能是两个独立存在的人的个体数值属性的相加，基数是 2，他们还是两套完全不同的体系，互不干扰，他们拥有两套完全独立互不相干的心肝肺脾肾脑内脏器官等，而不是等同于一旦相加就成了一个人，拥有两套心肝肺脾肾脑内脏器官等，或者变成了一个人，具有二倍尺寸于普通人的五脏六腑，基数变成 1 了。这就是我们得到下列公式的原因，等式左端明明是两个集合 C_I，等式右边却莫名其妙地变成了一个集合，为什么两个集合会变成一个集合？

怎么变的？根据是什么？在传统的经典集合论里完全没有任何解释，随随便便就推导过去了。这和前面两个人相加，两个独立的有两套完全不同内脏器官的人一旦相加就变成了一个人拥有两套相同的内脏器官，或者变成一个具有二倍尺寸于普通人的五脏六腑的人，一样荒谬可笑，见图 21 和图 22。然后，居然能据此推导得出许多匪夷所思的奇怪结论。因此，我们特别禁止如下公式：

(106) $2*C_I \neq$ {2*1，2*2，2*3，. . . ， 2*K，. . .} $\neq C_E$；

(107) $C_O+1 \neq$ {1+1，3+1，5+1，7+1，9+1，. . . ，（2m－1）+1}；

(108) $\frac{C_E}{2} \neq \{2*\frac{1}{2}，4*\frac{1}{2}，6*\frac{1}{2}，...， 2K*\frac{1}{2}，...\} \neq C_I$；

(109) $C_E-1 \neq$ {2-1，4-1，6-1，. . . ， 2*K-1，. . .} $\neq C_O$；

大数域理论里，所有数域都是用数值运算由对元素层面的数值元素（即元素的数值属性）进行数值运算生成的，不是在数域层面直接进行的数值运算产生的。**全局的数域层面的数值运算只能产生基数数域的不同的基数，不能产生传统数域（如整数数域，分数数域和实数数域）里不同性质的元素。**比如公式(106)里，$2*C_I$ 是改变基数数值的数值运算，落值在基数数域而不是普通数域，不在人们熟悉的普通数域，$2*C_I$ 作用在基数上，是根本没有能力作用在集合的所有元素上而去改变每个元素性质的运算，而{2*1，2*2，2*3，. . . . ，2*K，. . . }是改变每个元素数值（性质）的运算，二者根本就不是一个性质的东西，把这两个完全不相干根本就不是一个性质的现象等同起来是完全错误的。见图 21 和图 22。就是说上例中两个人的集合，两个人组成的域，仍然是两个互相独立的元素的集合或域，而不是一个内脏合体的集合或一个人两套内脏的集合。

因此澄清基本概念，可以避免产生很多似是而非的谬论和悖论。

所以说，大数域理论的定义非常严格。最后一个有争议的问题是所谓局部等于全局的结论。作为集合或数域的基数比如整数集合或数域的基数 C_I，这是一个数值属性，因此可以像对待普通数字一样进行数值运算，既然是数值运算就要严格遵守数值运算的规律，显然下面的公式是不被允许的：

$$C_I = C_I^2;\ C_I = C_I^3;\ \ldots\ldots\ C_I = C_I^K;\ C_I = C_I^{C_I};$$

因为完全违背传统经典数学的基本原理，也完全违背我们的发现和计算机海量规模数据验证的结果。属于概念和逻辑错误。同样，证明整数数域基数不等于分数数域基数的推导可参见本篇的《第四十二章 经典案例》的《第六节 经典案例详细分析》。 大数域理论的结论应该是：

(110) $C_I \neq C_I^2$；

(111) $C_I < C_I^2$；

(112) $C_I \neq C_I^3$；

(113) $C_I < C_I^3$;

……

(114) $C_I \neq C_I^{C_I}$;

(115) $C_I < C_I^{C_I}$;

就是说在大数域实体存在的数值属性的基数层面，可以把基数当做普通数如整数、分数、实数一样进行任何已知的有效的数值运算，**因为基数和任何普通数一样，也是一个度量单位。**只不过度量的不是普通的整数、分数和实数，而是度量的无穷大。因此，**凡是可以用数值标定的度量单位都可以进行数值运算。**

第三十八章 分数数域基数在基础数学里的极端重要性

分数数域基数在基础数学里具有极端的重要性。因为分数数域是理解和联接自然数数域和实数数域之间的逻辑联系的关键和纽带，是破解所有发散无穷大奥秘的关键。没有分数数域基数和数域生成维度，所有无穷大数域都处于互不相干互相隔离完全孤立的离散状态。分数数域基数尤其是大数域分数生成率大常数 $\mathcal{Q}$ 以及基数数域的发现，为我们用大数域理论整合所有无穷大数域为一个完整的有机整体提供了前所未有的伟大的工具，创造了根本的前提条件。正是由于分数数域基数和数域生成维度的发现，人们才得以知晓所有以前看似毫不相干的所有整数数域、分数数域和实数数域等等其实都是由一个个在数域生成维度内人类从来未曾发现和前所未见的具有数值逻辑关系纽带紧紧联系在一起的。而分数数域及其分数数域基数就是所有纽带中那根最关键最重要的大动脉干线和实现转换的关键环节。没有分数数域及其分数数域基数，其他数域及其基数甚至是否可以存在都成了问题。而这些发现是传统的经典无穷大理论完全没有能力做到的。

没有分数数域基数、基数数域和数域生成维度的发现，就没有大数域理论。

在美学理论里，距离产生美；

在大数域理论里，距离产生维度。大数域里的这个产生维度的距离是无穷大。

分数数域基数在基础数学尤其是无穷大领域的这一极端重要性，几千年来被人类完全忽视了。

重要的地方再强调一遍，连续统的关键是：

第一，整数集合基数等于分数集合基数；

第二，整数集合和实数集合之间，不存在一个集合基数比整数的大同时又比实数的集合小；

大数域理论用高速计算机发现了分数基数的真实数据和大数域生成定理，彻底推翻康托尔的错误结论。分数数域基数远远大于整数数域基数。我们的持续探索发现表明，整数数域（集合）和实数数域（集合）之间存在着**无穷多个**数域（集合），其基数比整数数域基数大同时基数又比实数数域基数小。因为海量的计算和分数数域的基数发现对人类思维维度和计算能力提出了极其苛刻极为严格的要求，这些苛刻条件远远超过康托尔的能力和时代。

比连续统更深刻更宏伟更广阔的是无穷大大数域的大一统整合。

连续统只是大数域的局部现象，大数域大一统整合是宏观全局。

第三十九章 大数域理论依据的哲学基本原理

大数域理论依据的哲学基本原理是：

第一：数是一种对存在抽象的存在，是一种特殊的超级的存在。人们对于“数”的认识是基于数本身的存在属性和特征属性出发，由表及里，从现象到本质逐步趋于实现的，并且一直和永远处于不断运动和发展的变化之中。

第二：度量的本质就是基于对存在进行抽象的比较。在大数域看来，数就是数域的元素，其本质实际上是对客观事物存在在更高维度的描述的更为抽象地概括更为一般的存在，即数本身就是高度抽象的存在，是超级的特殊的存在。存在是绝对的，抽象存在是相对的。这里的“超级的特殊的”实际是指“数”这种高度抽象的存在具有许多与生俱来的特征属性，其中一些特征属性可以表征该元素的数值相对于 0（原始点）的大小和多少，也可以度量其他的抽象存在的相对大小；还有一些特征属性可以确定该元素离开起点 0 的位置的远近，即可以确定相对于起点 0 的距离和方位以及相对于其他元素的距离和方位；也就是说，数这种抽象的存在对存在的比较和度量实际上是由依附于数的存在属性所派生的数值属性与定位属性实现的。

第三：万物可分，万数可分；即万物万数无限可分原则；

第四：万物可生，万数可生；即万物万数可生原则，即道生一，一生二，二生三，三生万物；所有数域都是从源头数域生成的，不是凭空而来的；

第五：万物有源，万数有源，万物可溯，万数可溯，万果有因；

第六：万物相联，万数相联，所有的数都是息息相关，密不可分；

第七：量变引起质变原则，数的运算操作的数量的改变，引起数的本质的根本改变。其中，最核心的是除法运算是产生所有不同质的数域的关键；

第八：质变引起更大规模的量变；

第九：有限，有界，静态，常量，相对和无限，无界，动态，变量，绝对在一定条件下可以互相转化，转化的条件是人们观察或认识事物的维度变化。

第十：**大数域理论认为：有限到无限和有界到无界是哲学上的重大质变拐点，是思维维度改变的重大质变拐点；在有限有界适用的方法在无限无界条件下的适用性都需要全部重新审视，只要越界越限，立刻发生质变；越界越限后凡是没有生成的内在的传承基因的属性而是人为主观设定的属性无法传递基本全部失效。**

这些完整的哲学原理，构成大数域理论的哲学基础。

从一开始，大数域理论就是从哲学高度而不是纯数学角度看待思考无穷大等基础数学问题，即不是就事论事企图用传统解题证明的简单的普通思维方式进行探索发现。

大数域理论的宗旨是哲学优先，大局优先，维度优先，体系优先，框架优先，大方向优先。

如果按亚理士多德的事物的第一属性是事物的存在，第二属性是事物的存在的性质（见参考文献[13]），那么在数学领域人们对存在的概念一直存在误解，认为只有看得见摸得着的事物才是存在，而自然界的形形色色存在是不以人的意识和感官为唯一标准，就是说许多存在是和人的意识感官没有关系的。人们把所有能感觉到的存在当做理所当然，忽略了那些人们感官无法感知的存在，因而只对已经感知的存在的事物的第二属性津津乐道，对那些人们感官无法感知的事物第一属性的又确确实实存在的事物完全忽略。基数数域就是这种人们感官无法感知的真实的客观存在。欧拉高斯等专注的是事物或数的存在的第二属性，即可感知的事物或数的存在的属性，康托尔则跳出第二属性框架，直接忽略第二属性而专注于事物或数的第一属性，即存在。大数域论第一优先就是专注于事物或数的存在的规律而非事物或数的属性的规律，而这两个范畴的规律之间又完全兼容，互不矛盾，只是关注的方向不同而已。基数数域是几千年来人们完全感觉不到但是又确确实实真实的客观存在，是大数域理论按照逻辑思维科学规律推导发现的。

第四十章 大数域理论的有效性、可靠性、自洽性、兼容性和完备性

目前为止，还没有发现大数域理论在其有效性、可靠性、自洽性、兼容性和完备性等方面存在缺陷。欧几里得几何原理除了第五公设以外，基本符合有效性、可靠性、自洽性和完备性。大数域理论严格遵循亚理士多德和欧几里得的思维科学的基本原则和伟大榜样，自始至终保持概念、定义、规则和推理的准确性、一致性、完整性和可重复验证性，用一丝不苟无可辨驳的海量规模数据提供证据支持所发现的理论。尽可能全面深刻地揭示事物的本质，而不是随心所欲制定一堆毫无意义毫无价值的抽象符号，玩弄自欺欺人的幼稚浅薄的符号游戏，用模棱两可的没有严格条件限制的甚至错误的结论作为基础理论的所有逻辑推理前提，毫无理由地忽视甚至取消严谨缜密的推理所必须作为基础性依据的严格的前提，悄悄偷换概念变相修改规则，因为基础性条件的改

变及其后随心所欲模棱两可修改放宽概念和规则定义的初始内涵以应付复杂情况等都将最终导致不能自圆其说，自相矛盾，推理和结论完全失控失真。迄今我们的有关研究成果没有发现自相矛盾的情况和悖论。应该说**大数域理论是完全独立于传统经典集合论之外的全新基础数学理论**。

大数域理论和原有的传统数学是完全兼容的，是欧拉高斯等传统经典数学的高维拓展，可以解决传统数学无法解决的许多难题，并具备极强的兼容整合能力。这一点又恰恰是传统经典无穷大理论的**致命缺陷**。经典无穷大理论和传统经典数学格格不入，背道而驰，集合论不但对连续统问题一筹莫展束手无策，错的离谱，就是传统数学里所有与无穷大有关的计算如洛比达法则，超越数的本质和高斯公式欧拉公式等等所有无穷分数和整数序列逼近实数和超越数的问题，甚至基数运算生成的新基数落值那个数域等极其尖锐的无穷大本质问题，集合论也都完全无法解释。

由于整数数域是有效，可靠，自洽，兼容和完备的，由整数数域生成的分数数域和实数数域也都是有效，可靠，自洽， 兼容和完备的，更进一步，由这些数域生成的成为大数域理论的核心基石的基数数域也是有效、可靠、自洽、兼容和完备的，这就是传承公理的基础，没有任何人工的刀削斧痕。这就在公理层面和基础理论的框架设计层面保证了大数域理论的完整性，正确性。

大数域理论这种出类拔萃的**兼容性和整合性**所展示的是一种更加广义更加具有一般普遍意义的可靠性，适用性，有效性，自洽性和完备性。

第四十一章 大数域理论与经典无穷大理论的区别

从前面本篇第三十七章所述的内容不难看出，大数域理论与经过 100 多年来的传播已经近乎成为经典的传统无穷大理论——集合论在对于数的本质的认识上存在根本的不同。其中最重要的区别可简要的归纳为如下几点：

第一，也是最根本的区别，对于数的本质的核心认识问题，这是一个哲学问题，是个世界观的大是大非的大问题。即是以数为存在对象来认识数的生成过程还是以数所表现的依附于存在属性的某些外在特征来分类和认识数的问题。其具体表达和反映出来的就是究竟是以数的客观存在属性——数的本质即事物的存在即数的起源及来龙去脉还是从人的主观意识为标准出发以数的某些外在的具有从属性的特征属性来简单粗糙的分类和认识客观事物的问题。鉴于分类方法不具备作为揭示存在的第一属性而无法反映客观事物的深刻本质，只能从部分外表特征按照某种人为设定的标准去认识错综复杂的客观事物，必然带有极大的偏差和片面性以及局限性，无法完全揭示客观事物内部那种深刻的内在的自然而然的逻辑联系。

按照大数域理论的观点，事物的存在永远是第一位的，存在决定一切。反映事物或数的存在的各种各样的外在特征形成的人们的认识或认知永远是第二位的。在大数域看来，数的本质实际上是对存在的描述的更为抽象的存在，即数是存在的存在，是超级的特殊存在。这里的“超级的特殊”实际是指该存在能以其特有的从属性的特征属性来度量其他存在。也就是说，数对存在的度量实际上是由依附于数的存在属性所派生的数值属性与定位属性实现的。所以数的度量等功能只能是第二位的属性，属于衍生功能。由此事物或数的存在属性决定了存在的其他附属特征属性永远从属于天然的与生俱来的存在属性。因为其他附属特征属性只能是人们的主观感官（包括大脑）对事物存在属性以及其他附属特征属性所具有的某些特征做的有限的反映。因此，从存在这个本质来认识事物和数的大数域理论，其核心当然是基于存在的生成属性，其结论必然是关于事物——数存在和发展的无限可能的认识论；而集合论的核心是基于事物的某些外在特征属性的分类，所以当人们仅仅是以某些外在特征属性来有限的认识事物时必然会导致极大的局限性，最终产生悖论，比如康托尔的经典无穷大之集合论作出的局部等于全体的谬论等，都是这种人为主观分类因素所造成的以偏盖全，悖论不断，漏洞百出，自相矛盾的必然结果。

看看集合的定义，“简单来说，所谓的一个集合，就是将数个对象归类而分成为一个或数个形态各异的大小整体。一般来讲，集合是具有某种特性的事物的整体，或是一些确认对象的汇集。构成集合的事物或对象称作元素或是成员。集合的元素可以是任何事物，可以是人，可以是物，也可以是字母或数字等。”罗素公理体系也把数或类之间的从属关系看作是最重要最基本的关系；策梅洛选择公理也是数或类之间的从属关系的一种分类，因为选择就是一种分类。即，罗素公理，策梅洛公理等等，都是给集合论这个以存在的数值属性的人为分类为第一前提的无穷大理论打各种补丁企图使它和数学兼容，使之能够成为现代数学的基础。无论康托尔也好，罗素也好，还是策梅洛也罢，他们发明创立的传统集合论和公理体系始终是在数或事物的隶属于存在属性的各种具有依附性的特征属性的关系之间徘徊。所有这些理论的最大特点是始终没有跳出对事物属性特征**分类**的局限，始终没有把对事物本质的认识上升到**存在和生成**的高度。见参考文献[46]～[52]。

第二，传统集合论按事物从属属性特征分类事物的方法在处理无穷大这样极端复杂的情况过于简单片面，很容易掺杂人类主观偏见，非常容易引起混乱，导致集合论和传统数学的许多成果都完全不兼容甚至格格不入。属性特征分类对于简单表面直观感较强的具体事物比如动物植物等生物界的现象通常比较有，但是特征分类对于无穷大这种极度抽象的事物，完全鞭长莫及。限于篇幅此不重复赘述。

第三，大数域理论抛弃传统无穷大理论专注元素之间人为主观分类划分的简单肤浅表面关系，抓住数域元素**生成存在**的本质，理清所有数以及整个数域生成的来龙去脉，由此，发现大数域之间的复杂逻辑联系，而不是从数域元素之间由人为划分的从属关系里去寻找数域之间的相互联系与逻辑关系。

第四，在无穷大探索里，作为数的根本的基础和前提，元素存在属性或生成属性的重要性要远远超过元素的其他从属的依附性属性如数值属性，定位属性以及元素之间的数值关系或其他逻辑关系如从属包涵关系，任何希望从元素的从属属性或其他逻辑关系揭开更高阶更抽象的存在属性层面的规律的努力都是徒劳的。就如一个永远待在井底的青蛙希望通过对井壁的深刻了解绘制一张世界地图，拍摄一张地球全景的外太空照片，不管这只青蛙有多聪明智商有多高能够跳得有多高，基本就是痴蛙梦呓，绘制出来的地球全景图一定错的离谱，没有任何价值。

第五，对于揭示数的来龙去脉和本质这样极其艰巨的使命，元素的存在属性永远是根本的第一优先属性。在元素存在属性面前，所有元素的从属属性以及元素从属属性所涉及的元素之间的关系都无足轻重，甚至可以直接忽略不计。

第六，大数域理论的核心是生成，集合论的核心是一一对应映射，这两个理论在本质上抽象程度完全不是一个层面，生成的哲学意义远比一一对应映射深刻得多，也重要得多。前者基于客观存在，后者源于主观人为。集合论是把**无序无标识无定位无数值无均匀分布无规则公理体系无可遍历**的元素组合和**有序有标识有定位有数值有均匀分布有规则公理体系可遍历**的自然数数域用人为的主观的牵强附会的所谓一一对应映射一厢情愿地绑定在一起，把高度抽象的有序的正确反映的无序杂乱无章的自然界的客观事物的自然数数域的清晰逻辑关系打乱，硬生生捏造一个人为的一一对应映射的集合现象来从新定义重新认识已经完整成熟的数和数域，显然是认识论上的大倒退。结果**七无特征元素的集合论**的最终立足点居然还是自然数，绕了一大圈又回到自然数原点。这一点，集合论的哲学深度远不如皮亚诺公理。而大数域理论则是站在皮亚诺公理的肩上走得更远更远。这就是为什么集合论及其追随者创建了一堆五花八门各种各样的公理体系试图完善补缺集合论的致命的基因缺陷仍然于事无补，而大数域理论无需任何画蛇添足却顺其自然水到渠成。生成是历史的、立体的、三维或多维的，分类是当前的、平面的、二维的；生成可以万物尽收囊中，分类却很难一网打尽。这就解释了以生成为理论基础的大数域没有悖论而以分类为理论基础的集合论悖论迭出。那些分类没有概括进去的漏网之鱼就是悖论。

第七， 一一对应映射方法是用有限度量无限，大数域理论是用无限度量无限。这是根本区别。

第八， 在大数域中，元素与生俱来的数值属性是（无方向的）标量，而定位属性既可以是标量，也可以是向量或称矢量（有方向的量）。

第九， **数是无限可分，无限可生，无限可遍历的。可遍历是可认识的基础。**

第十， 无限可分和万物可生都是宇宙恒定不变的规律，是哲学的基本原理，是大数域理论的正确的哲学基础。

第十一， 大数域理论是用原始原生母体的基础整数数域无穷大生成各类低阶和高阶无穷大，用整数数域无穷大度量各类低阶和高阶无穷大，而传统无穷大理论是用一一对应映射方法来人为主观地比较两个无穷大的基数。

第十二， 思维维度的根本不同。 康托尔传统无穷大理论本质上是企图在低维度的元素层面用一一对应映射的方法比较两个无穷大数域的大小，而不知道在低维度的元素层面用一一对应映射的方法是无法突破无限无界的质变拐点的，康托尔没有提升思维和观察维度的概念，没有跳出莫比乌斯带低维度绝对无限无界空间进入高维度相对有限有界空间，没有用无穷大度量无穷大的概念。大数域理论就是在相对有限有界的高维度空间用无穷大度量无穷大，如同人类发明用光年的巨尺度量宇宙一样。只有站在比整数元素层面更高的维度才能看清整数无穷大数域的相对有限的边界，只有站在比整数无穷大层面更高的维度才能看清比整数无穷大数域更大的无穷大数域的相对有限有界的边界，如此循环往复，直到站在比基数数域无穷大层面更高的维度才能看清比基数数域更大的无穷大数域的相对有限有界的边界；因为仅仅看清整数数域无穷大基本巨尺的相对有限有界的边界还是远远不够的，还需要继续提升维度看清那些比整数数域大无穷大倍的其他数域的相对有限有界的边界，才能用整数数域基数这个无穷大擎天巨尺去度量其他的无穷大数域的相对大小。

第十三， 大数域理论是以正确的哲学思想和原理为基础用无穷大生成无穷大，用无穷大度量无穷大，用无穷大整合无穷大。这是没有正确的哲学思想和原理做基础的传统无穷大理论难以望其项背的。

比感觉更深刻的是描述，比描述更深刻的是分类，比分类更深刻的是溯源，比溯源更深刻的是生成。大数域理论溯源的结果就是生成。先有生，后有分，生永远是第一优先。生成是哲学里最基础的原理。一生二，二生三，三生万物，就是讲生成的极端重要性。只有生成才有存在，有了存在才有分类。没有存在就无物可分。

感觉是所有人都有甚至所有动物和生物共有，描述是文人所特有，分类是科学家独有，溯源是哲学家专有，生成是宇宙万物共有。

关于大数域理论依据的有关属性问题，更多的内容详见本书第四篇的介绍。

以欧几里得、高斯、欧拉、黎曼等伟大恒星为代表的传统数学主要研究对象是数和数的关系（数和形的关系，形和形的关系最后也归结于数），以康托尔为代表的研究无穷大的现代数学主要研究对象虽然有数和数的关系，也触及了数和数域，数域和数域的基数的天花板，但至今没有突破这个天花板；惟有大数域理论是人类历史上第一次除了研究数和数的关系，还全面探讨数和数域，数域和数域关系的数学，完全突破这个几千年来覆盖在人类头顶上的天花板，让人类第一次看到天花板上面莫比乌斯带外面的浩瀚无垠的茫茫宇宙。

第四十二章 经典案例一

这里用大数域理论分析传统无穷大理论里的经典案例。以大数域理论的方法，提供大数域理论的证明和证据，分析传统无穷大理论存在的致命缺陷，纠正传统无穷大理论的错误结论，同时验证欧几里得的公理体系的正确性。

第一节 传统无穷大理论经典案例简介

传统无穷大理论的一个经典案例就是许多与集合论有关的书籍都提到的偶数数域（偶数集合）的基数与整数数域（整数集合）的基数完全相等，该论点文献汗牛充栋。这里只选其中最负盛名的科学家伽莫夫的名著《从一到无穷大》里的一段经典，见参考文献[1]。示意见图 23。这段话的核心是整数数域（整数集合）的基数和所有偶数和奇数的数域（偶/奇数集合）的基数一样大。

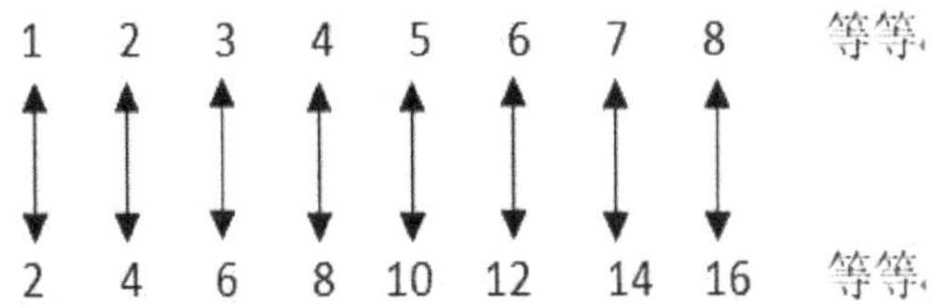

图 23　一一映射示意

“但是，且慢。你再想一想：所有整数（奇偶数都在内）的数目和单单偶数的数目，哪个大呢?当然，你会说前者大一些，因为所有的整数不但包含了所有的偶数，还要加上所有的奇数啊。但这只不过是你的印象而已。只有应用上述比较两个无穷大数的法则，才能得出正确的结果。如果你应用了这个法则，你就会吃惊地发现，你的印象是错误的。事实上，下面就是所有整数和偶数的一一对应表：

“按照上述比较无穷大数的规则，我们得承认，偶数的数目正好和所有整数的数目一样大。当然，这个结论看来是十分荒谬的，因为偶数只是所有整数的一部分。但是不要忘了，我们是在与无穷大数打交道，因而就必须做好遇到异常的性质的思想准备。

“在无穷大的世界里，部分可能等于全部！关于这一点，著名德国数学家希尔伯特（David Hilbert）有一则故事说明得再好不过了。”

为什么会产生“在无穷大的世界里，部分可能等于全部”这样完全颠覆常识的结论呢？无穷大是主因吗？显然不是。纵观科学发展的历史让我们确信，一定是基本原则和推导过程出现了什么纰漏或缺陷，才会导致正常的逻辑推理最终归于失真。

这是康托尔无穷大理论里最经典的一个例子，也是以康托尔为代表的传统集合论对无穷大认识与基于大常数 Q 的大数域理论的最根本的区别，是分界线和分水岭的标志性经典案例之一。因此，很值得多花点笔墨进行仔细认真地分析探讨。

第二节 假如我们认可这种传统经典逻辑推理方法……

首先，我们假设认可伽莫夫提及的一一对应的映射方法在处理无穷大时是完全正确的，可以披荆斩棘，所向披靡，可以解决发散无穷大的所有疑难问题。看看我们沿用同样方法，都能够推导出一些什么样的结论。

按照伽莫夫的经典里整数和偶数一一映射的方法正常对应的话，还可以有另外一种等价形式：即是对整个整数数域的所有元素都乘以 2，这样全体整数就变成了偶数了，也可以得出全体偶数的数目和全体整数数目一样多，整体等于部分的奇怪结论。

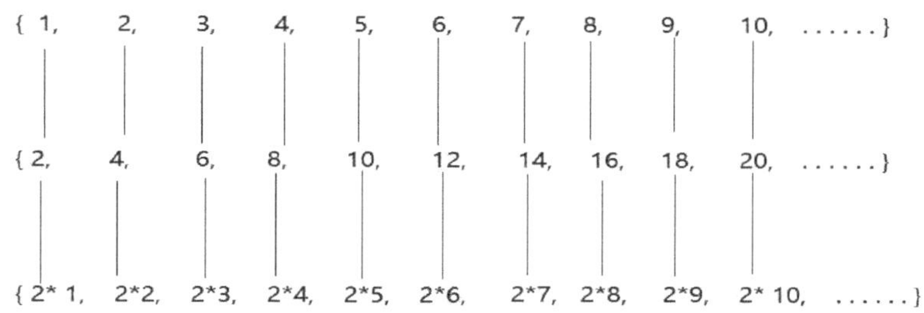

图 24 人为主观设定的一种一一映射等价示意

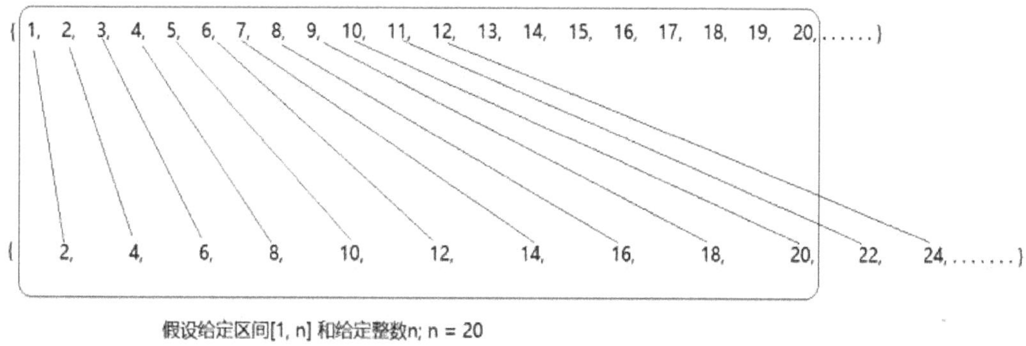

图 25 大数域理论里真实情形的无穷大一一对应映射示意

图 24 的图解说明两种方法是等效的。而乘以 2 的方法更容易理解一些。图 25 更是清晰地表明，所有大于 $\frac{20}{2}=10$ 的整数比如 11，12 等所映射的偶数元素 22，24 等全部跑到区间[1，20]以外去了。就是说只要我们限定了区间[1，n]，在该指定区间[1，n]内，无论区间有多大，n 有多大，整数和偶数的比例关系仍然是固定不变的，仍然是 2：1，而不是 1：1 或者其他什么关系。

我们发现在区间[1，n]里，这个整数和偶数的比例关系是一种非常稳定的逻辑关系，这个比例和区间[1，n]里的 n 毫无关系，就是 n 趋向于无穷大，这个稳定的逻辑关系也不变。

当整个整数数域每个元素都乘以 2，似乎整数数域一下子就全都变成偶数数域了，全体整数一下子全部变成偶数，似乎全体偶数的基数和整数的基数一样多了，这样的看法放在传统数学里似乎理所当然，但在大数域里进行观察就实在是太肤浅了太浅薄了也太随便了，这是一个非常轻率且不负责任的结论，缺乏科学的严谨和缜密。事实上，事情的发展远远没有这些数学天才原本以为和所宣称的这么简单。因为这些都仅仅只是表象，是一个个只会令人眼花缭乱方寸大乱的表面现象。事实的客观真相其实正深深躲藏在令人眼花缭乱的表象下面一直在讥笑着人类自以为是的傲慢、浅薄和无知。

图 25 就较为清晰准确地表明了在给定区间[1，20] 和给定整数 20 之后的前提下的真实的映射关系，和前面图 23 图 24 的人为的映射关系完全不同。这里非常明显地看到，上一排整数序列

和下一排偶数序列的**发散速度**是完全不一样的。但无论区间取值有多大，区间内整数个数和偶数个数的比例关系都是恒定不变的，都是整数个数是偶数个数的 2 倍，与区间取值 n 大小完全无关。

事实上，比较图 25 和图 24 后可知，只有图 25 所展示的是高维度视角所看到的比较准确的，正确的，全面的，不以人们意志为转移的客观的一一对应关系。因图 25 中方框里是给定区间比如[1，20]里以不同发散速度分布的整数元素和偶数元素的真正的个数。如果没有给定区间前提条件的限制，基于这个一一对应关系是无法判断整数数域和偶数数域究竟哪个数域的个数更多的；而图 24 则是没有给定区间前提条件的限制就把两个发散速度完全不同的数域的元素人为地混为一谈用一一对应关系直接死死地绑定在一起，似乎每一对一一对应的两个元素都是同步发散，即它们以同一个速度同时同步发散，故而必然造成个数相等的假象。然而我们知道，不同步不同发散速度的无穷大数域的基数数值是不一样的，根据本书第二十四章《基数反比定理：数域元素发散速度和数域基数的关系》，即：**数域基数的数值和数域元素的发散速度成反比**。我们有判别法则：**基数越大，发散速度越慢；基数越小，发散速度越快**。无穷大数域基数和一一对应没有任何关系，基数仅仅和元素的发散速度密切相关。无穷大数域元素相对于整数的绝对发散速度大于整数数域元素的基准发散速度的数域的基数都远远小于整数数域基数；反之亦然。有了这个基本的判别法则，就可以轻易地判断康托尔和伽莫夫的一一对应方法在逻辑推导原理的使用过程中的对错了。

假如我们认可了伽莫夫介绍的这种不需要正确前提约束的传统的经典逻辑推理方法，取而代之的是把在无限无界情况下完全没有任何正确性的一一对应映射原理当做所谓正确的前提，假如我们认可了康托尔无穷大理论里这个偶数的基数等于所有整数的基数的结论，即部分可能等于整体，认可了他们的推理过程，那么我们顺着这个思路继续思考就会推导出一系列更加荒诞不经甚至会完全颠覆人类三观颠覆人们常识的不可思议的奇谈怪论般的所谓结论。就不仅仅是局部等于全局，部分等于整体这么简单了，而将会导致有更加不可思议的一整套最终与科学完全背道而驰的更多错误结论或谬论出现。

譬如，如果我们借用第二种方法，作出如下一些等效的推演：

即假定我们把整数数域里的每一个元素的值乘以 4，6，8，10，1000，1010，1020， 10100，等等，就会得到如下一系列不同的数域（我们以下角标表示相应的生成数域）：

$$I_{E4}=\{1*4,2*4,3*4,4*4,5*4,6*4,7*4,8*4,9*4,10*4,...,K*4...\}$$
$$=\{4,8,12,16,20,24,28,32,36,40,...,K*4...\};$$

$$I_{E6}=\{1*6,2*6,3*6,4*6,5*6,6*6,7*6,8*6,9*6,10*6,...,K*6...\}$$
$$=\{6,12,19,24,30,36,42,...,K*6...\};$$

$$I_{E8}=\{1*8,2*8,3*8,4*8,5*8,6*8,7*8,8*8,9*8,10*8,...,K*8...\}$$
$$=\{8,16,24,32,40,48,56,64...,K*8...\};$$

$$I_{E10}=\{1*10,2*10,3*10,4*10,5*10,6*10,7*10,8*10,9*10,...,K*10...\}$$
$$=\{10,20,30,40,50,60,70,80,90,100,...,K*10...\};$$

$I_{E1000} = \{1*1000, 2*1000, 3*1000, 4*1000, 5*1000, 6*1000, 7*1000, ..., K*1000 ...\}$

$= \{1000, 2000, 3000, 4000, 5000, 6000, ..., K*1000 ...\}$;

$I_{E10^{10}} = \{1*10^{10}, 2*10^{10}, 3*10^{10}, 4*10^{10}, 5*10^{10}, 6*10^{10}, 7*10^{10}, 8*10^{10}, ..., K*10^{10} ...\}$

$= \{10^{10}, 2*10^{10}, 3*10^{10}, 4*10^{10}, 5*10^{10}, 6*10^{10}, ..., K*10^{10} ...\}$;

$I_{E10^{20}} = \{1*10^{20}, 2*10^{20}, 3*10^{20}, 4*10^{20}, 5*10^{20}, 6*10^{20}, ..., K*10^{20} ...\}$

$I_{E10^{100}} = \{1*10^{100}, 2*10^{100}, 3*10^{100}, 4*10^{100}, 5*10^{100}, 6*10^{100}, 7*10^{100}, ..., K*10^{100} ...\}$

这一系列的用数值运算生成出来的新数域，见图 26。

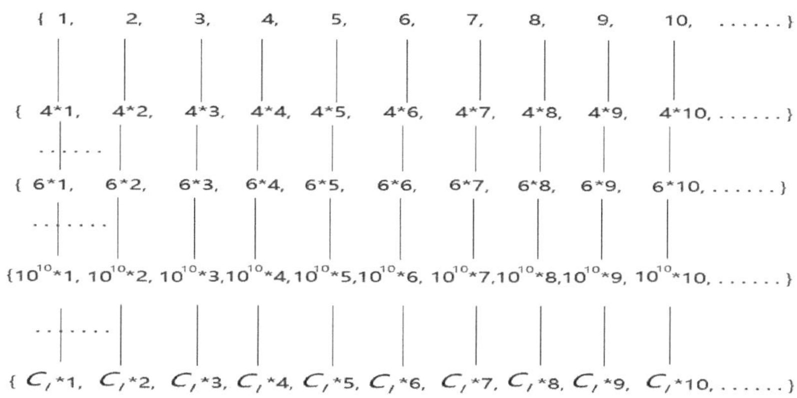

图 26 任意情形一一对应映射示意

这里图 26 其实可以细分为多个图，我们把这几个图合为一个图方便一览全局。

其实还可以直接引用文献索引[19]里的图，见图 27。效果也是一样。

按照前面一一映射的原理逐个元素和整数数域里的每个元素匹配的话，就应该会在原有的传统认知范围内依据正常逻辑推理得出如下的结论：

$$C_I = C_{I_{E4}} = C_{I_{E6}} = C_{I_{E8}} = C_{I_{E10}} = C_{I_{E1000}} = C_{I_{E10^{10}}} = C_{I_{E10^{20}}} = C_{I_{E10^{100}}} = ...$$

即所有的局部全部等于整体。当 $K \xrightarrow{K\to\infty} C_I$;

$I_{E10^K} = \{1*10^K, 2*10^K, 3*10^K, 4*10^K, 5*10^K, 6*10^K, 7*10^K, 8*10^K, ..., n*10^K ...\}$

我们有： $I_{E10^{C_I}} = \{1*10^{C_I}, 2*10^{C_I}, 3*10^{C_I}, 4*10^{C_I}, 5*10^{C_I}, 6*10^{C_I}, 7*10^{C_I}, 8*10^{C_I}, ..., n*10^{C_I} ...\}$

按照常识，在给定区间[1，n]里：数域{4，8，12，16，…， 4*n，…}的个数应该是整数个数的：$\frac{1}{4}$; $C_I = 4*C_{I_{E4}}$; 数域{6, 12, 18, 24, 30, …，6*n，…，}的个数应该是整数个数的$\frac{1}{6}$; $C_I = 6*C_{I_{E6}}$;

数域{10，20，30，40，…，10*n，…}的个数应该是整数个数的$\frac{1}{10}$; $C_I = 10*C_{I_{E10}}$; …… 数域$\{1*10^{C_I}, 2*10^{C_I}, 3*10^{C_I}, 4*10^{C_I}, 5*10^{C_I}, 6*10^{C_I}, ..., n*10^{C_I} ...\}$里的个数应该是整数个数的$\frac{1}{10^{C_I}}$; $C_I = 10^{C_I} * C_{I_{E10^{C_I}}}$;

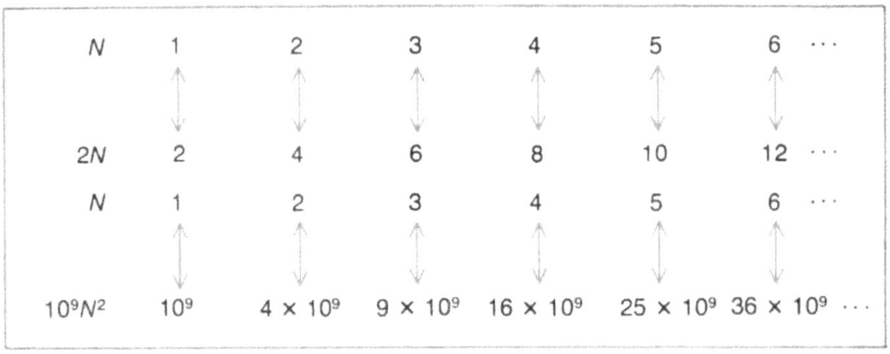

图 27 文献索引[19]里的图

由于取消了给定区间[1，n]的必要限制和前提性约束，结果所有这些毫不相干的数域的基数全凭毫无根据的一一对应的所谓映射做出的精彩魔术表演，结果竟然却全都相等了：

$C_I = C_{I_{E2}} = C_{I_{E4}} = C_{I_{E6}} = C_{I_{E8}} = C_{I_{E10}}$ ...... $= C_{I_{E10C_I}}$；

更有甚者，全体整数也可以和全体质数建立起所谓一一对应的映射关系，使得它们的基数一样多：$C_I = C_P$；

于是我们直接推导出整数数域的基数和质数数域的基数完全相等的荒唐结论，而这个结论和我们在本书前面本篇第五章第一节《从高斯勒让得的伟大发现说起》一节里阐述的高斯质数定理 $C_P = \frac{C_I}{\ln(C_I)}$ 完全矛盾，因为 $C_P = \frac{C_I}{\ln(C_I)} \neq C_I$!，就是说要么高斯和勒让得的发现及其通项估值公式 $C_P = \frac{C_I}{\ln(C_I)}$ 是正确的，要么康托尔的一一对应映射方法推导整数基数和质数基数一样多 $C_I = C_P$ 的结论是正确的，二者必居其一，不可能二者都正确或者都是错误的。

可是，鉴于高斯-勒让得的伟大公式已历经几百年考验，又经过现代高速计算机海量规模数据的反复验证都是正确的，而一一对应方法求解无穷大基数到现在都只能是纸上谈兵，无法验证，所以康托尔和高斯-勒让得双方之中只能够有一方是对的，不可能两个都对。请问让我们到底该相信谁呢？？然而在本篇后面的第四十四章《经典案例三：证明质数数域基数小于整数数域基数》里，我们确实又在完全独立的情况下用大数域理论意外地获得了和高斯-勒让得公式类似的结论，证明了质数数域基数小于整数数域基数的客观存在性。

进一步推论不难设想：如果用一一对应映射方法处理无穷大，不但整数基数等于偶数基数，整数基数可以等于质数基数，不但整体等于部分，还可以甚至毫无限制地推出整体等于任何一个部分，甚至整体可以等于无穷小的部分！因为既然部分可能等于整体，无穷小也是整体的一部分，尽管只是其中微不足道的一部分，那么是不是可以推导出无穷小也等于整体呢？反正这里的逻辑推理没有任何前提限制，没有任何约束，**如果整体是无穷大，无穷小也是整体无穷大的一部分，岂不是可以推导出无穷大等于无穷小这样根本违反常识的严重悖论吗？** 哈勃望远镜都无法穷尽的无穷大宏观浩瀚宇宙居然可以等于显微镜都无法看清的无穷小纳米微观世界。

无穷大居然可以等于无穷小！这不是痴人梦呓吗？

别笑，对不起，千万别笑！这不是魔术，也不是戏法，更不是占卜算命跳大神，而是 100 多年来几乎所有权威数学文献一直都在提供的严肃认真的经典无穷大理论的逻辑推导说明。

天底下难道还有比这个结论更滑天下之大稽和更为搞笑的事情吗？

至此，我们终于发现，原本以为最可以信赖的最严密最一丝不苟的万学之母的数学现在似乎于突然之间怎么就能如变戏法般地变成了魔术，变成了占卜和算卦，变成了某些数学天才们可以随意把玩的符号游戏，可以随随便便地呼来唤去的仆人，成了幼儿园小朋友手里玩耍的胶泥，可以随心所欲地捏成他们所需要的任何形状而完全可以不顾事实的真相了呢？

显然，这样的所谓科学应该是误入了歧途。那么，到底问题究竟出在了哪里呢？即便仅仅是为了捍卫科学的纯洁和理性，保持科学的客观真理性，我们都必须挺身而出奋不顾身地用科学方法去重新找寻真相，正本清源，使之重回正途。

我们发现，真正的问题实际上是出在康托尔采用的一一对应的所谓映射方法上面，见参考文献[19]。严格地说，这种一一对应映射方法是科学家康托尔采用的在低维度里元素层面研究有限有界的集合时候所使用的一种局限性非常大的方法，而且映射过程中人为的干扰因素非常多，怎么一一映射，谁和谁一一映射，从那里开始映射等等问题，都完全取决于一一对应映射设计人的主观观念，最重要的是一一对应映射方法**仅仅限于有界有限**的元素集合（数域）的比较，现在没有任何限制和任何约束地仅仅按照人为需要就任意推广到**无限无界两个质变的重大拐点**到了无限和无界的无穷大数域里，结果就只能出现如下 4 种情况：

（1）无限有界；（2）有限无界；（3）无限无界；（4）**有限有界**

有限到无限是根本质变；有界到无界也是根本质变；一个方法在有限有界范围适用，当跨越质变拐点进入无界无限的时候，能不能继续使用，非严格考察不可。任何不假思索未经检验的随意推广都是轻率的，结果可能是灾难性的。

这四种极端情况的一一对应映射方法既然是否适用都是完全未知的，除了上述（4）的有限有界属于传统数学不予考虑外，有限无界、无限有界和无限无界都是完全不同于有限有界的极端情况，因此我们质疑，凭什么说一一对应映射可以适用于其余这三个已经发生根本质变的极其特殊的**有限无界、无限有界和无限无界**的极端情况呢？有根据吗？迄今为止我们还看不到任何有力的证据和依据，有的只是人为主观的无端的猜想，在没有任何证明和根据的情况下，随随便便就把仅仅适合于有界有限集合（数域）的元素匹配的一一对应映射简单方法推广到有限无界、无限有界和无限无界，就是说**基本原则**“如果两个集合元素之间可以建立一一对应映射关系，则两个集合的元素个数一样多的”**仅仅在有限有界**元素集合（数域）的这种极其苛刻的条件下和特殊情况下才**偶尔**成立，并不等于在**有限无界，有界无限和无界无限**情况下也一定成立；这样一个充满诡异不确定的结论，被当做经典无穷大理论的最重要的前提，开始了一系列令人啼笑皆非的逻辑推导，推导出一大堆荒诞不经的结论。见参考文献[19]。我们要彻底剖析造成这些重大错误结论和谬论的根本原因。

第三节 经典案例的第一个缺失：前提

前面的逻辑推理的结论告诉我们，康托尔的逻辑推理肯定出了问题，且一定是推导所依据的某种东西错了或缺失了，或被忽视了。也就是说，不是错在推导的技巧，而是错在缺乏明确清晰的约束性前提这个最根本的基础上了。这个错误是仅仅靠玩弄技巧看不出来的，因为不是推理逻辑的问题而是认识事物的世界观出了大问题。

单纯从传统数学的角度看，上面的推理过程似乎没什么大问题。亚理士多德的思维科学的逻辑推理讲究严谨认真和一丝不苟的缜密（见参考文献[38]），逻辑推理需要正确前提做为基础进行约束；没有正确前提的逻辑推理，所有结论都是错的。即使是已经获得了正确的结论，仍然要追问推理过程是否仍然存在或隐含着缺乏明确清晰的正确前提的不完善，隐含被省略或被忽视了正确前提的可能性。

世界上怕就怕“认真”二字。今天在“部分有可能等于整体”这个颠覆人类传统认知的大是大非的根本性原则问题面前，我们就严肃认真一次，看看一丝不苟的认真会产生什么，看看究竟是欧几里得公理体系正确还是康托尔无穷大理论体系正确。

伽莫夫说“偶数只是所有整数的一部分”，伽莫夫和康托尔本人以及全人类祖祖辈辈到现在为止的所有的人都是这么认为这个结论是正确的。为什么呢？为什么“偶数只是所有整数的一部分”是正确的呢？他们是怎么推导得出这个正确结论的呢？逻辑推理的正确前提条件是什么呢？

好了，我们的认真就从这句话开始。

为便于说明，我们借助上述问题的反问题来作出解读。为什么“偶数只是所有整数的一部分”？这个结论为什么是正确的？根据是什么？怎么推导得出这个看似极其简单却是公认正确结论的？伽莫夫，康托尔和希尔伯特等都没有讲。

古往今来所有人都认为这个结论属于**常识范畴**，是不需要证明的公理。

常识公理就是大和小，多和少以及黑和白等的状态在一般情况下是维持原态不变的，除非某种因素作用改变这些状态。不可能在没有任何因素作用下产生原有状态逆转，无中生有大变成小，多变成少，无穷大变成无穷小。状态改变一定是有事物转化成其他事物，有一种性质的存在发生质变转化成另外一种性质的存在。我们要搞清状态改变的原因和状态改变时转化过程的来龙去脉。

因为在传统数学给出的认知范围内原因实在太过明显，偶数是从全体整数里产生的，而且每两个相邻的偶数之间间隔着一个奇数。

因此，只要回归逻辑推理最基本的原始的基础性要求，就不难发现：“偶数只是所有整数的一部分”的命题的逻辑推理过程有一个被省略或忽视了的前提做为基础，恰恰由于这个被省略或忽视了的前提——一个实际上客观存在的基础性约束条件，才会导致观察者理所当然地忽视或习惯性地认为该前提根本不存在，就直接使用无前提无条件的逻辑推理甚至替换完全不同的前提条件而最终导致后面的所有推理都是错误的。为此，我们要特别一针见血地追问，上述推理过程到底缺了什么？

缺了一个前提。整个逻辑推理过程缺少一个关键的基础性条件：**正确的前提**。

虽然这些伟大的数学天才没有告诉我们他们得出这些结论的逻辑推理的前提是什么，但并不等于这个基础性的前提条件不存在，不等于他们没有采用这个基础性的前提条件进行有约束或有某种特定限制的逻辑推理，因此我们一定要把这个埋藏极深的基础性前提条件找出来。

我们要找出这个人人认为正确的结论"偶数只是所有整数的一部分"的逻辑推理过程的前提条件是什么。然后把这个看似无足轻重的前提提到前所未有的重要位置，提到第一优先的位置，把这个伟大的前提条件贯彻始终，贯彻到我们以后所有推导的其他的每一个过程的每一步证明里，保证所有同样问题的逻辑推导都前后一致性使用同一个正确的前提而不是不加说明地随便用错误的前提替换正确的前提，让推导的过程首先符合现代文明奠基者亚理士多德等伟大先贤早在 2000 多年前就已提供的规范的思维科学的推理的基本逻辑要求，以保证后续任一推导的全过程都是完整的、正确的、一致的和准确的。即在所有逻辑推导过程中自始至终要保持这个极端重要的大前提的一致性、连续性和完整性，使得我们的逻辑思维和 2000 多年前的亚理士多德的思维科学规范完全接轨，重新回到奠定现代科学基础的亚理士多德和欧几里得的正确思维科学的正道上来。

逻辑推理的前提的正确性和一致性是逻辑推理获得正确结论最重要的因素。

为此，有必要回放一下整个逻辑推理的基本过程：当你计算整数区间 10，100，1000，10000，……里的偶数，当你计算任意整数 n 里的偶数，你会发现偶数都只占整数一半，就是说在每个任意**给定区间里**，所有整数和其间的偶数的个数的比例关系都是稳定不变的都是 2：1，整数个数和偶数个数的这个稳定的不变的比例关系和区间 n 大小没有任何关系，就是说，与 n 的取值无关。就是根据这个观察，古往今来的所有数学天才们才推测在每个任意**给定区间**里，甚至无穷大区间里，可以轻轻松松得出整数个数比偶数个数多的正确结论。由于这个整数和偶数的个数的比例关系非常稳定，进而才有这些天才们顺理成章推测整个整数数域的基数比整个偶数个数基数多的正确结论。那么，我们就需继续尖锐地质疑，这里的任意数 10，100，1000，10000，……，整数个数都比偶数个数多到底都是些什么？再抽象一点，"给定区间[1，n]或任意给定的整数 n 里，整数个数都比偶数个数多"到底是些什么？这个引号里表达的东西，其实就是被所有人几乎都已经忽略的，而事实上在经典数学里却又早已被所有人默认了的伟大的极端重要的逻辑推理的正确的前提。为什么要设定区间？因为只有设定区间才能在漫无边际的数的汪洋大海里给出限定或约束，给出基本的研究平台；或者说人们原本对于老虎吞天般无从下口的数学研究，因为只有给定限制条件才有了找到下手之处的可能，具体说来，就是只有这样才能在该区间内依据相对有限的数值元素看清偶数和整数的关系，看清一段区间的偶数和整数的关系，再用类似数学归纳法的方法，逐步类推下一个类似的更大区间，假设这个偶数和整数的关系还成立，那么在更大一点区间只要检验证明这个偶数和整数的关系仍然成立的话，就可以断定整个数域这个偶数和整数的关系都成立。这种由小及大，由近及远，由易及难，由有限及无限的方法就是数学归纳法的本质。

我们发现，"偶数只是所有整数的一部分"的前提条件是：在任何**给定区间**[1，n]或任意给定的整数 n 里，整数个数都比偶数个数多；从 1 到 n 的全体整数的个数的总数都是整个区间[1，n]

内从 1 到 n 的全体偶数数的个数的 2 倍，这还是假设了 n 是偶数。所以人们在 n 等于任意数的任意区间[1，n]内，只要采用这个前提，就能得出“偶数只是所有整数的一部分”的正确结论。当人们可以取区间为任意值 n 时，人们发现，其实整数个数和偶数个数的这个稳定的不变的比例关系和区间 n 的大小没有任何关系，就是说，与 n 的取值无关。由此，一个伟大的数学规律“偶数只是所有整数的一部分”被发现了。既然任意**给定区间**里整数个数和偶数个数的比例和区间 n 的取值没有任何关系，我们就获得了一个重要依据，凭借这个重要依据，人们就可以推导出重要结论，在无穷大即无限无界的情况下也成立。这里极端重要的是我们称之为条件限定法的“在任何给定区间[1，n]或任意给定的整数 n 里，整数个数都比偶数个数多”的前提条件限制，有了这个限制做依据，人们就可以一举突破从有限有界到无限无界的限制，合情合理。以给定区间为基础的条件限定方法在从有限有界进入无限无界时，可以轻轻松松突破所有障碍进入无穷大范围。

一一对应映射方法完全没有**给定区间**的概念，无法证明一一对应映射方法与区间长短无关。因此，一一对应映射方法在处理无穷大集合比较时完全失控，无法从有限有界突破进入无限无界。

如果有了给定区间[1，n]的限制，真实的无限无界数域（集合）元素之间的一一对应映射应该是图 25 所示的，因为只要给定区间，任何区间内整数个数和偶数个数的比例关系始终恒定不变；但是一旦取消给定区间[1，n]的限制按图 23 和图 24 那样随随便便映射，人们可以按照自己主观想象随心所欲胡乱映射一通，搞出五花八门各种各样的一一对应来，势必就会得出许许多多匪夷所思的结论。如果用图 23 和图 24，无论如何都无法推导出整数数域的个数等于偶数数域的个数这么根本违背常理和客观实情的荒谬结论。

看似简单的一一对应映射实际上暗藏着许许多多人为的因素，如：谁和谁一一对应，怎么一一对应，无限无界如何一一对应，为什么给定区间和不给定区间一一对应映射的结果可以大相径庭甚至截然相反等等，都是悬而未决的问题。如果没有理由能够充分证明这种从有界有限随便推广到无界无限的一一对应的合理性和正确性，所有在无界无限情况下用一一对应推导的结论都是有严重的问题的。

因此用一一对应的映射方法，是无法发现证实“偶数只是所有整数的一部分”这个伟大的规律的。因为在**无限无界无穷大**范围，一一对应映射方法完全失效。

事情就是这么奇怪这么不可思议，一个连最基本最简单的“整体大于部分”的规律都不能发现证实甚至都无法自圆其说讲清楚的，仅仅在有界有限范围有效的所谓“只要两个集合元素能够一一对应映射，两个集合的个数就一样多”的一一对应映射方法，摇身一变居然推导发现了更加困难的无穷大数域层面的“整体等于部分”的规律。看得我们胆战心惊，一头雾水，目瞪口呆。

其实是传统无穷大理论在第一阶段逻辑推理得出正确结论“偶数只是所有整数的一部分”使用的隐含前提是“在任何给定区间[1，n]或任意给定的整数 n 里，整数个数都比偶数个数多”，而在第二阶段逻辑推理使用的隐含前提却是“只要两个集合元素能够一一对应映射，两个集合的个数就一样多”这样一个充满人为干扰因素，仅仅限于有界有限的集合的元素比较的非常表面非常肤浅的结论，没有任何条件限制，推理过程中毫无根据毫无说明地接连突破两个重大质变拐点无限和无界，随随便便应用到无限无界的整数和偶数，得出一个完全违背常理的极其可疑的互相矛盾的结论。第二阶段推理的前提是什么，康托尔和伽莫夫都没有说，我们分析其前提不是“在任何给定区间[1，n]或任意给定的整数 n 里，整数个数都比偶数个数多”而是另外一个仅仅局限于有限有界情况方才有效的前提“只要两个集合元素能够一一对应映射，两个集合的个数就一样多”的一一对应映射方法。即经典无穷大理论对同一个整数集合和偶数集合个数在做比较时，分别采用了如下两个完全不同的前提：

前提一：在任何给定区间[1，n]或任意给定的整数 n 里，整数个数都是偶数个数的一半，或整数个数都比偶数个数多；

前提二：只要两个集合元素能够一一对应映射，两个集合的个数就一样多。

前提二对于数的取值完全没有做任何区间的或甚至需要更高维度的限定。就是说一一对应映射方法被想当然地人为扩展到完全适用于有限有界和无限无界两种不同的情况了，或者说是把两种性质完全不同的情况混为一谈了。

于是在人们毫不知情的情况下，这些数学天才们在第一个结论推导时采用第一种前提，在第二个结论推导时采用第二种前提，完全没有坚持在所有逻辑推理过程中保持所有前提的一致性；而当第二个前提在无限和无界的极端情况下真伪难辨时，出现结论违背常识的可能性就非常大。我们知道第一个前提是客观真理，第二个前提在无限无界时是伪命题，完全不成立，以后会讨论。

就是说第二个前提仅仅适用于有限有界，在无限无界时完全不可知，真伪难辨，甚至根本不成立。本篇第四十二章，经典案例一《第四节 经典案例的第二个缺失：维度》里，我们可以站在更高维度进行非常详细地分析且非常清晰地证明这一点，由此把康托尔采用的一一对应映射方法的局限性和致命基因缺陷解剖得清清楚楚。

我们质疑为什么在同一个对象的不同目的逻辑推理里，分别采用不同的前提和假设？为什么更换前提？理由是什么？根据是什么？为了保持所有逻辑推理的一致性，为什么不拿第二个前提去验证第一个结论，就是拿“如果两个集合元素可以一一对应，则两个集合元素个数相等”这个似是而非的结论去验证第一个结论，看看能不能推导得出“整数集合的元素无法和偶数集合的元素一一对应，整数集合的元素个数和偶数集合的元素个数不相等”，以及看看能不能推导出“整数集合的元素个数比偶数集合的元素个数多”的结论？如果能，为什么？如果不能，又为什么？

我们的疑问是：为什么要把原本仅仅适用于有限有界集合元素一一对应方法推导的一个真假难辨的肤浅的结论作为所有无限无界无穷大逻辑推理的正确的前提？100 多年来，为什么没有人质疑这个前提的正确性？

其实古往今来的所有人在推理过程中都自觉不自觉地在潜意识里习惯性地默认和采用了这个伟大的逻辑推理的前提条件：“在任何给定区间[1，n]或任意给定的整数 n 里， 整数个数都比偶数个数多”，如果不采用这个前提，根本无法用逻辑方法推导出“偶数只是所有整数的一部分”的正确结论。

几乎所有数学教科书里都采用类似这个正确限定条件“在任何给定区间[1，n]或任意给定的 n”，人类才发展出今天硕果累累的现代科学和辉煌灿烂的现代文明。

而这个数学规律“偶数只是所有整数的一部分，整数个数都比偶数个数多”，完全和所取的任意整数 n 或区间[1，n]毫无关系；和该区间里每个整数和每个偶数的是否一一对应毫无关系，完全是任何给定区间里整数个数和偶数个数的恒定的比例关系。

匪夷所思的是为什么这个伟大的显而易见的前提所有人都不自觉地采用了，而且在起初的推导过程中依据这个前提进行逻辑推理还得出了正确的结论，但后续的推导过程中这些数学天才们在对整个整数数域所有元素乘以 2 以后却又弃置不用了，而要以有限有界的“前提二：只要两个集合元素能够一一对应映射，两个集合的个数就一样多”来替换无限无界呢？因为没有自觉地意识到或者说至少是忽略了这个伟大前提的存在，不懂得在所有逻辑推导里保持前提等逻辑规则一致的重要性，随心所欲地替换前提，造成灾难性后果，想当然地以为第一段的正确结论完全是靠自己的聪明才智推导出来的。没有正确前提什么事。正是由于这个伟大正确前提的缺失，取而代之的是把在无限无界情况下完全没有任何客观正确性的一一对应映射原理当做正确前提，导致后面的推导缺少了必要条件的约束和限制，才会习惯性地得出荒诞无比的结论。**亚理士多德科学的经典推导过程的所有条件，一个都不能缺少，必须清清楚楚地全部开列出来和一丝不苟严谨认真地贯彻实施到底。**

由此可见，严格遵守亚理士多德思维科学规范的合规性的极端重要性。

有些看似简单的东西其实涉及到的往往是基础，是根基与本源，一旦被忽略了或曲解了，后果往往是灾难性的，足以摧毁任何一个貌似伟大的理论。而避免曲解和忽略的最有效办法之一就是理清整个逻辑推理链，确认推理过程的每一个微不足道不可或缺的步骤和环节是否存在，是否真实，是否正确，而不是急于构造自己主观上随心所欲的理论和推导异想天开的结论，随便发表自己惊世骇俗但缺乏海量规模证据的观点。

所谓“理清整个逻辑推理链，确认推理过程的每一个微不足道不可或缺的步骤和环节是否存在，是否真实，是否正确。”就是要在逻辑推理过程中自始至终清醒地严格保持和彻底贯彻逻辑推理基本规则的一致性和完整性。杜绝断章取义，偷换前提。

感觉的东西并不能够立刻深刻理解它，只有彻底理解的东西才能更深刻地感觉它；只有彻底理解了前提作为逻辑推理的基础性条件的伟大意义，才能感觉到它在逻辑推理中无处不在的伟大力量，才能感觉到它那只虽然人们常常视而不见却能够扭转乾坤的巨擘。这个人们肤浅地感觉到的但是并没有彻底深刻理解它的东西就是前提，特别是正确的前提，没有在所有逻辑推理过程中自始至终地把正确的前提这个压倒一切的先决条件放在所有思考和逻辑推理的第一位，放在头等重要的位置，不懂得在所有逻辑推导里保持正确的前提等逻辑规则一致的重要性，就会或迟或早地推导出许许多多匪夷所思的奇谈怪论。

就是说，错误的原因是人们用主观的、片面的、断章取义的、一知半解的人为猜测代替了对事物客观规律和事物本质属性的思考。

由于作为逻辑推理的先决条件的正确的前提的概念太过普通太习以为常太司空见惯，几乎必然成为人们思考数学问题的基本标配，也因此，人们才可以常常不假思索地习惯性采用这个前提立刻推导出正确结论而忽略这个他们曾经一直在采用却在用过之后有可能立刻抛却或被忘记或忽视了的极端重要的伟大的前提："在任何给定区间[0，n]或任意给定的整数 n 里，整数个数都比偶数个数多"。好像这个前提似乎从来就不曾存在也从来没有用过一样。而正是这个极端重要的伟大的前提的采纳使得人们可以在此基础上轻轻松松地得到第一个正确结论"整数个数大于偶数个数"，而在第二个逻辑推理过程中人们则把这个伟大的前提完全抛诸脑后，于是得出匪夷所思的奇谈怪论"整数个数可能等于偶数个数"。由此不难想见，极端重要的伟大的前提："在任何给定区间[0，n]或任意给定的整数 n 里，整数个数都比偶数个数多"的缺失和遗漏就是造成重大错误结论"部分等于全体"的根本原因。因为人们习惯于需要的时候拿来就用，不需要的时候就抛诸脑后，好像所有推理只凭直觉即可，仅仅依靠数学天才的聪明脑袋的灵机一动就万事大吉，似乎和思维科学开山鼻祖亚理士多德没啥关系，似乎所有逻辑推理都不需要前提一样。

缺乏作为逻辑推理的先决条件的前提的思维活动准确地讲都不能算作完整的正确的严密的逻辑推理过程，最多只能算是一种说明。

伽莫夫也好，康托尔也好，还是希尔伯特等其他天才也罢，在第一步推导"偶数只是所有整数的一部分"时都不假思索地采用了这个伟大的前提，可是在第二步推导时却更换前提采用仅仅适用于有限有界集合元素（数域）一一对应方法推导的结论做无限无界无穷大逻辑推理的前提。更换前提不说，前提在无限无界的新条件下是否一定正确，也真伪难辨，结论自然极其可疑。

这个正确的前提"在任何给定区间[0，n]或任意给定的整数 n 里，整数个数都比偶数个数多"和康托尔横空出世的无穷大的伟大理论比起来是那么平凡那么渺小那么微不足道，没人拿这个伟大而平凡朴素无华毫不起眼微不足道却至关重要的对无穷大探索生死攸关的伟大的前提当一回事。但是这个不可或缺的前提条件是正确的。结果所有没有考虑把这个前提当做逻辑推理的第一优先的逻辑推理的结果，这些没有正确前提的所谓"逻辑推理"的结论都是错的。

大数域理论自始至终贯穿了这个正确前提，即"在任何给定区间[0，n]或任意给定的整数 n 里， 整数个数都比偶数个数多"；在大数域理论的所有逻辑推理中始终如一地保持这个前提的一致性，连贯性和完整性。由此，无穷大领域里隐藏最深最狡猾的狐狸的尾巴终于被大数域理论紧紧地抓住了。

我们发现，当你把整数数域每个元素乘以 2，只要我们采用已知而又被忽略的伟大的前提"在任何给定区间[1，n]或任意给定的整数 n 里"，在任何给定区间[1，n]里偶数个数仍然是整数的一半或区间的一半，就是说原来的"整体大于部分"的公理仍然成立，我们只要能够解释清楚由于乘以 2 而生成的整数基数 C_I 个偶数里多出来的另外一半偶数都跑到哪里去了就可以了，而回答这多出来的一半偶数在哪里所需要的知识和认识就远远超出康托尔传统无穷大理论的认识范围了。只有高维度的大数域理论才可以清晰分辨和解析这些多出来的另外一半偶数的去向。

就是说即使这些数学天才们看懂了缺少正确的前提而可能导致的逻辑推理的重大失误，补齐了完整的逻辑推理的正确的前提，能初步定性的否定了整体等于部分的谬论，但基于传统的早已固化的低维度数学认知，实际上仍然无法解释那些把整数乘以 2 运算后多出来的那些偶数到底去了哪里的问题。问题依然存在仍然无解，胜利不是在望而可能是遥遥无期。仍然无法确切地计算出偶数基数的准确值到底是多少，只能定性而根本无法定量地继续做传统方式的无穷大探索，仍然和我们的精确打击目标差得很远很远。

下面详细分析回答这个由于运算多出来的另一半偶数的问题。

第四节 经典案例的第二个缺失：维度

既然埋藏如此之深的前提都找到了，逻辑推理过程似乎是完美无缺了，应该可以推导出我们需要的正确结论了吧？且慢，还缺少一个极其重要的东西才能把有意义的逻辑推理继续进行下去。因为有了正确的前提只能保证我们可以进行正确的逻辑推理，可以得到正确的**逻辑推理结果**，但不能保证这个逻辑推理结果完全真实反映事物的本质和客观存在的真相，并不能保证这个逻辑推理结果完全真实反映事物的发展规律。揭示这个事物的本质和客观真相需要逻辑推理以外的存在。

事实上，研究的结果最终发现，我们缺少的不仅仅是前提，还缺少一个观察世界和认识客观事物最最重要的具有构筑高屋建瓴之效的世界观所需要的东西：**维度**。只有维度才能把夹杂在数不胜数的层层叠叠挤在一起的各种逻辑推理结论里的、能够反映客观真相和规律的那个唯一的正确的结论分离出来。而这个分离工作，只有从具有参照意义的维度上才能做得到，见图 28，

这里，在二维空间（平面）里看所有重叠在一起的无数个圆只是一个圆而已；无法分离开和区别出到底有多少个的圆，更无法分别研究每一个圆的特点；因为不同空间不同视角人们的眼睛的分辨率是完全不一样的。低维度眼睛完全无法分辨复杂的高维度存在。

比如前面的等式（ 类似公式可见参考文献[1] ）：

$$C_I = C_{I_{E2}} = C_{I_{E4}} = C_{I_{E6}} = C_{I_{E8}} = C_{I_{E10}} \ldots\ldots = C_{I_{E10^{C_I}}};$$

之所以会得到这么离谱的等式，就是因为所有的逻辑推理的结果都重叠在一个维度里了，根本无法将彼此互相分离。为此我们需要提升当前数域的维度来分离它们。

因为在传统的经典无穷大理论里，每一个无穷大数域就占据甚至超出了传统观察者的全部视野，传统观察者自己原生感官或最先进仪器所能辨识的只是自身所在维度可提供的视域内的东西，而根本不可能看到视域以外的其他更多的东西，这和莫比乌斯带上仅拥有有限感官的蚂蚁非常相似。这就极大地限制了观察者的分辨能力、想象力和抽象能力。在这种信息极端不对称不完整的情况下作出的所有判断，可以说都是一孔之见，其真实性是极其可疑的。

我们的研究结果表明，作为有高屋建瓴之效的世界观的作用就是正确地解决好对事物进行全面的整体的有深度和有不同层次的认识问题，除了前提外，由观察者的立场所依托的维度是决定

其视域的大小和认识层次与结论正确与否的关键。也就是说，根本的问题是观察者还缺少一个必需且必不可少用做比较的参照维度，一个能将不同数域联系起来的数域生成维度，没有这个全新维度的参与，所有观察者依据传统认知所提供的现有的参照系和维度都根本不够度量或测度，当然也就不再正确，其结论也必然都是扭曲的失真的。事实也正是如此，一旦观察者所依据的参照维度出了问题，所有人们世世代代曾津津乐道引以为傲的低维度传统数学技巧都无济于事，所有推导证明都是做的无用功。这里经典的一一对应的传统方法只适合于同一维度内相对有限有界的对象，不适合不同维度绝对无限无界的无穷大，也不适合绝对无限无界的任何基数求解。原因是无穷大现象太过复杂，远远超过人类已有认知水平，需要的极度抽象程度远远超过传统的狭窄的数学领域，而传统的一一对应的映射方法又太过简单片面呆板，在计算工具落后的时代和数据量有极大局限的条件下，极易让观察者在有限的观察角度和有限的度量维度构成的视域空间里对被计量的元素以偏概全，以有限代替无限，以局部代替全局，非常容易造成失真。结果必然会导致许许多多似是而非的谬论，甚至得出著名的局部等于整体的荒谬结论。

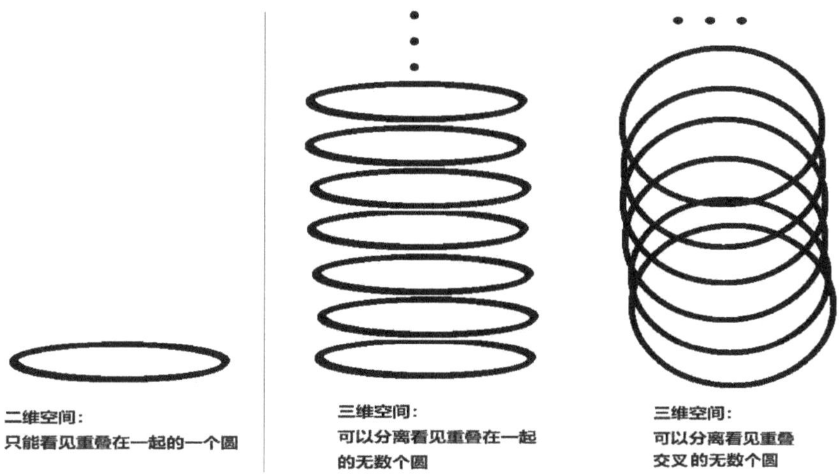

图28 不同空间不同视角观察圆分辨率不同的示意图

大数域理论认为，任何在低维度小范围里的无限，无界，变化，动态，绝对的存在一旦进入高维度超大范围宏观层面，相对于新的参照系（即数域生成维度）而言都变成了有限、有界，不变、静态、相对的存在。即一旦观察客观事物的维度或者参照系变了，一旦视角和视域变了，原先无法看清的客观事物的全貌就可能完全看清楚了。

这就很像一个地球尺寸的装满空气分子的大空瓶子容器，对每个分子而言，从分子的维度和视角来看，瓶子的尺寸是无穷大的，分子的个数是无穷大的，但站在太阳系和银河系甚至更大的宇宙的角度来看，这个尺寸无穷大的瓶子也是有限有界的，甚至于看似无边无际的太阳系银河系等在新的更高维度参照系的观察中也都是有限有界的，就像看似静止不动的几十亿几百亿光年的河外星系其实一直在高速运动，看似静止的宇宙其实一直在加速膨胀一样。

从哲学看，数学里的界和限其实是两个完全不同的维度，在有限有界的低维度环境里最多只能感觉到有界无限如区间[0，1]里的分数个数和某个容器里的水分子个数。

由于无穷大整数数域的基数是 C_I，无穷大整数数域在低维度元素层面对每个元素而言是绝对无限无界，那么从基数数域这个更高的维度更大的范围来看，从基数数域整个全局参照系来看无穷大整数数域就是相对有界无限，做具象化比较时无穷大整数数域都可以看作是一个有一定容量大小的容器，无穷大数域也是大小尺寸为一定的某个无穷大基数的容器。

整数数域就是相对有界无限的无穷大基数和容器大小是 C_I 的容器，凡是有限有界或有界无限的东西一定存在一个可以一分为二的点，整数数域基数的一分为二的点就是 $\frac{C_I}{2}$，使得整个整数数域可以一分为二，见图 29，即：这个整数数域基数的一分为二的分界点，在低维度的元素层面和局部层面是永远也看不到的也永远也达不到的，因为在低维度局部数域空间，整数数域基数和整数数域基数分界点对于任何相对有限的大数来说都是无穷大而永远无法感知和达到的。

局部正确的逻辑不等于在全局也正确。维度优先于逻辑。世界观第一，逻辑第二。低维度空间的逻辑只是高维度空间逻辑的一个特例。

现在我们看到了维度提升给我们视野带来的巨大的优势，使得原本一团乱麻处于失控状态的无穷大研究问题突然变得脉络清晰和纹路可见了。

第五节 经典案例的第三个缺失：证据

我们反复强调**正确的前提**这么简单这么司空见惯的东西的极端重要是为了保证逻辑推理过程的一致性、完整性和正确性。**这个逻辑推理的正确性仅仅保证结论符合逻辑推理规则，仅仅保证逻辑推理结论在低维度局部范围正确，但无法保证逻辑推理结论在高维度全局范围也正确，无法保证这个结论完全正确反映客观事物的真相和本质。即逻辑推理的正确性是相对的，有局限性的。**

我们反复强调提升维度这种抽象思维的极端重要性是为了保证我们看待客观世界的世界观的正确性，全面性和完整性。这个世界观的正确性，全面性和完整性就是保证观察比较接近正确反映客观事物的真相和本质。

逻辑推理的过程和结论的正确性与世界观的正确性完全不是一个维度或同一层面的客观存在。世界观的正确性是在观察维度或审视视角的层面上都要远远高于逻辑推理的正确性的客观存在，看问题更加全面更加深刻更加注重来龙去脉，而不会断章取义，以偏概全。用哲学语言说就是既见树木又见森林。世界观的正确性是大道、大方向、大是大非。

我们反复强调证据和维度这种非常具体非常客观不以人的意志为转移的客观存在的极端重要性，是为了验证我们所思所想所见所做的过程与结论，都是相对比较全面和都是相对比较完整的，都是能够比较正确地反映客观事物的真相和规律的。

即使有了正确的前提和正确的世界观，仍然无法断定一个理论的推理过程结论的正确性，无法断定该理论的结论是否正确反映客观事物的规律和本质。还需要一个更重要的东西来检验判别。

证据就是检验逻辑推理的过程和结论的正确性和世界观的正确性这两类不同性质的正确性同时被满足的必要手段，而世界观的正确性就是确保逻辑推理的结论正确揭示事物的客观规律。仅仅满足两个正确性的其中之一都是片面的，不准确的，有局限的，结果也是不正确的。

如果一个理论的逻辑推理过程**不合规**（缺少正确的推理前提条件，**不符合亚理士多德思维科学基本规范要求**），看问题的维度太低，又拿不出铁板钉钉的海量规模证据，甚至和所有正确的常识南辕北辙截然相反，那么这个理论的所有结论都非常可疑。没有正确的前提规范限制的逻辑推理，就像无头苍蝇乱飞乱撞，**所有的可能性都可能是这种无头逻辑推理的结论，悖论就产生了**。

即使有了正确的前提，有了维度升华，有了鸟瞰宇宙万物的超级视角和无限视域，还没有结束，还不能万事大吉，还需要一个能够同时检验和验证这两种不同性质的推理和观察过程的结论是否真实反映事物真相而成为可以依据推理的东西，还需要一个最重要的盖棺论定的东西：**证据**。

任何伟大的理论都需要伟大的证据。

没有证据，我们所思所想所见所做都无法验证。

科学证据最大特征是可重复性，不以人们意志为转移的客观性和结论的一致性。

没有证据，一切理论都是毫无意义的猜想和空谈。和牛顿爱因斯坦哈勃的理论的伟大证据完全不同，康托尔等追随者提供的所有所谓证据的东西都不能算严格意义上的科学证据，充其量只是一种在极其有限的人工运算条件下做出的人为主观片面的解释和说明，换个角度换个人结论就完全不同。这就是为什么 100 多年来经典无穷大理论的许多经典案例争议不断，不同的人用同样方法可以推导出完全自相矛盾南辕北辙的结论的原因。我们说的证据是无论任何人，只要严格按照思维科学的基本原理，认认真真地进行逻辑推理，不偷奸耍滑不偷换概念，保持所有推理规则的一致性，所得到的结论经得起时间和人们反反复复无数次的检验而没有丝毫改变的东西，是完全不为人的意志所转移的客观事物和客观规律，是彻彻底底独立于人的意识以外的客观存在。

这些证据之一就是我们发现的数域生成维度和**大数域生成率大**常数 $\mathcal{Q}$=0.303963…（FGC），其他的海量规模数据和一系列常数也是实实在在的证据。这些证据是经典无穷大理论完全没有能力发现和验证的，因为根本不是一个维度的基础理论，也不是依靠传统的手工计量和人类大脑蛋白细胞的思考运算所获得的有限证据就能够发现的。传统数学无法求解大数域理论的几乎任何一个公式，相反，大数域理论能够检验和验证经典无穷大理论的几乎所有的经典问题以及几千年来几乎所有让人窒息令人困惑不解迷茫迷失的有争议的有关无穷大的一系列问题。

有了上述透彻的分析，就可以看清楚，**所有的传统无穷大理论里的所谓对角线证明法，康托尔用一一对应的映射方法推导整数和分数集合基数相同**的证明**不是严格意义上的符合亚理士多德思维科学逻辑推理严谨缜密有序规范的正确的逻辑推理，充其量只是人为主观随心所欲的一种说明**，因为仅仅按照传统认知在此之前进行的所有的所谓的推理过程（如果也可以称之为逻辑推理的话），既缺乏严格的一丝不苟的正确前提，又缺乏更高维度的正确的世界观。把表面肤浅的现象和一厢情愿人为主观的设定当作逻辑推理的根据，是违背思维科学准则的。而欧几里得的公理体系以及《几何原本》就做得非常完美，无懈可击，除了第五公设的历史局限以外，其所有的逻辑推理都有明确无误的正确前提。这是欧几里得的公理体系能够屹立几千年不倒且持续不断造福人类创建现代文明的根本原因。

第六节 经典案例详细分析

现在我们已经补齐了所有三个重大缺陷：前提，维度和证据，我们可以开始有意义的逻辑推理和进行高维度思维了。本书也提供了相当规模数据的证据。

在任何给定区间[1，n]或任意给定的整数 n 的前提下，在 n 趋向于无穷大之前，任意的 n 都是有限有界相对固定的。无论用什么方法都可以在这个临时特定有限有界的区间里找出相应的逻辑关系。一旦这种逻辑关系不随 n 的变化而变化，即这种逻辑关系是一个与区间长度无关的稳定的存在，那么就可以得出当 n 趋向于无穷大时，这个关系仍然稳定不变。其实，区间[0，1]里的所有分数、实数和超越数都是有界无限的。无论分数、实数和超越数数域的基数是多少，**既然有界，所有分数、实数和超越数就任意可分，存在任意可分的分界点。这是被康托尔传统无穷大理论忽略的关键点。**

大数域理论紧紧抓住有限有界到无限无界的质变拐点，也就抓住了破解无穷大的关键。

绝对无限无界的事物不存在任何中间分界点或者任意可分的分界点，只有相对有界有限和有界无限的数域或客观存在才存在中间分界点或者任意可分的分界点。既然整数数域基数在高维度基数数域内是相对有限有界或无限有界，其二分法的分界点在高维度基数数域就一定存在，假设这个二分法的分界点 $\frac{C_I}{2}$ 存在于下列数域里：$I=\{1,2,3,......,\frac{C_I}{2},\frac{C_I}{2}+1,......,C_I\}$；$I$ 是大数域整数数域，C_I 是整数数域基数，C_I 是大数域 I 的分界点。见图 29。

按照上述做法，我们把数域 I 里的每一个元素乘以 2（还可以乘以 4，6，8，10，等等偶数），得到一个新的数域 I' ＝{1*2，2*2，3*2，4*2，. . . ，$\frac{C_I}{2}*2$，$(\frac{C_I}{2}+1)*2$，. . . $(\frac{C_I}{2}+\frac{C_I}{2})*2$ }，这个 I' 和 I 是不同的，但基数一样，都是 C_I，但是 I' 都是由偶数组成的。I' ＝{2，4，6，. . . ，C_I, C_I+2，. . . C_I+C_I}，但是下面 I_{Even}' 的基数却是 $\frac{C_I}{2}$：I_{Even}' ＝{2，4，6，8，10，. . . ，C_I}，因为基数 $\frac{C_I}{2}$ 正好处于基数 C_I 中间，所以这样表达既形象又方便。

如果没有大数域理论和基数数域的概念，人们根本不可能跳出传统低维度无穷大绝对无限无界的狭窄视野和局限，无法把无限无界的整数数域化作有界无限，也找不到这个整数数域的一分为二的中分点$\frac{C_I}{2}$，因为在低维度的元素层面是完全无法理解无穷大数域的中分点$\frac{C_I}{2}$在哪里，因此根本无法破解无穷大的奥秘。就像蚂蚁很难理解地球的中线在哪里一样。见图 29。

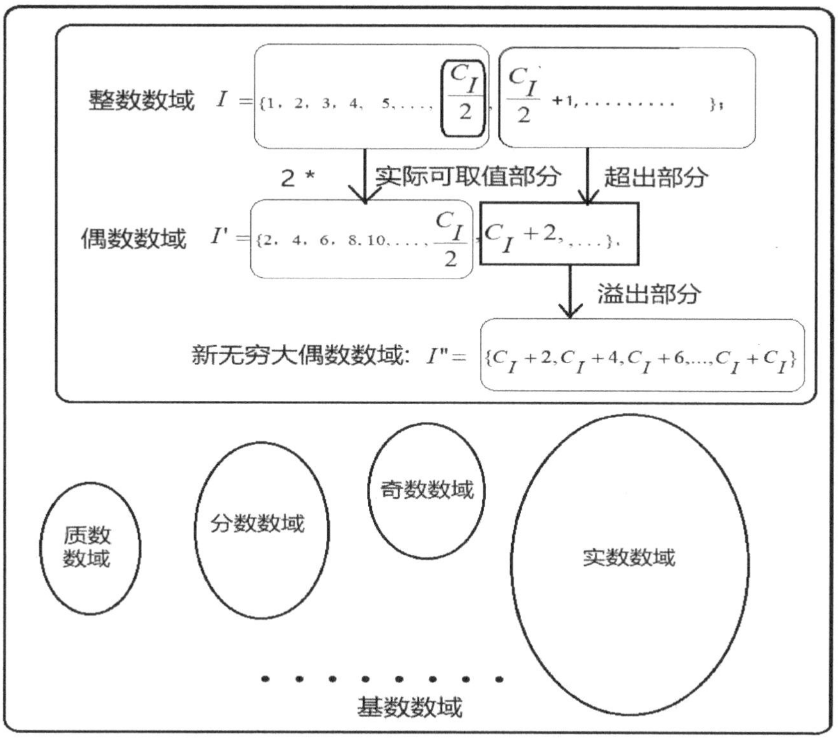

图 29 高维度容器法：高维度情形一一对应映射示意

按照前面的定义的实际可取值域（见概念定义 25）和实际生成值域（见概念定义 26），实际取值域和实际生成值域都是定义在整数数域I上面的，都不可能超出整数数域 I。可是一旦在定义域（超出实际取值域）里的取值所生成的生成数值超出整数数域I，这个生成数值就不属于当前整数数域I，也同样不属于实际生成值域，而属于基数数域了，这是传统观念和此前的经典无穷大理论完全不可能认识到的。在整数数域I的范围内，偶数最多能够取得最大实际可取值是$\frac{C_I}{2}$，它生成的数值结果是C_I，正好抵达整数数域边界C_I，这个最大实际可取值$\frac{C_I}{2}$就是偶数数域的基数，也是实际取值域的实际生成值域，而偶数数域的基数是不可能超过整数数域的基数的，偶数数域的基数也是不可能超过实际生成值域的基数的，即最大的偶数也不可能超过整数的基数C_I和偶数基数$\frac{C_I}{2}$。超过的部分一定从**当前实际生成值域**溢出而进入基数数域。

因此当下一个所取的值是大于**实际可取值域**或下一个所取得值$\frac{C_I}{2}+1$是大于偶数基数$\frac{C_I}{2}$的值，所产生的数值结果$2*(\frac{C_I}{2}+1)=C_I+2$都落在整数数域基数$C_I$之外，即落在**当前实际生成值域**$I_{Even}'$之外，不属于**当前实际生成值域**$I_{Even}'$的值域范围；变成

$C_I+2, C_I+4, C_I+6, ..., C_I+2k, k=1,2,...,\frac{C_I}{2}$成为全新的**基偶数数值**（整数数域基数 C_I +偶数）和全新的**基偶数数域**。而通过数值运算生成的全新的**基偶数数值**如$C_I+2, C_I+4, C_I+6, ..., C_I+C_I$,等数值是完全落在**实际生成值域** I_{Even}' 数域范围以外，并不在**实际生成值域** I_{Even}' 范围之内，因此 $C_I+2, C_I+4, C_I+6, ..., C_I+C_I$,等全新的偶数数值是不属于**实际生成值域** I_{Even}' 的，而是属于另外一个全新偶数数域 I''，但传统方法在计算**实际生成值域** I_{Even}' 的数域基数时，因不加区分地把 I'' 数域的基数也算在**实际生成值域** I_{Even}' 数域的基数里面是错误的，由此必然得出整数数域基数和偶数数域基数相等的错误结论。所以，我们有：

$$I_{Even}' = \{2, 4, 6, 8, 10, ..., 2k\}; \quad k=1,2,3,...,\frac{C_I}{2}$$

$$\neq I' = \{2, 4, 6, 8, ..., C_I, C_I+2, ..., C_I+C_I\}$$

$$\neq I'' = \{C_I+2, C_I+4, C_I+6, ..., C_I+C_I\};$$

$$C_{I''} = C_{I'_{Even}} \neq C_{I'} \neq C_I;$$

$$C_I = 2 * C_{I''} = 2 * C_{I'_{Even}};$$

这里数域 I'_{Even} 完全在整数数域范围之内，数域 I' 和 I'' 完全在整数数域范围之外，而在基数数域以内。因此数域 I'' 是一个全新的数域，而且 I'' 有一个全新的基数 $C_{I''}$。

因此我们不能把 I'_{Even}，I'' 和 I' 及 I 完全等同起来。I'_{Even}，I'' 和 I' 是从一个数域 I 通过简单加法数值运算产生的另外两个数域 I'_{Even}，I'' 和 I'，很明显，I'' 和 I'_{Even} 的基数一样而 I 和 I'_{Even} 数域的基数是完全不同的，I 的基数是新数域 I'' 和 I'_{Even} 的基数的 2 倍。即和前面推导的偶数数域基数是整数数域基数的一半的结论完全符合，不存在整体等于部分的奇怪现象。整体始终大于部分。

这里涉及到对跨越低维度视角到高维度视角，有限到无限，有界到无界质变拐点的哲学原理的深刻理解的问题，涉及到观察者相对参照系和维度的确定以及涉及到基数的常量变量二象性问题。这是几个基础哲学问题纠缠在一起，比较抽象，让人往往很难一下子转过弯来。

直白地说，就是在整数数域内部，在元素层面的较低维度，在每个具体数域内部的局部参照系里，以每个相对静止的元素为参照物，整数数域无穷大基数 C_I 对每个元素都是不可及的，是绝对的变量，是绝对的无限无界；在整数数域外部，在数域存在层面而非元素层面，在基数数域范围的较高维度，相对于更加宏大的基数数域，在基数数域整个全局的参照系里，站在数域生成维度上观察，以每个相对静止相对有限有界相对稳定不变的数域为参照物，每一个无穷大数域都是相对有限相对有界和相对有界无限相对稳定不变的，整数数域无穷大基数 C_I 对每个数域每个元素都是可及的，是相对的常量，是相对的有限和相对的有界，整数数域是一个有限有界相对稳定不变的容器。这一切都是相对于基数数域这个更加宏大的全新数域而言的。

从这个基数数域层面（参照系和维度，如数域生成维度上）观察，每个无穷大数域（比如 I ）就是一个个相对有限有界相对稳定不变的容器，容器的容量就是该无穷大数域的基数，当容器（比如 I' ）装满元素后，再添加任何元素都会溢出来，流到外面更大的容器基数域里，形成新的数域（比如 I'' ）。在此，哲学的辨证法的对立统一规律特别完美地体现在了这个经典的案例里。

而这些流失溢出的元素，在数域内部从元素角度和参照系里是观察不到的，溢出的元素流到哪里去了，往哪里流，在数域内部是完全不知道也完全看不到的。因为观察者的参照系是元素，连自己元素所处的数域全貌都看不清楚，更不要说看清数域全貌外面的更加广大的基数数域和基数数域里的其他数域了，甚至连该数域的基数都看不到，局限性非常大，因此传统方法常常把早已溢出流失的元素仍然再计算一遍，把这些早已不属于当前数域的元素的个数当做当前数域基数反复计数，属于重复计算，于是得出偶数数域基数等于整数数域基数的结论。见图 29。

然而从基数数域和基数数域生成维度参照系，就看得非常清楚，所有流失溢出的元素全部流到基数数域里，没有一个漏掉。全部流到基数数域的元素，形成另外一个全新数域。就是说，一旦无穷大数域容器装满元素发生溢出，这些流出的元素在基数数域里会形成一个新的数域，生成新的一轮无穷大数域重新开始，轮回往复，周而复始，以至无穷无尽。只不过新的基数数域里的轮回的起点不是 0 而是 C_I ，是新的基数数域：$I''=\{C_I+2, C_I+4, C_I+6,..., C_I+C_I\}$ 。

因此，所有的悖论都是观察者所处的参照系和所在维度受限或者说是维度不够或更大的参照系的缺失引起的，欧几里得公理体系正确无误，并不会因为无穷大的情况而改变，即无穷大也完全遵守欧几里得公理体系。见图 29。我们知道最大偶数≤最大整数，因为 $C_O \le C_I$ ，因此当一个数的值是 $C_I+2, C_I+4,..., C_I+C_I$ 等时，这个数已经不属于传统整数数域和偶数数域了，而属于基数数域。不认识到这一点，就无法看清传统的经典无穷大理论的致命缺陷。这是千万不能随便混淆的基本概念。

这个感觉非常像大名鼎鼎的地球尺度的莫比乌斯带上的蚂蚁，这些蚂蚁是看不到这个对他们自己作为蚂蚁的尺寸来说巨大无比的莫比乌斯带的终点的，能看到的就是无穷无尽的远方，一个终其一生也无法到达终点的目标和其他尺寸在数量级上差不多的蚂蚁等生物，就算跑得快一点的蚂蚁最后也不知不觉又返回到原点，遇到高山大海河流火山冰川沼泽等它们无法理解也不可逾越的障碍，都超过了它们原始器官的接收和理解能力。它们完全不知道这个无穷无尽的巨大无比的地球尺度的莫比乌斯带也是有尽头有界限的。但要看清这个界限必须要跳出地球尺度的莫比乌斯带的狭隘局限和狭窄视野，站在一个更高维度的空间，从一个更加宏大的观察角度和高维空间的参照系才能感知到、观察到。但在这个低维度无穷大的地球尺度的莫比乌斯带里蚂蚁们是完全感知不到也完全看不到的，因为这些高维度的存在是远远超过它们感官和思维能力的，它们的参照系就是这个巨大无比的莫比乌斯带和同样处于同一个维度环境的其他蚂蚁。蚂蚁们已经被低维度的局限和原始感官锁死，被死死限制在它们不发达的原始感官所赋予的可以触碰感知、可以观测的莫比乌斯带里，几乎无法接受和消化理解任何来自高维度的最简单最原始的信息。如果人类把蚂蚁嘴里的食物突然拿走，蚂蚁会无法理解究竟发生了什么，食物怎么一下子就没了？因为它们没有意识到还有许许多多比它们生存维度更高的其他存在可以随心所欲左右它们看起来完全不可能的事情。于是蚂蚁会奔走相告传播这些无法理解不可思议的神迹。因为在蚂蚁圈里见证神迹也是一件非常稀罕荣耀的事情。见图 30 和参考文献[30]。

大数域理论发现的基数数域和**数域生成维度**就是这个比低维度的蚂蚁眼里几乎无穷大的地球尺度的莫比乌斯带高出至少一个维度的空间，所以可以看清整个莫比乌斯带的无穷大世界的全貌。大数域理论完美解决了存在于传统数学里局部等于整体的悖论，彻底否定了这个在低维度的莫比乌斯带范围内视角有限的许许多多似是而非荒诞不经的错误结论。没有大数域理论和基数数域以及**数域生成维度**的概念，没有全新的世界观，所有传统无穷大理论集合论的悖论都无解。

需要牢牢记住的一点是：任何基数值比如 C_I 和整数，分数，实数和超越数数值的加减乘除幂（+，－，*，/，∧）运算的结果都即可以是基数数值，也可以是整数、分数、实数数和超越数值，其结果都即可以落在基数数域也可以落在相应的整数数域、分数数域、实数数域和超越数数域。所有整数数域、分数数域、实数数域和超越数数域都是基数数域的一部分。

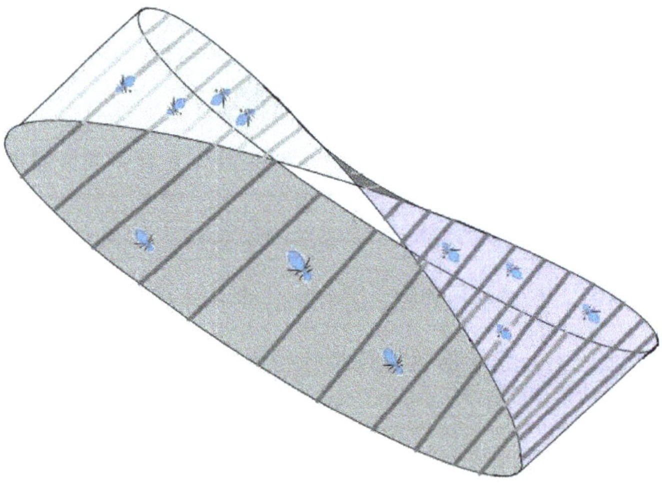

图 30　莫比乌斯带上蚂蚁视野的局限

同样，用这种高维度基数数域容器法可以顺利解决分数数域基数远远大于整数数域基数的问题，推翻康托尔的错误结论，但是这种高维度基数数域容器法只能定性解决整数数域基数和分数数域基数谁大谁小的问题，还不能解决分数数域基数比整数数域基数大多少的定量问题。当今时代要彻底解决无穷大基数定量问题还需要得到人类大脑的最好的朋友——超级计算机的帮助。用这种高维度基数数域容器法还可以顺利地定性解决其他难以理解非常棘手的问题。方法和图 29 所示几乎一模一样，感兴趣的读者可以自己推导，这里就不再赘述。

现在，我们不但证明了为什么整数自始至终比偶数个数多，也证明了即使把整数数域全体元素乘以 2，4，…，*K* 等任意数，仍然不会出现整体等于部分的谬误，也证明了那些整数数域全体元素乘以 2，4，…，*K* 等任意数后多出来的数跑去哪里了的问题。所有这一切正确结论都是传统经典无穷大理论采用的一一对应映射这种人为主观臆造的简陋原始的方法根本无法推导出来的。

我们还会结合传统数学里的欧拉公式和高斯公式等著名公式，提供更多的证据。

大数域理论再一次证明欧几里得公理体系的伟大和卓越，证明欧几里得公理体系伟大经典光彩夺目，伟大光芒穿越时空，伟大丰碑万年不朽。

第七节 高维度思维的基本原则

综上所述，可初步归纳总结出进行正确的高维度思维的五大**基本原则**：

（1）**维度原则**（认识客观世界所需的全新的参照系原则或全新的视角）：完全跳出传统数学经典无穷大理论提供的几近固化的传统思维框架，以数域生成维度做参照把所有已知的无穷大数域做局域化、颗粒化、元素化，构建以数域生成维度这个更高维度俯视整个世界或宇宙的世界观；如前所说距离产生美感；在大数域里，拉开距离才能产生维度，才能实现无穷大数域的局域化，颗粒化，元素化，才能把人们无法处理的绝对无限无界的存在通过提升了维度后的新世界观转换为人们可以进行处理的相对有限有界的存在。完整的正确的世界观是这个转换过程的大道、大方向、大是大非，世界观的大方向一旦错了，所有的逻辑推理都无效，都是错误的，都是没有任何价值的毫无意义自娱自乐的符号游戏，都是在浪费时间做无用功。

（2）**规范原则**（合规：合乎亚理士多德逻辑思维推理**规范**）：自始至终地坚持贯彻**正确的清晰的完整的没有歧义的逻辑推理的前提**并坚持实施于整个逻辑推理的全过程，保证逻辑推理过程的完整正确和严谨规范；保证论证基础的一致性和所得结论的正确性和自洽性。**三段论不难，但始终如一地时刻保证所有三段论推理的前提完全正确，保证所有逻辑推理前提百分之百正确极其困难。惨痛教训告诉我们，即使是康托尔这样罕见的天才，也有失手的时候。**

(3) **证据原则：也叫实证原则。**能够提供有效的验证检验逻辑推理结论正确性和能够**检验**更高维度的俯视世界的世界观正确性的证据。简称高维度双检证据原则。

(4) **兼容性原则**：高维度理论应该能够完全整合（包含）和兼容低维度理论，因为低维度理论仅仅是高维度理论的一个特例或分支。在适当扩展之后，几乎所有低维度理论里的结论都可以在高维度存在里找到其适用范围。

（5）. **一致性原则**：能够在该理论的所有有效抽象思维和逻辑推理过程中自始至终贯彻执行前面提到的 4 个基本原则，即自始至终保持和贯彻执行**维度原则、规范原则、 证据原则和兼容**

性原则在所有思维活动中的一致性和正确性，不得以任何理由随心所欲放弃和更改这些根本原则从而导致推论结果失真甚至错误。

这个一致性原则，要求的就是大数域生成规则和归纳法规则等数的基本规则在大数域生成规则的生成生态圈内具有可传递性、普遍适用性和规则应用的一致性；大数域生成规则的生成生态圈内就是由整数数域，以及由整数数域和基本加减乘除幂数值运算生成规则生成的所有其他无穷大数域如分数数域、实数数域和基数数域及其元素组成的闭环自洽生态圈，在整数数域适用的加减乘除幂和数学归纳法在整个由原始元素整数 1 和加减乘除幂生成规则生成的闭环自洽生态圈里全部适用。以及所有传统数学理论适用的领域，大数域生成规则和归纳法规则等数的基本规则全部适用，就是说，**在整个由数值运算规则生成的无穷大大数域闭环自洽生态圈里，所有后续衍生生成的无穷大数域都自然而然地一致性遗传继承了源自原始原生态母体数域整数数域的所有基本规则的全部功能。**

可以**逐条逐项检验，康托尔的无穷大理论集合论不满足其中任何一项基本原则。**

在本书里我们已经看到这五个基本原则在无穷大探索里发现规律时展示的所向披靡无坚不摧的威力，以后还会进一步更多地看到这五大基本原则在分析解剖传统无穷大经典理论弊病，探索发现无穷大领域奥秘时势不可挡摧坚挫锐的锋芒。

第四十三章 经典案例二：证明整数数域基数小于分数数域基数

我们甚至可以用康托尔的一一对应的映射方法在大数域的基数数域里来证明整数数域基数小于分数数域基数。因为维度变了环境变了，以前绝对无限无界的无穷大数域在高维度条件的限制下又都变成了**相对有限相对有界和相对有界无限，**所以在大数域的数域生成维度下原来只适用于低维度数域里（绝对）有限有界的一一对应的映射方法又有效了。所谓相对有限是指整数数域基数相对于更大的数域比如分数数域和实数数域的基数是相对有限和相对有界的，正因为相对有限和有界，整数数域基数才可以做为度量单位度量其他基数更大的大数域。

需要特别注意的是，在大数域新维度（数域生成维度）中的数域元素层面，只有在**相对有界有限**的条件下运用一一对应的映射方法比较两组数字或元素才有效，在绝对无限无界和相对有界无限的无穷大范围则完全失效。但是我们知道，在大数域范围的基数数域里，所有传统的绝对无限无界的无穷大数域都是相对有界有限的，是一个个有一定无穷大基数数值的容器（此处仅作具体形象化的借鉴和类比用，下同）。因此我们只要比较整数数域和分数数域的这两个无穷大基数数值的容器大小就可以了，看看比较之后哪个容器装得更多一些。

回顾一下前面本篇第二章引自《Georg Cantor and the Origins of Transfinite Set Theory》(见参考文献[9])的图 1 即康托尔大名鼎鼎的对角线证明法，证明整数数域基数和分数数域基数一样多，为什么质疑这个方法呢？因为直觉告诉我们，整数数域基数和分数数域基数不一样多，而且分数数域基数要比整数数域基数多得多。我们想知道究竟是直觉对还是康托尔的证明对，问题出在哪里。

前面已经说了，在数域是无限无界的情况下，一一对应的映射方法比较无穷大数域（集合）完全无效，只有在数域是有界有限的情况下，一一对应的映射方法的比较才有效。从元素层面，对每个整数元素和分数元素，无论整数数域还是分数数域都是无限无界和有界无限数域。在人类可视范围内，一一对应似乎有效，可是超出人类可视范围进入无限无界，就完全不可控了。在无界无限绝对的无穷大范围里，一一对应完全没有意义，完全丧失了它在有限有界范围的最初的含义。尤其是当两个不同数域元素发散速度不一样的时候，一一对应方法完全束手无策。在元素层面，观察者参照系只有元素和遥不可及的无边无际的无穷大基数，完全看不清整个数域的全貌。从元素的角度看，观察者连自己所处的数域或集合的整体都不清楚，看不到边界在哪里，更不要说试图看清自身所在数域和其他数域的关系了。即观察者所处的维度太低，被肤浅的表象所迷惑，不可能透过现象看到事物的本质，当然就不可能看到超越元素之间关系的更深刻的联系和规律了。

从图 1 我们可以看出，由于缺乏对基数概念深刻透彻的理解，由于完全没有**不重复分数**的基本概念，因此，完全不知道重复分数的个数和多次重复整数 1 的个数应该排除在分数基数的计算之外，居然把 $\frac{2}{4}=\frac{1}{2}$ 这样化简后就是 $\frac{1}{2}$ 而和 $\frac{1}{2}$ 完全重复的分数和多次重复整数 1（即图 1 中的 $\frac{2}{2},\frac{3}{3},\frac{4}{4},\frac{5}{5},\ldots$）也算在基数计算里，即使这样，包括了重复分数和多次重复整数 1（即图 1 中的 $\frac{2}{2},\frac{3}{3},\frac{4}{4},\frac{5}{5},\ldots$）的分数的个数居然在这种莫名其妙的戏法下仍然和整数的个数一样多。

大数域理论采用数域和数域元素生成规则，完全抛弃严重影响大数域基数的肤浅的人为的主观的一厢情愿的外在的元素的一一对应映射关系，完全遵循数域元素内在的恒定不变的生成规律，完全删除所有重复元素尤其是重复分数。在大数域理论里，不多算一个重复元素，不漏掉一个非重复元素，因此大数域理论的所有数域的基数数值的精度是非常非常高的。大数域理论这种骇人听闻的超高精度计数方法是传统无穷大经典理论望尘莫及的，根本做不到。

假如我们跳出每个单独数域的元素范畴，站在可以鸟瞰所有数域的大数域的更高的维度——数域生成维度，把每一个数域当做元素，俯视整个基数数域，就能看清以前完全无法看到的现象。大数域理论的基数数域就是提供了这样一个高维度参照系平台，让观察者可以从更高维度全面地，整体地，完整地看清所有数域的来龙去脉，而不是瞎子摸象，以一孔之见以偏概全随便下结论。

当我们站在大数域的更高的维度——数域生成维度，把每一个数域当做元素，鸟瞰整个基数数域的时候，我们发现，原本在每一个数域低维度的元素层面都是可望不可及的无限无界的无穷大数域，在大数域的高维度的基数数域里全部变成相对有限相对有界的一个一个大号的元素，即每一个数域都是要比该数域里的每个元素大得多，大无穷大倍的无穷大元素，每一个原本在低维度世界是绝对无限无界的完全无法度量的无穷大数域都已经完全量化成为相对有限有界或有界无限的，可以度量可以比较的可以进行数值运算的实实在在真正的客观存在。

既然在基数数域里所有无穷大数域都是相对有限有界，那么可以沿用前面一节发明的把无穷大数域看作是大小尺寸为一定的某个无穷大基数的容器的办法，把整数数域看作整数容器；把分数数域看作分数容器；然后比较这两个容器的大小。看看谁装得更多，谁的基数就更大。见图 31。图 31 表明，在基数数域维度，所有大数域无穷大数域都是相对有限有界或有界无限的，是可以度量的，相对有限有界就可以用一一对应的映射方法，第一轮一一对应的映射完之后，如果把整数数域也看作有界无限，所有整数数域里的元素已经和所有分数里分子为 1 而分母为 2，3，4，5，...，C_I 的分数匹配完毕，就是说没有任何一个多余的整数元素因为没有被匹配上而剩下，可是分数数域里还有分子分别为 2，3，4，…，$\frac{C_I-1}{C_I}$ 没有匹配，即分子为 2，3，4，…，C_I-1 轮没有匹配，而这 C_I-2 轮没有匹配的分数有无穷多个，至少有 C_I-2 个分数没有匹配；而这些没有匹配漏掉的元素，在低维度的元素层面是根本看不到的，很容易被当做已经匹配的元素而漏掉。

因此整数数域基数 ≠ 分数数域基数，整数数域基数 << 分数数域基数。证明结束。

从图 31 还可知分数数域的容器尺寸比整数数域的容器尺寸要大得多，大无穷大倍。分数元素的个数总数也远远超过整数的个数总数。到底分数数域基数比整数数域基数大多少，前面已经给出了明确答案。即使在**相对有限有界的高维度空间**里，一一对应的映射方法也只能给出**定性判断**以判别大小，无法给出定量的结果。

至此，可以发现康托尔用一一对应映射的对角线法证明无界无限的整数集合和有界无限的分数集合基数一样多的结论之所以是错误的，主要缺少全新的高维度思维的三个要素：

(1) 缺少反复强调的逻辑推理的清晰完整正确的没有歧义的**正确前提**；

(2) 缺少我们反反复复强调的跳出传统数学框架的更高维度的俯视世界的世界观大局观即**维度**，以便把所有已知的无穷大数域局域化，颗粒化，元素化；

(3) 缺少我们反反复复强调的能够提供有效验证检验逻辑推理结论正确性和能够验证检验更高维度的新视域里俯视世界的世界观正确性的**证据**。

由于没有跳出传统的始终处于低维度元素层面认识的局限，更缺乏一个基于基数数域生成维度可以展开所有无穷大数域的基数数域以便看清所有无穷大数域全貌的平台，无法从低维度无穷大的无限无界的局限转换到高维度的无穷大的有界有限，无法看清映射方法要一一对应的那些所有无法想象当然也就根本没有可能被匹配的元素，必然以偏概全，最终只能得出错误的结论。

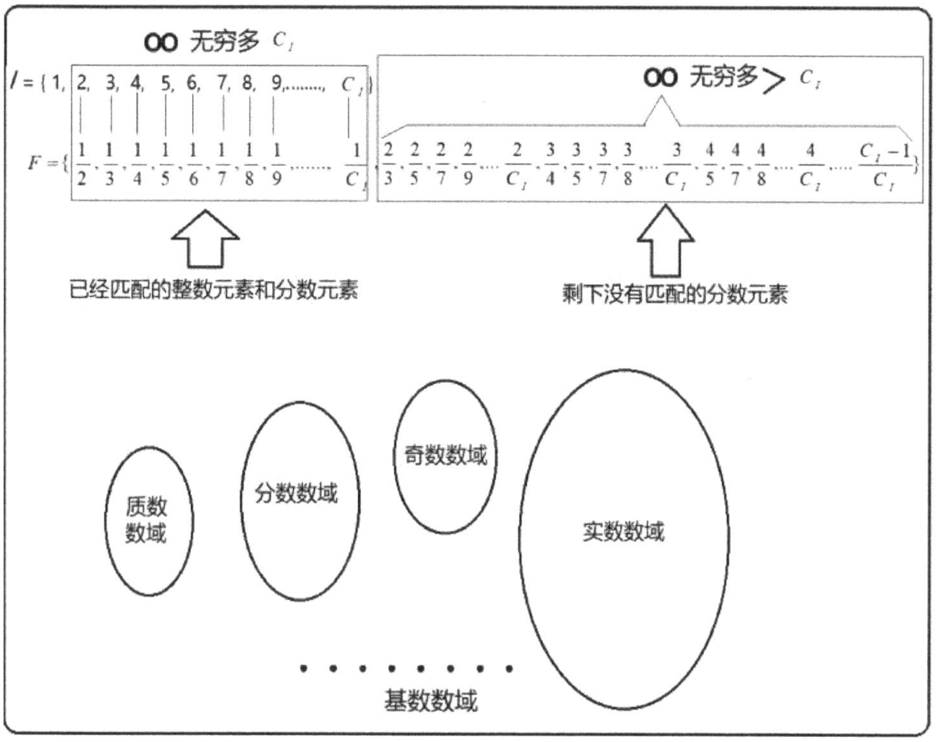

图 31 在基数数域维度证明整数数域基数小于分数数域基数示意

第四十四章 经典案例三：证明质数数域基数小于整数数域基数

在相对有限有界的条件下，是可以用同样一一**对应方法**来证明整数数域的基数 C_I 大于质数数域的基数 C_P；既然在基数数域里所有无穷大数域都是相对有限有界，那么我们可以仍然沿用本篇本章前面一节采用的把无穷大数域看作是大小尺寸为一定的某个无穷大基数的容器的办法，把整数数域看作整数容器；把质数数域看作质数容器；然后比较这两个容器的大小。看看谁装得更多，谁的基数就更大。见图 32。这里只是示意图，各个数域大小不成比例。

图 32 表明，按照我们前面基本概念定义 15，在基数数域维度，所有大数域无穷大数域都是相对有限有界的，都是可以度量和比较的，相对有限有界就可以用一一对应映射方法，我们可以把所有质数排在一起，放在其他整数的前面，假设分界线就是质数的基数，这样做是因为在基数域所有无穷大数域都是相对有限有界，因此质数数域也是相对有限有界，由于质数是从整数数域产生，所以把质数拿走还会留下许多不是质数的整数，比如除 2 以外的所有偶数，不管质数数域有多大，一定存在一个分界线，使得所有质数数域不会超过这个分界线。这个分界线就是质数数域的基数 C_P，所有整数数域里的质数和质数数域里的质数匹配完后，质数数域已经没有余下

任何未匹配质数元素，而整数数域里还有许许多多非质数的整数元素，如所有除 2 以外的偶数和其他不是质数的奇数没有被匹配。

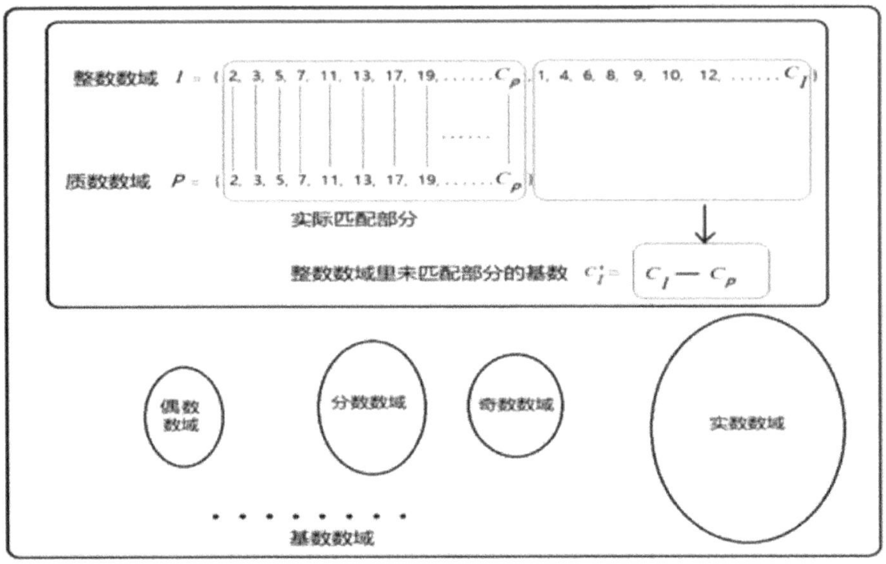

图 32 在基数数域维度质数数域基数小于整数数域基数示意

我们知道偶数的基数是$C_E = \frac{C_I}{2}$，奇数的基数是$C_O = \frac{C_I}{2}$，而质数数域仅是奇数数域的一部分，所以质数数域的基数应小于奇数数域的基数，$C_P < C_O = \frac{C_I}{2} < C_I$。即整数数域的基数$C_I$至少比质数数域的基数$C_P$大$\frac{C_I}{2}$倍。具体多少可以用高斯公式求出。由此证明整数数域的基数C_I大于质数数域的基数C_P。即$C_P < C_I$，证明结束。

另外，图 32 也直观地给出了有关的图解证明。

虽然在基数数域的高维度宏观范围有限有界条件下可以用一一对应的方法定性证明质数数域基数小于整数数域基数；但仍然无法定量求出到底质数数域基数比整数数域基数小多少。为此要进行复杂的定量计算，仍然需要高斯-勒让得公式。需要补充的是，康托尔无穷大理论甚至不能解释高斯-勒让得公式的深刻含义，和传统数学完全不兼容。

第四十五章 经典案例四：用工程数学方法求调和级数之和

第一节 调和级数之和与欧拉公式和常数

传统数学求调和级数的方法有很多，见参考文献[15]。其中欧拉等贡献最大。

下面我们采用欧拉的解决方案作为参考，调和级数

$$1+\frac{1}{2}+\frac{1}{3}+\frac{1}{4}+\frac{1}{5},+...+\frac{1}{n}=ln(n)+\gamma;\gamma=0.57721566\ 49$$

欧拉（Euler）近似地计算了 γ 的值，约为 0.5772156649。这就是大名鼎鼎的欧拉常数。

我们要进一步从大数域理论的全新维度和全新高度，重新分析深度解读欧拉公式和欧拉常数在全新理论里的重大意义，为欧拉公式和欧拉常数在大数域理论里找到它们应有的位置。

第二节 工程数学方法求解调和级数之和

这里用纯粹工程数学样条函数的办法，尽可能多地选取采样点，比如 30000，100000 等等，看看由这些样点得到的估值公式和传统纯数学方法计算得到的相差多少，当趋近于无穷大时，是不是无限逼近传统公式，如果是的话，说明纯粹工程数学样条函数的办法在无穷大探索中逼近通项估值公式里起着举足轻重的作用，可以作为寻找无穷大估值公式的一个可供参考可以信赖的一种方法，下面的推导仅起验证作用。我们用计算机取了 10000 个样点，得到图 33 和表 29；取了 20000 个样点，得到图 34 和表 30；取了 35752 个样点，得到图 35 和表 31：取了 100000 个样点，得到图 36 和表 32：

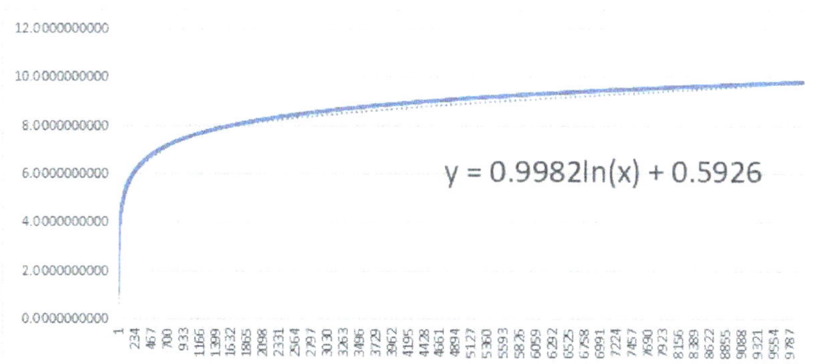

图 33　取 10000 个样点的函数

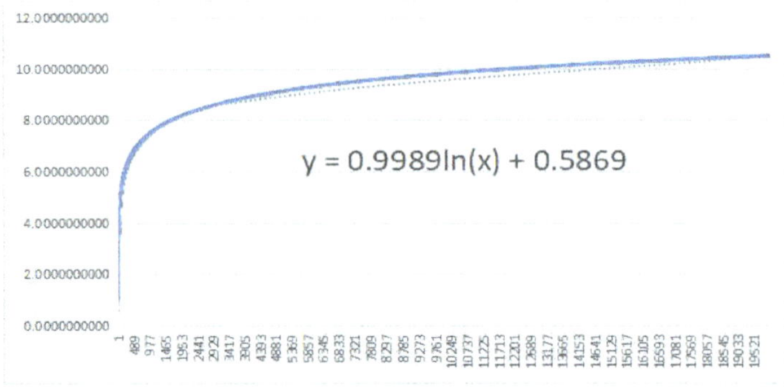

图 34 取 20000 个样点的函数

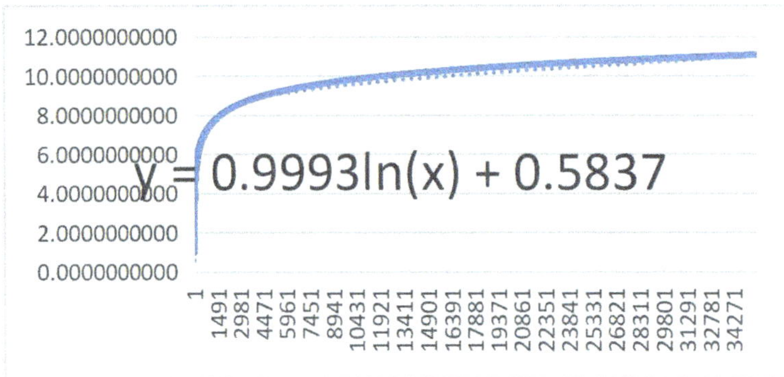

图 35　取 35752 个样点的函数

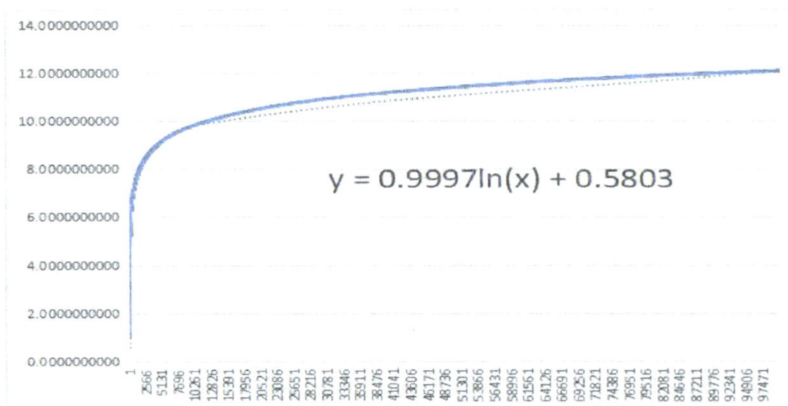

图 36 取 100000 个样点的函数

从图 33～图 36 四个图和表 29～表 32 四个表的对比分析中可以看出，我们应该能够得到下面的一系列逼近估值公式：

取样点 10000 逼近估值公式是： y = 0.9982ln(x) + 0.5926；

取样点 20000 逼近估值公式是： y = 0.9989ln(x) + 0.5869；

取样点 100000 逼近估值公式是：y = 0.9997ln(x) + 0.5803；

而我们知道欧拉常数是 $\gamma = 0.5772156649$，取得的样点越多，公式就越精确，如果取点超过 1000000，10000000，…，那么公式前面的系数 0.9953，0.9971，0.9979 逼近 1，而每个逼近公式的常数项 0.5926，0.5869，0.5837，0.5803，…也越来越趋近于 $\gamma = 0.57721566\ 49$；当

$x \to \infty$ 得，$y = ln(x) + \gamma$; 或者，后面的常数项可以忽略不计，$y \approx ln(x)$; 取样点 35752 逼近估值公式是：y = 0.99931n(x) + 0.5837;

这个函数已经非常接近下面的欧拉调和级数公式了:

$$1+\frac{1}{2}+\frac{1}{3}+\frac{1}{4}+\frac{1}{5},+...+\frac{1}{n}=ln(n)+\gamma;\gamma=0.57721566\ 49$$
;

这里借助计算机采样，可得到精度极高的估值公式作为无穷大基数的估值公式。在此把传统数学的经典公式又用工程数学的办法再推导一遍，主要是证明前面本篇第十章《解决方案二：工程数学方法》求解分数基数的估值公式是有案可稽的。

表 29 取 10000 个样点的分数之和

序号	分数值之和(1)	(1)累加
0	1.0000000000	1.0000000000
1	0.5000000000	1.5000000000
2	0.3333333333	1.8333333333
3	0.2500000000	2.0833333333
4	0.2000000000	2.2833333333
5	0.1666666667	2.4500000000
6	0.1428571429	2.5928571429
7	0.1250000000	2.7178571429
8	0.1111111111	2.8289682540
9	0.1000000000	2.9289682540
10	0.0909090909	3.0198773449
11	0.0833333333	3.1032106782
.....	......	......
9995	0.0001000400	9.7872059760
9996	0.0001000300	9.7873060060
9997	0.0001000200	9.7874060260
9998	0.0001000100	9.7875060360
9999	0.0001000000	9.7876060360
10000	0.0000999900	9.7877060260

表 30 取 20000 个样点的分数之和

序号	分数值之和	分数值之和累加
0	1.0000000000	1.0000000000
1	0.5000000000	1.5000000000
2	0.3333333333	1.8333333333
3	0.2500000000	2.0833333333
4	0.2000000000	2.2833333333
5	0.1666666667	2.4500000000
6	0.1428571429	2.5928571429
7	0.1250000000	2.7178571429
8	0.1111111111	2.8289682540
9	0.1000000000	2.9289682540
10	0.0909090909	3.0198773449
....	......	......
19995	0.0000500100	10.4805282022
19996	0.0000500075	10.4805782097
19997	0.0000500050	10.4806282147
19998	0.0000500025	10.4806782172
19999	0.0000500000	10.4807282172
20000	0.0000499975	10.4807782147

表 31 取 35752 个样点的分数之和

序号	分数值之和	分数值之和累加
0	1.0000000000	1.0000000000
1	0.5000000000	1.5000000000
2	0.3333333333	1.8333333333
3	0.2500000000	2.0833333333
4	0.2000000000	2.2833333333
5	0.1666666667	2.4500000000
6	0.1428571429	2.5928571429
7	0.1250000000	2.7178571429
8	0.1111111111	2.8289682540
9	0.1000000000	2.9289682540
10	0.0909090909	3.0198773449
....	....	....
35748	0.0000279728	11.0615072269
35749	0.0000279720	11.0615351990
35750	0.0000279712	11.0615631702
35751	0.0000279705	11.0615911407
35752	0.0000279697	11.0616191104

表 32 取 100000 个样点的分数之和

序号	分数值之和	分数值之和累加
0	1.0000000000	1.0000000000
1	0.5000000000	1.5000000000
2	0.3333333333	1.8333333333
3	0.2500000000	2.0833333333
4	0.2000000000	2.2833333333
5	0.1666666667	2.4500000000
6	0.1428571429	2.5928571429
7	0.1250000000	2.7178571429
8	0.1111111111	2.8289682540
9	0.1000000000	2.9289682540
10	0.0909090909	3.0198773449
....	....	....
99995	0.0000100004	12.0901061293
99996	0.0000100003	12.0901161296
99997	0.0000100002	12.0901261298
99998	0.0000100001	12.0901361299
99999	0.0000100000	12.0901461299
100000	0.0000099999	12.0901561298

第三节 康托尔基数 C_{Cantor}，欧拉基数 C_{Euler} 和高斯基数 C_{Gauss}

为了纪念康托尔发现无穷大基数，我们把 $C_I = C_{Cantor}$ 称作**康托尔基数**。由于欧拉公式的重要性，为进一步研究的需要，我们把欧拉公式 $1+\frac{1}{2}+\frac{1}{3}+\frac{1}{4}+\frac{1}{5}+\frac{1}{6}+\frac{1}{7}+\frac{1}{8}+....+\frac{1}{n} = ln(n)+\gamma$；做一下变形：

$$ln(n) = 1+\frac{1}{2}+\frac{1}{3}+\frac{1}{4}+\frac{1}{5}+\frac{1}{6}+\frac{1}{7}+\frac{1}{8}+....+\frac{1}{n}-\gamma;$$

为了纪念伟大的数学天才欧拉和高斯，把 $C_{Euler} = ln(C_I) = ln(C_{Cantor})$ 称为欧拉基数，把 $C_{Gauss} = \frac{C_I}{ln(C_I)} = \frac{C_{Cantor}}{ln(C_{Cantor})}$ 称为高斯基数；接下来，我们要看看，欧拉基数和高斯-勒让得公式有什么关系。由公式（1）有，$C_P = \frac{C_I}{ln(C_I)} = \frac{C_{Cantor}}{ln(C_{Cantor})}$；由公式（46）我们有：

$$\boldsymbol{V_{abs(P;\ I)}} = \frac{C_I}{C_P} = \frac{C_I}{\frac{C_I}{ln(C_I)}} = ln(C_I) = ln(C_{Cantor}) = C_{Euler}$$

至此，我们找到了欧拉基数和高斯-勒让得公式的内在联系：就是说，欧拉基数 C_{Euler} 是质数数域元素对整数数域元素的绝对发散速度；整数数域基数 C_I 比质数数域基数 C_P 大欧拉基数 C_{Euler} 倍。或者说，质数数域元素发散速度要比整数数域元素的发散速度快欧拉基数 C_{Euler} 倍。

第四节 欧拉常数 e 和整数数域基数 C_I 的关系

根据参考文献[23]，我们得到欧拉极限公式和欧拉常数：

$$e = \lim_{n\to\infty}(1+\frac{1}{n})^n = (1+\frac{1}{C_I})^{C_I};$$

两边取以 e 为底的对数，得：

$$ln(e) = 1 = C_I * ln(\frac{C_I+1}{C_I}) = C_I * (ln(C_I+1) - ln(C_I));$$

这样，欧拉常数 e 和整数数域基数 C_I 就联系在一起了。换言之，大数域可实现对欧拉常数的整合与完全兼容，二者具有内在联系的一致性。

第五节 欧拉公式的启迪

现在重新分析解读欧拉公式和欧拉常数在大数域全新理论里的重大意义。无穷大基数尽管在元素层面无法用有限有界的数值去度量，但是调和级数之和的通项公式表明，无穷大基数之间确确实实存在差别，存在有限的整数，分数和实数的差别，可以和其他数一起参与加减乘除幂等数值运算。欧拉常数 $\gamma = 0.57721566\ 49$ 的存在说明无穷大基数之间存在整数，分数，实数乃至基数的差别，正好印证了本篇第三十六章《基数数域的构成和运算》里的基数数域里基数运算规则：基数值与整数、分数和实数的加减乘除幂运算的数值结果仍然是基数值；这里欧拉常数是实数值，但是无穷大基数 $y = ln(x) + \gamma \xrightarrow{x \to \infty} y = ln(C_l) + \gamma$ 的数值结果是基数值。

调和级数之和的欧拉公式和欧拉基数以及高斯基数给我们的启迪是：

（1）无穷大数域基数值如欧拉基数 C_{Euler}，高斯基数 C_{Gauss} 是可以参与数值运算的。

（2）无穷大数域的基数值是可以和实数，分数及整数一起参与数值运算的。

（3）无穷大数域的基数值的数值运算的结果是有意义的。

（4）基数数域是客观存在的。基数数域包含了所有已知的整数数域、分数数域、实数数域和超越数数域。整数数域、分数数域、实数数域和超越数数域仅仅是基数数域的微不足道的子域。

（5）无穷大数域的基数值的数值运算的取值和结果可以是属于基数数域，实数数域，整数数域和分数数域的。

（6）欧拉公式的结果可以和前面高斯-勒让得质数基数公式一样，也能够加以拓展和抽象归纳，成为大数域理论的支柱之一。

（7）欧拉公式和欧拉常数以及前面高斯-勒让得质数基数公式一起，为基数数域的存在属性作了最好的注解。

(8)大数域理论和传统经典数学通过基数的数值运算实现了一脉相承处处适用的完全完整地兼容，传统经典数学被天衣无缝的完美整合在大数域理论的基础理论的框架之中了。大数域理论的超强兼容性由此可见一斑，可以使得传统经典数学变成其中的一部分。

(9)欧拉不知道的是其实他的调和级数欧拉公式及其常数已经在某种程度上触及了无穷大基数运算的规律，和前面说的高斯一样，他也是走到无穷大门口就原路返回了，也没有看到在黑暗的远处上帝已经点亮的微弱烛光放射着迷人的光芒，欧拉也不知道他头顶很高很高的地方有一个他无法看见也无法突破的天花板。当然要彻底揭开无穷大基数运算的内在规律，欧拉所处时代的人类文明和科学技术的发展程度，传统数学的基础理论框架及公理体系，环境和维度都是远远不够的，远不足以揭示无穷大神秘世界的深层规律，这就是历史的局限性。而这些都只能是连续不断高维度高强度抽象思维后深思熟虑的结果，和传统经典数学以做题为主以及热衷于玩弄符号游戏的潮流没有一丁点的关系。

（10）欧拉公式和欧拉常数以及前面高斯-勒让得质数数域的基数通项估值公式一起，帮助我们最终完成了由个案到体系，由感性到理性，由表象到本质，由样品到规模的大数域基础数学理论框架的归纳推理的抽象思维过程的构建与验证工作。

（11）传统经典无穷大理论及其一一对应映射方法是完全无法解释这个与大数域理论并行不悖的高斯-勒让得与欧拉公式和欧拉常数在传统经典无穷大理论体系中的作用的，当然也就根本无法把这个高斯-勒让得与欧拉公式纳入其传统经典无穷大的理论体系，二者完全不具有兼容性甚至还互相矛盾。

第四十六章 单个整数生成分数的生成比率占比

由本篇第五章我们知道，可以用单个整数生成分数的生成比率（ROG，Ratio Of Generating）来反映每个自然数和该自然数所生成的不重复分数数目之间的逻辑关系。即 ROG 是每个自然数 n 的数量（通常为 1）与由 n 生成的不重复真分数的数量（通常为 1 到多）之间的比率。现在我们定义一个新的比率，单个整数所生成不重复分数个数占整数数值比率（ROGF2I，Ratio Of Generating Fraction To Integer），简称整生分占比，即每个整数所生成不重复分数个数与该整数数值的比率。比如 2 可以生成 1 个分数 $\frac{1}{2}$，2 的整生分占比 ROGF2I 是 $\frac{1}{2}$=50%；5 可以生成 4 个分数 $\frac{1}{5},\frac{2}{5},\frac{3}{5},\frac{4}{5}$，所以 5 的整生分占比 ROGF2I 是 $\frac{4}{5}$=80%；9 可以生成 6 个分数 $\frac{1}{9},\frac{2}{9},\frac{4}{9},\frac{5}{9},\frac{7}{9},\frac{8}{9}$ 所以 9 的整生分占比 ROGF2I 是 $\frac{6}{9}$=67%；根据该比率 ROGF2I。我们可以进一步求出单个分数生成比率的最大值和最小值，找出哪一种整数可以生成最多不重复分数和最少不重复分数以及为什么。

首先我们知道，质数越大，能生成的不重复分数个数也就越多。见表 33。

所有质数都是在给定区间里或给定整数范围相对邻近的数的 ROGF2I 最大的数。质数越大，其 ROGF2I 也就越大。比如质数 2 的 ROGF2I 是 50%，11 的 ROGF2I 是 $\frac{10}{11}$=90.9%；101 的 ROGF2I 是 $\frac{100}{101}$=99.00990099%；103 的 ROGF2I 是 $\frac{102}{103}$ =99.03%；10,007 的 ROGF2I 是 $\frac{10006}{10007}=99.990006\%$ ；显然 2<11<103<10007，其 ROGF2I 也一样，50%<90.9%<99.00990099%<99.03%<99.990006%。

问题是：是否存在一类数在给定区间里或给定整数范围它们的 ROGF2I 是最小呢？如果有，这类数有哪些呢？从表 33 发现，这类数其实早已真实地客观存在了。

在给定区间里或给定整数范围比如 10，100，1000 等，在

区间 10 里面是 6 的 ROGF2I 最小，33.3%；

区间 20 里面是 12 和 18 的 ROGF2I 最小，33.3%；

区间 30 里面是 30 的 ROGF2I 最小，26.67%；

……

区间 90 里面是 90 的 ROGF2I 最小，26.67%；

就是说 100 里面拥有最小的 ROGF2I 有 3 个数，30，60 和 90；它们的 ROGF2I 最小，都是 26.67%；30=2*3*5；30=2*3*5*2；90=2*3*5*3；都有前 3 个质数 2，3，5 相乘。见表 34。

表 33 单个整数生成不重复分数的生成比率占比

单个整数生成不重复分数个数与整数值之比 (2):(1)	整数 (1)	每个整数生成不重复分数个数(2)	每个整数生成不重复分数									
50.0000%	2	1	1/2									......
66.6667%	3	2	1/3	2/3								......
50.0000%	4	2	1/4	3/4								......
80.0000%	5	4	1/5	2/5	3/5	4/5						......
33.3333%	6	2	1/6	5/6								......
85.7143%	7	6	1/7	2/7	3/7	4/7	5/7	6/7				......
50.0000%	8	4	1/8	3/8	5/8	7/8						......
......	......	......	......	......	......	......	......	......	......	......	......	......
26.6667%	90	24	1/90	7/90	11/90	13/90	17/90	19/90	23/90	29/90	31/90	......
79.1209%	91	72	1/91	2/91	3/91	4/91	5/91	6/91	8/91	9/91	10/91	......
47.8261%	92	44	1/92	3/92	5/92	7/92	9/92	11/92	13/92	15/92	17/92	......
64.5161%	93	60	1/93	2/93	4/93	5/93	7/93	8/93	10/93	11/93	13/93	......
48.9362%	94	46	1/94	3/94	5/94	7/94	9/94	11/94	13/94	15/94	17/94	......
75.7895%	95	72	1/95	2/95	3/95	4/95	6/95	7/95	8/95	9/95	11/95	......
33.3333%	96	32	1/96	5/96	7/96	11/96	13/96	17/96	19/96	23/96	25/96	......
98.9691%	97	96	1/97	2/97	3/97	4/97	5/97	6/97	7/97	8/97	9/97	......
42.8571%	98	42	1/98	3/98	5/98	9/98	11/98	13/98	15/98	17/98	19/98	......
60.6061%	99	60	1/99	2/99	4/99	5/99	7/99	8/99	10/99	13/99	14/99	......
40.0000%	100	40	1/100	3/100	7/100	9/100	11/10	13/100	17/10	19/10	21/10	......
		3043										

表 34 1000 以内某整数生成分数与所生整数数值之比 ROGF2I

整数生成不重复分数个数	整数	不重复分数个数:整数值占比%
48	210	22.8571428571%
96	420	22.8571428571%
144	630	22.8571428571%
192	840	22.8571428571%
80	330	24.2424242424%
160	660	24.2424242424%
240	990	24.2424242424%
96	390	24.6153846154%
192	780	24.6153846154%
......	......	......
970	971	99.8970133883%
976	977	99.8976458547%
982	983	99.8982706002%
990	991	99.8990918264%
996	997	99.8996990973%

表 35 10000 以内某整数生成分数个数与所生整数数值之比 ROGF2I

整数生成不重复分数个数	整数	生成不重复分数个数:整数值占比%
480	2310	20.78%
960	4620	20.78%
1440	6930	20.78%
1920	9240	20.78%
576	2730	21.10%
1152	5460	21.10%
1728	8190	21.10%
768	3570	21.51%
1536	7140	21.51%
864	3990	21.65%
.....	.....	.....
9930	9931	99.99%
9940	9941	99.99%
9948	9949	99.99%
9966	9967	99.99%
9972	9973	99.99%

表 34 是 1000 以内所有单个整数生成分数个数与所生整数数值之比 ROGF2I 按升序排序结果。

表 35 是 10000 以内所有单个整数生成分数个数与所生整数数值之比 ROGF2I 按升序排序结果。

排序后我们只截取最大和最小的部分以方便研究；其余省略。可以发现，最小 ROGF2I 是 20.78%，有 4 个数：2310，4620，6930，9240，见表 35。可分解为：

2*3*5*7*11*1=2310；2*3*5*7*11*2=4620；

2*3*5*7*11*3=6930；2*3*5*7*11*4=9240；……

即它们是在 10000 以内前 5 个质数 2，3，5，7 相乘再分别乘以 1，2，3，4 所得的结果与相应整数数值之比，而且比值相同。由此我们得出结论，给定整数 n 区间内由所有质数相乘再分别乘以 1，2，3，…所产生的整数生成的分数个数与相应整数数值之比具有最小百分占比 ROGF2I，即可生成数目最少的分数，相反由给定整数 n 区间[0，n]内最大质数可生成最多分数并具有最大百分占比 ROGF2I。

第四十七章 数域生成维度——体系思维和个案思维

数域生成维度是一个完全由大数域所有无穷大数域及其基数构成的相互关联的全新的维度。其本质是观察者在维度更高的层级上观察所有无穷大数域。如果我们假设传统思维观察者观察各个无穷大数域的高度的空间距离是 0 的话，那么数域生成维度里观察者观察各个无穷大数域的空间距离就是无穷大，大到可以把所有无穷大数域局部化，颗粒化和元素化。大到足以把整个宇宙尽收眼底，足以看清所有数域的来龙去脉。在这个维度里，观察者眼里所有的无穷大数域都是一个个具体的局部存在，是一个个相对无限有界的元素和颗粒。特指观察者全局化抽象化的观察角度和思维层次的**数域生成维度**是纯粹思维维度，而非传统意义上的简单的物理维度。站在海边的海龟是看不清大海的全貌的。海里的鱼永远不知道海有多大。基数数域只有在数域生成维度才能被观察到。因为数域基数域是一个非传统非常规意义的全新的数域，这个非凡的全新数域是传统视角完全无法观察到的。数域生成维度的高维度优势使我们能够看到许多在低维度传统数学里根本看不到的现象，可以发现许多传统数学无法发现更无法解释的规律。这种高维度优势是低维度观察者所无法拥有的，该优势使人们可以用简单的方法推导出许多让低维度观察者难以想象更难以置信的正确结论。探索无穷大就是要把所有无穷大数域都看成是互相关联密不可分的完整的整体数域体系，而非传统数学里以各自分离互不相干支离破碎的肤浅感知去片面理解和考察无穷大。

如果说大数域分数生成率大常数 Q 反映的主要还是数域生成维度里的数域之间以及数域元素之间牢固的数理逻辑联系，那么基于大数域生成率 Q 的推理进而发现的一系列客观存在及其具有逻辑关系的不同数域所构成的数域生成维度，则提供了解决和运用新的不同于传统认识维度来观察不同数域所获得的关于所有数域的全新的数域观或完整的数域体系。就是说数域生成维度是全面的整体的全方位的**体系思维**，一一对应是片面的碎片的孤立的**个案思维**。孰优孰劣高下立判。

如果说一一对应映射方法还停留在头疼医头脚疼医脚，只见树木不见森林的个案处理的治标不治本的感性认知的初级阶段，那么基于常数 Q 和数域生成维度发展而成的大数域理论则完全进入了寻根溯源可进行批处理来揭示无穷大内在规律的体系发现的标本兼治的理性认识的高级阶段。

古往今来无论哪个学科，无论哪个文明，个案对体系几乎毫无胜算。体系对个案是现代工业文明大规模流水线生产对农业文明手工作坊，是极其悬殊的代差优势，是一边倒令人恐怖的毁灭性碾压，是高维度存在对低维度存在的降维打击的压倒性完胜。

体系对个案，整合对离散，高维对低维，理性对感性，规模对作坊，这就是大数域无穷大理论对传统经典无穷大理论的体系优势，代差优势和维度优势。

大数域理论就是完整的基础理论体系。数域生成维度只是无穷大探索发现过程中客观存在的被发现的一个维度，我们会继续探索前进。

第四十八章 大数域理论体系的兼容性和整合性

前面我们已经看到了大数域理论体系兼容和整合所有传统经典数学基础理论的非凡的能力，使人们能够站在传统经典数学基础理论的肩上继续作出从个案到体系，从作坊到规模，从感性到理性，从部分到整体的持续不断的拓展和发现。

我们看到高级的、高维度，大基数、复杂的大体系和大数域可以兼容和整合低级的，低维度、小基数，简单的、分散或离散的体系和数域；反之则不行，比如高级的高维度、大基数的分数数域可以兼容和整合低级的、低维度的小基数的整数数域，因为全体整数数域只是假分数数域的特例，但是简单低级离散的低维度小基数的整数数域则无法兼容和整合复杂的高级的高维度的、大基数的分数数域，因为整数里根本没有分数的元素特例；因为整数数域基数本身就远远小于分数数域基数；同样，比较高级的高维度、大基数的实数数域可以兼容和整合低级的低维度的、小基数的分数数域和整数数域，因为全体分数数域和整数数域只是实数数域的一种特例和组成部分；但是，相对简单低级的低维度、小基数的分数和整数数域也是无法兼容和整合比较高级的复杂的高维度的大基数的实数数域，这是因为整数和分数数域的基数远远小于实数数域基数；更进一步，更加高级的高维度、大基数的基数数域却一定可以兼容和整合所有低级的整数、分数和实数数域；因为全体整数数域、分数数域和实数数域只是基数数域的几种特例，但是相对简单低级的低维度、小基数的整数、分数和实数数域是无法包含和整合更加高级的更高维度的大基数的复杂的基数数域，因为整数、分数和实数数域的基数都远远小于超越数数域和基数数域的基数。

这里的所谓体系兼容性，其实就是人们可以使得原先在较低级别、较低维度、较小基数、较简单的体系和数域里有效的同一个客观规律在更加高级的、更高维度的、更大基数和更复杂的体系和数域里仍然有效，仍然畅通无阻。就像整数数域对奇数数域和偶数数域的兼容，分数数域对整数数域的兼容，实数数域对分数和整数数域的兼容，等等。体系兼容不是简单的包含，而是维度和层次上所发生的根本性的质的升华和飞跃，是远远超越被兼容对象的更多规律和更复杂现象的质和量的拓展和扩充，因此需要观察者和实施者在完全不同于原有低维度环境的全新维度的新环境里以与以往完全不同的观察角度重新审视原先司空见惯习以为常的事物，方可驾驭这些原本属于低维度环境的规律，而不是简单照搬套用原有的规律。规律还是那个规律，只是在全新维度和全新数域里被赋予了全新的含义，因此可以更深刻地解释更多更复杂的事物。没有这些更高维度的环境的支持，这些原本缺乏高维度环境所赋予的全新含义的规律在低维度环境中根本不可能解释那些比低维度环境复杂得多的现象。只有在更高维度的环境里人们才可以发现和找出原本已经存在于低维度层面、又由于维度局限完全看不清其中具有的内在的深刻的客观规律性的东西，使得同一个规律可以在不同维度和不同理论体系里得到不同的解释赋予不同的含义、方可获得完全不同的价值或效果并且完全适用于所有的体系。这是传统上那些简单的僵化的片面的孤立的和相对封闭的静态的一一对应的映射方法所完全不具备的兼容性和整合性。一一对应的映射方法和传统无穷大经典理论之所以完全无法解释高斯-勒让得质数定理的质数公式和欧拉调和基数公式对于无穷大的深远意义，个中缘由概莫如此。缺乏体系兼容性，无法兼容和整合传统经典数学理论所有辉煌成果和结晶甚至格格不入，这是作为现代数学基础理论的康托尔无穷大理论存在的无可救药的致命基因缺陷。

另外兼容性还涉及**横向兼容和纵向兼容**，体系兼容性主要是把所有传统经典数学作为一个基础整体进行纵向兼容，即高维度的大数域体系与低维度的传统经典数学体系的兼容，是公理、概念和规则等基础理论的纵向扬弃式升华性兼容，是更深刻更基础的兼容。而非传统经典数学里几个不同分支如几何、微分、代数等学科之间学科交叉融会贯通的横向拓展性兼容。

纵向兼容主要是向前兼容或者向下兼容，即新理论要能够容纳包含以前旧的理论体系使之成为一个特例而不是格格不入互相矛盾。

因为迄今为止的所有传统数学的革命都没有涉及大数域的根本革命，都没有突破和超出整数、分数、实数和超越数数域的传统数学范畴，大数域理论是人类历史上第一次整合传统数域的数学革命，是发现基数数域的全新的数学革命。因为传统无穷大经典理论及其一一对应的映射方法是完全孤立的静态的人为的和相对封闭的方法，而非动态的联系的开放的可找寻内在规律正确反映客观存在的方法，因而无法解释、兼容和整合所有传统经典数学的经典公式以及所有辉煌成果。

这是大数域理论远远优于传统无穷大理论的关键分水岭与重要标志之一。

从大数域理论完美兼容整合高斯-勒让得公式和欧拉公式以及布朗公式等例子让我们看到了大数域理论拥有极其强大的整合和纵向兼容传统数学所有成果的卓越的能力，除了简单的一般性兼容和整合外，大数域理论还可以从公式的简单个案，通过提升维度抽象归纳到普遍的一般现象，进而揭示和发现比原先传统数学更深刻更广泛更具有普适性的客观规律，这是传统无穷大理论和一一对应映射方法望尘莫及的。

第四十九章　数域生成的螺旋式上升发展

数的生成发展就是从数的低维度的低级阶段向高维度的高级阶段发展的螺旋式上升的发展，在低维度平面看来其表现形式似乎是简单低级的数域轮回或数域循环，其实是低维度的数或数域增加了数域生成维度，导致维度视野大幅度提升而产生世界观的根本质变，是本质不同更新了各层次的数域轮回或数域循环，而这个高级的复杂的有额外数域生成维度作为附加值添加而生成的全新的数域轮回或数域循环在单一的低层次低维度平面完全看不出来，由于缺乏数域维度构成的全新的客观存在的空间，所有低维度数域和高维度数域只能全部挤在一个单一层次的二维平面里，习惯于传统低维度思维的只能仰视的眼睛是根本无法区分这些挤在一起的不同维度的数域是否有和究竟有何区别，相互之间有何不同，很容易误认为是或误判所有不同维度数域为一个数域。但增加了数域生成维度后情形就完全改观，在基数数域的高维度上观察结果就一目了然。螺旋式上升的发展中每层螺旋之间的间距就是相同或不同的某个数域的基数。因此，这个非常重要的数域轮回或数域循环的概念正是大数域理论对包括无穷大现象在内的所有数的比较客观地真实地反映，是理解包括无穷大在内的由全新的所有的数构成的世界的一个重要概念和证据。这种全方位立体的高维度的螺旋式上升的数域轮回或数域循环的概念是经典无穷大理论完全没有的。

源于大数域生成率大常数 Q 的发现，人们对包括无穷大基数在内的所有数的世界的认识，完成了一次从低级到高级，从绝对到相对，从感性到理性，从主观到客观，从有限到无限，从简单到复杂，从局部到整体的升华；完成了从传统的单一层次低维度的定性研究到多层次高维度的数域生成维度定量研究的升华，这些升华实现了人们对于数的本质认识的一次史无前例的巨大飞跃。

因为人们对于数或数域基数构成的基数数域的认识，从无穷大发展的过程来看，其本质上就是数域从低维度数域到高维度数域的生成发展的整个过程，就是从低维度的低级阶段的数（普通数 = 低维度数）向高维度的高级阶段的数（普通数+基数数值 = 一个全新的高维度数）发展的螺旋式上升的发展的全过程，人们对于数的认识因为大数域生成率大常数 Q 的发现和基于数域生成维度的发现，从此之后数学基础理论探索将进入一个全新的大爆发阶段。事实上，由于大数域理论的创立，人们对于数的认识已经因此获得了前所未有的无论是总量规模还是内在规律都远远超出传统数学认知所能够提供的有限的全新认识。

看清了数或数域发展的来龙去脉，就看清了无穷大的发展的来龙去脉。其中原理见图 37 所示。

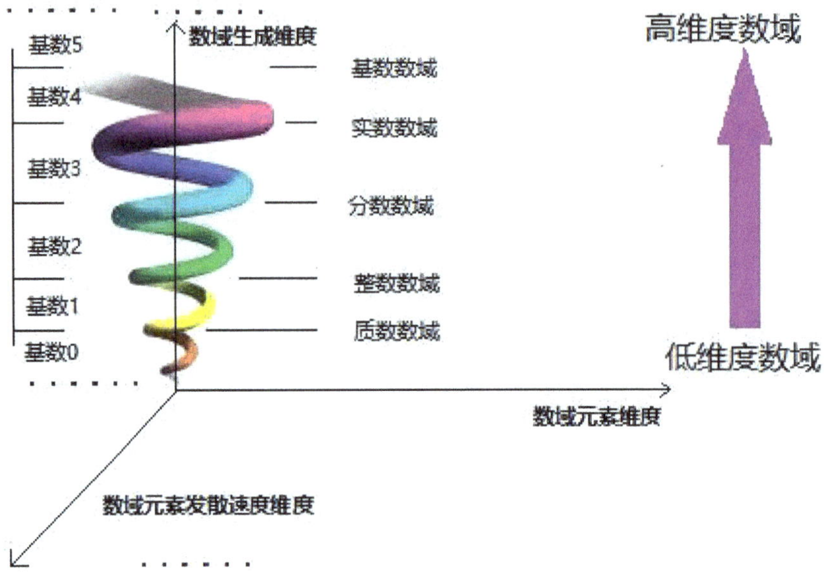

图 37 数域从低维度数域到高维度数域的生成发展

第五十章 证据原则

第一节 证据的极端重要性

证据！证据！！证据！！！

科学探索发现，最重要的就是证据。

证据原则几乎成为检验所有科学理论的最后的唯一的标准。

流行的东西未必是正确的，即使写进教科书，即使成为一定时期当时的人类共识，不正确的东西也注定不能长久。因为任何人类共识都是有极大局限性的。

古往今来，曾经惊世骇俗辉煌无比的科学理论都因为经久不衰的伟大证据而万古长青；同样曾经一言九鼎显赫一时威风八面的理论由于历史局限和铁证如山的证据的致命一击而一蹶不振，被历史长河彻底淘汰。

最典型的例子就是曾经在古代西方教科书里雄居霸主地位流行 1000 多年的**托勒密地心说**，最后经不起开普勒哥白尼伽利略等如山铁证的封喉一剑而永远退出历史舞台。见参考文献[43]。当哥白尼拿出铁一般的证据，当伽利略拿出无可辩驳的证据，当千千万万的后来者拿出同样的证据，统治人类文明史一千多年一直是学院标准经典教材一直显赫无比难以撼动不可质疑的托勒密的**地心说**的理论也就轰然倒塌，寿终就寝了。

如果没有证据支撑没有实践或实验的反复检验，一个再美妙再五彩缤纷天花乱坠的理论也不过是坐而论道纸上谈兵毫无价值的空谈，证据才是检验一个理论正确与否最后的试金石和最终的裁判官。当年伽利略用比萨斜塔实验推翻亚理士多德没有证据的想当然的理论推论，美国天文学家哈勃在 1929 年通过天文观测，发现红移现象而得出宇宙是在膨胀可以反复验证的铁板钉钉的证据，而非某些似是而非的逻辑推理，是几乎所有学科的基础理论的最后的裁判官和最终的试金石。托勒密的地心说如此，哥白尼的日心说如此，牛顿的力学如此，爱因斯坦的相对论等等也如此，无一例外。所有伟大的猜想都是被伟大的证据检验证明而成为伟大的理论。没有伟大证据的猜想永远只是一个纸上谈兵夸夸其谈的猜想。无法成为人类文明进步阶梯的一级。

一个伟大的证据胜过一万页夸夸其谈的证明。证据是唯一经得起时间和实践检验的客观存在。

证据让推理和维度黯然失色。证据让所有花言巧语原形毕露无所遁形。

因为证据是检查和验证逻辑推理的正确性和高维度世界观的正确性最最关键不可或缺的一步。实验和证据是检验真理的唯一标准。

第二节 传统无穷大理论的证据

阅读了康托尔的经典名著《对超越数的贡献》(《Contributions to the Founding of the Theory of Transfinite Number》)以及其他有关文献，始终没有发现任何有价值的科学意义上的可以重复检验康托尔著名的整数数域的基数等于分数数域的基数的这个极其重大结论的证据。全部都是自说自话的似是而非的人为设定的所谓逻辑推理和符号“证明”。由于**没有发现**分数生成规律，**没有发现**分数生成率大常数，**没有发现**基数数域，**没有发现**基数的运算规则，**没有发现**严格规范定义无穷大探索所需要的所有必要的基本概念的极端重要性，没有发现连续统问题关键可靠的证据，完全**无法解释**基数的数值运算生成的结果是什么东西，落值在何处，**无法解释**传统数学里的无穷大公式的深刻含义，最根本的，缺乏人类文明伟大结晶的正确的哲学原理做数学理论的基础和框架支撑，使得传统无穷大理论沦落为无源之水，无本之木。只能发现无穷大的个别现象而不能上升到纯基础理论高度给出普遍的一般的放之四海而皆准的体系性原理和完整的系统基础理论合理解释所有无穷大现象。最后推导出一系列匪夷所思不合逻辑违反常识的谬论和悖论。这是传统无穷大理论最致命的基因缺陷。

第三节 大数域理论的证据

大数域理论的证据的基本依据就是以皮亚诺公理为基础的数学归纳法，简单说就是，假设给定一个整数 n，在区间[1，n]里，如果区间[1，n]里所有整数（包括整数 n）所生成的不重复分数的总的个数和全体整数的总的个数之间存在一个稳定的数理逻辑关系，那么在任意一个区间[0，n+1]里，这个稳定的数理逻辑关系仍然保持不变，就可以推断当 n 趋于无穷大时，这个稳定的数理逻辑关系永远存在。我们只要验证 n 为各种偶数，奇数，质数等情况，验证 n =10^k，$\boldsymbol{k}$ = 1，2，3，4，5，6，7，8，9，10，...，20，100，1000，100000，...，在计算机能力允许的范围内，计算这个稳定的数理逻辑关系的结果是不是符合我们预期的数值即可，这些数值就是我们的证据，因为这些数值计算和相互之间这种逻辑关系的存在都是不以我们的主观意志为转移的，是完全独立的。这和给定区间[1，n]里全体整数的总的个数和全体偶数或奇数的总的个数的计算方法是一个思路。这个方法非常类似求解近似值常数圆周率 π 和欧拉常数 e 的过程。

我们计算了 10 的 8 次方以内的所有整数生成的不重复分数的总和，结果完全符合我们发现的稳定的逻辑关系，并以极高的收敛精度吻合我们发现的通项估值公式和大数域生成率大常数 Q 。

另外我们发现的数据的证据数量的规模极其巨大，但是无论多么巨大，计算的实际结果都能够以极高的精度完美拟合和逼近我们发现的通项估值公式，都能反复证明在任何给定区间的所有整数和这些整数生成的所有分数之间存在令人信服的极其稳定的数理逻辑关系。

本书几乎对所有的公式和猜想都提供了相应证据，一般动辄都是千万或者亿万级别超大规模计算量直到看出收敛趋势。

下面略举一例说明大数域理论的有关证据的由来，也可看看我们在探索无穷大规律时，在寻找证据时遇到的让人望而却步的极其庞大的数据计算工作量。我们在验证 10^8 即一亿整数所生成的分数的总数时，需要计算机进行第一波次至少 5000 万亿（10^{15}）次的运算，先筛选出一个亿整数所有可能生成的所有 5000 万亿（10^{15}）真分数，然后对每个真分数，最小的分数 $\frac{1}{2}$，最大的分数 $\frac{99999999}{100000000}$ 进行最简分数判别，而最大分数 $\frac{99999999}{100000000}$ 是否为最简分数就是一个极为复杂耗时的运算，单就这个 $\frac{99999999}{100000000}$ 一个分数，就不是普通人不用计数器计算机能在几秒内几分钟甚至几小时内搞定而且确保准确无误的。仅仅从此简单的一例中，就不难管窥计算工作艰巨的海量规模程度之一斑。

事实上，寻找证据的巨大挑战首先来自令人窒息的极其恐怖的工作量。

就拿这个一亿整数生成的最后一个最大的分数 $\frac{99999999}{100000000}$ 来说，我们假设工程师可以用纸笔和计算器，如果没有捷径，仍然要和普通计算一样从 2 开始一个不漏，一直计算到 99999998，先用从 2 到 99999998 里的每一个数挨个去除分子分母，除完之后再看看有没有可约的数，有则停止，没有则继续直到最后一个，最多要计算 3*99999998 次，因为还有一次逻辑比较，就这一个数，初步预估最坏的情况最多需要将近大约 3 亿次运算，一个人一天就算满负荷的工作 86,400 秒不休息，他需要工作 3,472 天，即差不多 10 年时间才能完成这一个数 $\frac{99999999}{100000000}$ 的判别工作。别忘了还有余下 99999997 个整数生成的分数等待他去完成判别工作。这是人类单凭自己的个人力量和有限的大脑蛋白细胞根本无法完成的任务。

这才是用现代高速计算机计算到一亿（10^8），仅仅看清这个常数 Q 小数点后的前六位，我们预测要看清整个常数 Q 的前 20 位到 50 位至少需要进行 10^{30} 到 10^{60} 的整数运算。而单单增加整数的一个数量级，时间和运算工作量就将增加 100 倍，验算和寻找证据的工作量和计算时间呈爆炸性增长，非常恐怖，但是同时激励着我们的强烈好奇心去计算更大更多的整数生成的不重复分数。

假如没有高速计算机帮助，仅凭这一个亿整数的恐怖工作量就足以压垮人类有史以来所有最聪明最勤奋的天才。更别说还有什么精力去做有价值的探索发现了。

然而这不起眼的区区一个亿整数，才仅仅是大数域理论无穷大探索发现的开始和微不足道的起步，才是万里长征迈开的第一步。起步后探索者前面的漫漫征途上未来的天有多黑，山有多高，海有多深，星辰有多么浩瀚和遥远，完全不得而知。

第四节 数域理论证据可用性

如有必要，读者可以通过合理的要求获得原创作者当前研究期间生成和分析的有关数据。

第五十一章 其他以整数为底的指数运算生成的数域的基数

第一节 以 2 为底的指数运算生成的数域的基数

做个比较简单的计算，设以 2 为底的指数运算生成的数域的基数为 C_{base2}，给定一个整数 *k*，在区间[1，*k*]里，到底有多少个 *m* 使得 $2^m \le k$？当 *k* 趋于无穷大，则 *m* 趋于 C_{base2}；不等式两边直接取自然对数，我们得到：$m*ln2 \le ln(k)$;

(116) $C_{base\ 2} = m \le \frac{ln(k)}{ln2} = \frac{ln(C_1)}{ln2}$;

验证过程比较简单，这里省略了。

第二节 以 3 为底的指数运算生成的数域的基数

同样，我们设以 3 为底的指数运算生成的数域的基数为 C_{base3}，就是说给定一个整数 *k*，在区间[1，*k*]里，到底有多少个 *m1* 使得 $3^{m1} \le k$？当 *k* 趋于无穷大 C_I，则 *m1* 趋于 C_{base3}；不等式两边直接取自然对数，我们得到：$m1*ln(3) \le ln(k)$;

(117) $C_{base3} = m1 \le \dfrac{ln(k)}{ln3} = \dfrac{ln(C_I)}{ln3}$;

验证过程比较简单，这里省略了。

第三节 以 10 为底以整数为指数的幂运算生成的数域的基数

我们还可以考虑一下，以 10 为底整数为指数的幂运算生成的数域的基数是多少呢？有人可能会说，这不就是整数数域的基数吗？整数有多少，以 10 为底整数为指数的幂运算生成的数域的基数就有多少。这显然是表面现象，也是我们的一种错觉。这种错觉同样使得我们非常容易误入传统有限有界的一一对应映射方法歧途而得出错误结论。再次请记住我们这里讨论的是无限无界的无穷大整数数域和质数数域，走每一步都要非常谨慎。

我们有如下整数为指数的幂运算生成的序列：10^1，10^2，10^3，10^4，... 10^i，...，10^n，$n \to \infty$ 。设以 10 为底整数为指数的幂运算生成的数域的基数为 C_{Ten}，则有：

(118) $C_I = 10^i; i = 1,2,3,.......;$

因此，我们有如下公式：

(119) $i = log_{10}C_I = \dfrac{lnC_I}{ln10}; i = 1,2,3,.......;$

(120) $C_{Ten} = \dfrac{lnC_I}{ln10}$;

这里 i 就是 10 为底整数为指数的幂运算生成的数域的基数 C_{Ten} 。

公式（120）验证比较简单，直接用计算器就可了。

从公式（120）可以看出，$C_{Ten} = \dfrac{lnC_I}{ln10}$ 是在整数数域以内的个数即基数， 是指数大于

$C_{Ten}=\frac{lnC_I}{ln10}$ 的数，不在整数数域以内，全部在整数数域外的基数数域里。无穷大的现象远比我们想象的复杂，如果按传统一一映射方法，就会得出以 10 为底整数为指数的幂运算生成的数域的基数和整数一样多的荒谬结论。同样，我们可以把 10 换成其他整数，也会得到完全不同的基数结果，而不是错得离谱的和整数基数一样多的错误结论。这个正确结论和前面所有其他结论一样，是传统无穷大理论束手无策根本无法推导出来的。

第四节 以大于 1 的任意整数为底的幂运算生成数域基数

更一般的我们有以任意大于 1 的整数为底，整数为指数的幂运算生成的数域的基数，我们有如下序列：2^1，2^2，2^3，2^4，… 2^i，…，2^n， $n\to\infty$ 。设以 10 为底而以整数为指数的幂运算生成的基数为 C_{Two}，则由公式（119）和（120）得：

(121) $$C_I=2^i;i=1,2,3,\ldots\ldots;$$

因此，我们有如下公式：

(122) $$i=\frac{lnC_I}{ln2};i=1,2,3,\ldots\ldots;$$

(123) $$C_{Two}=\frac{lnC_I}{ln2};$$

当我们取底为 x 时，我们知道，

$$C_I=x^i;i=1,2,3,\ldots\ldots;$$

因此，我们有如下公式：

$$i=\frac{lnC_I}{lnx};i=2,3,\ldots\ldots;$$

(124) $$C_x=\frac{lnC_I}{lnx};$$

当 x = e 时，公式变为：

(125) $$C_e=\frac{lnC_I}{lne}=\frac{lnC_I}{1}=lnC_I;$$

当 x = 10*$\mathcal{Q}$时，公式变为：

(126) $C_q = \frac{lnC_I}{ln(10*Q)} = \frac{lnC_I}{ln3.03963} = 0.89949428\ 835 * lnC_I$；

由公式（124）可以得知，整数数域里除了 1 以外最小的整数是 2，以 2 为底的而以整数为指数的幂运算生成的数域的基数在以其他比 2 大的整数为底而以整数为指数的幂运算生成的数域的基数里是最大的，为 $C_{Two} = \frac{lnC_I}{ln2}$；这样的数域有无穷多个，共有 C_I 个数域， 其中大部分是与 C_I 有关的无穷大基数。在基数为 C_I 的整数数域内， 以 x = 2，3，4，5，…为底，i =1，2，3，4，…为指数生成的数域 $x^1, x^2, x^3, x^4, x^5, ..., x^k; k \to \infty$ 的基数排序为：

(127) $C_{Two} = \frac{lnC_I}{ln2} > C_{Three} = \frac{lnC_I}{ln3} > C_{Four} = \frac{lnC_I}{ln4} > ...... > \frac{lnC_I}{lnC_I} = 1$ 即

(128) $\frac{lnC_I}{ln2} > lnC_I > \frac{lnC_I}{ln3} > \frac{lnC_I}{ln4} > \frac{lnC_I}{ln5} > .... > \frac{lnC_I}{lnk} > .. > \frac{lnC_I}{lnC_I} = 1$；

因此，最小的数域就是以 C_I 为底，指数为 1 的数域基数为 1，即只有 1 个元素 1。

因为其他元素如 $C_I^2, C_I^3, C_I^4, ..., C_I^k, ...; k \to \infty$ 都不在基数为 C_I 的整数数域以内，全部在整数数域以外的基数数域里面了。在整数数域以内基数最大的数域就是以 2 为底，指数为 1，2，3，4，..... $\frac{lnC_I}{ln2}$ 所生成的数组成的数域，但是所有底数是 2 指数大于 $\frac{lnC_I}{ln2}$ 的数即大于 $2^{\frac{lnC_I}{ln2}}$ 的数是基数而不是整数，都落在整数数域以外的基数数域里面了。在整数数域以内， 基数为 $C_{Two} = \frac{lnC_I}{ln2}$，有 $\frac{lnC_I}{ln2}$ 个元素。

我们看到，由于没有基数数域的概念，康托尔的无穷大理论无法涵盖无穷多个各种运算生成出来无穷大基数 $C_I^2, C_I^3, C_I^4, ..., \quad C_I^k, ...; \quad k \to \infty$ 等等，因此康托尔的无穷大理论就完全无法解释这些基数究竟落值在那个数域，仍然一厢情愿主观认为这些基数数值还是和普通整数一样落值在整数数域或实数数域，于是就有了他在大名鼎鼎的《Contributions to the Founding of the Theory of Transfinite》一书里的著名系列公式(见参考文献[4])：

$$C_I^1 = C_I^2 = C_I^3 = C_I^4 = ... = C_I^k = ...; \quad k \to \infty$$；

这个结论不但给造成我们一种错觉，认为所有无穷大基数及其幂运算都是相等的，而且还可以得出**部分等于整体**这样完全颠覆欧几里得公理体系的匪夷所思的错误结论，而不是我们大数域理论发现的不等式：

(129) $C_I^1 << C_I^2 << C_I^3 << C_I^4 << ...... << C_I^k << ....; \quad k \to \infty$；

符号 << 读作远远小于。因此我们说基数数域的发现是大数域无穷大理论和康托尔传统经典无穷大理论的根本分水岭，是一个里程碑式的标志性发现。

第五节 以 e 为底的指数运算生成的数域的基数

设以 e 为底的指数运算生成的数域的基数为 C_{baseE}，就是说给定一个整数 k，在区间[1，k]里，到底有多少个 i 使得 $e^i \le k$， 当 k 趋于无穷大 C_I，则 i 趋于 C_{baseE}；同样比较简单，不等式两边直接取自然数对数，得：$i*ln(e) = i \le ln(k)$;

(130) $C_{baseE} = i \le ln(k) = ln(C_I)$;

这个就是著名的欧拉基数 $C_{baseE} = C_{Euler} = ln(C_I)$。

由公式（125）我们得知，所有以 e 为底数以所有整数为指数的运算生成的数域 $E' = \{e^1, e^2, e^3, e^4, e^5, ..., e^n\}; n \to \infty$ 的基数 $C_{E'}$ 和 1 加所有分子为 1，分母为自然数之和的取整的值是相等的。即：

$$C_{E'} = [1 + \frac{1}{2} + \frac{1}{3} + \frac{1}{4} + \frac{1}{5} + \frac{1}{6} + ... + \frac{1}{C_I}] = [ln(C_I) + \gamma]。$$

第六节 以 $10 * Q = 3.03963$ 为底的生成对数

基本概念定义 27：生成对数

以大数域分数生成率大常数 Q 的 10 倍的数值 $q = 10 * Q = 3.03963$ 为底的指数运算所得的对数称为大数域生成对数。记做 lq。

(131) $q_{base} = 10 * Q = 3.03963$

设以 $q_{base} = 10 * Q = 3.03963$ 为底的指数运算构成**生成对数**生成的数域的基数为 C_{baseQ}，给定整数 k，到底有多少个 i 使 $q^i \le k$，当 $k \xrightarrow{k\to\infty} C_I$，则 i 趋于 C_{baseQ},在区间[1，k]里，不等式两边直接取自然对数，得：$i * ln(q) \le ln(k)$;

$$C_{baseQ} = i \le \frac{ln(k)}{\ln(q)} = \frac{ln(k)}{\ln(3.03963)} = 0.89949428\,835 * ln(k);$$

(132) $lq(C_I) = C_{baseQ} = C_q = 0.89949428\,835 * ln(C_I)$;

或者

(133) $ln(C_I) = 1.11173579748 * C_{baseQ} = 1.11173579748 * lq(C_I) = q * lq(C_I)$;

这个基数 $lq(C_I) = 0.89949428835 * ln(C_I)$ 比较重要，被称为以大常数 Q 的 10 倍乘积 3.303963 为底数的康托尔基数 $C_I = C_{Cantor}$ 的**生成对数**的基数公式，揭示了生成对数 q 和自然对数 ***e*** 的逻辑关系。整数基数的自然对数 $ln(C_I)$ 和整数基数生成对数 $lq(C_I)$ 的关系常数 $\boldsymbol{q_c}$ =1.11173579748；

(134) $C_{\min us} = Q * 10 - \dfrac{e}{10} = 3.03963 - 0.271828 = 2.767802$

设以 $q_{\min us} = q_{\min} = 3.03963 - 0.271828 = 2.767802$ 为底的指数运算构成**生成对数**生成的数域的基数为 C_{baseQ_m}，给定一个整数 k，到底有多少个 i 使得 $q_{\min}{}^{i} \le k$，当 k 趋于无穷大 C_I，则 i 趋于 C_{baseQ_m} 在区间[1，k]里，不等式两边直接取自然对数，得：

(135) $i * ln(q_{\min}) \approx ln(k)$;

(136) $C_{baseQ_m} = i \approx \dfrac{ln(C_I)}{ln(q_{min})} = \dfrac{ln(C_I)}{ln(2.767802)} = 0.98226664576 * ln(C_I)$;

(137) $ln(C_I) = 1.0180535034 * C_{baseQm}$

(138)
$$
\begin{aligned}
L &= ln(C_{minus}) = ln(3.03963 - 0.271828) \\
&= ln(2.767802) = 1.0180535034;
\end{aligned}
$$

改进后得：

(139)
$$
\begin{aligned}
L &= ln(10 * Q - \frac{e}{10}) - \frac{e * \pi}{2 * 100000} - \frac{\pi}{2 * 1000000} + \frac{\pi}{2 * 100000000} \\
&= ln(3.03963 - 0.271828182846 * 1) - 2.71828 * 3.1415926/200000 \\
&- 3.1415926/2000000 + 3.1415926/200000000 = 1.01800918358;
\end{aligned}
$$

可以看出，即使是这个 L=*1.01800918358* 值做高斯公式的升级系数，计算得到的质数基数的精度也非常高，见表 36。

在 10 的 25 次方误差精度达到原来高斯公式的 3076530 倍，误差为 0.000000575014540%。差不多 300 万倍。而原高斯公式的误差为 1.769059613667670%，误差精度相差了几乎 6 个数量级。

沿着这个方向，我们继续改进常数 L，得到：

(140)
$$
\begin{aligned}
L &= 1.0180535034 - 0.00010180535034 * 0.5 \\
&+ 0.0000010180535034 * 6.5 \\
&\approx 1.018009189433703079011874;
\end{aligned}
$$

我们命名常数 $L = 1.018009189433703079011874$ 为**大数域质数升级常数**。

表 36 改进常数高斯公式 VS 原版高斯公式精度误差比较

序号	整数指数形式	Actual质数数域基数 C_p	$L=\ln(10^*Q-\frac{e}{10})-\frac{e+\pi}{200000}-\frac{\pi}{2000000}+\frac{\pi}{200000000}=$ 1.01800918358 计算升级版高斯公式估值质数公式 $C_P=\frac{1.01800918358\cdot C_I}{\ln(C_I)}$	升级版高斯公式误差	原版高斯公式计算质数基数公式 $\frac{C_I}{\ln(C_I)}$	原版高斯公式误差
1	10^1	4	5	25.000000000000000%	5	25.000000000000000%
2	10^2	25	23	8.000000000000000%	22	12.000000000000000%
3	10^3	168	148	11.904761904761900%	145	13.690476190476200%
4	10^4	1229	1106	10.008136696501200%	1086	11.635475996745300%
5	10^5	9592	8843	7.808590492076730%	8686	9.445371142618850%
6	10^6	78498	73686	6.130092486432780%	72383	7.790007388723280%
7	10^7	664579	631594	4.963292550622270%	620421	6.644507274530190%
8	10^8	5761455	5526448	4.078952278547690%	5428682	5.775850023995670%
……		……	……	……	……	
20	10^{19}	234,057,667,276,344,607	232692511029278000	0.583256367096157%	228576043106975000	2.341997266381800%
21	10^{20}	2,220,819,602,560,918,840	2210578854778140000	0.461124702382903%	2171472409516260000	2.222026182934720%
22	10^{21}	21,127,269,486,018,731,928	21053131950268000000	0.350909216166163%	20680689614440600000	2.113760473749960%
23	10^{22}	201,467,286,689,315,906,290	200961714070740000000	0.250945266044426%	197406582683296000000	2.015564944933740%
24	10^{23}	1,925,320,391,606,803,968,923	1922242482415780000000	0.159864779100546%	1888236877840230000000	1.926095725585770%
25	10^{24}	18,435,599,767,349,200,867,866	18421490456484500000000	0.076532963628819%	18095603412635500000000	1.844238099136110%
26	10^{25}	176,846,309,399,143,769,411,680	176846308382251000000000	0.000000575014540%	173717792761301000000000	1.769059613667670%

表 37 升级版高斯公式 VS 原版高斯公式精度误差比较

序号	整数指数形式	Actual质数数域基数 C_p	计算升级版高斯公式估值质数公式 $C_P=\frac{1.0180091894337030790118 74*C_I}{ln(C_I)}$	升级版高斯公式误差	原版高斯公式计算质数基数公式 $\frac{C_I}{ln(C_I)}$	原版高斯公式误差
1	10^1	4	5	25.000000000000000%	5	25.000000000000000%
2	10^2	25	23	8.000000000000000%	22	12.000000000000000%
3	10^3	168	148	11.904761904761900%	145	13.690476190476200%
4	10^4	1,229	1,106	10.008136696501200%	1086	11.635475996745300%
5	10^5	9,592	8,843	7.808590492076730%	8686	9.445371142618850%
6	10^6	78,498	73,686	6.130092486432780%	72383	7.790007388723280%
7	10^7	664,579	631,594	4.963292550622270%	620421	6.644507274530190%
8	10^8	5,761,455	5,526,448	4.078952278547690%	5428682	5.775850023995670%
……		……	……	……	……	
20	10^{19}	234,057,667,276,344,607	232,692,512,367,294,433	0.583255795435315%	228576043106975000	2.341997266381800%
21	10^{20}	2,220,819,602,560,918,840	2,210,578,867,489,297,117	0.461124130019886%	2171472409516260000	2.222026182934720%
22	10^{21}	21,127,269,486,018,731,928	21,053,132,071,326,639,215	0.350908643169245%	20680689614440600000	2.113760473749960%
23	10^{22}	201,467,286,689,315,906,290	200,961,715,226,299,737,967	0.250944692472896%	197406582683296000000	2.015564944933740%
24	10^{23}	1,925,320,391,606,803,968,923	1,922,242,493,468,954,015,344	0.159864205005453%	1888236877840230000000	1.926095725585770%
25	10^{24}	18,435,599,767,349,200,867,866	18,421,490,562,410,809,313,716	0.076532389054074%	18095603412635500000000	1.844238099136110%
26	10^{25}	176,846,309,399,143,769,411,680	176,846,309,399,143,769,411,680	0.000000000000000%	173717792761301000000000	1.769059613667670%

第七节 用质数升级常数 L 升级高斯质数公式

由公式（1）知道，高斯发现的质数定理也就是质数基数公式是数论的最重要的定理之一。我们发现，高斯质数公式还可以升级提高精度，因为直觉告诉我们，高斯质数公式前面应该有一个系数常数，今天终于找到这个常数了，这个常数就是我们前面发现的大数域质数升级常数:

$$L = 1.01800918\,9433703079\,011874\ 。$$

由公式（140）升级后的高斯公式如下：

(141) $C_{P\_Update} = L * \frac{C_I}{ln(C_I)} = 1.01800918\ 9433703079\ 011874 * \frac{C_I}{ln(C_I)}$;

我们发现，大数域分数生成率大常数 Q 对质数数域基数的高斯公式的精度有非常大的影响，见表 37。就是说，质数数域的基数在某种程度上受到整个整数数域分数生成率的影响，主要原因是分数是由一次性除法运算生成的，而质数是由连续的若干次除法运算生成的，即生成的基本运算是相同的但是生成步骤是不同的。

第五十二章 斐波那契数域的基数

Fibonacci number 斐波那契数组成的数域 $\boldsymbol{F_b}$ 的元素的生成规则是：

$F_0 = 0$； $F_1 = 1$； $F_n = F_{n-1} + F_{n-2}$；   n > 2；

$\boldsymbol{F_b}$ ={1，1，2，3，5，8，13 21，34，55，89，144，233，377，610，987，1597，2584，4181，6765，10946，17711，28657，46368，75025，121393，196418，317811， …}。见参考文献[80]。

根据斐波那契数生成规则，2 是由 2 前面的两个元素 1+1 相加而生成，对应自然数的 2；3 是由 3 前面的两个元素 1+2 相加而生成，可以对应自然数的 3；但 4 无法由同样规则生成，无法对应自然数的 4；5 是由 3 前面的两个元素 2+3 相加而生成，对应自然数的 5；但 6 也无法是由规则生成，无法对应自然数的 6；…等，斐波那契数里 9，10，11，12，14，15，16，17，18，19，20，…都无法由斐波那契数生成规则生成；因此无法与自然数里的相应元素一一对应，因此没有映射关系； 和质数数一样，无法在全体自然数和全体斐波那契数之间建立一一对应映射，即有些元素可以建立一一对应映射关系，有些元素无法建立一一对应映射关系。就是说，用一一对应映射方法根本无法求解斐波那契数域的基数。回到我们求解分数数域基数的方法，问题就变成：对于任意给定的整数 n，在给定区间[1，n]里，究竟有多少个斐波那契数呢？即斐波那契数数域基数是多少？

斐波那契数列第 n 项的斐波那契数 F_n 的通项公式是(见参考文献[80])：

$$F_n = \frac{1}{\sqrt{5}}\left(\left(\frac{1+\sqrt{5}}{2}\right)^n - \left(\frac{1-\sqrt{5}}{2}\right)^n\right)$$

因为这里讨论无穷大的基数，所以对某个固定小的数目影响不大：当 n>14 时，$\left(\frac{1-\sqrt{5}}{2}\right)^n <$ 0.001186，$\left(\frac{1-\sqrt{5}}{2}\right)^n$ 可以忽略不计，对斐波那契数域基数的影响不大。当 n>14 和 $n \to \infty$，

斐波那契数数域元素的生成规则就是函数：$F_B \approx \frac{1}{\sqrt{5}}\left(\frac{1+\sqrt{5}}{2}\right)^n$ 。当 n > 14，这也是参考文献[80]给出的近似估值公式。即给定任何一个整数 F_B， 其区间[0，F_B]里有 n 个斐波那契数；

所以 F_B 整数区间[0，F_B]里一共有不少于 n 个斐波那契数；当 n>14

(142) $F_B \approx \frac{1}{\sqrt{5}}\left(\frac{1+\sqrt{5}}{2}\right)^n = 0.44721359\ \ 55 * (1.6180339\ \ 88745)^n$；

取以 e 为底的对数：$ln(\frac{F_B}{0.44721359\ 55}) \approx n * ln(1.61803398\ 875)$; 我们得到：

(143)
$$\begin{aligned} n &\approx \frac{ln(\frac{F_B}{0.44721359\ \ 55})}{ln(1.61803398\ \ 875)} \\ &= 2.07808692\ \ 123 * ln(\frac{F_B}{0.44721359\ \ 55}) \\ &= 2.07808692\ \ 123 * ln(\sqrt{5} * F_B); \end{aligned}$$

$$\begin{aligned} n &\approx 2.07808692\,123 * ln(\sqrt{5} * F_B) \\ &= 2.07808692\,123 * (ln\sqrt{5} + ln(F_B)) \\ &= 1.67227593\,818 + 2.07808692\,123 * ln(F_B); \end{aligned}$$

这里 F_B 是整数，而 $n \xrightarrow{F_B \to \infty} C_{F_B}$ 是斐波那契数数域基数，当 F_B 趋于无穷大时

$F_B \xrightarrow{n \to \infty} C_I$ 是整数数域基数；

(144) $C_{F_B} \approx \left(\frac{\ln(\sqrt{5} * C_I)}{\ln(\frac{(1+\sqrt{5})}{2})}\right)$

或者

(145)
$$\begin{aligned} C_{F_B} &\approx 2.07808692\ 123 * ln(\sqrt{5} * C_I) \\ &= 2.07808692\ 123 * (ln\sqrt{5} + ln(C_I)) \\ &= 1.67227593\ 818 + 2.07808692\ 123 * ln(C_I); \end{aligned}$$

改进后得到如下公式：

(146) $C_{F_B} \approx 2.07835967\ 26 * ln(C_I) - 0.8038$

公式（146）被称为**斐波那契数域的基数公式**。

这里，令常数$\partial = -0.80388$，我们称为斐波那契数域的基数公式的修正常数；而$K = 2.0783596726$则称为斐波那契数域的基数公式的系数常数。则公式（146）变成：

$$C_{F_B} \approx K * ln(C_I) + \partial; \quad (147)$$

这样，斐波那契数域的基数公式（147）就和欧拉基数公式（130）有了某种联系。斐波那契数域基数大约是著名的欧拉基数C_{Euler}的 2 倍左右，即$C_{F_B} \approx 2 * C_{Euler}$。

下面顺便比较一下斐波那契数域的基数和以 2 为底数整数为指数生成的数域基数的大小。

为简化计算，可以把公式（147）化简为如下形式而不影响最后推理的精度：$C_{F_B} \approx 2 * ln(C_I)$，由公式（116）以 2 为底数整数为指数生成的数域基数是：

$$C_{base\ 2} \approx \frac{ln(C_I)}{ln2}; \text{当} C_I \geq 4 \text{则} \quad C_{F_B} = 2 * ln(C_I) > \frac{ln(C_I)}{ln2}$$

$$C_{F_B} = 2 * ln(C_I) > 0.69314718056 * ln(C_I);$$

$$C_{F_B} = 2.88539008178 * C_{Base2} \quad (148)$$

就是说，当$C_I \to \infty$时，斐波那契数域的基数大约是以 2 为底数整数为指数生成的数域基数的 2.88 倍；$C_{F_B} = 2.88539 * C_{Base\,2}$。

根据前面公式等，我们知道以 2 为底数整数为指数生成的数域基数C_{F_B}是所有以 ***K***（***K***> 2）为底数整数为指数生成的数域基数里最大的基数数值，所以，当$C_{F_B} \to \infty$趋于无穷大时C_{F_B}大于所有其他以 ***K***（***K***> 2）为底数整数为指数生成的数域基数。

下面求斐波那契数对自然数的绝对发散速度和当$C_I > e^{10}$或$C_I \to \infty$的相对发散速度以便定性检验我们的公式是否正确。斐波那契数对自然数的绝对发散速度为

$$(149) \quad V_{abs(F_B:I)} = \frac{C_I}{C_{F_B}} \approx \frac{C_I}{2.0783596726 * ln(C_I) - 0.8038} \leq \frac{1}{2} * \frac{C_I}{ln(C_I)} = \frac{1}{2} * C_P$$

即斐波那契数对自然数的绝对发散速度是无穷大，其值大约是质数基数的一半。而斐波那契数对自然数的绝对发散速度等于斐波那契数对自然数的相对发散速度。

就是说斐波那契数对自然数的绝对发散速度要比自然数的发散速度快得多，其值大约是质数基数的一半。而我们知道斐波那契数对自然数的绝对发散速度等于斐波那契数对自然数的相对发散速度。当$C_I > e^{10}$或$C_I \to \infty$我们看一下斐波那契数对质数的相对发散速度：

$$V_{abs(F_B:P)}=\frac{C_P}{C_{F_B}}\approx\frac{C_P}{2.0783596726*ln(C_I)-0.8038}$$
(150)
$$\approx\frac{C_P}{2.0783596726*ln(C_I)}\le\frac{1}{2}*\frac{C_P}{ln(C_I)}=\frac{1}{2}*\frac{\frac{C_I}{ln(C_I)}}{ln(C_I)}=\frac{1}{2}*\frac{C_I}{(ln(C_I))^2}$$

表 38　验证斐波那契数域的基数公式

序号	区间 C_I	区间 C_I	区间里斐波那契数个数实际值	区间里斐波那契数个数估值公式值 $C_{F_B}\approx 2.0783596726*ln(C_I)-0.8038$	精度误差
1	10	10^1	4	4	0.0000000000%
2	100	10^2	9	9	0.0000000000%
3	1000	10^3	14	14	0.0000000000%
4	10000	10^4	18	18	0.0000000000%
5	100000	10^5	23	23	0.0000000000%
6	1000000	10^6	28	28	0.0000000000%
7	1E+07	10^7	33	33	0.0000000000%
8	1E+08	10^8	37	37	0.0000000000%
9	1E+09	10^9	42	42	0.0000000000%
10	1E+10	10^10	47	47	0.0000000000%
…	………	………	………	………	………
35	1.00E+35	10^35	167	167	0.0000000000%
36	1.00E+36	10^36	171	171	0.0000000000%
37	1.00E+37	10^37	176	176	0.0000000000%
38	1.00E+38	10^38	181	181	0.0000000000%
39	1.00E+39	10^39	186	186	0.0000000000%
40	1.00E+40	10^40	191	191	0.0000000000%

即斐波那契数对质数的相对发散速度要比质数的发散速度快得多，快无穷大倍，前 10 个斐波那契数，整数的个数比斐波那契数的个数多了差不多 5 倍；{1，1，2，3，5，8，13，21，34，55}

$$F_B\approx\frac{1}{\sqrt{5}}\left(\frac{1+\sqrt{5}}{2}\right)^{10}=0.4472135955*(1.61803398875)^{10}\approx 55;$$

前 20 个斐波那契数{1，1，2，3，5，8，13，21，34，55，89，144，233，377，610，987，1597，2584，4181，6765}，整数的个数比斐波那契数的个数多了差不多 338 倍：

$$F_B\approx\frac{1}{\sqrt{5}}\left(\frac{1+\sqrt{5}}{2}\right)^{20}=0.4472135955*(1.6180339\,8875)^{20}\approx 6765;$$

前 30 个斐波那契数 {1，1，2，3，5，8，13，21，34，55，89，144，233，377，610，987，1597，2584，4181，6765，10946，17711，28657，46368，75025，121393，196418，317811，514229…}，整数的个数比斐波那契数的个数多了 20000 多倍；

$$F_B \approx \frac{1}{\sqrt{5}}\left(\frac{1+\sqrt{5}}{2}\right)^{30} = 0.4472135955*(1.61803398875)^{30} \approx 6765;$$

表 38 的数据是验证斐波那契数域的基数公式（146）是正确的，精度高达 100%。

第五十三章 斐波那契数域生成分数数域的基数

尽管斐波那契数域基数较小，但仍然是无穷大基数，根据大数域无穷小动态瞬间等差公理，所有由质数生成的分数数域的元素序列也是动态瞬间等差序列，因此有：在区间[0，1]，由公式（142）第 n 个斐波那契数的值是：

表 39　公式(151)的验证

序号	斐波那契数	斐波那契数生成的不重复分数	斐波那契数生成的不重复分数累加	估值公式计算 $C_{F_BF} \approx 2.0232*(e^{(0.4814*n)})$	误差
1	2	1	1	3	200.00000000%
2	3	2	3	5	66.66666667%
3	5	4	7	8	14.28571429%
4	8	4	11	13	18.18181818%
5	13	12	23	22	4.34782609%
6	21	12	35	36	2.85714286%
7	34	16	51	58	13.72549020%
....	....	....	....	....	....
40	267914296	118540800	440912763	466452832	5.79254473%
41	433494437	433494436	874407199	754878328	13.66970344%
42	701408733	447866496	1322273695	1221648259	7.61003084%
43	1134903170	420249600	1742523295	1977039760	13.45844074%
44	1836311903	1819082880	3561606175	3199518505	10.16641516%

$$F_B \approx \frac{1}{\sqrt{5}}\left(\frac{1+\sqrt{5}}{2}\right)^{n} = 0.44721359\ 55*(1.6180339\ 8875)^{n};$$

由公式（148）得如下前 n 个斐波那契数生成的所有不重复分数数域的个数的通项公式是：

(151)　$C_{F_BF} \approx 2.0232*((2.71828)^{(0.4814*n)}) = 2.0232*(e^{(0.4814*n)})$

这里 n 是指第 n 个斐波那契数。表 39 是公式（151）的验证。

第五十四章 以整数 x 为底 k 为指数的数域生成的分数数域基数

下面我们探讨一下，以整数 x 为底 k 为指数的数域生成的分数数域基数。

第一节 以 2 为底 k 为指数的数域生成的分数数域基数

我们知道以 2 为底全体整数为指数生成的数域是 I_{base2}={2^1，2^2，2^3，2^4，……，2^K，……}其基数是 $C_{base2}=\dfrac{ln(C_I)}{ln2}$；那么数域 I_{base2} 里每个元素可以生成多少不重复分数呢？经过计算我们发现：在数域 I_{base2} 里，2^1 可以生成 2^0=1 个不重复分数；2^2 可以生成 2^1= 2 个不重复分数；2^3 可以生成 2^2=4 个不重复分数；2^4 可以生成 2^{4-1}=2^3=8 个不重复分数；……，类推 2^K 可以生成 2^{K-1} 个不重复分数；

表 40 以 2 为底全体整数为指数生成的数域生成的不重复分数

序号	2^K	2^K 生成的分数	2^K 生成的分数累加	估值公式预测 $C_{F_{base2}}=1+2*(2^{\frac{ln(C_I)}{ln2}-1}-1)$	误差
1	2	1	1	1	0.0000000000%
2	4	2	3	3	0.0000000000%
3	8	4	7	7	0.0000000000%
4	16	8	15	15	0.0000000000%
5	32	16	31	31	0.0000000000%
6	64	32	63	63	0.0000000000%
7	128	64	127	127	0.0000000000%
8	256	128	255	255	0.0000000000%
9	512	256	511	511	0.0000000000%
10	1,024	512	1,023	1,023	0.0000000000%
......	......		......	......	
20	1,048,576	524,288	1,048,575	1,048,575	0.0000000000%
21	2,097,152	1,048,576	2,097,151	2,097,151	0.0000000000%
22	4,194,304	2,097,152	4,194,303	4,194,303	0.0000000000%
23	8,388,608	4,194,304	8,388,607	8,388,607	0.0000000000%
24	16,777,216	8,388,608	16,777,215	16,777,215	0.0000000000%

最后 K 趋于 I_{base2} 的基数 $C_{base2}=\dfrac{ln(C_I)}{ln2}$；所以数域 I_{base2} 里的所有元素一共可以生成如下个数的不重复分数：$2^0+2^1+2^2+2^3+......+2^k$，因为

$$2^0+2^1+2^2+2^3+...+2^k=2^0+2*(2^0+2^1+2^2+...+2^{k-1})=1+2*(2^{\frac{ln(C_I)}{ln2}-1}-1)$$

所以，数域 I_{base2} 可以生成的不重复分数个数：

(152) $$C_{F_{base2}}=1+2*(2^{\frac{ln(C_I)}{ln2}-1}-1)$$

验证结果见表 40。

第二节 以 3 为底 k 为指数的数域生成的分数数域基数

我们知道以 3 为底全体整数为指数生成的数域是 $I_{base3}=\{3^1,3^2,3^3,3^4,\cdots,3^K,\cdots\}$ 其基数是 $C_{base3}=\frac{ln(C_I)}{ln3}$；那么数域 I_{base3} 里每个元素可以生成多少不重复分数呢？经过计算发现：在数域 3^1，3^2，3^3，3^4，……，3^K 里，3^1 可以生成 2 个不重复分数；3^2 可以生成 6=2*3 个不重复分数；3^3 可以生成 18=2*3*3=2*3^2 个不重复分数；3^4 可以生成 54=2*3^3 个不重复分数；…，依此类推 3^K 可以生成 2*3^{K-1} 个不重复分数；

表 41 以 3 为底全体整数为指数生成的数域生成的不重复分数

序号	3^K	3^K生成的分数	3^K生成的分数累加	估值公式预测 $C_{F_{base3}}=2+3*(3^{\frac{ln(C_I)}{ln3}-1}-1)$	误差
1	3	2	2	2	0.0000000000%
2	9	6	8	8	0.0000000000%
3	27	18	26	26	0.0000000000%
4	81	54	80	80	0.0000000000%
5	243	162	242	242	0.0000000000%
6	729	486	728	728	0.0000000000%
7	2187	1458	2186	2186	0.0000000000%
8	6561	4374	6560	6560	0.0000000000%
9	19683	13122	19682	19682	0.0000000000%
10	59049	39366	59048	59048	0.0000000000%
…………		…………		…………	
20	3486784401	2324522934	3486784400	3486784400	0.0000000000%
21	10460353203	6973568802	10460353202	10460353202	0.0000000000%
22	31381059609	20920706406	31381059608	31381059608	0.0000000000%
23	94143178827	62762119218	94143178826	94143178826	0.0000000000%
24	2.8243E+11	1.88286E+11	2.8243E+11	2.8243E+11	0.0000000000%

最后 $k\to C_{base3}=\frac{ln(C_I)}{ln(3)}$；数域 I_{base3} 里所有元素共可生成如下个数不重复分数：

$$2+2*3^1+2*3^2+2*3^3+......+2*3^k=2+2*3*(3^0+3^1+3^2+3^3+3^4+...+3^{k-1})$$

$$=2+2*\frac{3*(3^{k-1}-1)}{3-1}=2+3*(3^{(k-1)}-1)=2+3*(3^{(\frac{ln(C_I)}{ln3}-1)}-1)$$

由等比级数公式可得。所以数域 I_{base3} 可以生成的不重复分数个数：

$$C_{F_{base3}}=2+3*(3^{(\frac{ln(C_I)}{ln3}-1)}-1); \tag{153}$$

误差精度验证见表 41，全部是 0 误差。

第三节 以 4 为底 k 为指数的数域生成的分数数域基数

类似的， 以 4 为底全体整数为指数生成的数域为 I_{base4} ={4^1，4^2，4^3，4^4，……，4^K，……}基数是 $k \rightarrow C_{base4}=\dfrac{ln(C_I)}{ln(4)}$；数域 I_{base4} 可以生成的不重复分数个数：

(154) $C_{F_{base4}}=\dfrac{2}{3}*(4^{\frac{ln(C_I)}{ln4}}-1)$;

误差精度验证见表 42，全部是 0 误差。

表 42 以 4 为底全体整数为指数生成的数域生成的不重复分数

序号	4^K	4^K生成的分数	4^K生成的分数累加	估值公式预测 $C_{F_{base4}}=2+\frac{2*4}{4-1}*(4^{\frac{ln(C_I)}{ln4}-1}-1)$	误差
1	4	2	2	2	0.0000000000%
2	16	8	10	10	0.0000000000%
3	64	32	42	42	0.0000000000%
4	256	128	170	170	0.0000000000%
5	1024	512	682	682	0.0000000000%
6	4096	2048	2730	2730	0.0000000000%
7	16384	8192	10922	10922	0.0000000000%
8	65536	32768	43690	43690	0.0000000000%
9	262144	131072	174762	174762	0.0000000000%
10	1048576	524288	699050	699050	0.0000000000%
20	1.09951E+12	5.49756E+11	7.33008E+11	7.33008E+11	0.0000000000%
21	4.39805E+12	2.19902E+12	2.93203E+12	2.93203E+12	0.0000000000%
22	1.75922E+13	8.79609E+12	1.17281E+13	1.17281E+13	0.0000000000%
23	7.03687E+13	3.51844E+13	4.69125E+13	4.69125E+13	0.0000000000%
24	2.81475E+14	1.40737E+14	1.8765E+14	1.8765E+14	0.0000000000%
16	4294967296	2147483648	2863311530	2863311530	0.0000000000%
17	17179869184	8589934592	11453246122	11453246122	0.0000000000%
18	68719476736	34359738368	45812984490	45812984490	0.0000000000%
19	2.74878E+11	1.37439E+11	1.83252E+11	1.83252E+11	0.0000000000%

第四节 以 5 和 6 为底 k 为指数的数域生成的分数数域基数

继续以 5 为底全体整数为指数生成的数域为 I_{base5} ={5^1，5^2，5^3，……，5^K，……}其基数是 $k \rightarrow C_{base5}=\dfrac{ln(C_I)}{ln(5)}$；所以数域 I_{base5} 可以生成的不重复分数个数：

(155) $C_{F_{base5}}=4+5*(5^{\frac{ln(C_I)}{ln5}-1}-1)$;

误差精度验证见表 43，全部是 0 误差。

表 43　以 5 为底全体整数为指数生成的数域生成的不重复分数

序号	5^K	5^K生成的分数	5^K生成的分数累加	估值公式预测 $C_{F_{base5}} = 4+5*(5^{\frac{ln(c_I)}{ln5}-1}-1)$	误差
1	5	4	4	4	0.0000000000%
2	25	20	24	24	0.0000000000%
3	125	100	124	124	0.0000000000%
4	625	500	624	624	0.0000000000%
5	3125	2500	3124	3124	0.0000000000%
6	15625	12500	15624	15624	0.0000000000%
7	78125	62500	78124	78124	0.0000000000%
8	390625	312500	390624	390624	0.0000000000%
9	1953125	1562500	1953124	1953124	0.0000000000%
10	9765625	7812500	9765624	9765624	0.0000000000%
…………		…………		…………	…………
20	9.53674E+13	7.62939E+13	9.53674E+13	9.53674E+13	0.0000000000%
21	4.76837E+14	3.8147E+14	4.76837E+14	4.76837E+14	0.0000000000%
22	2.38419E+15	1.90735E+15	2.38419E+15	2.38419E+15	0.0000000000%
23	1.19209E+16	9.53674E+15	1.19209E+16	1.19209E+16	0.0000000000%
24	5.96046E+16	4.76837E+16	5.96046E+16	5.96046E+16	0.0000000000%

表 44　以 6 为底全体整数为指数生成的数域生成的不重复分数

序号	6^K	6^K生成的分数	6^K生成的分数累加	估值公式预测 $C_{F_{base6}} = 2+\frac{2*6*(6^{\frac{ln(c_I)}{ln6}-1}-1)}{6-1}$	误差
1	6	2	2	2	0.0000000000%
2	36	12	14	14	0.0000000000%
3	216	72	86	86	0.0000000000%
4	1296	432	518	518	0.0000000000%
5	7776	2592	3110	3110	0.0000000000%
6	46656	15552	18662	18662	0.0000000000%
7	279936	93312	111974	111974	0.0000000000%
8	1679616	559872	671846	671846	0.0000000000%
9	10077696	3359232	4031078	4031078	0.0000000000%
10	60466176	20155392	24186470	24186470	0.0000000000%
…………		…………		…………	…………
20	3.65616E+15	1.21872E+15	1.46246E+15	1.46246E+15	0.0000000000%
21	2.1937E+16	7.31232E+15	8.77478E+15	8.77478E+15	0.0000000000%
22	1.31622E+17	4.38739E+16	5.26487E+16	5.26487E+16	0.0000000000%
23	7.8973E+17	2.63243E+17	3.15892E+17	3.15892E+17	0.0000000000%
24	4.73838E+18	1.57946E+18	1.89535E+18	1.89535E+18	0.0000000000%

同理，可算出以 6 为底全体整数为指数生成的数域为 $I_{base6}=\{6^1，6^2，6^3，6^4，……，6^K，……\}$

其基数是 $k \to C_{base6}=\frac{ln(C_I)}{ln(6)}$；所以数域 I_{base6} 可以生成的不重复分数个数：

(156) $$C_{F_{base6}}=2+\frac{2*6*(6^{\frac{ln(C_I)}{ln6}-1}-1)}{6-1}=2+\frac{12*(6^{\frac{ln(C_I)}{ln6}-1}-1)}{5};$$

误差精度验证见表 44，全部是 0 误差。

第五节 以7，8，9，10为底k为指数的数域生成的分数数域基数

(1). 以7为底全体整数为指数生成的数域为 I_{base7}={7^1，7^2，7^3，……，7^K，……}基数是 $k \to C_{base7} = \frac{ln(C_I)}{ln(7)}$；数域 I_{base7} 可以生成的不重复分数个数：

(157) $$C_{F_{base7}} = 6 + \frac{6*7*(7^{\frac{ln(C_I)}{ln7}-1}-1)}{7-1} = 6+7*(7^{\frac{ln(C_I)}{ln7}-1}-1)$$

误差精度验证见表45，全部是0误差。

表45　以7为底全体整数为指数生成的数域生成的不重复分数

序号	7^K	7^K生成的分数	7^K生成的分数累加	估值公式预测 $C_{F_{base7}} = 6+\frac{6*7*(7^{\frac{ln(C_I)}{ln7}-1}-1)}{7-1}$	误差
1	7	6	6	6	0.0000000000%
2	49	42	48	48	0.0000000000%
3	343	294	342	342	0.0000000000%
4	2401	2058	2400	2400	0.0000000000%
5	16807	14406	16806	16806	0.0000000000%
6	117649	100842	117648	117648	0.0000000000%
7	823543	705894	823542	823542	0.0000000000%
8	5764801	4941258	5764800	5764800	0.0000000000%
9	40353607	34588806	40353606	40353606	0.0000000000%
10	282475249	242121642	282475248	282475248	0.0000000000%
…………		…………		…………	
20	7.97923E+16	6.83934E+16	7.97923E+16	7.97923E+16	0.0000000000%
21	5.58546E+17	4.78754E+17	5.58546E+17	5.58546E+17	0.0000000000%
22	3.90982E+18	3.35128E+18	3.90982E+18	3.90982E+18	0.0000000000%
23	2.73687E+19	2.34589E+19	2.73687E+19	2.73687E+19	0.0000000000%
24	1.91581E+20	1.64212E+20	1.91581E+20	1.91581E+20	0.0000000000%

(2). 以8为底全体整数为指数生成的数域为 I_{base10} ={8^1，8^2，8^3，……，8^K}其基数是 $k \to C_{base8} = \frac{ln(C_I)}{ln(8)}$；数域 I_{base8} 可以生成的不重复分数个数：

(158) $$C_{F_{base8}} = 4+\frac{4*8}{8-1}*(8^{\frac{ln(C_I)}{ln8}-1}-1) = 4+\frac{32}{7}*(8^{\frac{ln(C_I)}{ln8}-1}-1);$$

误差精度验证见表46，全部是0误差。

(3). 以9为底全体整数为指数生成的数域为 I_{base10} ={9^1，9^2，9^3，…，9^K，…}其基数是 $k \to C_{base9} = \frac{ln(C_I)}{ln(9)}$；数域 I_{base9} 可以生成的不重复分数个数：

(159) $$C_{F_{base9}} = 6+\frac{6*9}{9-1}*(9^{\frac{ln(C_I)}{ln9}-1}-1);$$

误差精度验证见表47，全部是0误差。

表 46　以 8 为底全体整数为指数生成的数域生成的不重复分数

序号	8^K	8^K生成的分数	8^K生成的分数累加	估值公式预测 $C_{F_{base8}}=4+\frac{4*8}{8-1}*(8^{\frac{ln(c_i)}{ln8}-1}-1)$	误差
1	8	4	4	4	0.0000000000%
2	64	32	36	36	0.0000000000%
3	512	256	292	292	0.0000000000%
4	4096	2048	2340	2340	0.0000000000%
5	32768	16384	18724	18724	0.0000000000%
6	262144	131072	149796	149796	0.0000000000%
7	2097152	1048576	1198372	1198372	0.0000000000%
8	16777216	8388608	9586980	9586980	0.0000000000%
9	134217728	67108864	76695844	76695844	0.0000000000%
10	1073741824	536870912	613566756	613566756	0.0000000000%
…………		…………		…………	
20	1.15292E+18	5.76461E+17	6.58812E+17	6.58812E+17	0.0000000000%
21	9.22337E+18	4.61169E+18	5.2705E+18	5.2705E+18	0.0000000000%
22	7.3787E+19	3.68935E+19	4.2164E+19	4.2164E+19	0.0000000000%
23	5.90296E+20	2.95148E+20	3.37312E+20	3.37312E+20	0.0000000000%
24	4.72237E+21	2.36118E+21	2.6985E+21	2.6985E+21	0.0000000000%

表 47　以 9 为底全体整数为指数生成的数域生成的不重复分数

序号	9^K	9^K生成的分数	9^K生成的分数累加	估值公式预测 $C_{F_{base9}}=6+\frac{6*9}{9-1}*(9^{\frac{ln(c_I)}{ln9}-1}-1)$	误差
1	9	6	6	6	0.0000000000%
2	81	54	60	60	0.0000000000%
3	729	486	546	546	0.0000000000%
4	6561	4374	4920	4920	0.0000000000%
5	59049	39366	44286	44286	0.0000000000%
6	531441	354294	398580	398580	0.0000000000%
7	4782969	3188646	3587226	3587226	0.0000000000%
8	43046721	28697814	32285040	32285040	0.0000000000%
9	387420489	258280326	290565366	290565366	0.0000000000%
10	3486784401	2324522934	2615088300	2615088300	0.0000000000%
…………		…………		…………	
20	1.21577E+19	8.10511E+18	9.11825E+18	9.11825E+18	0.0000000000%
21	1.09419E+20	7.2946E+19	8.20642E+19	8.20642E+19	0.0000000000%
22	9.84771E+20	6.56514E+20	7.38578E+20	7.38578E+20	0.0000000000%
23	8.86294E+21	5.90863E+21	6.6472E+21	6.6472E+21	0.0000000000%
24	7.97664E+22	5.31776E+22	5.98248E+22	5.98248E+22	0.0000000000%

表 48　以 10 为底全体整数为指数生成的数域生成的不重复分数

序号	10^K	10^K生成的分数	10^K生成的分数累加	估值公式预测 $C_{F_{base10}}=4+\frac{40}{9}*(10^{\frac{ln(c_i)}{ln10}-1}-1)$	误差
1	10	4	4	4	0.0000000000%
2	100	40	44	44	0.0000000000%
3	1000	400	444	444	0.0000000000%
4	10000	4000	4444	4444	0.0000000000%
5	100000	40000	44444	44444	0.0000000000%
6	1000000	400000	444444	444444	0.0000000000%
7	10000000	4000000	4444444	4444444	0.0000000000%
8	100000000	40000000	44444444	44444444	0.0000000000%
9	1000000000	400000000	444444444	444444444	0.0000000000%
10	10000000000	4000000000	4444444444	4444444444	0.0000000000%
…………		…………		…………	
20	1E+20	4E+19	4.44444E+19	4.44444E+19	0.0000000000%
21	1E+21	4E+20	4.44444E+20	4.44444E+20	0.0000000000%
22	1E+22	4E+21	4.44444E+21	4.44444E+21	0.0000000000%
23	1E+23	4E+22	4.44444E+22	4.44444E+22	0.0000000000%
24	1E+24	4E+23	4.44444E+23	4.44444E+23	0.0000000000%

(4). 以 10 为底全体整数为指数生成的数域为 $I_{base10}=\{10^1, 10^2, 10^3, \cdots, 10^K, \cdots\}$ 其基数是 $k \to C_{base10}=\frac{ln(C_I)}{ln(10)}$；数域 I_{base10} 可以生成的不重复分数个数：

(160) $C_{F_{base10}}=\frac{40}{9}*(10^{\frac{ln(C_I)}{ln10}-1}-1)$;

误差精度验证见表 48，全部是 0 误差。

第六节 以任意整数 N 为底 k 为指数的数域生成的分数数域基数

更一般的，给定任意整数 *N*，计算 N 能够最多生成**不重复分数个数** ***M*** 则任意整数 *N* 的指数数域 $I_{baseN}=\{N^1, N^2, N^3, N^4, ..., N^K, \cdots\cdots\}$ 其基数是 $k \to C_{baseN}=\frac{ln(C_I)}{ln(N)}$；我们把所有的已有的各个 2，3，4，…，10 为底整数为指数的通项公式开列如下，

$$C_{F_{base2}}=(2-1)+\frac{(2-1)*2*(2^{\frac{ln(C_I)}{ln2}-1}-1)}{2-1}$$

$$C_{F_{base3}}=(3-1)+\frac{(3-1)*3*(3^{(\frac{ln(C_I)}{ln3}-1)}-1)}{3-1}$$

$$C_{F_{base4}}=2+\frac{2*4}{4-1}*(4^{\frac{ln(B2)}{ln4}-1}-1)$$

$$C_{F_{base5}}=4+\frac{4*5*(5^{\frac{ln(C_I)}{ln5}-1}-1)}{5-1}$$

$$C_{F_{base6}}=2+\frac{2*6*(6^{\frac{ln(C_I)}{ln6}-1}-1)}{6-1}$$

$$C_{F_{base7}}=6+\frac{6*7*(7^{\frac{ln(C_I)}{ln7}-1}-1)}{7-1}$$

$$\boldsymbol{C_{F_{base8}}}=4+\frac{4*8*(8^{\frac{\boldsymbol{ln(C_I)}}{\boldsymbol{ln8}}-1}-1)}{8-1}$$

$$C_{F_{base9}}=6+\frac{6*9*(9^{\frac{ln(C_I)}{ln9}-1}-1)}{9-1}=6+\frac{27*(9^{\frac{ln(C_I)}{ln9}-1}-1)}{4};$$

$$C_{F_{base10}} = 4 + \frac{4*10*(10^{\frac{ln(C_I)}{ln10}-1}-1)}{10-1};$$

任意整数 N 的指数数域 I_{baseN} 能生成的所有不重复分数个数通项公式就是：

(161) $$C_{F_{baseN}} = M + \frac{M*N*(N^{\frac{ln(C_I)}{ln(N)}-1}-1)}{N-1};$$

这里注意，M 是整数 N 可以生成的最大不重复分数个数，整数 N 可以生成的分数个数最多是 $N-1$；所以 $M<N$。

第五十五章 大数域理论整合传统数学其他公式

人类历史上不世出的德国天才数学家高斯的故事大家都耳熟能详，高斯非凡的传奇故事成为人们世世代代经久不衰的热门话题。一个最著名的故事就是 1+2+3+……+100，小高斯无师自通发现等差级数的规律很快就计算出来， 让老师大吃一惊。见参考文献[81]。

今天就从这个高斯著名的传奇说起。故事说才上几年学的九岁的小高斯凭借自己超人的智慧，发现 1+2+3+…+100 的规律是 1+2+3+…+100=10*(10+1)/2，题目简单，但是这件事情不简单，因为这个规律是一个通项公式，被一个小学三年级的孩子看出来。

现在有了大数域理论，有了不同于欧几里得等量公理的全新的生成公理体系，有了基数数域以及数域生成维度等更高维度的视角，再回过头来看这个极其普通又和伟大天才高斯的神秘传奇紧密相联的等差级数的公式，看看能发现什么。

公式里的 n 显然是在整数数域理取值，我们知道整数数域的基数是 C_I，于是按照数学归纳法，整个整数数域所有元素相加也应该成立，只不过结果是基数值而不是整数。得公式：

(162) $$C_{SumI} = 1+2+3+...+n = \frac{C_I*(C_I+1)}{2}; n \xrightarrow{n\to\infty} C_I$$

就是说，这个初等数学最简单的等差级数公式在大数域无穷大范围仍然适用。只不过所有整数相加的值由有限的整数数值变成了基数数值，从整数数域变化到了基数数域，这是一个本质的变化，一个根本的质的改变，这个变化就把整个传统数学的几乎所有公式所有合理的结晶成果全部纳入大数域领域，成为大数域理论的一个完整的不可分割的一部分。这为什么能够成立呢？

这是因为大数域理论独创的传承公理在基础理论层面保证了传统数学的所有原理原则公理和公式都可以被大数域理论继承，整个整数数域是由有限整数的子域{0，1}经过加法运算规则（皮亚诺公理）生成的，因此所有子域成立的公理公式在所有无穷大大数域也成立。这就彻底打开了高维度大数域领域整合低维度传统数学的大门，使得大数域理论和传统数学天衣无缝整合在一起，而且所有传统数学的公式在大数域理论里全部被赋予全新的含义而获得新生。这是基于欧几里得等量公理的欧拉高斯等传统数学和康托尔的无穷大理论所无能为力的。

我们再分析一下，公式 $C_{SumI}=1+2+3+...+C_I=\dfrac{C_I*(C_I+1)}{2}$ 是什么意思呢？这个公式是说，

（1）全体整数数域所有元素的值之和是与整数数域基数（即个数）平方成正比；这里无穷大大数域元素的数值属性和存在属性已经完美无缺地统一在一起了，而不是整数 n 的前 n 个元素的值之和与整数 n 的平方成正比这么简单的东西，由于基数参与数值运算，这个新公式有了质的飞跃和维度的大幅度提升。

（2）全体整数数域所有元素的值之和是基数数域里基数个数无穷多的基数值之一，落值在基数数域，整数数域的元素是看不见的；

（3）而传统数学的前 n 个元素之值之和却是整数数域里的一个值，落值在整数数域，整数数域的元素是看得见的；

（4）传统数学的公式在大数域范围的基数数域领域里可以参与基数数值运算，公式仍然成立；

即大数域理论可以整合传统数学里的几乎所有公式。这里就不一一列举。

由于初版已经定稿，我们将在后续的著作里会就大数域理论的这个公式和**欧拉**以及**拉玛努金**的类似公式展开有趣的讨论。看看先贤们那些涉及无穷大的有悖常理惊世骇俗的结论到底错在哪里，看看这些先贤的局限都在什么地方，看看传统数学的局限，看看欧几里得等量公理以及皮亚诺公理的局限，看看大数域理论的威力。限于篇幅，这里不展开。

第五十六章 大数域无穷大基数图谱

图 38 准确反映了整数数域和分数数域的相对大小，生成数值运算，生成方向，生成关系和通项估值公式。下面我们用一张图（见图 39）简单列出目前已知的一些主要无穷大数域的基数的关系。这个大数域无穷大基数图谱主要目的是使得人们可以在第一时间对各个不同基数的大数域究竟处于什么位置，相对大小如何有一个定性的简明扼要的了解。图 39 里开列出的是各个无穷大数域的基数的相对大小示意。结合图 38 和图 39，可以清晰看到，大数域分数生成率大常数 $\mathcal{Q}$ 在整个基数数域的生成发展演化过程中起着极其关键和不可替代的作用。

大常数 $\mathcal{Q}$ 揭示的是数的本质，是数域的本质，是无穷大的本质。

没有这个伟大的大常数 Q，人类引以为傲的所有数学基础不复存在。

没发现大常数 Q 之前，是不会想到无穷大大数域整合这样重大基础数学问题的。即使想到了也不知道到如何把所有的数和数域统一起来。大常数 Q 是牵一发而动全身的大一统常数。

大常数 Q 是大一统数学里关键的关键，基础的基础，重点的重点，核心的核心。

为什么要搞无穷大大数域基数图谱呢？我们需要一张类似门捷列夫元素周期表的总体战略概图，简洁清晰深刻反映无穷大基数的本质，使得人们可以一眼看清各个不同大数域基数的相对大小和在基数阶梯中的大致位置。看清量变引起质变的根本原因，看清主导基数变化的最根本的原因和实质。看清万数可生的来龙去脉。

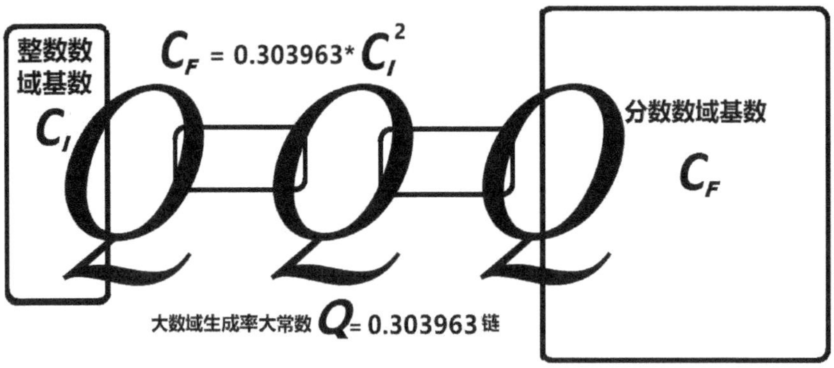

图 38　整数数域基数与分数数域基数的关系

我们需要在这张无穷大大数域基数图谱里，看清大数域大常数 Q 所扮演的支柱一样无可替代的作用，看清几千年来人们没有搞懂的发散无穷大大数域最深层的最内核逻辑关系，看清无穷大大数域是怎么从 0 到 1，从无到有发展出来的。看清造物主是怎么构造和铺设如此复杂精妙的宇宙大厦最底层的砖块基石的。

大数域理论让我们认识到什么是哲学原理里“不以人的意志为转移的客观规律”的深刻含义，有了超越认字水平的入木三分的透彻理解，对这句司空见惯耳熟能详的话有了比康托尔时代更加深刻认识。进一步，我们加深了对“质疑”一词更加深刻的理解。

哲学原理在这里的体现是：简单加法运算实现从有限到无限的量变质变的转换；简单除法运算实现从一个数域到性质不同的另外一个数域的质变的转换；即：

（1）加法乘法通过无限步骤实现数域整体基数的质变，

（2）除法通过有限步骤实现单个元素的质变。

大数域理论从头到尾自始至终彻彻底底贯穿了这些伟大的宇宙真理。

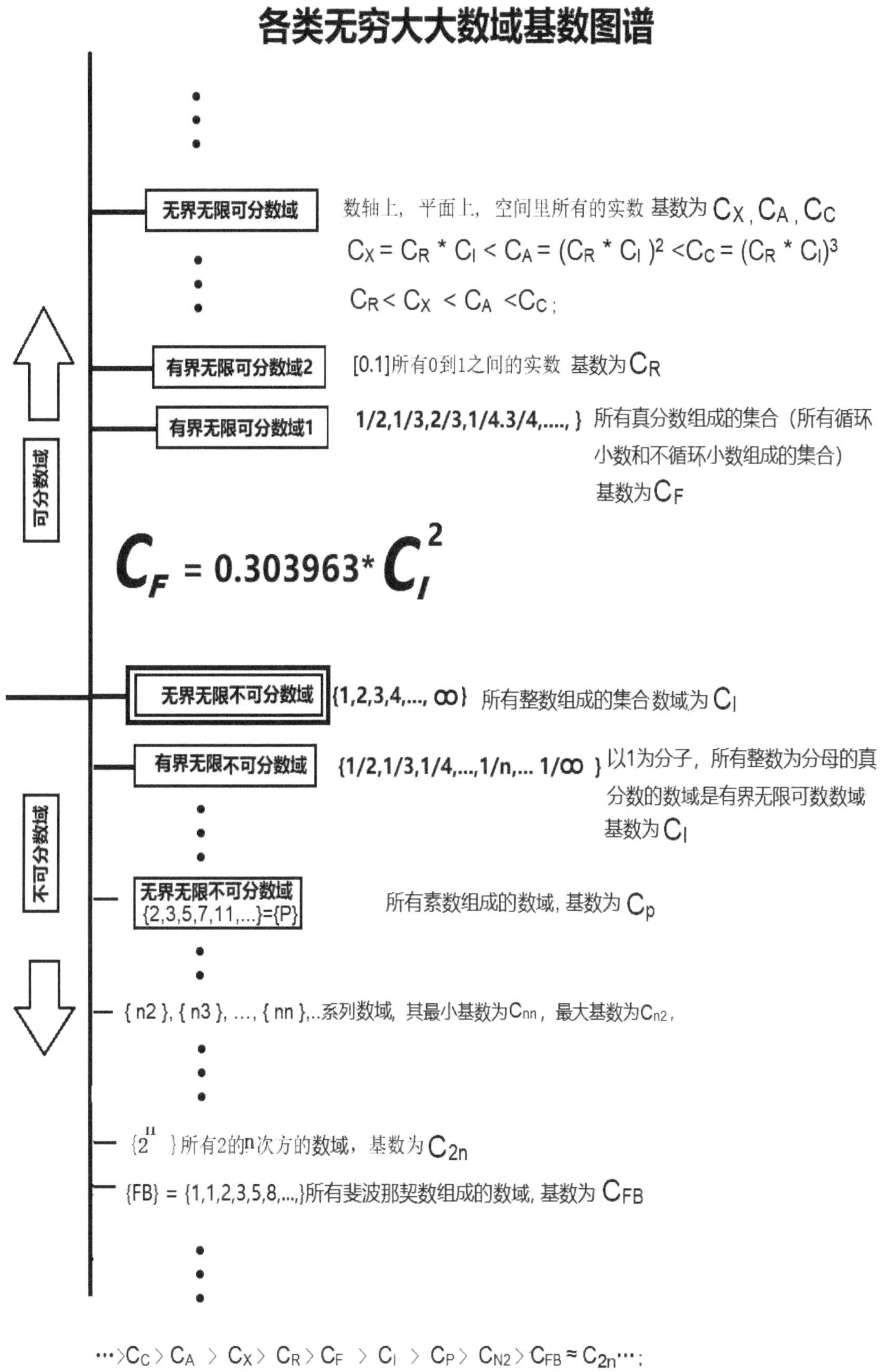

图 39　各类无穷大大数域基数图谱

第三篇

大数域理论的初步应用

本篇内容详情见我们的专著《大数域应用手册》。

第四篇

大数域理论的基本框架

第一章 大数域元素的基本属性

研究发现，我们已知的所有大数域，包括质数数域，整数数域，分数数域和实数数域以及基数数域等等所有已知的大数域元素都具备以下几个客观的与生俱来的不以人们意志为转移的基本属性：存在属性， 数值属性，定位属性等。生成属性是存在属性的一种。后两种属性也称为特征属性。特征属性依附于或隶属于存在属性。

第一节 大数域元素的存在属性

大数域元素的第一个属性，**存在属性**。大数域元素的存在属性，也就是讲元素是什么，是怎么来的，是如何生成的，是按照什么样的不以人们主观意志为转移和主观意识为标准的生成规则生成出来的？存在属性是大数域第一位和最根本的天然属性，是我们认识和认知事物或元素及其相互间联系的基础，其他属性都是从属于或依附于存在属性而表现的。微观描述数域元素的存在属性的工具是大数域元素的生成规则，比如加减乘除幂运算（+，-. *，/，∧）等数值运算；而宏观描述大数域元素的存在属性的工具是用做度量单位的基数，是数域里所生成的**所有唯一的不重复元素**存在的个数。在这里，每个大数域里所有元素的**唯一的不重复存在**的属性决定了该大数域元素的基数。大数域元素的**存在属性**也是大数域元素的**生成属性**。

大数域元素存在属性最重要的应用是发现大数域生成常数 Q 和大数域理论。

正是因为大数域元素无论在宏观还是微观都具有与生俱来反映事物具有“基数”和“生成”两种不同的特征的存在属性，所以可以更加深刻描述数域元素的数，其中既有相对于数值本身动态的数即基数，也有相对于基数可通过生成规则以及其他函数生成的稳定存在的静态的数。也就是说，静态的数值的数与动态的基数以及基数数域里的数，都不过是数作为存在的最为基本的运动形式，函数只是描述数的运动的方式；运动则是存在的基本形式，没有存在便不会有运动，反之亦然。这就从根本上阐明为什么数只能是生成出来的而不是构建出来的，阐明了数的生成与数的存在是唇齿相依休戚与共浑然天成一体两面的共生关系的终极问题。因为数本身就是存在或一种特殊的超级的存在的存在，即数既是存在本身又是存在的反映，数还是存在变化的表现形式。

最基础最原始的数域的元素的存在决定了从该基础原始数域按照一定运算规则衍生生成该数域的所有元素和其他所有数域的元素的存在。大数域元素是表现事物客观存在的一种高度抽象的存在的最原始的朴素表现形式。因此，最基础最原始的数域的元素的基数也决定了从该基础原始数域按照一定运算规则衍生生成的其他所有数域的元素的基数。这个最基础最原始的数域就是整数数域。整数数域里最基础的元素就是 0 和 1，0 是起点（或称原点或始点），1 是步长。由这两个基本元素，再加上加法数值运算，可以生成出整个整数数域。由整数数域，可以生成出所有诸如斐波那契数域、质数数域、分数数域、实数数域和基数数域等等所有无穷大数域。见图 40。

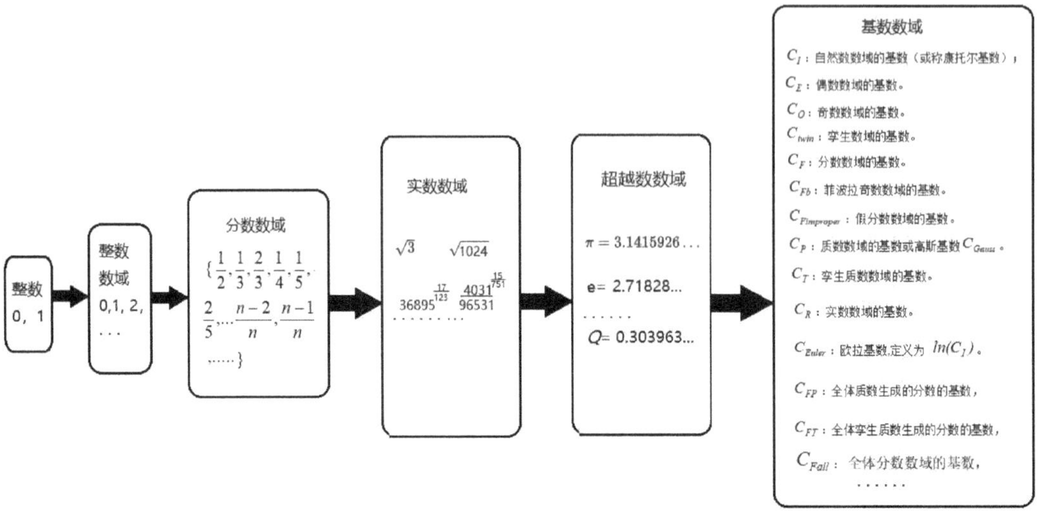

图 40　大数域生成演化进程的基本进程示意

图 40 告诉我们，元素 0 和 1 是生成整个整数数域的最小基本元素，有了 0 和 1，使用简单加法数值运算，就可以生成整个整数数域，进而生成出整个分数数域，再生成出整个实数数域，再生成出整个超越数数域。0 和 1 又是整个现代信息革命计算机科学采用的二进制的基本元素，计算机科学都是建立在 0 和 1 的二进制基础上的。就是说，0 和 1 不但是所有数的源头，也是现代计算机科学的源头。

从大数域元素的存在属性，我们可以得出如下大数域元素生成定理：

大数域元素生成定理：按照一定运算规则，从最基础最原始的数域的元素如 0 和 1，可以衍生生成出其他所有数域的元素和所有无穷大数域。

特别注意这里大数域元素的存在属性重点不是关注元素之间的数值关系，而是仅仅关注该元素是否存在，以及为什么存在的整个发生发展生成过程及其来龙去脉。大数域理论关注的元素的存在属性是把每个元素当作一个整体看而不进一步解剖其他从属特征属性。

我们需要新的定义描述新的现象。

基本概念定义 28：最少生成元素

由最少数量的一个或某些个基本元素，只要按照某种最低阶的生成运算规则比如加法规则用最少步骤的一个或一些简单的数值运算，就可以生成出整个数域来。这个或这些元素就是某个数域的最少生成元素。

基本概念定义 29：最小生成数域

由一个或一些最少生成元素所构成的某个基本数域就是最小生成数域。

基本概念定义 30：最简最少生成元素

由某个或某些基本元素，只要用一个最简单的数值运算加法，或用最少数目的基本数值运算，就可以生成出整个数域来。这个或这些元素就是某个数域的**最简**最少生成元素。很明显，整数 0 和 1 加上加法运算，就是**最简最少生成元素**。

基本概念定义 31：最简最小生成数域

由一个或一些**最简**最少生成元素所构成的某个基本数域就是**最简**最小生成数域。很明显，整数 0 和 1 构成的数域 $A_0=\{0,1\}$ 加上加法运算，就是**最简最少生成数域**。

简单地说，就是比如有数域 $A=\{0,1,2,3,4,5,6,7,8,9,10\}$，数域 A 有 10 个元素的存在，这 10 个数之间可能存在各种各样的函数关系，比如 $4=2^2$， $9=3^2$， $8=2^3$，....，我们都不关心，大数域元素的存在属性只关心用什么运算规则从第一个元素 0 如何生成其他元素以及一共有多少个唯一不重复元素，仔细看一下就知道，1=0+1；2=1+1；......，10=9+1；即后一个元素是前一个元素加 1 而得。就是说我们只要有基本元素 0 和步长 1 组成的原始数域最小基本整数数域 $A_0=\{0,1\}$，只要用简单的数值运算加法，就可以生成出整个数域 A 来。

再如有数域 $F1=\{\frac{1}{2},\frac{1}{3},\frac{2}{3},\frac{1}{4},\frac{3}{4},\frac{1}{5},...,\frac{1}{10},\frac{3}{10},\frac{7}{10},\frac{9}{10}\}$ 是由数域 $A=\{0,1,2,3,4,5,6,7,8,9,10\}$ 的元素按除法运算所产生的所有不重复真分数组成。有 31 个不重复元素的存在，这些不重复分数之间可能存在各种各样的函数关系，比如 $\sqrt{\frac{1}{4}}=\frac{1}{2},\sqrt[3]{\frac{1}{8}}=\frac{1}{2},\sqrt{\frac{4}{9}}=\frac{2}{3}$....，我们都不关心，在这里大数域元素的存在属性只关心用什么运算规则如何从数域 A 里的所有元素生成出数域 $F1$ 里的所有不重复元素以及一共有多少个唯一不重复元素。就是说我们只要用简单的除法数值运算，所有分子分母对数域 A 里每个元素遍历取值，排除所有重复分数，就可以生成得到唯一的不重复的整个数域 $F1$。质数数域情况类似，这里不再赘述。

另外用最小基本分数数域 $F_0=\{0,\frac{1}{2}\}$，也可以通过所有基本数值运算(+，-，*， /)，生成出整个分数数域 $F1=\{\frac{1}{2},\frac{1}{3},\frac{2}{3},\frac{1}{4},\frac{3}{4},...,\frac{1}{10},\frac{3}{10},\frac{7}{10},\frac{9}{10}\}$；比如：下面 $F_0=\{0,\frac{1}{2}\}$ 可以用+，－，*，/ 生成 10 以内所有整数可生成的 31 个不重复分数；进而可生成任何一个分数乃至整个分数数域。

$$\frac{1}{2}=\frac{1}{2};\frac{1}{3}=\frac{1}{4}\div\frac{3}{4};\frac{2}{3}=\frac{1}{3}\div\frac{1}{2};\frac{1}{4}=\frac{1}{2}*\frac{1}{2};\frac{3}{4}=\frac{1}{2}+\frac{1}{4};$$

$$\frac{1}{5}=\frac{1}{4}\div(\frac{3}{4}+\frac{1}{2});\frac{2}{5}=\frac{1}{5}\div\frac{1}{2};\frac{3}{5}=\frac{1}{5}\div\frac{1}{3};\frac{4}{5}=\frac{1}{5}\div\frac{1}{4};$$

$$\frac{1}{6}=\frac{1}{3}*\frac{1}{2};\frac{5}{6}=\frac{1}{6}/(\frac{1}{5});$$

$$\frac{1}{7}=\frac{1}{5}\div(\frac{3}{5}+\frac{4}{5});\frac{2}{7}=\frac{1}{7}\div\frac{1}{2};\frac{3}{7}=\frac{1}{7}\div\frac{1}{3};\frac{4}{7}=\frac{1}{7}*\frac{1}{4};\frac{5}{7}=\frac{1}{7}\div\frac{1}{5};\frac{6}{7}=\frac{1}{7}\div\frac{1}{6};$$

$\frac{1}{8}=\frac{1}{2}*\frac{1}{4};\frac{3}{8}=\frac{1}{8}\div\frac{1}{3};\frac{5}{8}=\frac{1}{8}*\frac{1}{5};\frac{7}{8}=\frac{1}{8}\div\frac{1}{7};$

$\frac{1}{9}=\frac{1}{3}*\frac{1}{3};\frac{2}{9}=\frac{1}{9}\div\frac{1}{2};\frac{4}{9}=\frac{1}{9}\div\frac{1}{4};\frac{5}{9}=\frac{1}{9}*\frac{1}{5};\frac{7}{9}=\frac{1}{9}\div\frac{1}{7};\frac{8}{9}=\frac{1}{9}\div\frac{1}{8};$

$\frac{1}{10}=\frac{1}{5}*\frac{1}{2};\frac{3}{10}=\frac{1}{10}\div\frac{1}{3};\frac{7}{10}=\frac{1}{10}\div\frac{1}{7};\frac{9}{10}=\frac{1}{10}\div\frac{1}{9};$

进而由这 31 个不重复分数生成整个分数数域。

我们推论，可以用最少基本分数元素 $\frac{1}{2}$ 和最小基本分数数域 $F_0=\{0,\frac{1}{2}\}$，以及加减乘除数值运算(+,-,*,/)的一系列组合运算，生成出整个分数数域 $F1=\{\frac{1}{2},\frac{1}{3},\frac{2}{3},\frac{1}{4},\frac{3}{4},\frac{1}{5},...,\frac{1}{10},\frac{3}{10},\frac{7}{10},\frac{9}{10},...\}$。这是除了用整数和单一的遍历除法以外，另外一种由最小基本分数生成分数数域全部元素以及生成分数数域的方法。由于所有分数元素 $\frac{1}{3},\frac{2}{3},\frac{1}{4},\frac{3}{4},\frac{1}{5},...,\frac{1}{10},\frac{3}{10},\frac{7}{10},\frac{9}{10},...$ 都是由 $\frac{1}{2}$ 生成出来的，所以理论上讲，最少基本分数元素 $\frac{1}{2}$ 所生成的任何一个分数 $\frac{1}{3},\frac{2}{3},\frac{1}{4},\frac{3}{4},\frac{1}{5},...,\frac{1}{10},\frac{3}{10},...$ 也都带有最少基本分数元素 $\frac{1}{2}$ 的全部生成信息，分数数域里任何一个分数通过加减乘除四则运算也可以生成分数数域里的全体分数。

比如基本分数 $\frac{1}{3}$ 也可以用+，－，*，/ 生成 10 以内所有整数可生成的 31 个不重复分数；

$\frac{1}{3}=\frac{1}{3};\frac{1}{3}+\frac{1}{3}=\frac{2}{3};(\frac{1}{3})/(\frac{2}{3})=\frac{1}{2};\frac{1}{2}*\frac{1}{2}=\frac{1}{4};$ …..

进而由这 31 个不重复分数生成整个分数数域。其余分数生成与分数 $\frac{1}{2}$ 生成过程相同。

再比如基本元素 $\frac{1}{9}$ 也可以用+，－，*，/ 生成 10 以内所有整数可生成的 31 个不重复分数；

$\frac{1}{9}=\frac{1}{9};\frac{1}{9}+\frac{1}{9}=\frac{2}{9};(\frac{1}{9})/(\frac{2}{9})=\frac{1}{2};\frac{1}{2}*\frac{1}{2}=\frac{1}{4};$ …..

进而由这 31 个不重复分数生成整个分数数域。其余分数生成与 1/2 相同。

进一步，每个分数元素可以通过加减乘除数值运算生成除整个分数数域。

就是说，最少生成分数元素可以是任何一个分数，最小生成分数数域可以是包含任何一个分数的分数数域。这样我们得到如下分数生成全息定理：

分数生成全息定理：任何一个分数都包含整个分数数域所有元素的基本生成信息；每一个分数都可以通过加减乘除基本数值运算生成出全部不重复分数来。

分数数域的每一个分数都是全息的，用数值运算可以生成出分数数域里任何一个分数元素。

$\frac{1}{2}$ 是整数里不等于 1 的最小整数 2 的最小不重复分数元素，所以，为方便起见，我们定义 $\frac{1}{2}$ 为**最小最简生成分数元素**。

质数数域的最少最简生成质数元素似乎是 2，3，最小基本质数数域似乎是 $P_0=\{2,3\}$，但有待于哥德巴赫猜想的最后证明。

孪生质数数域的最少最简生成孪生质数元素似乎是 3，5，孪生质数数域的最小基本质数数域似乎是 $P_{Twin\ 0} = \{3,5\}$ ，但也有待于哥德巴赫猜想的最后证明。

首先可以由整个整数数域与一次性遍历除法运算生成出整个分数数域。不同数域的最小最简生成数域和最少最简生成元素以及生成规则是完全不一样的，整数数域的最小生成数域和最少生成元素以及生成规则最简单，最少生成元素是 0 和 1，生成规则是最简单的数值运算：加法，分数数域的最少生成元素和生成规则比较复杂，基本元素就是整个数域的所有元素，生成规则是比较复杂的数值运算：除法而且是一次性除法；质数数域的最少生成元素和生成规则就比分数数域生成规则的除法运算更复杂一些，质数数域基本元素也是整个质数数域的所有元素，生成规则也是比较复杂的数值运算：除法，但不是一次性除法，而是一组连续的除法。我们发现，越是复杂的数域，其基本元素和生成规则就越是复杂，最小生成数域和最少生成元素就越多，以及需要的数值运算的数目和步骤也就越多。

其次还可以由任何一个分数与加减乘除等多次数值运算一起生成出整个分数数域。

就是说，所有的数，整数，质数，分数，实数，超越数，基数，……，都起源于整数数域的基本元素 0 和步长 1 组成的最小基本整数数域 $A_0 = \{0,1\}$ 。有了 0 和 1，有了基本数值运算加减乘除幂运算（+，-，*，/，∧），就可生万数，可测万数，可生万物，可测万物。

所有数都起源于最简最少生成元素：整数 0 和 1。

所有数域源于最简最小生成数域，基本整数数域 $A_0 = \{0,1\}$ 。

数域元素的存在属性只关注所有数域的元素的来龙去脉。

第二节 大数域元素的数值属性

大数域元素的第二个属性，数值属性。数值属性是基于大数域元素的存在属性自然派生出来的为元素所特有的反映元素间关系的具有度量功能的依附性属性。大数域元素的数值属性，是说元素之间可以进行各种基本的加减乘除幂等数值运算生成出各种各样落值在相同或不同数域里的元素，这里重点不是元素生成过程和来龙去脉，而是生成元素的形形色色的函数和元素之间的经过函数联结的数值关系，重点是生成这些数的表达其数值间各种复杂关系的函数。即这些数值关系可以通过各种各样的数学函数紧密联系在一起，而这些联结和反映大数域元素的数值属性关系的不同类型的函数则组成和形成各种各样各类不同的数学学科，比如代数、数论等等。

与元素的存在属性不同，元素的数值属性只考虑元素之间通过某种函数联接的数值关系，其前提是已经假定该数值理所当然的合理存在了。不同学科的核心是要进一步解剖每个元素的其他属性特点以便彻底了解该元素数值属性的所有特征。

大数域元素的数值属性最重要的应用是生成整个代数等学科。

第三节 大数域元素的定位属性

大数域元素的第三个属性，定位属性。定位属性也是基于大数域元素的存在属性自然派生出来的为元素所特有的另一个反映元素间相对空间位置关系的具有度量功能的依附性属性。大数域元素的定位属性也是一种特征属性，是说每个元素都可以通过其数值属性立刻确定该元素相对于原始起点 0 的绝对精确位置和空间位置定位以及方向指向。就是说大数域的每个元素在该元素生成的时候就天生带有定位信息，带有它与最原始的起点 0 点的距离信息。比如有数域 $A=\{0,1,2,3,4,5,6,7,8,9,10\}$，数域 *A* 有 10 个元素的存在，同样我们不关心这 10 个数之间可能存在各种各样函数关系，只关心从每个元素到第一个元素 0 的距离是多少，以及任何两个元素相对距离是多少的位置问题或指向等。比如 3，距离 0 元素为 3 个单位，而 3 个单位恰好就是元素 3 的数值属性，比如 7，距离 0 元素为 7 个单位，而 7 个单位也恰好就是元素 7 的数值属性，而元素 3 和元素 7 的相对距离就是 7－3=4 个单位；又比元素 $A=\frac{1}{3}$，距离 0 元素为 $\frac{1}{3}$ 个单位，而元素 $B=\frac{1}{4}$，距离 0 元素为 $\frac{1}{4}$ 个单位，则元素 A 和元素 B 之间的距离 $\frac{1}{3}-\frac{1}{4}=\frac{1}{12}$。而元素 A 和元素 B 的相对距离就是 $\frac{1}{3}-\frac{1}{4}=\frac{1}{12}$ 个单位； 即大数域元素的定位属性就是和数值属性是完全一致的，但是大数域元素的定位属性描述的是每个元素的空间特性，而非元素的简单数值特性。

再比如有分数数域 $F1=\{0,\frac{1}{2},\frac{1}{3},\frac{2}{3},\frac{1}{4},\frac{3}{4},\frac{1}{5},\frac{2}{5},\frac{3}{5},\frac{4}{5},\frac{1}{6},......\}$，分数数域 ***F1*** 有 C_F 个分数元素的存在，同样我们可以准确定位每一个分数元素在数轴上的精确位置。因为我们知道每个元素如 $\frac{1}{2},\frac{1}{3},\frac{2}{3},\frac{1}{4},\frac{3}{4},\frac{1}{5},\frac{2}{5},\frac{3}{5},\frac{4}{5},...$ 等等离开原点 0 的距离，同样我们还知道任何两个分数之间的精确距离。最后看看实数数域 $R1=\{0,\sqrt{\frac{1}{2}},\sqrt{3},\sqrt{5},\sqrt[5]{6},\sqrt[9]{7},\sqrt{11},......\}$，数域 ***R1*** 有许多的实数元素的存在，同样我们可以准确定位每一个给定的实数元素在数轴上，在平面上以及在三维空间里的精确位置。因为我们知道每个实数元素离开原点 0 的距离，同样我们还知道任何两个实数数之间的精确距离。这是一维数轴情况，其他维度类推。

图 41 是元素 a，b 和 c 等的定位属性的一维定位，二维定位和三维定位的三维表示。也可以推广到高维。可以看到用高维度（多维度）数值定位参数可以很方便地确定元素的低维度定位属性，反之则非常困难甚至不可能。

数也就是大数域元素的定位属性的这一独特性质，早在几百年前，大数学家拉普拉斯就已经非常明确地阐述了这一点，见参考文献[53]，这里不作赘述。

定位一定有序，有序未必定位。定位精度高于有序。定位是既定性又定量，有序是只定性不定量。有序的进一步抽象就是定位，如果按基数和数值大小排列，所有大数域包括基数数域以及大数域元素都是有序的。因为本质上，数学是用有序的抽象概念描述无序的客观事物存在，是一个变“熵”为负“熵”的过程。

大数域元素的定位属性最重要的应用是生成有关形状的整个几何学科。

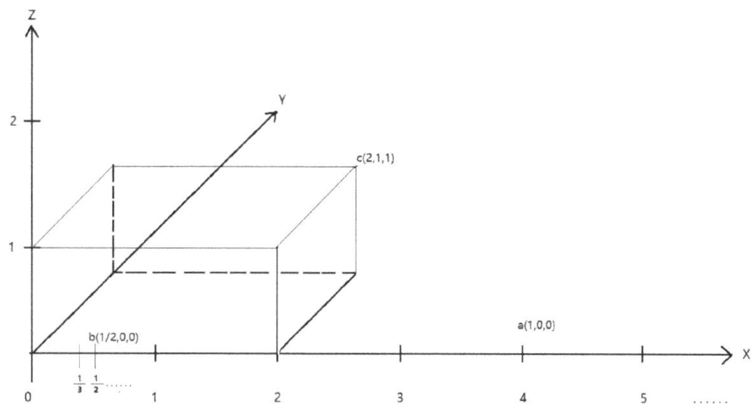

图 41　一维定位，二维定位和三维定位的三维示意

第四节 大数域元素各类属性之间的关系

大数域元素各个属性之间存在主从关系，这里最基本的主干属性是数域元素的存在属性。存在决定一切。人们最熟悉的大数域元素的数值属性和定位属性只是依附于存在属性的两个不同的从属属性。康托尔之前的传统数学都是围绕元素存在属性的这两个从属属性展开的。康托尔是人类历史上第一个从数域元素的存在属性即元素的根本属性思考问题的思想家和数学家。因此对客观事物的认识要比其他人深刻的多。

发现大数域基数数域的存在是一件重要事件。

人只有出生了存在了，才能展示他的与生俱来的其他属性，如哺乳动物的属性，直立行走的属性，新陈代谢的属性等等。即使车祸高位截瘫成为植物人，这个人只要不死，生命体征还在，就是一个存在，就算他丧失了人科动物甚至生物的其他属性如直立行走、繁衍后代等天生的本能，但没有丧失他吐故纳新吃喝拉撒作为人的存在的新陈代谢的属性。就是靠输送营养液维持基本生命体征，也在顽强表明生命的存在。可见哺乳动物的属性、直立行走的属性等都是依附于存在属性，作为主干属性的存在属性并不因为这些从属属性的丧失而随之一起消失。

一个完全丧失生命特征比如呼吸、心跳、血压等已经去世了的人，就不具备人科动物甚至生物的其他属性如直立行走、繁衍后代、吐故纳新、吃喝拉撒等天生的本能。一个不存在的人就失去了他生前存在时所拥有的所有生命体征所应有的从属属性。这里，只有特例的植物人不同，尽管没有思维意识，不能主动吃喝拉撒睡行走繁衍，但只要能够进行最低限度的新陈代谢，就是一个生命个体的存在，尽管丧失了其他附属属性但没有丧失生命存在的根本的主要属性。

同样，数域元素的存在属性决定所有其他从属属性，如数值属性、定位属性等。皮之不存毛将焉附。数域元素的存在属性就是其他属性紧紧依附的皮。没有数域元素的存在属性就没有数域元素的其他从属属性。

第二章 大数域理论和传统数学

第一节 大数域理论元素属性构成及其相互关系

在基于元素为前提的大数域存在属性与其他数值属性和定位属性构成的大数域三大基本属性中，大数域元素的定位属性是一个极其重要的属性，因为这个属性和数学里的一个最重要的分支密不可分。由于大数域元素的定位属性和存在属性以及数值属性的完全不同，衍生出完全不同的数学分支。大数域元素的定位属性的用途和大数域元素的数值属性的用途完全不同。大数域元素的定位属性衍生出来的是几何学等学科。因为任何简单或复杂的几何形状都是由一系列没有长宽高却带有定位属性的大数域元素所构成的。所以：

大数域元素的数值属性最重要的应用是生成整个代数学科；

大数域元素的定位属性最重要的应用是生成整个几何学科；

大数域元素的存在属性最重要的应用是生成整个大数域论。

大数域论成为所有其他数学学科如代数几何等的基础。

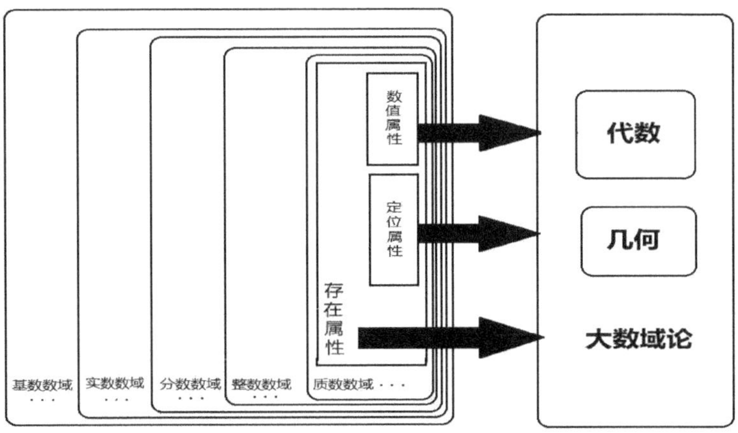

图 42　大数域属性和传统数学代数几何的基本关系示意

至于其余的如代数和几何等等在各个学科边缘上所交叉或杂交产生的其他学科就不是大数域研究的对象了，这里仅仅给出一个粗略的逻辑关系图，表明大数域和传统数学里最基础的代数几何的基本关系。见图 42。大数域理论只研究最基础的数和数的来龙去脉，对于代数几何交叉派生生成出来的数的应用学科，不在大数域理论讨论范围。

正如希尔伯特把连续统列为基础数学第一号难题一样，原因就是连续统问题触及了数的存在属性这个长期以来被人们忽视了的最根本的属性，其他数值属性和定位属性都是存在属性的从属属性，不具备**存在属性**所拥有的全局全貌全方位的大格局。

第二节 大数域理论和传统数学的关系

大数域的元素的存在属性决定了元素的数值属性和定位属性，和生命现象不同的是，这些元素的数值属性和定位属性等从属属性与生俱来，会一直伴随着数的存在永远存在下去。大数域理论源于传统数学，抽象于传统数学，但是思维维度和认识的深刻程度又远远超越传统数学，比传统数学更加抽象、更加深刻，更能揭示数和大数域的本质，看问题的视野也更加深远和广阔。

大数域理论关注超大规模无穷大大数域，关注公理体系，关注维度，关注基数，关注生成，关注数值运算规则，关注互联贯通，关注来龙去脉，关注大一统整合。

大数域理论和传统数学的关系，也就是大数域理论的基本框架和传统数域的基本框架的关系。大数域理论和传统数学并不矛盾，而是兼容的关系，就是说，所有适合传统数学的数值运算规则如+，－*，/，∧等，在一定条件（如数域生成维度）下都可以完全适用于大数域理论里的基数运算，其值可以是整数、分数、实数、超越数和无穷大数域的基数。按照我们的发现，大数域理论的定义域和值域都是可以完全定义在整数、分数、实数和超越数上的，但最重要的是，大数域理论的定义域和值域还可以定义在发散无穷大的基数数域上。基数数域是由经典数学的全体整数、分数、实数、超越数和所有发散无穷大数域的所有数域的基数所组成。见本书第二篇中的图 20，基数数域包含经典传统数学的所有已知数域，同时又大大扩展了经典传统数学的所有已知数域，形成一个全新数域。

基数值之间的常规数学运算，不仅输入取值可以是质数，整数，分数，实数，还可以是整数数域、分数数域和实数数域等无穷大数域的基数；不仅输出值可以是质数、整数、分数、实数、超越数数域，还可以是整数数域、分数数域、实数数域和超越数数域等无穷大数域的基数。因为：

（1）整数之间的加减乘幂运算结果全部落在整数数域，除法运算结果落在分数数域；但不会落在实数数域；更不会落在基数数域；即整数底数之间的加减乘除幂运算结果一般不会落在基数数域，唯一例外的是$\frac{1}{0}$, $\frac{0}{0}$, $\frac{\infty}{0}$,..... 等几种极端情况，这些结果越过实数数域会落在基数数域；

（2）分数之间的加减乘除运算结果或者落在整数数域，或落在分数数域；幂运算结果落在实数数域；但不会落在基数数域；即分数之间的加减乘除幂运算结果一般不会落在基数数域，唯一例外的是$\frac{1}{0},\frac{0}{0},\frac{\infty}{0},(\frac{\infty}{\infty})^{\frac{\infty}{0}},(\frac{\infty}{\infty})^{\frac{0}{0}},(\frac{\infty}{\infty})^{\frac{\infty}{\infty}},(\frac{\infty}{\infty})^{\frac{1}{0}},\frac{(\frac{\infty}{\infty})^{\frac{1}{0}}}{0},(\frac{\infty}{\infty})^{(\frac{\infty}{\infty})^{\frac{0}{0}}}$,... 一类的极端情况，这些结果落在基数数域；

（3）实数，超越数数域之间的加减乘除幂运算结果全部落在或者整数数域，或者分数数域、或者实数数域，或者超越数数域；但也不会落在基数数域；即实数之间的加减乘除幂运算结果一般不会落在基数数域，唯一例外的是$\frac{1}{0},\frac{0}{0},\frac{\infty}{0},(\frac{\infty}{\infty})^{\frac{\infty}{0}},(\frac{\infty}{\infty})^{\frac{0}{0}},(\frac{\infty}{\infty})^{\frac{\infty}{\infty}},(\frac{\infty}{\infty})^{\frac{1}{0}},\frac{(\frac{\infty}{\infty})^{\frac{1}{0}}}{0},(\frac{\infty}{\infty})^{(\frac{\infty}{\infty})^{\frac{0}{0}}}$,... 等一类的极端情况，这些结果落在基数数域；

（4）广义地说，整数数域、分数数域、实数数域和超越数数域都是基数数域的子域，即使加减乘除幂运算的结果传统落值在这些子域里面，可以广义的认为都是落值在更大的基数数域里面。

基本概念定义 32：相邻数域

有数域 ***A*，*B*，*C*，*D***，其基数为 C_A，C_B，C_C，C_D，且 $C_A<C_B<C_C<C_D$；即 C_D 的基数最大而 C_A 的基数最小；

数域 ***A*** 和 ***B*** 是相邻数域当且仅当 ***A*** 和 ***B*** 的基数差小于 ***A*** 和其他参与比较的数域 ***C*，*D*** 的基数差小于 *C* 大于 *B*；

基本概念定义 33：不相邻数域

有数域 ***A*，*B*，*C*，*D***，其基数为 C_A，C_B，C_C，C_D，且 $C_A<C_B<C_C<C_D$；即 C_D 的基数最大而 C_A 的基数最小；

数域 ***A*** 和 ***C*，*D*** 是不相邻数域当且仅当 ***A*** 和 ***C*，*D*** 的基数差大于 ***A*** 和相邻数域 ***B*** 的基数差；

一般情况是数值运算在底数之间产生的运算结果都是逐域递增的，即：整数加减乘整数底数仍然落值于整数数域；在底数里整数除整数就不是落值于整数数域而是进阶到高一级的分数数域，但是无法进入实数数域；而在指数里整数除整数就不落值于分数数域而是跨界越级进阶到更大或更高一级的实数数域，仍然无法进入基数数域；在底数里整数除整数当分母为 0 的极端情况，就发生既不落值于整数数域，也不落值于高一级的分数数域，更不落值域实数域，而是直接落值于基数域，这和传统思维是完全相反大相径庭的。因此我们发现。**落值越界**的一定是除法，**落值跨界**的一定是指数除法；而从三大数域落值基数数域的一定是极端情况。

这里落值越界指的是生成运算的结果落值在**相邻数域**，比如整数之间的除法可能产生的分数数域就是比整数数域基数大得多的分数数域，分数数域是整数数域的直接相邻数域；这个跨越整数数域到相邻分数数域的界限就是**落值越界**；

落值跨界指的是生成运算的结果落值在**不相邻数域**，比如整数之间的加减乘除幂运算都不可能产生的实数数域也是比整数数域基数和分数数域大得多的数域但是却可以产生基数，比如整数运算 $\frac{1}{0}$，这个值是 C_I，落值不在整数数域，分数数域和实数数域甚至超越数数域而是基数数域，而基数数域是在分数数域和实数数域甚至超越数数域以外的数域，这样整数运算 $\frac{1}{0}$ 就跨越了至少三个与自身数域不相邻数域的界限而直接落值在基数数域，这是**落值跨界**；

由于全新领域基数数域的发现和开拓，颠覆了人们对数的传统常规认识，极大地刷新拓展了人们对数的认知和理解，一些极端情况的公式如 $\frac{1}{0},\frac{0}{0},\frac{\infty}{0},(\frac{\infty}{\infty})^{\frac{\infty}{0}},(\frac{\infty}{\infty})^{\frac{0}{0}},(\frac{\infty}{\infty})^{\frac{\infty}{\infty}},(\frac{\infty}{\infty})^{\frac{1}{0}},\frac{(\frac{\infty}{\infty})^{\frac{1}{0}}}{0},(\frac{\infty}{\infty})^{(\frac{\infty}{\infty})^{\frac{0}{0}}},\ldots$

$$(\frac{0}{0})^{(\frac{0}{0})^{\frac{1}{0}}},(\frac{0}{0})^{(\frac{0}{0})^{\frac{0}{0}}},(\frac{\infty}{\infty})^{(\frac{\infty}{\infty})^{\frac{\infty}{\infty}}},(\frac{0}{0})^{(\frac{\infty}{0})^{\frac{1}{0}}},(\frac{\infty}{\infty})^{(\frac{0}{0})^{\frac{0}{0}}},(\frac{\infty}{\infty})^{(\frac{1}{0})^{\frac{\infty}{\infty}}},$$

…… 以及诸如此类极端情况下的指数塔问题等在更高维度的思维体系的大数域理论，这个由全新基数数域所构成的数域生成维度里全部获得了全新的含义，即被赋予了自身特有的价值，可以完美解释许许多多原本在低维度认知里无法理解的匪夷所思的奇奇怪怪的现象。

基数数域定义域和值域的取值范围要比经典传统数学整数数域、分数数域和实数数域的定义域和值域大得多，大无穷大倍，因此定义在基数数域上的公式、常数和方法要比传统数学的威力大得多。基数数域是一个全新维度的数域，也是一个基数远远超过人类已知三大数域基数的更加宏大的无穷大数域。这就解释了为什么高维度的大数域理论可以轻松解决几千年来低维度传统数学束手无策的匪夷所思有违常理的常见奇点、死角和盲区问题。如同莫比乌斯带上二维生物的蚂蚁无法认知和感受高维度动物世界里的高度和深度的概念，无法认知三维人类的世界一样，因为蚂蚁的基因就是天生的二维动物的基因，蚂蚁的器官就是天生的二维动物的器官，根本不具备感知认识高维度世界的基本功能。

图 20 和图 42 里最深刻的地方， 莫过于在人类历史第一次上向人们展示几千年来人们熟知的几个数域如整数数域，分数数域和实数数域之外还有一个人类完全未知的更加伟大的领域，更加宏伟的数域，一个人类从未耕耘过甚至从未碰触过的广阔无边的处女地：基数数域。

大数域理论的成就和贡献莫过于发现了大数域生成率大常数 Q 和基数数域以及全新的大数域公理体系，揭示了基数数域里的一些深刻的不为人知的基本规律。

因为传统数学里定义域和值域都是传统的整数数域、分数数域和基数更大的实数数域以及超越数数域，而极端情况和极端条件下的取值范围和结果范围又都完全超出这几个人类早已熟知的数域，全部来自或落入人们未知的完全陌生的全新领域：**基数数域**，就是说，人类认知的维度此前已被基数数域以及数域生成维度的缺失大大地限制住了。没有**大数域生成率大常数 Q 发现**，没有基数数域维度或数域生成维度的加入，人们是不可能认识这些盲区死角和奇点的，基数数域维度或数域生成维度的发现，极大地拓宽了人们的视野和发展空间。

第三章 数和存在，抽象存在以及意识之间的关系

第一节 关于数和存在及存在本身

从前述有关对于数的本质的分析和解读中关于数和存在的关系不难发现：

事物的存在是唯一的、最根本的、永远处于第一位的东西。没有存在便没有一切。生成是存在的原因，存在是生成的结果。生成的过程是有先后的，即有序的，即使是微不足道的无穷小差距，也是先后有序。即使是分数生成的完全前驱遍历，即使是实数和超越数的遍历生成，每个元素生成过程的时间也有一个无穷小的差距。在某种程度上说，凡是由数值生成规则生成的存在都是天然有序的。无穷大大数域遍历生成过程本身并不是同时遍历生成，而是先后遍历生成。

具体的客观的或客体的真实的存在与由数或其各种形式（包括载体）表达的抽象的虚拟的甚至是主观的存在本质上是客观存在的两种最基本的表现形式，且抽象的虚拟的以至主观的存在永远都是以真实的客观的具体的存在为基础。以数或各种形式表达的意识应该是、也只能是一种反映存在的（超级或特殊的）存在。这里的超级或特殊之意指的不过是那些能够体现客观事物从客体到主体、由真实到虚拟、对有关客观事物的存在属性在人的头脑中如何实现转化或转换的表现而已，反之亦然。也就是说，可以从客体的真实的存在通过抽象思维转换成新的特殊的超级的甚至是虚拟的新的存在。当这种抽象以后存在于人脑的虚拟存在能够正确全面地反映客观事物的本质时，人们依据正确的推理方式就可以得出正确的结论，反之不会得出任何有价值的结论。这些正确或错误结论也是一种超级虚拟存在，是人们主观对外部客观世界的基本判断，会影响到以后人类改造大自然的活动。这是物质变精神。反过来，主观的虚拟的精神的或特殊的超级存在也可以转换转变成具体的客观的新的客观事物的存在，这是精神变物质。

具体的客体存在（如真实的事或物）和抽象的虚拟的存在（如数或意识）必定也只能统一于存在本身。存在本身是唯一具有天然性真实性客观性和不以人的主观意志为转移的属性的东西。

事物是可以或最终被认识的，也就是说存在可以被认识。这个认识本身就是指在事物的两种不同存在的形式之间要发生的某种程度或某些方面的转换或转化并伴随相应的转换或转化过程。换言之，把具体的真实的客体的存在（如事物现象）转换或转化为抽象的主观的或虚拟的存在（如概念化）的过程或现象本身就是人们所谓的认识或认知的过程。

抽象的虚拟的存在不过是具体的真实的或客体的存在的某种程度或某些方面的表现，其表达方式可以有无限多个被人类已经和将要发明或发现的具体的载体形式，尽管有无限多个存在的表现形式也只能和必然是对存在的有限的反映。天然的客体存在具有唯一的客观性和无限性及可能性。具体到对于客体事物所发生的存在的认识或感知，人们对存在的反映就是以抽象的或虚拟的

存在所表达的客观的真实的存在几乎完全不能避免其有限性或片面性。即人们对于客体事物存在的感知和认识属于抽象的过程，过程本身和结果只能是人们对事物存在的有限的表达。这也就清楚解释了为什么人们会有关于认识的局限性问题和所谓真理的绝对性和相对性的统一的问题。

第二节 关于抽象存在和意识存在与存在本身

意识只存在于人的大脑里，意识是一种抽象的存在，一种仅仅存在于每一个人的生物客观存在的每一个具体思维器官里的存在，这种抽象的存在反映了人的生物性客观存在的诸多不同器官对外在客观事物的感觉和认知；这种抽象存在只能用其他具体的客观的存在方式才能描述和保存下来。就是说，存在有两类：具体存在和抽象存在；具体存在是无处不在，是我们感官可以触及的；抽象存在则是没有具体存在的方式的，抽象存在是一个个具体存在留存于每一个思维器官里的存在。没有文字的发明，语言、文字，泥版、龟壳和石板、莎草纸、羊皮、笔墨纸张甚至计算机等的发明，这些抽象存在是无法记录保留下来流传给人类种群的下一代的。人类文明正是由于有了语言、文字、泥版、龟壳和石板、笔墨纸张甚至计算机 U 盘光盘等的发明，才使得原本存在于每一个个体思维器官里的抽象的意识存在得以保存下来，流传后世。那些没有文字的远古时代，这些意识智慧等抽象存在也是通过简单语言的口口相传或诸如结绳记事等方法得以延续和传承于后代。意识智慧等抽象存在作为经验成为生物族群在极其艰辛的物种繁衍生死搏斗的过程中最为的宝贵遗产，帮助族群渡过难关，一代一代繁衍下去。具体存在和抽象存在的共性在于都是存在，区别在于是 100%的具体事物还是 100%的抽象事物，即抽象度的不同。数就是一种这样更加高级的意识，一种更加抽象的存在。现实物质世界是没有任何一个叫做 1，2，3 的客观事物，不存在抽象的数 1，2，3，也不存在任何具体的没有实体的抽象的数 1，2，3，只存在具体的 1 只猫，2 只狗，3 条鱼等非常具体的客观事物，在日常生活中，一个量词后面永远跟着具体的存在。但是一旦进入思维范畴，在数学里就完全抽象了这些具体客观的对象，剥去具体的描述对象，而仅仅关注于这些被抽象出来的数了。

和意识一样，数的存在也是一种抽象存在，一种反映客观事物存在的高度的抽象存在；是一种用有序有限描述无序无限极为复杂的客观世界的认识和思维工具。没有数，我们完全无法解释和确定客观事物和我们人类之间最基本的关系，也无法解释和确定客观事物和客观事物之间最基本的关系，我们会被蒙昧和无知死死束缚在混沌愚昧的原始状态而不会取得任何有意义的进步。所以数是一种对客观存在的更高的抽象存在。

在图 43 里我们可以看到，数的数值属性的一个最大特点是可以高度抽象地量化原本无法描述和具体量化的各种各样的存在，比如颜色，比如声音，比如动物基因，等等。数值属性对这些客观存在量化的结果就是高度抽象被量化事物的本质，使得用数字可以准确反映客观事物存在的本质。就我们人类视觉而言，可见光范围内我们可以看到大约几种不同颜色，红橙黄绿青蓝紫黑等，客观世界不存在没有颜色的事物。我们看到的 1 只猫，2 只狗，3 条鱼等都不是没有颜色的存在，都有确定的颜色。比如 1 只黑猫，2 只黄狗，3 条红色金鱼等。只是在数学范围内，这些颜色属性不影响数的抽象本质研究而被忽略了。而在计算机科学，在数字化的虚拟世界，我们可以用数值属性这种更为抽象的存在正确反映这些客观存在的多样性，从而形成计算机科学以及 AR，VR 等，在人类构建的虚拟世界里这些虚拟存在能够产生远远超过现实存在的效果，使得它们百花齐放，大放异彩。即使是在几何学，也是假定数的基本颜色和背景颜色相反，就是假设 0 是白色，1 是黑色，或者反之，否则几何图形数的元素生成的像素点没有颜色，就无法和背景区别开来。一般数元素的隐含省缺颜色为黑色或白色。计算机科学以及 AR，VR 等则把这个数值属性的虚拟化和数字量化扩展到了整个可见光谱。

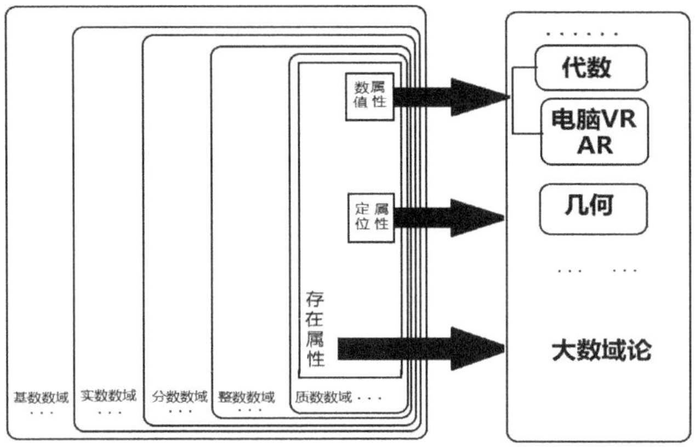

图 43　数的几个主要属性的基本功能与作用示意

反过来，计算机科学互联网以及 AR，VR 等抽象的虚拟存在的空前蓬勃的伟大发展又让人们对数的存在属性、数值属性、定位属性等等的错综复杂的关系有了进一步深刻的认识。就是说抽象存在源于现实的客观存在，但高于现实的客观存在，深刻于现实的客观存在，抽象存在可以构造现实世界完全脱离实际不食人间烟火不存在的虚拟场景和存在，使得抽象存在的世界更加多姿多彩更加五彩缤纷，进一步推动对客观现实存在的思考和改造。

电脑模拟动态的虚拟存在的谷歌地球，代表人类思维意识抽象想象中的地球全貌，而这种在电脑虚拟环境里随心所欲把玩的地球游戏，在真实的地球的任何角度的全貌即使在航天飞机和空间站的宇航员也做不到，他们即便在有限的时间和特定的条件下也只能看到一部分而已，这表明在某种意义上，电脑模拟动态的虚拟存在某种程度已经超越了真实的客观存在。

谷歌地图所有的带有固定 GPS 数值的像素点都是精确定位的，都可以精确代表现实地球上某一个确确实实存在的地点。在这个虚拟的网络地图上，人们使用虚拟地图存在的能力远远超过人们实际操控跨越真实地表的能力。借助虚拟存在的网络地图，可以迅速地大致了解整个地区、国家甚至大陆和全球的基本信息。在这个意义上，源自真实存在地球的虚拟存在的网络地图对人们的意识思考抽象思维的作用，远远超过真实地球。电脑只是这个思维意识对现实存在高度抽象的虚拟存在的载体，和人类过往曾经使用过的其他描述虚拟存在的载体如远古各个民族的石壁岩画和石板石刻文化，两河文明的刻字泥板，古希腊时代的羊皮纸卷，中国上古的龟背甲骨，埃及的莎草纸，中国古代的绢和一直延续至今的纸张以及现代的计算机硬盘、U 盘和光盘等等没有本质区别，唯一区别是电子载体更方便快捷，更容易传输，更加海量，更加容易修改编辑和操控。

第四章 最大和最小分数生成比率定理

第一节 最大分数生成比率定理

这个问题我们在本书第二篇的《第四十六章 单个整数生成分数的生成比率占比》里已经讨论过，即单个整数所生成不重复分数个数占整数数值比率（ROGF2I，Ratio Of Generating Fraction To Integer），简称整生分占比，即每个整数所生成不重复分数个数与该整数数值的比率。这里进一步讨论极端情况。

基本概念定义 34：质数乘积（质数阶乘）

在任意给定区间[0，n]的所有整数里，该区间里所有质数 2，3，5，...，P 的乘积被称为质数乘积或质数阶乘 $P!$ 。

这里 $P! = 2*3*5*7*11*13*17*19*23*......*P$

基本概念定义 35：最大分数生成比率

就是我们前面定义的单个整数所生成不重复分数个数占整数数值比率 *ROGF2I*（Ratio Of Generating Fraction To Integer），简称整生分占比的最大值的极端情况，为 $ROGF2I_{MAX}$（MAX Ratio Of Generating Fraction To Integer）；即所有整数里面生成分数个数与该数之比为最大的数。我们看看这个数在趋于无穷大时是什么数。

比如奇数 3，本身数值是 3；3 可以生成最多不重复分数个数是 2，分别是 $\frac{1}{3},\frac{2}{3}$；则 3 的分数生成占比就是 $\frac{2}{3}=0.66666\ ...$ 。

比如偶数 8=2*2*2，本身数值是 8；8 可以生成的最多不重复分数个数是 4，分别是 $\frac{1}{8},\frac{3}{8},\frac{5}{8},\frac{7}{8}$ 则 8 的分数生成占比就是 $\frac{4}{8}$=0.5000...；

比如偶数 30=2*3*5，本身数值是 30；30 可以生成的最多不重复分数个数是 8，分别是 $\frac{1}{30},\frac{7}{30},\frac{11}{30},\frac{13}{30},\frac{17}{30},\frac{19}{30},\frac{23}{30},\frac{29}{30}$,则 30 的最大分数生成比率就是 $\frac{8}{30}=0.266666\ ....$；比如质数 101，本身数值是 101；101 可以生成的最多不重复分数个数是 100，分别是

$\frac{1}{101},\frac{2}{101},\frac{3}{101},...,\frac{99}{101},\frac{100}{101}$, 则 101 的最大分数生成比率就是 $\frac{100}{101}=0.9900990099\ ...$；

我们发现，不同整数生成的最多不重复分数个数是不一样的，因此不同整数生成的最大分数生成比率也是不一样的。我们知道，按照质数生成定理，质数 P 可以生成的最多不重复分数的个数是 P－1；其中随着数目的增加，质数的最大分数生成比率最大，我们预测在质数 P 趋于无穷大时质数的最大分数生成比率（P－1）/P 应该趋于 1；因此，当 P 趋于无穷大时，$ROGF2I_{MAX}$（MAX Ratio Of Generating Fraction To Integer）$=\frac{P-1}{P}\xrightarrow{P\to\infty}1$。

(163) $ROGF\ 2I_{MAX}=\frac{P-1}{P}\xrightarrow{P\to\infty}1$

最大分数生成比率定理：在任意给定区间的所有整数里，最大质数 P 所生成的不重复分数的个数最多为 P－1。当 P 趋于无穷大时，最大质数 P 和 P 所生成的不重复分数的个数之比即最大分数生成比率为趋于 1。

第二节 质数阶乘乘数生成的不重复分数数域的基数

我们发现了质数乘积所生成的分数的估值通项公式如下：

(164) $$C_{F_{P!}}=\frac{P!}{(0.257657*\ (\frac{P}{ln(P)})+4.2162)}+2;$$

就目前已知的数据来看，估值通项公式（164）表明，质数乘积所生成的分数总数和实际数值误差是摆动或振荡收敛于 0。见表 49。

表 49 所有质数乘积所生成的分数的估值通项公式

区间	质数 P	区间内可容纳的所有质数阶乘乘积	质数阶乘乘积值 $P!$	区间内所有质数阶乘乘积生成分数个数 $C_{F_{P!}}$	所有质数阶乘生成分数个数估值公式 $C_{F_{P!}}=\frac{P!}{(0.257657*\ (\frac{P}{(ln(P)}))+4.2162)}+2$	估值误差
10^1	2	2	2	1	1	40.3254997536%
10^1	3	2*3	6	2	2	10.9782307635%
10^2	5	2*3*5	30	8	7	12.7490175914%
10^3	7	2*3*5*7	210	48	42	12.8506857186%
10^4	11	2*3*5*7*11	2,310	480	429	10.6409927217%
10^5	13	2*3*5*7*11*13	30,030	5,760	5,439	5.5701622655%
10^6	17	2*3*5*7*11*13*17	510,510	92,160	88,597	3.8658262203%
10^7	19	2*3*5*7*11*13*17*19	9,699,690	1,658,880	1,649,939	0.5389620808%
10^9	23	2*3*5*7*11*13*17*19*23	223,092,870	36,495,360	36,535,417	0.1097587119%
10^10	29	2*3*5*7*11*13*17*19*23*29	6,469,693,230	1,021,870,080	1,005,358,995	1.6157714550%
10^12	31	2*3*5*7*11*13*17*19*23*29*31	200,560,490,130	30,656,102,400	30,656,548,094	0.0014538511%
10^13	37	2*3*5*7*11*13*17*19*23*29*31*37	7,420,738,134,810			
10^15	41	2*3*5*7*11*13*17*19*23*29*31*37*41	304,250,263,527,210			

第三节 最小分数生成比率定理

基本概念定义 36：最小分数生成比率

就是我们前面定义的单个整数所生成不重复分数个数占整数数值比率 ROGF2I（Ratio Of Generating Fraction To Integer），简称整生分占比的最小值的极端情况，为 $ROGF2I_{Min}$（Min Ratio Of Generating Fraction To Integer）；

$$(165)\quad ROGF\,2I_{Min}=\frac{P!^{Fraction}}{P!}\xrightarrow{P\to\infty}0\mid c;$$

我们发现，不同整数生成的最多不重复分数个数是不一样的，因此不同整数生成的最小分数生成比率也是不一样的。由所有质数乘积产生的整数所生成的不重复分数的个数总数与该整数之比，就是最小分数生成比率。表 50 是所有质数乘积产生的整数所生成的不重复分数的个数和该乘积的值的比值。有兴趣的读者可以验证，相比于其他数，所有质数乘积所生成的不重复分数的个数和该乘积的比值是最小的，因为质数所能够生成的不重复分数的个数是最多的。

在表 50 里，所有质数乘积所生成的分数的个数和该乘积的比值 $ROGF2I_{Min}$ 随质数的增加而收敛于某个常数或 0，限于我们已有的计算机条件和极其巨大的计算量，我们只能猜想这个常数是趋于 0 的，或者某个常数，由于表 50 里最后一列的 $ROGF\,2I_{Min}$ 收敛速度太慢涉及的计算量又超级巨大，估计需要计算到 10^{20} 甚至 10^{30} 才能看出趋势，就是说，我们需要计算出 100 以内 25 个质数的阶乘 2*3*5*7*11*13*17*19*23*29*31*37*41*43*47*53*59*61*67*71*73*79*83*89*97 所生成的分数的个数。$L=ROGF2I_{Min}$(Min Ratio Of Generating Fraction To Integer) $\xrightarrow{P\to\infty}0$。

表 50　所有质数乘积所生成的分数的个数和该乘积的比值

指数	区间	区间内可容纳的所有质数阶乘乘积	质数阶乘乘积值 $P!$	区间内质数阶乘乘积生成分数个数 $F_{P!}$	生成比例 $ROGF2I_{min}=\frac{F_{P!}}{P!}$
10^1	10	2*3	6	2	33.3333333333%
10^2	100	2*3*5	30	8	26.6666666667%
10^3	1000	2*3*5*7	210	48	22.8571428571%
10^4	10000	2*3*5*7*11	2,310	480	20.7792207792%
10^5	100000	2*3*5*7*11*13	30,030	5760	19.1808191808%
10^6	1000000	2*3*5*7*11*13*17	510,510	92160	18.0525356996%
10^7	10000000	2*3*5*7*11*13*17*19	9,699,690	1658880	17.1024022417%
10^9	1000000000	2*3*5*7*11*13*17*19*23	223,092,870	36495360	16.3588195356%
10^10	10000000000	2*3*5*7*11*13*17*19*23*29	6,469,693,230	1021870080	15.7947223102%
10^12	1E+12	2*3*5*7*11*13*17*19*23*29*31	200,560,490,130	30656102400	15.2852151389%
10^13	1E+13	2*3*5*7*11*13*17*19*23*29*31*37	7,420,738,134,810		
10^15	1E+15	2*3*5*7*11*13*17*19*23*29*31*37*41	304,250,263,527,210		

有公式：

$$(166)\quad ROGF\,2I_{Min}=\lim L\xrightarrow{P\to\infty}0\mid c;$$

最小分数生成比率定理：在任意给定区间的所有整数里，该区间里所有质数 2，3，5，…，P

的乘积（简称质数乘积 $P!$ ）所生成的不重复分数的个数为最少。当 P 趋于无穷大时，该区间 $P!$ 所生成的不重复分数的个数与质数阶乘 $P!$ 之比即最小分数生成比率为0或者某个接近0的常数C。

证明：因为每个质数生成的不重复分数的个数是最多的，因此不含有任何一个质数的数能生成的不重复分数的个数就是最少的，由于 2 既是偶数也是最小的质数，因此不含偶数和任何一个质数生成的数在该数数域的区间里能生成的不重复分数的个数就是最少的。以 2，3，5 三个质数乘积 30 为例，分析证明如下：2*3*5=30 可以在区间[1，30]里一共可以生成 8 个不重复分数，分别是 $\frac{1}{30},\frac{7}{30},\frac{11}{30},\frac{13}{30},\frac{17}{30},\frac{19}{30},\frac{23}{30},\frac{29}{30}$；我们发现，$\frac{2}{30},\frac{3}{30},\frac{5}{30}$ 不在此例，而大于质数 2，3，5 的又小于区间[5，30]之间的质数是：7，11，13，17，19，23，29，一共 7 个；以这 7 个质数为分子，30 为分母可以生成其他 7 个不重复分数是：$\frac{7}{30},\frac{11}{30},\frac{13}{30},\frac{17}{30},\frac{19}{30},\frac{23}{30},\frac{29}{30}$；它们是乘积 2*3*5 里最后一个最大质数 5 以后的所有大于质数 5 小于质数乘积 30 的质数做分子生成的不重复分数。按高斯公式和我们前面发现的估值通项公式（461）任意给定的质数 ***P*** 的阶乘乘数所生成的所有不重复分数的个数为 $C_{F_{P!}}=\frac{P!}{(0.257657*(\frac{P}{(ln(P)}))+4.2162)}+2;$；该区间 ***P!***所生成的不重复分数的个数与质数阶乘 ***P!***之比， 当 ***P*** 趋于无穷大时，我们有：

$$C_{F_{P!}}:P!=\left(\frac{P!}{(0.257657*\ (\frac{P}{ln(P)})+4.2162)}+2\right):P!$$

证明完毕。

$$\xrightarrow{P\to\infty}\frac{1}{(0.257657*\ (\frac{P}{ln(P)})+4.2162)}+\frac{2}{P!}=\frac{1}{(0.257657*\ (\frac{P}{ln(P)})+4.2162)}=0;$$

第四节 质数乘积数域的基数

我们不妨考虑一下，质数乘积结果生成的数域的基数是多少呢？有人可能会说，这不就是质数的基数吗？质数有多少，质数乘积结果就有多少。这显然是表面现象，是我们的一种错觉，质数阶乘的示意图见图 44。这种错觉使得我们非常容易误入传统有限有界的一一对应映射方法歧途而得出的错误结论。请记住我们这里讨论的是无限无界的无穷大整数数域和质数数域，走每一步都要非常谨慎。我们看看 10 以内有 4 个质数，2，3，5，7，乘积结果为 2*3=6，2*3*5=30，和 2*3*5*7=210，30 和 210 都远远超出当前区间[0，10]，只有一个乘积 2*3=6 落在区间[0，1]以内。同样区间[0，100]以内有 25 个质数，它们是：2，3，5，7，11，13，17，19，23，29，31，37，41，43，47，53，59，61，67，71，73，79，83，89，97，2*3*5=30 还在[0，100]以内，而 2*3*5*7=210 已经跳出[0，100]区间以外了。就是说，[0，10]区间里只有一个质数的乘积 2*3，在[0，100]区间里，只有 2 个质数的乘积 2*3，2*3*5，可见对任意给定的整数 n，区间[0，n]里质数的乘积的个数是非常少的，远远少于质数的个数。我们只有搞懂了每个给定区间里质数乘积结果和该区间整数或质数的关系，我们才能预测整个无穷大数域里它们之间的关系，绝不能拿有限有界的一一对应映射方法乱套。因为它们之间不存在人为主观先入为主的一一对应映射关系。

由表 51 和表 52 我们可知，在任意给定区间[0，n]里，质数乘积的个数是非常少的，当 $n \to \infty$，尽管也是一个无穷大基数，但是比整数数域基数和质数数域基数都少得多的多，并不是我们主观直觉认为的和整数基数或质数基数一样多。在任意给定区间[0，n]里，我们得到如下所有质数乘积 $C_{P!}$ 所生成的数域的基数的通项估值公式，并给出 10^{20} 以内计算结果和实际数值之间的精度误差。限于个人计算机能够拥有的速度和条件, 这是我们可以获得的最好结果。

(167) $$C_{P!} = log_{10}(C_I) - \frac{[((log_{10}(C_I))*ln(log_{10}(C_I)),0)]}{10} + 1$$

公式（167）是计算给定区间里质数阶乘数的基数的通项公式占比。可计算整个整数数域里质数阶乘数组成数域的基数。虽然基数非常小，但仍是无穷大。见表 51。

表 51 所有质数乘积所生成的数域的基数

区间	区间内可容纳的所有质数阶乘乘积	质数阶乘乘积值 *P!*	区间段内质数阶乘数的个数	区间内质数阶乘数的个数累加(1)	质数阶乘数的基数估值公式(2) $log_{10}(C_I) - \frac{ROUNDDOWN((log_{10}(C_I))*ln(log_{10}(C_I)),0)}{10} + 1$	质数阶乘数累加个数与区间数占比 $\frac{\lvert(1)-(2)\rvert}{(1)}$
10^1	1*2, 2*3	6	2	2	2	0.0000000000%
10^2	2*3*5	30	1	3	3	0.0000000000%
10^3	2*3*5*7	210	1	4	4	0.0000000000%
10^4	2*3*5*7*11	2,310	1	5	5	0.0000000000%
10^5	2*3*5*7*11*13	30,030	1	6	5	16.6666666667%
……	……	……	……	……	……	……
10^15	2*3*5*7*11*13*17*19*23*29*31*37*41	304,250,263,527,210	1	13	12	7.6923076923%
10^16	0		0	13	13	0.0000000000%
10^17	2*3*5*7*11*13*17*19*23*29*31*37*41*43	13,082,761,331,670,000	1	14	13	7.1428571429%
10^18	2*3*5*7*11*13*17*19*23*29*31*37*41*43*47	614,889,782,588,491,000	1	15	14	6.6666666667%
10^19	0	0	0	15	15	0.0000000000%
10^20	2*3*5*7*11*13*17*19*23*29*31*37*41*43*47*53	32,589,158,477,190,000,000	1	16	15	6.2500000000%

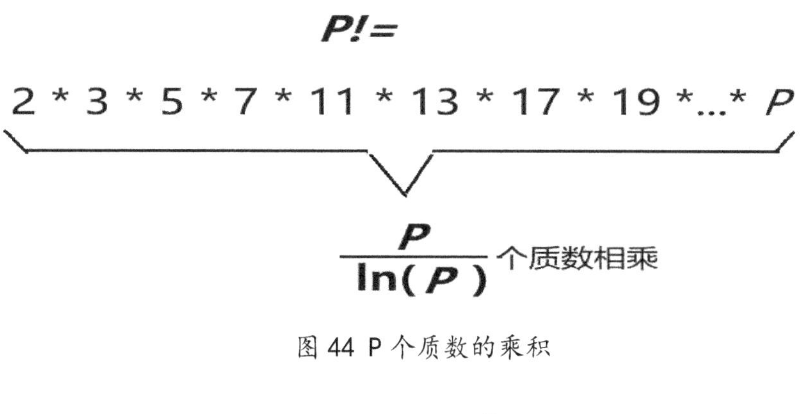

图 44 P 个质数的乘积

图 44 表明， 根据高斯质数定理，质数 P 的前约 $\frac{P}{ln(P)}$ 个质数的乘积为 $P!$，当 P 趋于无穷大的 C_P 时，$C_{P!}$ 落值在基数数域，不在整数数域范围内。

表 52 是所有质数乘积所生成的数域基数部分清单，清楚列出每个给定区间里质数乘积基数。

表 52 所有质数乘积所生成的数域的基数清单

指数	区间(1)	从上一区间到当前区间的区间段内的所有质数阶乘乘积	区间段内质数阶乘数的个数	区间内质数阶乘数的个数累加(2)	质数阶乘数累加个数与区间数占比 (2):(1)
10^1	10	2*3	1	1	10.0000000000%
10^2	100	2*3*5	1	2	2.0000000000%
10^3	1000	2*3*5*7	1	3	0.3000000000%
10^4	10000	2*3*5*7*11	1	4	0.0400000000%
10^5	100000	2*3*5*7*11*13	1	5	0.0050000000%
…………		………… ……………	……………		
10^7	10000000	2*3*5*7*11*13*17*19	1	7	0.0000700000%
10^15	1E+15	2*3*5*7*11*13*17*19*23*29*31*37*41	1	12	0.0000000000%
10^16	1E+16	2*3*5*7*11*13*17*19*23*29*31*37*41	0	12	0.0000000000%
10^17	1E+17	2*3*5*7*11*13*17*19*23*29*31*37*41*43	1	13	0.0000000000%
10^18	1E+18	2*3*5*7*11*13*17*19*23*29*31*37*41*43*47	1	14	0.0000000000%
10^19	1E+19	2*3*5*7*11*13*17*19*23*29*31*37*41*43*47	0	14	0.0000000000%
10^20	1E+20	2*3*5*7*11*13*17*19*23*29*31*37*41*43*47*53	1	15	0.0000000000%

第五节 大数域理论的定理

基于以上前述的概念，我们有如下关于基数的两大定理：

无限不可分数域最大基数定理：

所有无限不可分数域的基数不会超过基础数域即整数数域的基数；整数数域的基数是无限不可分数域的最大基数，也是无限不可分数域基数的上限。

证明：整数 1 是步长最小的整数数域元素生成的度量单位。假如存在一个整数 b 不在整数数域范围内，但是可以由加法生成整数 b，那这个整数 b 的加入一定会改变整数数域的基数 C_I，从欧拉公式我们知道，即使基数数值 *ln(n)*加上一个小数 0.5…，基数数值 *ln(n)*都会改变，因此，整数数域的基数 C_I 加 1 也会改变整数数域的原来的基数 C_I。可是我们从大数域加法生成公理得知，整数数域里的任何数都有一个且只有一个由加法生成的唯一的后继数。因此这个不属于整数数域的整数 b 是无法用加法生成的，b 一定是在整数数域里面，所有整数数域基数 C_I 不变。证明完毕。

无限可分数域最小基数定理：所有无限可分数域的基数不会小于基础数域即整数数域的基数；整数数域的基数是所有无限可分数域的最小基数，也是所有无限可分数域基数的下限。

证明：略。

从大数域的**无限不可分数域最大基数定理**和**无限可分数域最小基数定理**，我们得知整数数域的基数是可分数域和不可分数域的**分界线**。

第五篇

传统数学公理体系

第一章 数学基础理论的基石：公理体系

起源于古希腊伟大思想家亚理士多德的思维科学和伟大数学家的欧几里得公理体系对现代人类文明伟大进步的伟大贡献，诸如近代工业革命、能源革命和信息革命等旷古空前无与伦比的文明成就都是人类历史上最伟大的基础理论的最辉煌的证明。所以说亚理士多德的思维科学和欧几里得公理体系是人类现代文明的胚胎、萌芽和火种一点不为过。几乎无处不在的欧几里得公理体系气吞山河的如椽巨笔极其深刻地塑造和构建了现代科学和现代文明的几乎所有方方面面。人类创造的所有现代文明的丰功伟绩都可以追溯到这些伟大思想家伟大理论的深入骨髓里的优质基因。欧几里得公理体系对现代文明发展开天辟地里程碑式的伟大贡献至今难以望其项背，无人企及。人类文明今天几乎所有伟大发现和重大进步都可以追根溯源到欧几里得公理体系这个思想源头。因此我们有必要分析探讨一下欧几里得公理体系以及后来异军突起独树一帜的大名鼎鼎的皮亚诺算术公理体系对现代数学诞生和发展的重大影响以及对大数域公理体系的催生作用。

本篇也顺便讨论一下其他近代数学的几个著名的有影响力的主要公理体系。

第二章 欧几里得等量公理

如果要探索现代人类现代文明的源头，彻底理清人类思想发展史的主脉络，就离不开古希腊伟大思想家亚理士多德和伟大的数学家的欧几里得，离不开欧几里得的伟大著作《几何原本》和他承前继后归纳总结的五个几何公设和五个等量公理，这里只讨论后五个等量公理。现引用如下：

“欧几里得还提出了五个一般概念，也可以作为公理。当然，之后他还使用量的其他性质。

与同一事物相等的事物相等。

相等的事物加上相等的事物仍然相等。

相等的事物减去相等的事物仍然相等。

一个事物与另一事物重合，则它们相等。

整体大于局部。”

见参考文献[64]。本质上说，这五个公理是描述**当前存在的相互作用的客观事物**之间不同或相同的量的比较关系的公理。不涉及当前存在的客观事物的发生发展和未来的来龙去脉。简言之，欧几里得等量公理是一种量的大小关系的**比较公理**，简称**等量公理**。

回到开篇的问题是，**曾经创造辉煌灿烂现代文明的传统数学和现代数学最重要的基石和支柱的欧几里得等量公理体系可以解决连续统问题吗**？我们发现，答案是否定的。

除了奥地利数学家哥德尔给出证明，指出现有数学基础理论框架下连续统问题无解外，我们首先从哲学基本原理层面尤其是有限有界无限无界的质变拐点着重分析数的本质，无穷大的本质以及连续统问题的本质。因为欧几里得等量公理体系只研究已有的当前存在，不研究已有存在的来龙去脉。解决连续统问题需要比欧几里得等量公理更加强大更加完备的公理体系。

如果把一个客观事物存在的过去现在和未来看作一条历史的脉络长线的话，任何当前的存在都只是这个历史的脉络长线上一个点或一个截面而已，就是说，欧几里得等量公理关注的是客观事物发展的历史脉络长线上**已经存在**的一个点或一个截面而已。这些无穷多个点和无穷多个截面的联系的规律还没有被揭示出来。

欧几里得公理体系的伟大和卓越这里就不多说了，可以不夸张地说，空前辉煌灿烂的现代文明的所有伟大结晶都是源自这个伟大公理体系。人类文明避免了玛雅文明，印地安文明，阿兹台克文明，两河文明，古埃及文明等等数不胜数的衰败文明的噩运而一步步走向辉煌，就是以亚理士多德和欧几里得为杰出代表的古希腊文明的伟大文明火种，照亮了人类文明进步的漫漫征程。古希腊文明和欧几里得公理体系的伟大生命力在历次人类文明换代升级的伟大进化中，一直迸发着惊天动地的威力。

一个完整的正确的公理体系就是数学甚至一个文明的基础框架。公理体系基础框架决定着数学甚至整个文明可以达到高度(深度)，宽度和广度这三个维度所界定的包线。数学甚至整个文明的所有成果都不可能超出这三个维度构成的包线。这个包线也是这个公理体系基础框架所决定的数学甚至整个文明的基础底盘和天花板。

公理体系决定着文明大厦的高度。大数域则决定着文明大厦的基础底盘。

整个文明的所有成果都跳不出这个公理体系构建的理论大厦的天花板和数域涵盖的基础底盘所包括的整个无穷大空间的框架结构的包线范围。就是说，更辉煌的成果用现有的公理体系和基础地盘是无法创造出来的。

人类所有文明成果总量本质上都没有超越这些公理体系和基础底盘所规范构建的文明框架。

大数域理论从哲学层面深刻分析这些曾经启迪人类智慧创造灿烂现代文明深刻影响人类现代文明历史进程的伟大公理。

第三章 皮亚诺公理的本质

和欧几里得等量公理不同，皮亚诺公理是第一个揭示自然数元素及其自然数数域的生成过程的**生成公理**，而其他的如策梅洛公理，罗素公理和康托尔公理等都没有讨论皮亚诺公理揭示的数的生成的深刻本质而走向了不同的方向，仍然停留在当前存在的肤浅表象，更不用说去揭示其他数值运算如乘除幂等这些最基本的数值运算在数和数域生成中扮演的一生万物的不可替代的作用，因而根本无法揭示数的生成的本质和来龙去脉。见参考文献[47]，[50]，[51]和[63]。我们知道，不同的数域，如斐波那契数域，质数数域，整数数域，分数数域，质数数域和实数数域以及超越数数域等等都是由不同的数值运算生成的，这也是大数域理论的基础和核心。然而考察现代数学的几个著名公理体系，除了皮亚诺公理触及加法数值**生成**运算外，其他公理体系完全没有意识到这一点，由此拉开巨大代差。

皮亚诺算术系统看似极其简单，其实其深刻程度远超其他公理体系。因为皮亚诺公理关注的是客观事物的历史连续性，是来龙去脉和整个生命周期。

皮亚诺公理（英语：Peano axioms；意大利语：Assiomi di Peano），也称皮亚诺公设，是意大利数学家朱塞佩·皮亚诺提出的关于自然数的五条公理系统。根据这五条公理可以建立起一阶算术系统，也称皮亚诺算术系统。皮亚诺公理本质上是自然数的数值运算加法生成公理，引用如下：

“皮亚诺的这五条公理用非形式化的方法叙述如下：

(1)　0 是自然数；

(2) 每一个确定的自然数 a，都有一个确定的后继数 a′，a′ 也是自然数；

(3)对每个自然数 b、c，b=c 当且仅当 b 的后继数=c 的后继数；

(4)　0 不是任何自然数的后继数；

(5) 任意关于自然数的命题，如果证明：它对自然数 0 是真的，且假定它对自然数 a 为真时，可以证明对 a′ 也真。那么，命题对所有自然数都真。

其中，一个数的后继数指紧接在这个数后面的数，例如，0 的后继数是 1，1 的后继数是 2 等等；公理 5 保证了数学归纳法的正确性，从而被称为归纳法原理。

若不将 0 视作自然数，则公理 1，4，5 中的‘0 ′要换成‘1 ′。”

首先，皮亚诺公理采用正向累加数值运算。其次皮亚诺公理的后继数概念采用了加减乘除幂数值运算里最简单最基本的**正向累加加法运算**。皮亚诺公理是建立在加法数值运算的基础之上的。没有加法运算，无法产生后继数，也就无法产生整个整数数域。没有加法就没有皮亚诺公理。就是说，**正向累加加法数值运算**是贯穿皮亚诺公理的主轴和关键，是皮亚诺公理的基石。没有**正向累加加法数值运算**，最核心最关键的公理条款(2)，(3)和(5)都不成立。

通过皮亚诺公理，我们知道了整数数域的起点在哪里，是由什么运算生成的，未来发展方向是什么，我们可以访问取值遍历整数数域里每一个元素。皮亚诺公理在于深刻揭示了整数数域的**来龙去脉**，深刻揭示了所有整数的来源，深刻揭示了整数的本质，形成一个完全独立于欧几里得等量公理体系的独树一帜的公理体系。皮亚诺公理对数的本质的认识的深刻程度，远远超过其他公理体系。和其他创立应用公理体系原理达到炉火纯青的数学天才不同，皮亚诺是欧几里得的划时代巨著《几何原本》问世 20000 多年来，人类数学史思想高度第一次达到欧几里得公理体系原创高度的伟大思想家，是又一个从公理层面从哲学高度去探索和认识数学本质重要性的思想巨人。

大道至简。皮亚诺公理过于简朴的外表让许许多多后人大大低估了其开天辟地的伟大意义。

康托尔的无穷大理论完全没有达到皮亚诺公理的高度，没有看出生成规律在无穷大领域里扮演的举足轻重的作用，把**七无特征元素**集合和**七有特征元素整数**数域两个风马牛不相及的东西人为主观绑定，把可数概念与整数数域元素一一对应映射绑定，基本是人为主观一厢情愿生拉硬拽，二者本质上不具备任何内在联系性，是违背客观规律的，无法揭示无穷大数域的深层规律。

第四章 欧几里得等量公理体系和皮亚诺公理体系的区别

数学公理体系既是数学的基石也是人类文明的基石。如前所说，欧几里得的五大公理既是等量变换公理，是一种量的比较公理。既可以适用于代数，也可以适用于几何，可以在几乎所有数学领域通行无阻。但是比较公理仅仅是**当前客观存在**事物之间**相互关系进行比较的公理**，并不是数域元素以及元素组成的数域的**生成公理**，无法揭示和解释数学的根本——数的源头以及数的发生发展的来龙去脉。也就是说它解释不了那些形形色色不同的数以及数域是怎么来的。因为比较公理关注的只是**当前存在**，而无法说明存在的现在和历史以及存在的未来。这正是**等量公理**的局限性所在。**生成公理关注的不仅仅是当前存在，更关注存在的历史以及存在的来龙去脉，关注客观事物存在的过去，现在和未来**。为此，在数学发展到文明时代的今天，重新思考包括等量公理，算术公理和选择公理等各种公理在内的公理体系以及还有需要哪些公理体系才能根本解决目前数学框架无法解决的重大数学问题，建立一套比较完整的新的公理体系以阐明揭示存在——数的来龙去脉（不仅仅是存在的当前更主要的是存在的过去和未来）就显得十分紧迫和必要。

欧几里得公理体系的初步抽象是**等量变换**。等量比较进一步抽象就是**当前存在**。

和等量公理或比较公理一样，**选择公理和分类公理也是关注当前客观事物的存在的公理**，并不关心**当前存在**的**起源和来龙去脉**。通过人为制定的一些标准，有选择地处理一些人们感兴趣的东西而不是面向揭示客观事物本质的规律。见参考文献[49]和[67]。等量变换和选择分类都是仅仅关注当前存在和整个事物发展的某个环节，都是在客观事物存在属性的基础上对其从属的数值或定位等属性进行人为操作，具有极大的片面性和局部性。因为只有存在才能比较和选择分类。

和欧几里得公理强调涉及当前存在的等量变换和比较关系的等量公理体系不同，皮亚诺第一次在客观事物存在属性层面明确提出数值运算加法公理。皮亚诺揭示了自然数数域的起源是由数值运算加法生成的规律生成的，他独创的皮亚诺公理就是描述自然数数域的生成过程，关注数和宇宙万物的发生发展和未来整个生成历史过程。**这个伟大的公理在数学史上第一次完全量化了中国古代伟大思想家老子的生成哲学思想，把数学进步的伟大脚印坚实地踩在正确的哲学大道上。**

皮亚诺加法算术公理进一步抽象就是存在的过去，现在和将来，一个完整的整数和整数数域的生成链，所以皮亚诺加法算术公理本质上是整数数域生成公理。

就是说皮亚诺公理更看重更强调数的生成原则和生成规律。皮亚诺公理第一次深刻触及到自然数的来龙去脉：数的起源，数的过去，数的现在，数的发展和数的未来。

如果说欧几里得公理以及其他选择公理是一个点一个环节的话，那么皮亚诺公理就是一条线，一个把所有点所有环节串在一起的生成链，一个发生发展的历史脉络。

在揭示数的本质层面，皮亚诺公理远比欧几里得公理及其他选择公理深刻得多。

皮亚诺公理是整数数域生成的最重要的公理，任何与整数数域有关的数理逻辑推理都不能离开皮亚诺公理的基本范畴，其中最重要的概念如每个整数都有唯一一个后继数的概念，其实就是不可分的概念的源头。因为整数是不可分的，而每个整数又都有唯一一个后继数，因此不**可分**就是唯一一个后继数的主要特征。这样分数没有唯一一个后继数的特征就自然成为无限可分，进一步推导，分数基数就与整数基数不一样，和前面推导的结论完全一样，再进一步，就能发现分数生成率大常数 Q，也就不会得出一一对应映射的“分数基数与整数基数一样多”的错误结论。

第五章 欧几里得公理体系和皮亚诺公理体系的优缺点

首先说一下欧几里得公理体系和皮亚诺公理体系的优点。无论是欧几里得几何公理和等量公理还是皮亚诺公理，它们的最大优点就是没有悖论，除了欧几里得几何公理的第五公设在平面成立在曲面出现例外属于局限（原本就是平面几何）而非悖论以外，所有传统欧几里得公理体系和皮亚诺公理体系正常运转几千年没有出过任何故障没有出现一个悖论，反而生机勃勃迸发出强大的生命力催生创造出辉煌灿烂的现代文明。欧拉和拉玛努金等推导的几个涉及无穷大的公式有悖常识不是欧几里得等量公理的缺陷，而是这些先贤没有理解无穷大和等量变换的本质造成的。

传统数学公理体系没有悖论。这是传统数学公理体系最大的优点。没有悖论的公理体系，大数域理论称为优质完美公理体系。

但是我们发现严重的问题是现有的几个著名公理体系，如欧几里得公理，皮亚诺公理，罗素公理以及策梅洛公理等都无法生成和推导出分数数域，质数数域，实数数域，超越数数域以及基数数域等等各种各样不同无穷大大数域，都无法解释如下几个极其重要极其基础的问题：

（1）为什么分数，实数和超越数以及基数都没有唯一确定的后继分数，后继实数和后继超越数以及后继基数?

（2）为什么只有整数，偶数和奇数等几类数有唯一确定的等距的后继数?

（3）为什么质数和斐波那契数等数有却只有唯一确定的变距的后继数？

（4）后继数的本质是什么?

(5)为什么在皮亚诺公理里定义的数的生成规则里只有数值运算加法？数值运算加法可以生成出分数，质数数域，实数和超越数以及基数等等复杂的数来吗？如果不能，为什么？

（6）既然皮亚诺算术公理只能生成整数数域，那么什么公理可以生成分数数域、质数数域，超越数数域和基数数域？

（7）为什么所有自然数里的基本加减乘除幂等数值运算规律在分数数域、实数数域和超越数数域以及基数数域等都完全适用完全兼容？？

(8)为什么没有公理能够说明这种所有规则在所有数域的适用性兼容性和一致性？是什么更加深层的规律和原理在其中起着作用？

（9）为什么自然数数域里的欧几里得等量公理，数学的交换率，结合率和分配率以及数学归纳法规律等基本原理，法则和公理在分数数域、实数数域和超越数数域以及基数数域等都完全适用完全兼容？？

很显然，无论欧几里得公理还是皮亚诺加法生成公理都有极大的局限性，无法回答这些极其深刻的数学问题乃至哲学问题。为了回答这些问题，我们需要对现有的皮亚诺公理体系进行改造、拓展和扩充，创建我们完整的大数域公理体系，以期揭示所有数域的生成规律，使得新的公理体系可以解释尽可能多的客观事物和自然现象，进而揭示无穷大的生成规律。皮亚诺等甚至都没有意识到加减乘除幂等数值运算在自然数的生成中扮演着举足轻重不可替代的角色。或者说，没有加法运算就没有皮亚诺公理。而忽略加法数值运算实际上是完全没有自然数的生成的概念。加法运算正是皮亚诺公理体系产生后继数的根本原因。皮亚诺没有看到自己创建的皮亚诺公理体系的本质是一种数值运算的公理。加法仅仅是所有数值运算中的一种数值运算，还是最简单最基本的一种数值运算，除加法以外，更加复杂的数值运算将生成更加复杂的数和数域。

但是加法仅仅能够生成自然数数域，生成数域范围非常非常有限。最简单的加法是无法生成除了整数数域以外的其他数域的；皮亚诺公理最多只能推导出整数数域，完全没有能力推导出分数数域、实数数域和超越数数域以及基数数域等。而加法运算正是产生任何一个自然数的唯一一个确定的后继数的根本原因。即加法数值运算是原因，后继数是结果。人们最熟悉的分数和实数是怎么来的，更加抽象的超越数数域以及基数数域等是怎么来的，皮亚诺公理完全无法解释，因为分数、实数和更加抽象的超越数以及基数是无法用加法从无到有从 0 到 1 第一次生成的。皮亚诺公理也完全无法解释分数、实数和更加抽象的超越数以及基数不存在唯一确定的一个后继数的现象。因此皮亚诺公理完全无法解释分数、实数和超越数以及基数的来龙去脉，一筹莫展束手无策。换言之，皮亚诺公理仅仅适合于整数数域，而对分数数域、实数数域和超越数数域以及基数数域是根本不适用的。一个公理体系如果仅仅适用于整数情况就很难成为现代数学的基础。就是说现在的以皮亚诺公理体系为基础的数学具有重大缺陷和极大的局限性。

简单原始母体数域的整数数域是用最简单的加法是从原点按恒定步长**正向累加**生成一一个数的，而分数，实数和超越数数域以及基数数域等都是从低级母体数域通过复杂的除法以及幂运算遍历生成的，累加生成和遍历生成是完全不同的生成过程。**遍历生成**比**正向累加生成**复杂得多。

进一步思考发现，用皮亚诺公理里的后继数概念可以直接推导出分数，实数和超越数以及基数等数是没有唯一一个相应后继数的概念，属于无限可分数域；而无限不可分概念是和除法基本数值运算密不可分紧紧联系在一起，就是说可分的概念是建立在坚实的经过人类长期生产生活实践证明准确无误的所有基本数值运算的基础之上的。就是说，比**可分不可分概念**更深刻更基础的原则是数值运算除法。大数域理论无法从皮亚诺公理及其他现有公理体系推导出分数数域、实数数域和超越数数域以及基数数域等，甚至无法推导出质数数域，乘数数域以及斐波那契数数域等。

可数的概念完全没有任何基本数值运算作为其概念的坚实基础，都是人为主观设定的标准。把一个市井语言的可数的概念随随便便未加严格定义就拿来做为无穷大探索的基本概念甚至现代数学的基础概念非常欠妥当。**可分**的概念远比**可数**要深刻的多。可数的概念都是原始朴素粗陋不堪的市井语言，无法揭示数的深刻本质，缺乏深刻的哲学原理做基础，缺乏科学尤其是数学的严密性，更缺乏人类熟悉的数值运算规则做后盾。和可数概念不同，**可分**概念从一开始就是建立在几千年人类文明实践经验坚实基础的除法数值运算之上的。**除法是可分概念的数学基础，庄子的可分哲学是可分概念的哲学基础。**用可分的概念可以发现作为集合论最重要核心的概念的可数和可列都存在巨大的致命的基因缺陷，这些有致命的基因缺陷的概念会推导出许多自相矛盾的结论。100 多年来无数数学天才创建了许多公理为康托尔无穷大理论打了无数的补丁仍然千疮百孔自相矛盾。这也是为什么集合论创立 100 多年来漏洞百出自相矛盾一直深陷各种各样强烈质疑漩涡风暴之中而始终不能自圆其说的原因。

皮亚诺公理的另外一个贡献是发现了人们耳详能熟的数学归纳法和加法数值运算生成规则以及数的生成区间[0，n]之间的内在联系，并且以公理形式固定下来，使得假设某个定理在区间[0，n]成立，那么能证明该定理在区间[0，n+1]也成立，则该定理在区间内处处成立。这个用给定区间[0，n]限定证明范围和并且揭示加法数值运算生成规则以及数的生成区间[0，n]之间的内在联系的伟大思想，就是数学归纳法的核心，也是大数域理论的基石和核心。而基于一一对应映射**可数**概念的证明法，根本不具备这样深刻的内在生成基因和特征。

严格说，数学归纳法本质上也是以最简单的数值运算加法作为其证明原理的基础的。就是说本质上数学归纳法也是运用数值运算方法之一的加法的生成规则进行证明的一种方法。证明的过程在逻辑上和整数数域的生成过程完全一致和吻合。因此最初数学归纳法只是适用于整数数域的这种有且仅有唯一一个确定的后继数的数域里的所有元素，而对于那些数域基数比整数数域基数大无穷大倍的数域，比如分数数域，实数数域，超越数数域以及基数数域的元素，都是不满足苛刻的条件"有且仅有唯一一个确定的后继数"而找不到任何一个有且仅有唯一一个确定的后继数的情况，数学归纳法为什么也完全适用于这些分数数域，实数数域和超越数数域而且千百年来的所有实践证明正确无误呢？**现在的所有公理体系都无法解释为什么数学归纳法仍然适用于所有这些没有唯一一个确定后继数的无穷大数域的根本原因。这就要求大数域理论构架新的公理来解释这个复杂现象**。这就是后面要讲的大数域理论独创的规则传承公理。否则无法解释为什么所有在整数数域适用的所有数值运算规则以及所有欧几里得等量公理或比较公理和数学归纳法原理等等公理原理在其他复杂数域如由整数数域元素通过各种各样复杂的数值运算生成的形形色色的衍生数域里仍然适用。**这个几千年来一直缺失的传承公理和动态瞬时等差公理等等公理是比现有的等量公理，比较公理和选择公理等等所有已知的公理体系要深刻的多的新的公理。**

皮亚诺公理本质上是**无限不可分**数域的公理，**即所有的数域元素有且仅有唯一一个确定的后继数但数和后继数间距是常量**，即所有有限次加减乘法生成的数，以及有限次除法结果为整数的数即质数都是**无限不可分**数。按皮亚诺公理，可以生成简单的整数，偶数和奇数但是不能解释也不能生成质数甚至斐波那契数等**无限不可分的后继数间距是变量的数**域**以及不能生成分数和实数等非常复杂的无限可分的数**域；因为质数是有唯一一个后继数但质数和后继质数间距是变量，同样无论分数实数还是超越数都没有唯一一个确定的后继数。因此，尽管是数学史上独立于欧几里得等量公理体系的伟大创举和进步，皮亚诺公理仍然具有极大局限性，不适合作为除了整数数域以外其他大基数数域的基础数学的基础公理。皮亚诺公理仅仅适合于数域的基数和整数数域基数一样或者基数比整数数域基数小且后继间距是常量的数域的局部特例公理。对更加复杂的大基数高阶数域比如分数数域、实数数域和超越数数域以及基数数域等甚至小基数低阶后继间距为变量的数域比如质数和斐波那契数数域等无穷大数域就完全不适用。最致命的缺陷就是皮亚诺公理无法解释分数和实数和超越数等数域没有唯一确定的后继数以及根本原因是什么。

第六章 策梅洛-弗兰克尔公理体系

策梅洛-弗兰克尔集合论及其公理体系涉及如下九大公（定）理：

（1）外延公理；（2）正规公理；（3）分类公理;（4）配对公理;（5）联集公理;（6）替代公理;（7）无穷公理；（8）幂集公理；（9）良序定理。

本质上说，策梅洛-弗兰克尔公理体系都是对现有已知的存在进行解释说明分类的公理，都是基于康托尔集合论的产物。其哲学深度仍然没有超过欧几里得等量公理、皮亚诺算术公理体系和康托尔集合论。策梅洛-弗兰克尔公理体系基本是皮亚诺公理体系和康托尔集合论的混合物，缺乏重大基本哲学原则作为自己公理体系的基石、源头和和支柱。见参考文献[49]。

由于严重缺乏哲学深度和严重缺乏对数的入木三分的深刻理解，仅仅七拼八凑一些已有的真假未知的知识，策梅洛-弗兰克尔公理体系仍然没有在皮亚诺公理开辟的生成方向取得任何有意义的进步，对连续统这样超级难题仍然束手无策，基本属于头疼医头脚疼医脚的个案解决方案，而不是一揽子体系性根本解决方案。另外，策梅洛公理体系仍然存在一系列无法推演的命题系列。见参考文献[90]。

就是说，策梅洛-弗兰克尔公理体系不但没有解决连续统问题，反而引出一堆新的问题。这些问题连策梅洛-弗兰克尔公理体系都束手无策。这种头疼医头脚疼医脚就事论事的方法，为弥补公理体系缺陷而人为制造公理体系的思路，显然不能解决问题。

第七章 康托尔公理体系

康托尔公理体系主要由康托尔公理组成。根据大数域理论前面的详细分析讨论，康托尔无穷大理论的几个关键结论以及依据的基础都是完全错误的，完全是人为主观臆造的东西，无法深刻反映客观事物的基本规律。大自然不存在任何客观的不以人们意志为转移的自然数和任何集合的一一对应映射关系。因此康托尔公理体系毫无价值，没有任何参考的价值。见参考文献[90] 。

第八章 罗素公理体系

简单说来罗素公理体系试图添加某些条款来弥补罗素本人发现的康托尔集合论存在的理发师悖论。在思维深度上还不及策梅洛-弗兰克尔公理体系，后者至少还是欧几里得等量公理，皮亚诺公理体系和康托尔集合论的混合物。尽管在符号体系上扩展了皮亚诺的公理体系，本质上并没有超越皮亚诺公理，甚至没有达到皮亚诺公理的高度。见参考文献[50]。

第九章 构建全新公理体系的重要性

如果一套公理体系无法解释最基本的所有其他数和数域如质数，斐波那契数，分数，实数和超越数以及基数等及其各自数域是怎么来的，无法自圆其说自己体系里的基本概念（如后继数）为何在许多复杂情况下（比如分数，实数和超越数以及基数）不具备普遍性和通用性，仅仅能够解释简单的加法生成运算规则和自然数数域的生成，很难说这个公理体系是完备的和正确的，这个公理体系必定带有致命基因缺陷。罗素公理和策梅洛公理也有类似情况，数是所有数学学科如几何代数等的基础学科的基础，如果这个基础的基础没有完备正确的公理体系规范，无法像欧几里得几何公理一样为人类文明提供一个一般的普遍的完备的准确的自洽的兼容的一致的公理体系，后人无法从这个公理体系推导出来新的知识，人类文明的发展就会缺乏坚实的地基，人们就很难在沙滩上建造任何现代和未来文明的摩天大楼。面对大数域理论揭示的全新的自然现象，我们有必要推出符合大数域论的公理体系。

我们需要一套比较深刻比较完整比较一致比较全面比较兼容的公理体系生成和解释无限不可分的数，即有唯一一个确定的后继数但后继数间距和前驱数间距是变量的数如质数是怎么生成的，以及无限**可分**的数即没有唯一一个确定的后继数的数是怎么生成的等一系列涉及数的本质的关键问题，这是皮亚诺公理、罗素公理和策梅洛公理等都无法完成的艰巨任务。我们保留皮亚诺公理合理的部分，创建大数域理论自己完整的公理体系以解决前面提到的数的本质问题，在皮亚诺公理基础上发展和构建出比其他更一般更加重要更加基础更加兼容和一致性更好的公理。

按现有数学框架和两大主要公理体系，欧几里德等量公理和皮亚诺算数公理，人类是无法验证康托尔的连续统假设的，更无法完成比连续统更困难的大数域的大一统整合。这个前无古人的伟大事业需要全新的基础理论框架和公理体系，需要全新的无穷大大数域，需要无穷大大数域的大一统整合，大数域理论和公理体系于是顺乎潮流应运而生。

显然，数学的进一步发展和人们津津乐道的做题和花里胡哨的符号游戏毫无关系，而和生成哲学以及可分哲学的大道大是大非息息相关，和无穷大大数域的生成和大一统整合息息相关，和基础框架的公理体系息息相关。因为康托尔连续统一一映射解决方案告诉我们，公理体系框架一旦错了，哲学基础一旦错了，以后的所有推论毫无疑义都是谬论都是错的，所有努力都是花拳秀腿浪费时间，都是在做无用功。

第六篇

大数域理论公理体系

第一章 基本概念定义

基本概念定义 37：数域元素（数）的后继数

一个数域的元素 a′是该数域里的另外一个元素 a 的后继数当且仅当：

(1) a′ ≠ 0；

(2) a 和 a′ 都是由该数域元素的数值运算生成规则生成的属于这个数域的数；

(3) a′ 距离原点 0 点的距离 d′ 大于 a 距离原点 0 点的距离 d，即 d′ > d；

(4) a 的数值小于 a'的数值，即 a < a';

(5) **a**′ 是唯一一个能够被这个数域元素的数值运算生成规则生成的距离 a 最近的数；

即 a 和 a′ 之间不存在可以由该数域元素的数值运算生成规则生成的任何元素；

(6) d = |a′ - a|>0； d 可以是常量也可以是变量；

同时满足条件（1）至（6）的元素 a′ 就是元素 a 的后继数。

基本概念定义 38：数域元素（数）的前驱数

一个数域的元素 a 是另外一个元素 a’ 的前驱数当且仅当：

(1) a 可以等于 0 或整数数域里的任何数；

(2) a 和 a′ 都是由该数域元素的数值运算生成规则生成的属于该数域的数；

(3) a 距离原点 0 点的距离 d 小于 a′ 距离原点 0 点的距离 d′，即 d =< d′；

(4) a 的数值小于 a′ 的数值，即 a < a′；

(5) a 是唯一一个能够被这个数域元素的数值运算生成规则生成的距离 a′ 最近的数；

即 a 和 a′ 之间不存在可以由该数域元素的数值运算生成规则生成的任何元素；

(6) d = |a′ - a|>0； d 可以是常量也可以是变量；

同时满足条件（1）至（6）的元素 a 就是元素 a′ 的前驱数。或者说，一个数 a 的后继数 a′ 的前驱数就是这个数 a 本身。

基本概念定义 39：数域元素（数）的前驱数序列

一个数域的元素序列{ a_1，a_2，a_3，…，$a_{(K-1)}$，a_K}是另外一个元素 a 的前驱数序列当且仅当：

（1）a_K 是元素 a 的唯一一个确定的前驱数，$a_{(K-1)}$ 是元素 a_K 的唯一一个确定的前驱数，……，a_2 是 a_3 的前驱数，a_1 是 a_2 的前驱数；依此类推。

（2）$a1 < a_2 < a_3 < \cdots\cdots < a_{(K-1)} < a_K < a$；

（3）序列{ a_1，a_2，a_3，……，$a_{(K-1)}$，a_K} 是唯一一个个数确定且前后序列关系确定不变的 a' 的前驱数序列，且序列中每个元素数值均小于 a；

（4）序列{ a_1，a_2，a_3，……，$a_{(K-1)}$，a_K} 和 a 之间不存在可以由该数域元素的数值运算生成规则生成的任何其他元素；

同时满足条件（1）至（4）的元素序列{ a_1，a_2，a_3，……，$a_{(K-1)}$，a_K} 就是元素 a 的**前驱数序列也叫前驱序列**。

为方便理解，同时我们初步给出**可分**数域和不可分数域的初步定义，更精确的定义将在后续文章里给出。

基本概念定义 40：不可分数域

有限可分即无限不可分，简称不可分， 一个数域 D 是不可分的，当且仅当：

（1）数域 D 是含有有限或无穷多个由一定数值运算生成规则生成的所有属性相同的元素；

（2）数域 D 含有原始零点起点元素 0；

（3）数域 D 里除了 0 元素不是任何元素的后继数以外，任何一个元素 a 都有一个且是唯一一个由本数域元素生成规则生成的确定的后继数 a′ 和前驱数 a″；

同时满足以上条件（1）至（3）的数域 D 就是**不可分**数域。

基本概念定义 41：可分数域

可分数域是无限**可分**数域的简称；一个数域 D 是不**可分**的，当且仅当：

（1）数域 D 是含有有限或无穷多个由一定数值运算生成规则生成的所有属性相同的元素；

（2）数域 D 含有原始零点起点元素 0；

（3）数域 D 里除了 0 元素不是任何元素的后继数以外，任何一个元素 a 都没有一个而且唯一一个确定的由本数域元素生成规则生成的后继数 a′ 和前驱数 a″。

同时满足条件（1）至（3）的数域 D 就是无限**可分**数域。

再强调一遍，分数数域是**无限可分数域**，因为即使最简单的分数如$\frac{1}{2}$，我们无法找到$\frac{1}{2}$的唯一一个确定的前继分数和唯一一个确定的后继分数是什么，因为$\frac{1}{3}$并不是$\frac{1}{2}$的前继分数。无论你列出多么接近$\frac{1}{2}$的分数，比如$\frac{(\frac{1}{2}+\frac{1}{3})}{2}$，我们仍然能够在$\frac{1}{2}$前面找到比$\frac{1}{2}$小但是比目前假设的唯一的前驱分数$\frac{1}{3}$大的分数，只要把$(\frac{1}{2}+\frac{1}{3})\div 2=\frac{5}{6}*\frac{1}{2}=\frac{5}{12}=0.41666666666...$，即可得到这个$\frac{1}{2}$的新的前驱分数$\frac{5}{12}$使得不等式$\frac{1}{3}<\frac{5}{12}<\frac{1}{2}$成立，这样在$\frac{1}{2}$和$\frac{5}{12}$之间，$\frac{1}{2}$的前驱分数也有无穷多个，即无限可分。$\frac{1}{2}$的后继分数也是完全一样。实数也是一样，只是实数数域更大更复杂，实数数域为无限可分数域；无限可分简称**可分**。

基本概念定义 42：数域元素（数）的定位值

一个数域的元素 a 的定位值就是该元素 a 与该数域元素原始起点 0 点之间的距离：这个元素 a 的定位值是有方向性的，元素 a 定位值的方向是从该数域元素原始起点 0 点指向该数域元素 a，简称方向；由 a 指向 0 称为的定位值的反方向或简称反向。元素的定位属性（定位值）由数值大小和方向确定。

基本概念定义 43：前驱间距

已知一个数域的元素 a′ 且 a′ $\neq$ 0 有唯一一个确定的后继数 a，a′ 是 a 的唯一一个确定的前驱数，则元素 a 的前驱间距 $d = |a' - a|$，且 $d \neq 0$ 。

在**不可分**数域里，前驱间距 d 可以等于常数 1，2 等，对应于生成的整数数域，偶数数域和奇数数域等等；也可以等于变量，对应于生成的质数数域和斐波那契数数域等等。

基本概念定义 44：后继间距

已知一个数域的元素 a 且 a $\neq$ 0 有唯一一个确定的后继数 a″，a 是 a″的唯一一个确定的前驱数，则元素 a 的后继间距 $d'' = |a - a''|$，且 $d'' \neq 0$。

在**不可分**数域里，后继间距 d″可以等于常数 1，2 等，对应于生成数域整数，偶数和奇数数域；也可以等于变量，对应于生成数域质数数域和斐波那契数数域等等。一个有趣的现象是，即使是**不可分**数域，只有整数，偶数和奇数数域的任意数 a 的前驱间距 d 与后继间距 d” 相等，即 d = d″；数域质数数域和斐波那契数数域里任意一个数 a 的前驱间距与后继间距都几乎不相等。

基本概念定义 45：前驱比率

已知一个数域的元素 a′ 且 a′ ≠ 0 有唯一一个确定的后继数 a，a′ 是 a 的唯一一个确定的前驱数，则元素 a 和 a 的前驱数 a′ 的比：R_{PRE}= a′ ：a 或 $R_{PRE} = \frac{a'}{a}$ 被称为前驱比率。

在**不可分**数域里，前驱比率 R_{PRE} 可以等于常数整数如 1，2 等，对应于生成数域整数数域，偶数和奇数数域等等；也可以等于分数或变量，对应于生成数域质数数域和斐波那契数数域等等。

基本概念定义 46：后继比率

已知一个数域的元素 a 且 a ≠ 0 有唯一一个确定的后继数 a"，a 是 a"的唯一一个确定的前驱数，则元素 a 和 a 的后继数 a"的比：$R_{NEXT} = \frac{a}{a''}$ 被称为后继比率。

在**不可分**数域里，后继比率 R_{NEXT} 可以等于常数整数如 1，2 等，对应于生成数域整数数域，偶数和奇数数域等等；也可以等于分数或变量，对应于质数数域和斐波那契数数域等等。

一般而言，即使是不可分数域，任意一个数 a 的前驱比率 R_{pre} 与后继比率 R_{NEXT} 也未必相等，仅仅在整数，偶数和奇数数域里，任意一个数 a 的前驱比率 R_{pre} 与后继比率 R_{NEXT} 完全相等。阶乘数域如 {1！，2！，3！，4！，……， *k！*，……}，质数数域和斐波那契数数域等等的任意一个数 a 的前驱比率 R_{pre} 与后继比率 R_{NEXT} 都不相等。但以 2，3，4，...，K 为底的指数数域（2^1，2^2，2^3，……，2^K，……）的任意一个数 a 的前驱比率 R_{pre} 与后继比率 R_{NEXT} 都相等。

基本概念定义 47：前驱指数比率

已知一个数域的元素 a′ 且 a′ ≠ 0 有唯一一个确定的后继数 a，a′ 是 a 的唯一一个确定的前驱数，则元素 a′ 和前驱数 a 的自然对数的比：

R_{LN}= *ln（a′）：ln（a）* 或 $R_{LN} = \frac{ln(a')}{ln(a)}$ 被称为前驱指数比率。

在不可分数域里，前驱指数比率 R_{LN}仅仅适用于指数运算生成的整数元素数域，比如以 2 为底的指数数域（2^1，2^2，2^3，……，2^K，……），以 3 为底的指数数域（3^1，3^2，3^3，……，3^K，……)，以及以 k 为底的指数数域（k^1，k^2，k^3，……，k^K，……），k=1，2，3，4，.……。但不适合加减乘除底数运算生成的整数元素数域，比如整数数域，偶数数域和奇数数域，质数数域和斐波那契数数域等等。

基本概念定义 48：后继指数比率

已知一个数域的元素 a″且 a″≠0 有唯一一个确定的后继数 a，a″是 a 的唯一一个确定的前驱数，则后继数 a 和元素 a″的自然对数的比：

$R_{LN\_NEXT}= ln（a）：ln（a'）$ 或 $R_{LN\_NEXT} = \dfrac{ln(a)}{ln(a')}$ 被称为后继指数比率。

在不可分数域里，后继指数比率 R_{LN}仅仅适用于指数运算生成的整数元素数域，比如以 2 为底的指数数域（2^1，2^2，2^3，……，2^K，……），以 3 为底的指数数域（3^1，3^2，3^3，……，3^K，……)，以及以 k 为底的指数数域（k^1，k^2，k^3，……，k^K，……），k=1，2，3，4，……。但不适合加减乘除底数运算生成的整数元素数域，比如整数数域，偶数数域和奇数数域，质数数域和斐波那契数数域等等。

基本概念定义 49：乘数

即任何数相乘的结果为乘数，比如 2*3*5，3*7*9，10!，某种意义上说，整数的整数次方也算乘数比如：2^{100}，7^{7765}，910^{9763}，……。

基本概念定义 50：实数

大数域理论里，只有底数为整数或者分数而指数为分数的数值生成运算幂运算一次或有限次运算生成的无理数是实数。

这样是为了和传统数学保持一致尽量避免混乱，把实数和超越数区分开来。见参考文献[69]。

基本概念定义 51：可遍历

在计算机科学中，所谓遍历（Traversal），是指沿着某条搜索路线，依次对（该线路）树中每个结点均做一次且仅做一次访问。类似的，本书定义**大数域元素可遍历**是指对一个无穷大大数域里的每一个不重复元素的所有属性可以无一遗漏地均做一次且仅一次访问（访问包括元素所有属性的获取和使用），那就说这个数域里的所有元素是可遍历的或说这个数域具有可遍历属性。见参考文献[92]。

由皮亚诺公理可知，整数数域里的任何一个元素都是从 1 生成的，因此可以获取和使用整数数域里的所有不重复元素的数值属性和其他属性，即整数数域所有元素都是可以遍历的，整数数域具有可遍历属性。

其他无穷大数域的可遍历属性是可以伴随生成公理传承给后续衍生数域的，即整数数域所有不重复元素是可遍历的，那么从整数数域生成的所有其他数域如分数数域，实数数域和超越数数域以及基数数域的所有不重复元素也是可遍历的。

这就是为什么我们可以在分数数域，实数数域和超越数数域里随心所欲取值而从不担心取不到值的原因。**可遍历属性和大数域传承公理保证了在所有数域里，数值遍历运算都可以获取所有无穷大大数域里任何一个元素的数值。**

有序定位是可遍历的前提。无穷大整数数域元素可遍历性属性和有序属性密不可分。因此可以推论，无序无标识无穷大集合**元素**是不可遍历的。需要区分的是：

（A）对于无限不可分无穷大数域元素如整数，每个元素是逐个可遍历的，即可以一一访问获取其属性的；因此无限不可分是单个元素可遍历；

（B）对于无限可分无穷大数域元素如分数，每个元素是批次可遍历的，即可以批次访问某元素生成的一批无穷大子域元素获取所有元素属性的。即无限可分的批次可遍历。如分子为 3 而分母为所有整数生成的无穷大子域的遍历就是整数 3 生成分数的批次可遍历。所有整数的分数生成批次可遍历构成整个分数数域批次可遍历。

基本概念定义 52：遍历运算

假设有数域 $A=\{a_1,a_2,a_3,\ldots a_k\}$ 所谓遍历运算是指对任意一个元素 a_k，将 a_k 和序列里每一个元素（包括或不包括元素 a_k 自己）进行一次且仅仅一次的指定的数值运算就是遍历运算，如果遍历运算的遍历对象

（1）包括元素 a_k 和数域所有元素，是完全遍历运算；

（2）不包括元素 a_k 而仅包括数域里一部分元素，是不完全遍历运算；

（3）包括元素 a_k 的全部前驱元素，是完全前驱遍历运算；

（4）仅包括元素 a_k 的前驱序列里一个或一部分元素，是不完全前驱遍历运算。

第二章 大数域理论第一公理：加法数值运算生成公理

有了上述基本概念，可以构建如下大数域理论公理体系，或称大数域理论第一**生成**公理即**加法数值运算生成公理，** 本公理包含第一级生成运算+加法，是皮亚诺公理的细化升级版本。

（1） 0 是自然数；

（2） +加法运算是**自然数生成**公理的唯一合理合法合规**数值运算生成运算**；

（3） s =0 被称为原始起点，1 被称为生成步长 length；用加法 s + length = 0 + 1 可以得到一个且唯一一个不同于 0 的新的确定的自然数 a；a 是 0 的后继数；这个加法称为单向或正向加法增量运算。

（4） 每一个确定的自然数 b 都有一个且唯一一个确定的后继数 b′ 和唯一一个确定的前驱数 b″ 且 b′ ≠ 0，b′ 和 b” 也是自然数；b′ = b+1 而 b=b″+1；对于任意自然数 b 和 c，c 和 b 的后继数是 c′ 和 b′， 前驱数是 c″和 b″，b=c 当且仅当 b′ =c′ 且 b″=c″，**这是不重复元素原理；**

（5） 0 不是任何自然数的后继数，0 是 1 的前驱数，0 本身是没有方向的标量值，是没有长宽高数值的起始原点值；

（6） 由+加法和生成步长 length = 1 产生的所有不重复元素或简称不重复数构成整数数域；所有不重复元素或不重复数的个数称为整数数域的**生成基数，这是基数原理；**

（7） 0 也是一维，二维，三维，……，n 维空间里生成方向上任意两个数值相同方向相反的数的原点和起点，或简称起始原点；

（8） 每一个确定的自然数 b 都有一个且唯一一个确定的定位值；该定位值是 0 到自然数 b 的距离，即 b 本身的数值，简称为给定自然数 b 的区间[0，b]；该定位值的方向是由 0 指向 b 称为数 b 的定位值的正方向，简称方向；由 b 指向 0 称为数 b 的定位值的反方向，这是**定位原理**。

（9） 任意关于自然数的命题，如果证明：它对自然数 0 是真的，且假定对任意给定的自然数 a 为真且在区间[0，a]里恒为真时，如果可以证明对已经给定的自然数 a 为真且在唯一确定的后继数 a′ 的区间[0，a′]里也真，那么，命题对所有自然数都真。

（10） 由本生成规则生成的所有元素都是可以访问读取其值及其所有属性的，这是**可遍历原理**。

下面简单介绍如下：

公理（1）到（9）是整数数域生成规则的核心；可以生成不含重复数的整个整数数域，其中公理（3）的生成步长 1 如果改为 2，原始起点仍然是 0，就可以生成偶数数域的全部元素；而公理（3）的生成步长 1 如果改为 2，原始起点改为 1，就可以生成奇数数域的全部元素；

公理（5）定义 0 和 1 的关系；

公理（4），（6）严格定义不重复数，数域以及整数数域基数，也叫**基数原理**；

公理（8）严格定义数的定位属性，使得整数数域可以成为所有其他数域和几何学等学科的坚实基础；这是**定位原理**。

公理（9）保证了数学归纳法的正确性，从而被称为归纳法原理；是数学归纳法另外一种更加重要更加一般的形式，用定位区间的概念代替单个数字，确保数学归纳法在整个区间的正确性，从而被称为**连续区间归纳法原理**；这个**原**理的缺失是康托尔无穷大理论悖论频出的根本原因之一。也是一一映射原理无法揭示的客观事物的本质和深层客观规律不适合无限无界无穷大数域比较的根本原因。一一映射原理是人为主观设定比较规则的方法而不具备客观性，连续性和一致性。

公理（10）保证所有元素可以遍历。

大数域第一公理是皮亚诺公理的扩展和升级。加法运算是最简单的生成运算，加法运算无法生成其他复杂运算生成的复杂的数和数域，比如除法运算和幂运算等。因此大数域第一公理不能生成分数数域、质数数域、实数数域和超越数以及基数数域等许多只有除法和乘法以及幂运算等运算才能生成的基数不同的数域，因为分数数域等是更高阶复杂的数域，比整数数域高阶得多。大数域理论升级版的皮亚诺公理的大数域第一公理增添了许多新内容，为大数域其他公理的建立铺垫基础，比如**不重复元素原理**(4)，基数**原理**(6)，定位**原理**(8)等。而不重复元素原理，基数原理，定位原理等基本原理的增加，弥补了皮亚诺公理的基因缺陷，因此可以处理更加普遍更加一般复杂的无穷大大数域的情况。

第三章 大数域理论第二公理：乘法运算生成公理

大数域理论第二公理即乘法数值运算生成公理，此公理是从整数数域通过乘法数值运算生成整数数域的各种子域，这些子域的元素仍然是整数的一部分，但由不同步骤的乘法运算生成，最关键的是这些子域的基数互不相同，所有子域的基数都远远小于整数数域的基数。本公理包含第一级生成运算+加法和第二级生成运算*乘法。运算顺序是先加法后乘法，先第一级生成运算后第二级生成运算。

乘法运算生成公理：

（1）0 是自然数；0 是第一级+加法运算的起始元素；但不是第二级*乘法运算的起始元素；

（2） 生成各种乘数由如下步骤组成；

(a) +加法和*乘法运算是乘法生成公理的唯一合理合法合规数值运算生成运算；其中加法是第一级生成运算，*乘法运算是在第一级加法产生的全体元素的基础上进行的第二级生成运算；乘法运算结果叫乘数；

(b) 第二级生成运算的起始元素是 s= m，m ≠ 0 可以是任意整数，第二级生成步长是 length = n，用第二级生成运算乘法，m * n 可以得到一个且唯一一个不同于 s 的新的后继数乘数 a =m * n，a* n 可以得到一个且唯一一个确定的不同于 a 的后继数 a'；a 是 a' 的唯一一个前驱数，m 和 n 的不同可以生成各种不同的乘数数域：乘数的前驱数和后继数是由第二级生成运算决定，不由第一级生成运算决定。

(c) 当 s =2，n =2，我们得到如下数域：{2^1，2^2，2^3，2^4，……}， 基数为 $\frac{lnC_I}{ln2}$；

(d) 当 s = 3，n = 3，我们得到如下数域：{3^1，3^2，3^3，……}；基数为 $\frac{lnC_I}{ln3}$；

……

(e) 当 s =10，n =10，得到如下数域：{10^1，10^2，10^3，…}， 基数为 $\frac{lnC_I}{ln10}$；

……

(f) 更特殊的是，对于阶乘情况，当 s =1，n =1，对任意生成的第 k 个乘数 k = a″，我们有 a = a″+1 的第一级生成运算+加法生成元素的前驱数序列为{1，2，3，……，$k-1$， a″}，则我们得到累积乘积即阶乘的乘数为：{1！，2！，3！，……，k！}；即对任何元素整数 k，$k!$ 的乘数序列组成的数域，其基数为 $\frac{4*log_{10}(C_I)}{ln(log_{10}(C_I))+1.22}$；

(3) 每个确定的由第二级生成运算计算得出的乘数都有唯一一个确定的后继乘数和前驱乘数，这和第一公理相同，只是生成步长，前驱间距和后继间距，前驱比率和后继比率等不同；

(4) 对于每两个由第二级生成运算计算得出的乘数是重复元素或重复数，当且仅当两个乘数相等以及两个乘数距离初始起点 0 点的定位距离和方向完全相同，**这是不重复元素原理；**

(5) 乘数数域是整数数域的子域；乘数数域不重复元素的个数是该乘数数域的基数，**这是基数原理；**

(6) 0 不是任何由第一级和第二级生成运算计算得出的乘数的后继数；0 是第二级生成运算的起始元素 S 的前驱数，0 本身是没有方向的标量值，是没有长宽高数值的起始原点值；

(7) 0 也是一维，二维，三维，…，n 维，或任意维度空间里生成方向上任意两个数值相同方向相反的乘数的原点和起点；

（8） 每一个确定的由第二级生成运算计算得出的乘数 b 都有一个且唯一一个确定的定位值；该定位值是 0 到该乘数的距离；即乘数 b 本身的数值；该定位值的方向是由 0 指向乘数称为乘数的定位值的正方向，简称方向；由乘数指向 0 的方向称为乘数 b 的定位值的反方向，这是**定位原理**；

（9） 适合于整数数域的数学归纳法等所有规则原理也适合由加法和除法生成的所有由第二级生成运算计算得出的乘数数域。任意关于自然数的命题，已证明它对自然数 0 是真的，且假定对任意给定的自然数 a 为真且在区间[0，a]里恒为真时，如果可以证明对已经给定的自然数 a 为真且在唯一确定的后继数 a′ 的区间[0，a′]里也真，那么，命题对所有自然数都真。

（10） 由本生成规则生成的所有元素都是可以访问读取其值及其所有属性的，这是**可遍历原理**。

解释：同大数域第一公理。

第四章 大数域理论第三公理：除法运算分数生成公理

大数域理论第三公理即**分数生成公理或大数域大数域理论第三公理：除法运算分数生成公理，**本公理包含第一级生成运算+加法和第二级生成运算 ÷ 除法。运算顺序是先加法后除法， 先第一级生成运算后第二级生成运算，分数属于逐步递增前驱逆向遍历生成。即逐步递增每生成一个整数，就用前驱逆向遍历生成除法逐个生成出的这个整数可以生成的所有不重复分数。我们**把整数加法递增生成方向规定为正方向，则前驱遍历生成方向就是和生成方向相反的逆向前驱遍历生成方向。**下同。因为第三公理除法分子不包括分母元素自己，所以第三公理的除法运算是**不完全逆向前驱遍历生成**运算：

（1） 0 是自然数；0 是 ÷ 除法分数运算公理的起始元素；

（2） +加法和 ÷ 除法运算是除法分数生成公理的唯一合理合法合规数值生成运算；其中加法是第一级生成运算， ÷ 除法是在加法产生的元素的基础上进行的第二级生成运算；

（3） 生成分数由如下步骤组成；

(a) 第一级生成运算起始元素是 s = 0，生成步长 length = 1，用第一级生成运算加法，s + 1 可以得到一个且唯一一个不同于 s 的新的确定的自然数 a 和后继数 a' = a + 1 ； $a \to C_1$；

(b) 由第一级生成运算累加生成的数 a 有前驱数序列 { a_1，a_2，a_3，…… ，$a_{(K-1)}$，a_K }，且 $a_1 \neq 0$，$a_1 = 0 + 1$，$a_2 = a_1 + 1$，……，$a_k = a_{(k-1)} + 1$，$a = a_k + 1$ ；

(c) 然后用第二级生成运算除法，对 a 的前驱数序列 $\{a_1, a_2, a_3, \cdots\cdots, a_{(K-1)}, a_K\}$ 的每一个数，逐个分别应用第二级生成运算除法运算一次且只有一次的和**生成方向相反的逆向前驱遍历计算**：$\frac{i}{a}$；$i=1, 2, 3, \cdots, k$；$a=a_K+1$；所有 $\frac{i}{a}$ **逆向前驱**遍历计算生成不重复元素组成的数域就是分数数域；$i<a \to C_I$；

(d) 每一个确定的生成分数（不包括分数运算生成整数的特例）$\frac{i}{a}$ 的运算结果，都没有唯一一个确定的后继分数和前驱分数，这和第一公理完全不同；分数数域里任何分数后面和前面都没有唯一一个确定的后继分数和前驱分数；分数生成公理和整数加法生成公理不一样，没有唯一一个确定后继数的分数没有恒定不变的生成步长。分数不是**正向加法增量步长生成**，而是除法**逆向前驱遍历生成**；

(4) 在同一维度里，对于每两个分数是重复元素或重复分数当且仅当与分别化简后的最简分数相等以及距离初始起点 0 点的定位距离和方向完全相同，也叫**不重复元素原理**；

(5) 由除法产生的所有不重复分数构成分数数域；所有不重复分数的个数称为分数数域的生成基数，也叫**基数原理**；

(6) 0 不是任何分数的后继数；0 也不是任何分数的前驱数，0 本身是没有方向的标量值，是没有长宽高数值的起始原点值；

(7) 0 也是 1 维，2 维，3 维，…，n 维，或任意维度空间里分数数值排序方向上任意两个定位数值相同且方向相反的分数的原点和起点；

(8) 每个确定的分数都有唯一一个确定的定位值；该定位值是 0 到该分数的距离；即分数本身的数值；该定位值的方向是由 0 指向分数 b 称为分数 b 的定位值的正方向，简称方向；由分数 b 指向 0 称为分数 b 的反方向，简称反向，这是**定位原理**；

(9) 适合于整数数域的数学归纳法等所有规则原理也适合由整数和除法生成的全体分数数域。即任意关于自然数的命题，如果证明：它对自然数 0 是真的，且假定对任意给定的自然数 a 为真且在区间[0，a]里恒为真时，如果可以证明对已经给定的自然数 a 为真且在唯一确定的后继数 a′ 的区间[0，a′]里也真，那么，命题对所有自然数都真。

(10) 由本生成规则生成的所有元素都是可以访问读取其值及其所有属性的，这是**可遍历原理**。

简介如下：

公理（1）到（3）是分数数域生成规则的核心；生成整个不重复分数数域；

公理（4）定义不重复分数；

公理（5）定义基数；

公理（7）和（8）严格定义分数的定位属性，保证了所有元素的定位值的有效性；这是定位原理；

公理（9）保证了数学归纳法的正确性，根据大数域生成原则在整数数域有效的数学归纳法在分数数域仍然有效；即数学归纳法在所有数域都保持一致性和有效性。

可以看出，大数域第三公理即**除法数值运算生成公理**只能生成分数数域，但不能生成质数数域，孪生质数数域等等所有同样也需要除法作为基本数值运算的数域。

另外，当 a 是 b 的整数倍数时 $\frac{a}{b}$ 就生成了整数数域。大数域第三公理也不能生成实数数域，因为实数数域是一个更高阶复杂的数域，比整数数域和分数数域高阶得多。质数是个非常特殊的数，质数是整数一次或有限次除法运算的结果。但质数仍然属于整数。质数和整数性质相同。质数数域是整数数域的一部分。分数则属于性质完全不同的数域。分数数域完全不属于整数数域。

斐波那契数也是一个非常特殊的数，斐波那契数是整数一次加法运算的结果。但斐波那契数仍然属于整数。斐波那契数数域是整数数域的一部分。

小结一下就是基本数值运算里，

（1）加减乘的有限运算所生成的数组成的数域都是**不可分数域**，所有不可分数域都是整数数域的子数域；所有**不可分**数域里，基数最大的数域是整数数域，其基数是 C_I；基数最小的数域就是以整个整数数域为元素的数域，其基数是 1；

（2）有限的除法运算和幂的分数运算生成的元素组成的数域是与整数数域性质完全不同的数域，和整数数域有交集（即部分重合），是无限可分数域，无限可分数域完全不属于整数数域；所有无限可分数域的基数都比最大**不可分**数域整数数域大无穷大倍。

（3）加减乘除幂的**无限运算**所生成的所有数或元素组成的数域 （或序列）都是无限可分数域，所有无限可分数域都不是整数数域的子数域；这种无限运算生成的元素可以落值在任何一个无限可分数域包括基数数域；基数数域也是无限可分数域。

第五章　大数域理论第四公理：除法运算质数生成公理

大数域理论第四公理即除法运算质数生成公理或大数域理论第四公理：除法运算质数生成公理。因为大数域理论第三公理：除法运算分数生成公理只能生成所有分数，而且分数数域是无限可分数域，第三公理无法生成完全独立的不可分的质数数域。需要单独的除法运算质数生成公理生成全体质数。即同样的除法运算方法但是不同的运算步骤。本公理包含第一级生成运算+加法和第二级生成运算 ÷ 除法。运算顺序是先加法后除法，先第一级生成运算后第二级生成运算。**质数也属于逐步递增逆向前驱遍历生成。即每生成一个整数，也用逐步递增逆向前驱遍历生成除法检验，不同的是要检查所有除法结果是否符合质数要求，如果是，留下放在质数数域，不是则放弃，即质数的不完全逆向前驱序列遍历运算仅仅生成 1 个元素（当该元素为质数时）或 0 个元素（当该元素不为质数时）。而除法的遍历运算虽然也遍历前驱序列（即不完全逆向前驱遍历）而遍历运算结果的个数始终大于 1（2 除外）。**

（1） 0 是自然数；1 是 ÷ 除法质数运算公理的起始元素但不属于质数数域；

（2） +加法和 ÷ 除法运算是除法质数生成公理的唯一合理合法合规数值运算生成运算；其中加法是第一级生成运算， ÷ 除法是在加法产生的元素的基础上进行的第二级生成运算；

（3） 生成质数由如下步骤组成；

(a) 第一级生成运算起始元素是 $s = 0$，生成步长 length = 1，用第一级生成运算加法，s+1 可以得到一个且唯一一个不同于 s 的新的确定的自然数 a, a+1 可以得到一个且唯一一个不同于 a 的唯一一个确定的后继数 a' ；

(b) 每个数 a 有前驱数序列 $\{a_1, a_2, a_3, \cdots, a_{(K-1)}, a_K\}$，且 $a_1 \neq 0$，$a_1 = 0 + 1$，$a_2 = a_1 + 1$，……，$a_k = a_{(k-1)} + 1$，$a = a_k + 1$ ；

(c) 用第二级生成运算除法，对 a 的前驱数序列 $\{a_1, a_2, a_3, \cdots, a_{(K-1)}, a_K\}$ 的每一个数，逐个分别应用第二级逆向前驱遍历生成除法运算一次且只有一次不完全逆向前驱遍历生成计算前驱数序列里的所有元素，即：$\frac{a}{i}$ ，i= 1，2，3，…，k；$a = a_K$+1；$a<i$；所有 $\frac{a}{i}$ 遍历除法对 $\{a_1, a_2, a_3, \cdots, a_{(K-1)}, a_K\}$ 里每一个不包括自己的元素不完全逆向前驱遍历生成计算后余下生成的非零整除的结果组成的数域就是质数数域，$a>_i$；因为第四公理除法不包括分母元素自己，所以第四公理的除法运算也是**不完全逆向前驱遍历生成运算**；

(d) 每一个确定的生成质数（不包括分数运算生成整数的特例） $\frac{a'}{k}$ 的运算结果，都有唯一一个确定的后继质数和前驱质数，这和第一公理相同，只是生成步长，前驱间距和后继间距，前驱比率和后继比率等不是常数而是变数；质数是**正向加法**增量生成基础上再加除法**不完全逆向前驱遍历**生成；

（4） 对于每两个质数是重复元素或重复质数，当且仅当两个质数相等以及两个质数距离初始起点 0 点的定位距离和方向完全相同， 这是不重复元素原理；

（5） 质数数域是整数数域的子域；质数数域不重复质数的个数是基数，这是基数原理；

（6） 0 不是任何质数的后继数；0 也不是任何质数的前驱数，0 不是质数，0 本身是没有方向的标量值，是没有或称不存在任何步长或距离的起始原点值；

（7） 0 也是一维，二维，三维，…，n 维，或任意维度空间里任意生成方向上两个数值相同方向相反的质数的原点和起点；

（8） 每一个确定的质数都有一个且唯一一个确定的定位值；该定位值是 0 到该质数的距离；即质数本身的数值；该定位值的方向是由 0 指向质数称为质数的定位值的正方向，由质数指向 0 称为质数 b 的定位值的反方向，这是**定位原理**；

（9）质数数域整数数域，每个质数都有唯一一个确定的后继质数和前驱质数；但是质数的增长步长是变量，不是常量；

（10） 适合于整数数域的数学归纳法等所有规则原理也适合由加法和除法生成的全体质数数域。

（11） 由本生成规则生成的所有元素都是可以访问读取其值及其所有属性的，这是**可遍历原理**。

简介如下：参见类似第一第二公理简介，此略。

第六章 大数域理论第五公理：幂运算实数生成公理

大数域理论第五公理即幂运算生实数成公理。本公理包含第一级生成运算+加法生成整个整数数域，第二级生成运算 ÷ 除法生成整个分数数域，然后第三级∧幂数值运算生成在第一级生成运算和第二级生成运算生成的整个整数数域和分数数域的基础上再生成整个实数数域。运算顺序是第一加法运算，第二除法运算，第三幂运算；第一级生成运算之后进行第二级生成运算，最后是第三级生成运算，第三级生成运算是指数在分数数域对所有元素的**完全遍历生成运算，幂运算本质上是指数上的除法运算。**

（1） 0 是自然数；0 是 ÷ 除法分数运算公理的起始元素；

（2） +加法，÷ 除法，∧幂运算是幂数值运算生成公理的唯一合理合法合规数值运算生成运算；其中加法是第一级生成运算，÷ 除法是在加法产生的元素的基础上进行的第二级生成运算，∧幂运算是在加法生成的全体整数数域和除法生成的全体分数数域的基础上进行的第三级生成运算，第三级生成运算生成本质上完全不同于整数和分数的实数和实数数域；

（3） 生成实数由如下步骤组成；

(a) 第一级+加法生成运算生成自然数数域{0，1，2，3，4，…，k_1，…}，

(b) 第二级除法生成运算生成分数数域 $\{\frac{1}{2},\frac{1}{3},\frac{2}{3},\frac{1}{4},\frac{3}{4},....,\ \frac{1}{k},...\}$ ；

(c) 第三级幂数值生成运算是在第一级第二级生成运算全部完成生成了完整的整数数域和分数数域之后开始的。第三级幂数值生成运算如下：

设 a 是自然数数域{0，1，2，3，4，……，*k1*，……}里的任何一个元素，b，c 是分数数域 $\{\frac{1}{2},\frac{1}{3},\frac{2}{3},\frac{1}{4},\frac{3}{4},\frac{1}{5},....,\ \frac{1}{k},...\}$ 里的任何一个元素，则以 a 为底或 b 为底而以 b 或 c 为指数的**完全遍历生成**幂运算生成的数 a^b, b^c 如 $\sqrt{\frac{1}{2}},\sqrt{11},\sqrt[13]{3043},\sqrt[\frac{11}{13}]{1059},\sqrt{\frac{54}{1028}},\sqrt[\frac{123}{357}]{\frac{157}{5341}},......$ 就是实数，全体实数组成的域就是实数数域， 实数运算和分数运算一样是每一个元素用生成运算遍历整个数域所有元素的**完全遍历生成运算**而不是简单**正向加法**增量运算；

(4) 每一个生成实数（不包括幂运算生成整数的特例如 $(\sqrt{9},\sqrt{4},\sqrt[3]{27},\sqrt[\frac{3}{4}]{81},...)$ 的运算结果，都没有一个确定的后继实数和前驱实数，这和第一公理完全不同；实数数域里任何实数后面和前面都没有唯一一个确定的后继实数和前驱实数；实数生成公理和整数加法生成公理不一样但和分数一样。实数运算和分数运算一样是整数数域或分数数域里的每一个元素用遍历生成运算遍历整个数域所有元素的完全遍历运算而不是增量运算（起始点加步长）；

(5) 对于任意两个实数是重复元素或重复实数当且仅当两个实数数值相等以及距离初始起点 0 点的定位距离和方向完全相同，这是不重复元素原理；

(6) 由幂运算产生的所有不重复实数构成实数数域；所有不重复实数的个数称为实数数域的生成基数，这是基数原理；

(7) 0 不是任何实数的后继数；0 也不是任何实数的前驱数，0 本身是没有方向的标量值，是没有长宽高数值的起始原点值；

(8) 0 也是一维，二维，三维，…，n 维，或任意维度空间里数值排序方向上任意两个数值相同方向相反的实数的原点和起点；

(9) 每一个确定的实数都有一个且唯一一个确定的定位值；该定位值是 0 到该实数的距离；即实数本身的数值；该定位值的方向是由 0 指向实数 b 称为实数 b 的定位值的正方向，简称方向；由实数 b 指向 0 称为实数 b 的定位值的反方向或简称反向，这是**定位原理**；

(10) 适合于整数数域的数学归纳法等规则原理也适合由加法，除法和幂运算生成的实数数域。

简介如下：

公理（1）到（2）是说实数数域生成规则的数据来源和基础；

公理（3）是说第五公理的核心内容：实数数域的生成，包括生成规则；

公理（4）定义实数和整数以及分数的区别；

公理（5）定义重复实数，也叫不重复元素原理；

公理（6）定义实数数域基数，也叫基数原理；

公理（7），（8）定义实数数域起始原点；

公理（9）严格定义实数的定位属性，使得实数数域可以成为所有其他数域和几何学等学科的坚实基础；保证了所有元素的定位值的有效性，也叫定位原理；

公理（10）保证了数学归纳法和其他规则原理在实数数域的正确性，根据大数域生成原则，在整数数域有效的数学归纳法和其他规则原理的，在实数数域仍然有效；从而使得数学归纳法和其他规则原理的在所有数域都保持一致性和有效性。

本书前面提到的孪生数域也可以由此公理稍加改进生成，见《第二篇 大数域理论基础》，第二十八章，第二十九章，第三十章，第三十三章。这里不再赘述。

第七章 大数域理论第六公理：逼近运算超越数生成公理

大数域理论特别重视概念定义。为了避免混乱，在大数域里，综合目前已有资料，我们需要定义实数和超越数，希望尽量和主流定义保持一致性，使得大数域理论和传统数学完全兼容。见参考文献[53]，[63]～[71]。

基本概念定义 53：超越数

大数域理论里，超越数主要由两部分组成：

(1) 由某些数值生成运算如+加，－减，*乘，÷除和∧幂运算的一次，有限次或无限次数值运算计算生成的一系列计算结果的整数，分数和实数甚至基数组成的数值序列趋于某个极限逼近（可以是有限也可以是无穷大基数）的值，这个数就是超越数。简单说超越数不是准确值，而是一个极限逼近值。援引维基百科的定义，“在数论中，超越数（transcendental number）是指任何一个不是代数数的无理数。只要它不是任何一个有理系数代数方程的根，它即是超越数。最著名的超越数是 e 以及 π”，见参考文献[56]。

(2) 底数为整数等不可分数以及底数为分数和实数等无限可分数而指数为实数的数值生成∧幂运算的一次或有限次或者无限次运算生成的数就是超越数。

超越数是由某些数值生成运算如+加，－减，*乘，÷除和∧幂运算的一次或有限次或无限次**数值运算**计算结果生成的整数，分数和实数甚至基数组成的序列的数值逼近某个极限的数，是在指数为整数和分数情况下，经简单有限步骤的所有数值生成运算如+加，-减，*乘，÷除和∧幂运算无法一次或在有限次运算步骤里完成的。因为这些数列里的每一个数值都是可以精确计算的整数，分数或实数数值而不是最后的极限结果，是无限系列里的一个元素，这个极限逼近值是无法用前面的加法生成公理，除法生成公理和∧幂运算生成公理在有限步骤内在指数为整数和分数情况下一次性产生的。比如欧拉常数公式 $(1+\frac{1}{n})^n$ 产生的就是一系列无限逼近 e 的分数序列，见参考文献[23]：$\lim_{n\to\infty}(1+\frac{1}{n})^n = e = 2.71828\ \ldots\ldots;$

当 n = 1，2，3，4，5，……，1000，……，时得序列：

$\{(1+\frac{1}{2})^2,(1+\frac{1}{2})^3,(1+\frac{1}{2})^4,(1+\frac{1}{2})^5,\ldots,(1+\frac{1}{2})^{1000},\ldots\}$ 就是计算得到的下面分数序列逼近 e 取得的

$\{2.25, 2.37037037, 2.44140625, 2.48832, 2.52162637, 2.54649969, \ldots, 2.716\ 92393, \ldots\}$ 其中这个无限系列里的每一个元素都是一个分数值，整个序列无限逼近一个极限值 e，而 e 实际上是超越数，是由分数的整数次方计算结果值组成的分数序列无限逼近的极限值。

再比如调和级数之和的通项公式：$1+\frac{1}{2}+\frac{1}{3}+\frac{1}{4}+\frac{1}{5}+\frac{1}{6}+\frac{1}{7}+\frac{1}{8}+\ldots.+\frac{1}{n}=\ln(n)+\gamma;$

当 n=1，2，3，4，5，6，7，8，9，……，1000，……时我们得到如下分数序列：

$\{1+\frac{1}{2},1+\frac{1}{2}+\frac{1}{3},1+\frac{1}{2}+\frac{1}{3}+\frac{1}{4},1+\frac{1}{2}+\frac{1}{3}+\frac{1}{4}+\frac{1}{5},1+\frac{1}{2}+\frac{1}{3}+\frac{1}{4}+\frac{1}{5}+\frac{1}{6},\ldots.+\frac{1}{n},\ldots\ldots\}$

$\{1.5,\ 1.8333,\ 2.0833,\ 2.2833,\ 2.45,\ 2.5928,\ 2.7178,\ 2.8289,\ 2.9289\ldots.\}$ 同样这个无限系列里的每一个元素都是一个分数值，整个序列无限逼近一个极限值就是用无限生成的分数之和去无限逼近一个无穷大基数 $ln(n)$，这个基数 $ln(n)$ 在 n 为任何一个确定整数的时候其值为分数，但是当 n 为无穷大 C_I 的时候，其值就不是分数而是无穷大基数。因为在有限个分数的加法以内有限个分数的分数之和仍然是分数。而无限个分数的加法的分数之和就是一个极限逼近值，一个超越数。

欧拉公式的其他展开式如

$$e=\sum_{n=0}^{\infty}\frac{1}{n!}=\frac{1}{0!}+\frac{1}{1!}+\frac{1}{2!}+\frac{1}{3!}+\frac{1}{4!}+\cdots$$

以及圆周率的各种各样逼近公式：如 π 的莱布尼茨公式

$$\pi=\frac{4}{1}-\frac{4}{3}+\frac{4}{5}-\frac{4}{7}+\frac{4}{9}-\frac{4}{11}+\frac{4}{13}-\cdots$$

和尼拉卡莎级数和公式

$$\pi = 3 + \frac{4}{2\times3\times4} - \frac{4}{4\times5\times6} + \frac{4}{6\times7\times8} - \frac{4}{8\times9\times10} + \cdots$$

以及印度数学家斯里尼瓦瑟·拉马努金发现的著名公式，见参考文献[56]：

$$\frac{1}{\pi} = \frac{2\sqrt{2}}{9801}\sum_{k=0}^{\infty}\frac{(4k)!(1103+26390k)}{k!^4(396^{4k})}.$$

等等都一样，**在任何有限给定步骤**，这些公式和展开式都只产生分数，不产生超越数。只是用这些公式产生的**无限分数序列去无限逼近**那个人们认为收敛的超越数数值。此外，π 和 e 都是超越数——它不是任何有理数系数多项式的根。其他超越数如 1844 年刘维尔发现的第一个确认为超越数的刘维尔数：

$$\sum_{k=1}^{\infty}10^{-k!} = 0.110001000000000000000001000\ldots$$

。

因此除了一些超越数如 π 和 e 是通过整数多项式生成分数数值序列逼近某个超越数外，绝大部分超越数是可以通过∧幂运算生成的。见参考文献[56]。在指数为整数和分数情况下，有限步骤的加减乘除运算只产生整数、分数、实数和基数，不产生任何超越数。而有限步骤的幂的实数运算只产生超越数。无限步骤的加减乘除幂运算可以产生出无限的整数、分数、实数、超越数和基数序列去无限逼近收敛于一个确定的无限序列的极限-超越数。

另外大数域生成率大常数 $\mathcal{Q}$，也是对整数生成的不重复分数个数的简单累加计数的简单的加法，得到一系列的整数再除以区间的平方产生一系列分数{0.31，0.3043，0.304191，0.303950753，0.303963152391，30396356427241，3039635516365910，…}，这个不重复分数序列的分数值逐渐逼近一个超越数数值，0.303963……，所以大数域生成率大常数 $\mathcal{Q}$ 是一个无穷大条件下的超越数，大数域生成率大常数 $\mathcal{Q}$ 和常数 π 和欧拉常数 e 的生成过程几乎一模一样，都是由无限次加减乘除运算生成一个无限序列的分数逐渐逼近极限的超越数值，这个无限序列里的每一个元素都是分数而不是实数和超越数，更奇特的是大数域生成率大常数 $\mathcal{Q}$ 每一步计算结果都是一个准确的整数然后转换成分数，但是这些数的无限数列的极限却是一个超越数。

可以看出，大数域第六公理即逼近超越数生成公理除了可以生成实数数域和超越数数域以外，还可以生成整数数域，分数数域和基数数域等等。

比如下例就是实数开方后得到整数数域的例子；$\sqrt{4.000\ldots} = 2;\sqrt{9.000\ldots} = 3;\sqrt{16.000\ldots} = 4;\ldots\ldots$

而下面例子就是实数开方后得到分数数域的例子；

$$\sqrt{0.2500\ldots} = 0.5 = \frac{1}{2};\sqrt{0.0100\ldots} = 0.1 = \frac{1}{10};\sqrt{0.0900\ldots} = 0.3 = \frac{3}{10};\ldots\ldots$$

基本概念定义 54：原始原生母体数域

大数域理论里，定义整数数域为所有从整数数域元素经过加减乘除幂等数值运算衍生和派生生成的其他数域的原始原生母体数域。就是说，整数数域是目前人类已知的所有其他一切数域的源头和起点，是所有其他一切数域的**原始原生母体数域**。

根据前面所述，我们有如下

大数域理论第六公理即逼近运算超越数生成公理：本公理包含第一级生成运算+加法生成整个整数数域，第二级生成运算乘法生成各类乘数数域，第三级生成运算除法生成整个分数数域，然后第四级∧幂数值运算以在第一级生成运算和第二级和第三级生成运算生成的整个整数数域和分数数域的元素为底数而以分数为指数基础上再生成整个实数数域。运算顺序是第一级加法运算，第二级乘法运算，第三级除法运算，第四级幂运算；第一级生成运算之后进行第二，第三级生成运算，最后是第四级生成运算，而逼近运算超越数生成公理特点是在这四级生成运算的基础之上，按某个给定生成规律生成某个无限序列逼近某个超越数数值或基数值：

（1） 0 是自然数；0 是 ÷ 除法分数运算公理的起始元素；

（2） +加法，*乘法， ÷ 除法，∧幂运算是**逼近运算超越数生成公理**的合理数值运算生成运算；

（3） 逼近运算超越数生成公理生成某个无限序列过程如下：

(a) 第一级+加法生成运算生成自然数数域{0，1，2，3，4，…，k_1，…}，以及加法规则可以生成的任意无穷序列，比如斐波那契数序列；

(b) 第二级乘法生成运算生成的任意乘数无穷序列，比如 K 为底数自然数为指数的无穷大序列$\{K^1, K^2, K^3, K^4, K^5, ..., K^m, ...\}$； $K = 2, 3, 4, ...$ ；序列逼近某个数值或基数值；

(c) 第三级除法生成运算生成分数数域$\{\frac{1}{2}, \frac{1}{3}, \frac{2}{3}, \frac{1}{4}, \frac{3}{4}, ..., \frac{1}{k}, ...\}$ 以及分数数域元素通过某种数值运算组成某种无穷大序列或值之和逼近某个数值或基数值；比如欧拉公式和欧拉常数：$\{1, 1+\frac{1}{2}, 1+\frac{1}{2}+\frac{1}{3}, 1+\frac{1}{2}+\frac{1}{3}+\frac{1}{4}, ...\} \to \ln(n)+\lambda$；或无穷大序列之和$1+\frac{1}{2}+\frac{1}{3}+\frac{1}{4}, ... = \ln(n)+\lambda$；

和布朗常数 B_2 ≈ 1.902160583104.：

$$B_2 = (\frac{1}{3}+\frac{1}{5})+(\frac{1}{5}+\frac{1}{7})+(\frac{1}{11}+\frac{1}{13})+(\frac{1}{17}+\frac{1}{19})+... \to 1.902160583104;$$

以及大数域生成率大常数Q也是无限逼近的除法兼加法运算生成的序列：

$$\{0.31, 0.3043, 0.304191, 0.30397485, 0.3039650753, ...\} \to 0.303963551636591...;$$

(d) 第四级幂数值生成运算是在第一级第二级生成运算全部完成生成了完整的整数数域和分数数域之后生成全部实数数域；以及实数数域的元素通过某种加减乘除幂运算组成某种无穷大序列逼近某个超越数数值或基数值；比如

$\{2^{(-1)},2^{(-1)}+2^{(-\frac{1}{2})},2^{(-1)}+2^{(-\frac{1}{2})}+2^{(-\frac{1}{3})},2^{(-1)}+2^{(-\frac{1}{2})}+2^{(-\frac{1}{3})}+2^{(-\frac{1}{4})},\ldots\}$；以及

$\{1,1+2^{\frac{1}{2}},1+2^{\frac{1}{2}}+3^{\frac{1}{3}},1+2^{\frac{1}{2}}+3^{\frac{1}{3}}+4^{\frac{1}{4}},1+2^{\frac{1}{2}}+3^{\frac{1}{3}}+4^{\frac{1}{4}}+5^{\frac{1}{5}},\ldots\}$;

(e) 以及由超越数数域元素通过某种加减乘除幂数值运算组成某种无穷大序列逼近某个超越数数值或基数值，比如 $\{(\sqrt{2})^{\sqrt{2}},(\sqrt{3})^{\sqrt{3}},(\sqrt{4})^{\sqrt{4}},\ldots,(\sqrt{K})^{\sqrt{K}},\ldots\}$ ；

（4）由单个的加法，乘法，除法以及生成实数的幂运算所组成的简单生成规则，或者由若干有限加法，若干有限乘法，若干有限除法以及若干有限生成实数的幂运算所组成的复合生成规则生成的数的序列 $\{b_1, b_2, b_3, b_4, b_5, \cdots, b_{(K-1)}, b_K \cdots\}$，且 $b_1 \neq 0$ 里的每一个元素都是自然数，分数或者实数，元素关系大致有如下三种：

(a). $b_1 < b_2 < b_3 < b_4 < b_5 < \cdots < b_{(K-1)} < b_K \cdots$ ；序列趋于某个数或无穷大数；

(b). $b_1 > b_2 > b_3 > b_4 > b_5 > \cdots > b_{(K-1)} > b_K \cdots$ ；序列趋于某个数或无穷大数；

(c). $b_1 \uparrow\downarrow\ b_2 \uparrow\downarrow\ b_3 \uparrow\downarrow\ b_4 \uparrow\downarrow\ b_5 \uparrow\downarrow\ \cdots \uparrow\downarrow\ b_{(K-1)} \uparrow\downarrow\ b_K \cdots$ 序列里的每个元素的值围绕某个数值左右摆动振荡；符号 $\uparrow\downarrow$ 表示该值围绕某个值忽大忽小摆动振荡，序列的极限值趋于某个自然数、分数、实数或者超越数或者基数；无论那种情况，序列的极限值都被定义为趋于一个超越数。

（5） 每一个确定的生成超越数的运算结果，都没有一个确定的后继超越数和前驱超越数，这和第一公理完全不同；超越数数域里任何超越数后面和前面都没有唯一一个确定的后继超越数和前驱超越数；超越数生成公理和整数加法生成公理不一样但和分数一样，超越数没有唯一一个确定后继超越数。超越数也没有恒定不变的生成步长。超越数不是单一或**有限步骤**加法及增量步长一次生成，也不是**有限步骤**乘除法及指数幂运算遍历一次生成的，而是单一或混合**无限步骤**加乘除幂运算生成数列极限逼近生成的；

（6） 对于每两个超越数是重复元素或重复超越数当且仅当两个超越数相等以及距离初始起点 0 点的定位距离和方向完全相同，这是不重复元素原理；

（7） 所有不重复超越数构成超越数数域；所有不重复超越数的个数称为超越数数域的生成基数，这是超越数数域基数原理；

（8） 0 不是任何超越数的后继数；0 也不是任何超越数的前驱数，0 本身是没有方向的标量值，是没有长宽高数值的起始原点值；

（9） 0 也是 1 维，2 维，3 维，…，n 维，或任意维度空间里序列生成方向上任意两个数值相同方向相反的超越数的原点和起点；

（10）每一个确定的超越数都有一个且唯一一个确定的定位值；该定位值是 0 到该超越数的距离；即超越数本身的数值；该定位值的方向是由 0 指向超越数 b 称为超越数 b 的定位值的正方向，简称方向；由超越数 b 指向 0 称为超越数 b 的定位值的反方向或简称反向，这是定位原理；

（11） 适合于整数数域的数学归纳法等所有规则原理也适合由加法，除法和幂运算生成的超越数数域，这是传承公理派生的归纳法原理。

（12） 由本生成规则生成的所有元素都是可以访问读取其值及其所有属性的，这是**可遍历原理**。

第八章 大数域理论第七公理：幂运算超越数生成公理

与前面无限次复合运算生成序列无限逼近超越数不同，这是用有限次幂运算生成单一超越数。本公理包含第一级生成运算+加法生成整个整数数域，第二级生成运算除法生成整个分数数域或质数数域，然后第三级∧幂数值运算在第一级生成运算生成整个整数数域和第二级生成运算生成分数数域基础上以所有整数和所有分数为底数而以仅仅所有实数为指数进行幂运算再生成整个第一阶超越数数域。只有第三级的有限次数运算可以生成超越数。最后分别以第一阶超越数数域元素为底数和指数完全遍历全体第一阶超越数数域生成第二阶超越数数域，再分别以第二阶超越数数域元素为底数和指数完全遍历全体第二阶超越数数域生成第三阶超越数数域，如此一直循环往复至 $C_I - 1$ 阶，再分别以第 $C_I - 1$ 阶超越数数域元素为底数和指数完全遍历全体第 $C_I - 1$ 阶超越数数域生成第 C_I 阶超越数数域，这就是大数域理论第七公理的幂运算超越数生成公理:

（1） 0 是自然数；0 是 $\div$ 除法分数运算公理的起始元素；

（2） +加法，*乘法， $\div$ 除法，∧幂运算是幂数值运算生成公理的唯一合理合法合规数值运算生成运算；

（3） 幂运算有限次超越数生成公理步骤如下：

(a) 第一级+加法生成运算生成自然数数域{0，1，2，3，4，…，k_1，…}，

(b) 第二级除法生成运算生成分数数域 $\{\frac{1}{2},\frac{1}{3},\frac{2}{3},\frac{1}{4},\frac{3}{4},...., \frac{1}{k},...\}$ ；

(c) 第三级幂数值生成运算是在第一，、二级生成运算全部完成，生成了完整的整数数域、乘数数域和分数数域之后生成全体实数，全体实数组成实数数域。

(d) 在前述四级数值运算的基础上，以全部实数数域元素为底数和指数，完全遍历全部实数数域元素生成第 0 阶超越数数域，然后分别以第 0 阶超越数数域的每个元素为底数和指数，完全遍历第 0 阶超越数数域生成第一阶超越数数域，再分别以第一阶超越数数域的每个元素为底数和指数，完全遍历第一阶超越数数域生成第二阶超越数数域，……，如此往复以至 $C_I - 1$ 次完全遍历第 $C_I - 1$ 阶超越数数域生成第 C_I 阶超越数数域；

（4） 每一个确定的生成的超越数的运算结果，都没有唯一一个确定的后继超越数和前驱超越数，这和第一公理完全不同；超越数数域里任何超越数后面和前面都没有唯一一个确定的后继超越数和前驱超越数；超越数生成公理和整数加法生成公理不一样但和分数一样，超越数没有唯一一个确定后继实数。超越数也没有恒定不变的生成步长。超越数不是加法增量步长生成，而是实数的指数幂运算遍历生成的以及其他普通数无限次运算生成的或超越数加减乘除幂运算生成的；

（5） 对于每两个超越数是重复元素或重复超越数当且仅当两个超越数相等以及距离初始起点 0 点的定位距离和方向完全相同，这是不重复元素原理；

（6） 由以整数、分数和实数以及超越数以及基数为底实数为指数的幂运算生成的所有超越数以及由超越数加减乘除幂运算生成的所有不重复超越数构成超越数数域；所有不重复超越数的个数称为超越数数域的生成基数，这是基数原理；

（7） 0 不是任何超越数的后继数；0 也不是任何超越数的前驱数，0 本身是没有方向的标量值，是没有长宽高数值的起始原点值；

（8） 0 也是一维，二维，三维，……，n 维，或任意维度空间里遍历生成方向上任意两个数值相同方向相反的实数的原点和起点；

（9） 每一个确定的超越数都有一个且唯一一个确定的定位值；该定位值是 0 到该超越数的距离；即超越数本身的数值；该定位值的方向是由 0 指向超越数 b 称为超越数 b 的定位值的正方向，简称方向；由超越数 b 指向 0 称为超越数 b 的定位值的反方向，这是定位原理；

（10）适合于整数数域的数学归纳法等所有规则原理也适合由加减乘除幂运算生成的超越数数域。

（11）由本生成规则生成的所有元素都是可以访问读取其值及其所有属性的，这是**可遍历原理**。

第九章 大数域理论第八公理：基数生成公理

大数域理论第八公理即基数生成公理：

（1） 由加减乘除幂有限次或无限次各种运算生成的所有整数数域、指数数域、分数数域，实数数域、超越数数域等数域里元素的总个数就是这些相应数域的基数；

（2） a 是整数数域的基数，b 是分数数域的基数；c 是实数数域的基数；d 是任意数域的基数或基数数域的元素；e 时超越数数域的基数；a，b，c，d，e 之间的任何有限或无限次的加减乘除∧幂运算所产生的结果可以是整数、分数、实数、超越数以及基数；而整数、分数、实数和超越数，……都是基数运算的特例；

（3） 每一个确定的基数 d（不包括基数运算生成整数的特例），都没有一个确定的后继基数 d′和前驱基数 d″，这和第三，第四和第五等公理相同，而和第一公理完全不同；我们在基数 d 和其一个后继数 d′（前驱数 d″）之间再也找不到任何唯一一个确定的基数的存在。因为在基数 d 和其任何一个后继数 d′（前驱数 d″）之间都存在无穷多个基数。

（4） 对每个基数 d 和基数 d′，d=d′当且仅当生成基数 d 和基数 d′的数值和定位值完全相等；

（5） 对于每个基数 d 和基数 d′，d=d′是重复元素或称重复基数当且仅当生成基数 d 和基数 d′的运算结果完全相同；

（6） 如果 d≠0，d∧0=1；

（7） 0 也是一维，二维，三维，……，n 维，或任意维度空间里任意直线上两个完全相反方向的实数 d 的原点和起点，0 既不是任何基数的前驱数也不是任何基数的后继数，0 本身是没有方向的（标量值），是没有长宽高数值的起始原点（值）；

（8） 适合于整数数域的数学归纳法等规则原理也适合由整数、分数、实数和基数以及加减乘除幂运算生成的全体基数。

（9） 由本生成规则生成的所有元素都是可以访问读取其值及其所有属性的，这是**可遍历原理**。

公理（1）是说基数数域生成规则的数据来源；

公理（2）是说基数的各种数值运算生成， 基数的数值运算生成比较复杂，既可以用低阶步长增量生成，也可以用高阶遍历生成；

公理（3）是说基数是无限可分数；

公理（4）是说基数继承原始母体数域整数数域特性具有定位特性；

公理（5）是说继承原始母体数域整数数域特性具有可比较的等价特性以及重复基数可判别性；

公理（5）定义基数为底而指数为 0 的基数特例；

公理（6）定义 0 为所有数域基数相互比较计算的起点以及定位的方向；

公理（7）严格定义基数的定位属性，使得基数数域可以成为其他数域和几何学等学科的坚实基础；

公理（8）说明基数数域完全继承整数数域里的包括数学归纳法在内的所有规则；

可以看出，大数域第五公理即基数生成公理可以生成基数数域以外，可以生成实数数域，还可以生成整数数域、分数数域等等。

公理（8）涉及传承原则，保证了数学归纳法等规则原理在基数数域的正确性：根据大数域生成原则，在整数数域有效的数学归纳法等规则原理在基数数域仍然有效；从而使得数学归纳法等规则原理在所有数域都保持一致性和有效性。

第十章 大数域理论第九公理：可分公理

中国古代伟大哲学家庄子说过“一尺之捶，日取其半，万世不竭”。2000 多年前，庄子在他的著作《庄子・天下》中明确提出物质世界无限可分哲学原理。见参考文献[88]。基于庄子的伟大哲学原理和皮亚诺公理，大数域理论提出如下可分公理：

大数域理论第九公理即可分公理：

无论什么运算生成的任何数域，只要这个数域的每个元素存在唯一一个确定的非零的前驱数并且存在唯一一个确定的后继数（包括 0 个后继数，0 是特例），无论每个元素的前驱数区间和后继数区间是常量还是变量，这个数域就是无限不可分数域；反之，只要这个数域的每个元素不存在唯一一个确定的非零的前驱数并且不存在唯一一个确定的后继数（包括 0 个后继数，0 是特例），这个数域就是无限可分数域；

大数域理论第九公理——可分公理的本质是数域里任意一个元素的前驱数和后继数**唯一性原**理是区分无限可分和无限不可分数域的分界线。

一般而言，按照前驱数和后继数的唯一性原理，加法和乘法仅仅生成**不可分**数域，除法既可生成无限不可分数域（如质数数域），也可以生成无限可分数域（如分数），但是以分数和实数为指数的幂运算生成的所有数域都是无限可分数域。

在不可分数域里，前驱间距和后继间距越大的数域基数越小；前驱间距和后继间距越小的数域基数越大；整数数域是不可分数域里所有数域里基数最大的数域；

可分不可分数域基数定理：所有无限可分数域的基数远大于所有无限不可分数域的基数。

表面看起来似乎可分概念类似可数的概念，但是其实二者是本质完全不同的概念， 因为可数概念缺乏清晰量化定义，用一一对应映射**无序**集合元素到**有序**的自然数数域，人为主观臆想成分居多，严重缺乏科学严密性，尤其和皮亚诺公理背道而驰；由于可数的概念会导致灾难性后果，导致产生许多似是而非模棱两可的悖论，故大数域理论严格禁止采用**可数**概念，而建议采用更加严谨更加符合皮亚诺公理的可分概念。见参考文献[78]，[79]。我们有专门文章从数学分析的角度证明可分概念要比可数的概念深刻的多。可数的概念无法根本揭示无穷大的深层规律。

可数概念是一个市井的肤浅概念，缺乏坚实的哲学原理做基础，不具备做极其复杂的无穷大探索的基本工具的资格。和可数概念不同，可分概念具备极其坚实的哲学原理做基础，万物可分。

从第九公理可以看出，质数、斐波那契数，2^n（ n = 1，2，3，…）等各种由自然数通过加法和乘法以及特定除法生成的整数子域的乘数数域是无限不可分数域，而分数数域、实数数域、超越数数域以及基数数域一样是无限可分的，因为每一个确定的分数、实数、超越数以及基数都无法找到唯一一个确定的后继（和前驱）分数、后继（和前驱）实数、后继（和前驱）超越数以及后继（和前驱）基数，实际情况是，每一个确定的分数、实数、超越数以及基数后面有无数多个后继分数，无数多个后继实数以及无数多个后继超越数，以及无数多个后继基数，而我们根本无法找到唯一一个确定的后继分数、后继实数、后继超越数和后继基数。这些可分数的前驱数也不是唯一确定的一个而是无限多个。而所有这些复杂现象，是基于一一对应映射方法的可数概念根本无法解释的。

在无穷大探索里，尽管可分概念和可分公理远比可数概念来得深刻，更加深入揭示了数的本质，但是可分公理只能仅仅大致判断一个数域的基数与自然数数域或整数数域的基数相比较的大小问题，仅仅提供了一个大数域基数大小的快速判别法，仍然不能够精确计算这些数域的基数数值；要精确计算这些数域的基数值，**可分公理**仍然远远不够；需要更加复杂更加强大的逻辑推理和计算工具。我们知道可分概念远比可数概念深刻得多，但是面对计算无穷大数域基数这样极其困难的问题，可分概念只能大致定性不能定量；可分概念仍然无法定量计算不可分数域里那些质数数域，乘数数域以及斐波那契数域等等到底比整数数域小多少，仍然不能够计算可分数域里那些分数数域、实数数域，超越数数域以及基数数域到底比整数数域大多少；既然可分概念都束手无策，那么指望比可分概念更加原始粗陋肤浅的可数概念计算无穷大大数域基数就更是缘木求鱼了。由此可见用极其原始的人为主观臆想的一一对应映射方法的可数概念去求解任意一个无穷大数域的基数是多么离谱和危险的事情，因为**求解任意一个无穷大数域的基数**是连比可数概念深刻得多的可分概念都束手无策无能为力不可能完成的极其艰巨的任务。**可分公理**也仅仅只能够大致定性任何一个数域的基数相对整数数域基数的大小，但是根本无法量化这个大小；可数概念干脆连这个最基本的定性工作都做不了。

第十一章 大数域理论第十公理：传承公理

大数域属性规则传承公理是要解决如下问题：

(1) 为什么在整数数域里有效的加减乘除幂运算等数值运算方法，在由整数数域生成的所有其他生成数域如质数数域、乘数数域、分数数域、实数数域、超越数数域和基数数域等等数域仍然有效，从而使得加减乘除幂运算等数值运算方法在所有数域都保持一致性和有效性?

(2) 为什么在整数数域里有效的数学归纳法和其他规则原理（如分配律，交换律和结合律等等）等，在由整数数域生成的所有其他生成数域如质数数域、分数数域、实数数域、超越数数域和基数数域等等数域仍然有效，从而使得数学归纳法和其他规则原理等在所有数域都保持有效性?

(3) 为什么整数的一些属性，如可遍历，有序，可定位等属性，在由整数生成的所有其他生成数域如质数数域、分数数域、实数数域、超越数数域和基数数域等等数域的元素仍然有这些属性?

大数域理论第十公理即属性规则传承公理：

(1) 所有由整数数域经过加减乘除幂等数值运算生成的所有其他生成数域如**斐波那契数数域、**质数数域、乘数数域、分数数域、实数数域、超越数数域和基数数域等等都是由**原生母体数域**整数数域经过有限次或无限次加减乘除幂等数值运算生成的或者由这些数值运算生成的数组成的序列逼近的极限值生成的；整数数域是所有生成数域的原生母体数域；

(2) 由整数数域元素生成的所有衍生数域或派生数域的元素**遗传继承**了其原生母体数域元素的所有基本数值运算功能和其他重要原理规则，如加减乘除幂运算**法则**和数学归纳法**法则等以及其他原则和原理**；这种数学归纳法和其他规则原理在数域生成过程中自始至终完全继承母体数域规则原理保持不变的传承性是保证所有从原始母体数域生成的衍生数域具有遵循完全相同规则原理保持和母体数域规则规范完全一致的根本原因。

(3) 数域的**可分和不可分特征**不是元素的数值运算生成规则和基本法则，而是人为观察结果，所以数域的可分和不可分特征**不影响**所有**衍生**生成**数域**对所有基本数值运算功能和其他重要原理规则的继承；可分和不可分特征不具备遗传性，也就是为什么其他衍生生成数域没有继承整数数域的可分和不可分特性的原因。

传承公理使得从原始原生母体数域-整数数域衍生生成的所有其他数域可以自然而然地从整数数域继承整数的所有基本属性和其他所有已经适用的规律比如我们熟悉的欧几里得等量公理、交换率、结合率和分配率以及数学归纳法等等。见参考文献[73]到[76]。

传承公理可遗传原则是生成公理的固有原则，凡是由生成公理生成的客观事物都是基因里天生带有符合传承公理可遗传原则的性质。

然而人为主观设定的一一对应映射方法完全不具备传承公理可遗传原则的属性。一一对应映射方法对可遗传原则本质上是抗拒的，格格不入的。因为作为数域基因一部分的各种原理规则只能来与生俱来的天生的生成遗传，而不可能来自外力强加的凭空一一对应映射。就是说外部的人为主观的表面肤浅的一一对应映射无法传递原生母体数域的各种基因遗传信息如原理规则之类，生成法则可以传递原生母体数域的所有各种基因遗传信息如所有各种原理规则等等。正如不存在任何人为的力量可以使得简单的一一对应映射方法把老虎天生的猫科动物猎杀肉食的基因传递给南极磷虾使得这些海洋生物可以捕食非洲草原的羚羊，野牛和角马，而生成遗传的基因就天生具有这个能力使得狮子的下一代具备捕食这些食草动物的本能。

一一对应映射方法不包含不传递不继承映射对象所具有的决定客观事物的出生，发展和未来的整个来龙去脉的所有遗传基因信息。仅仅是人为主观建立的肤浅表面的联系。

同样，尽管远比一一对应映射方法深刻，欧几里得等量公理包含了能够传递继承决定客观事物的发生和发展的整个历史的来龙去脉的遗传数的基因信息。如“相等的事物加上相等的事物仍然相等。相等的事物减去相等的事物仍然相等。”在等量变换中就把数的基因信息传递完毕，但仅仅限于简单传递，没有利用基因信息来生成新的数。由于欧几里得等量公理关注的是当前客观事物存在之间的关系，不涉及当前客观事物存在发生发展和未来的历史，不关注客观事物的来龙去脉。即欧几里得等量公理深刻程度远远不及皮亚诺公理。而大数域理论独创的生成公理体系则是以皮亚诺公理为基础，发展成全新完整的生成公理体系。皮亚诺公理仅仅是大数域公理体系的一个起点，一个个案，一个特例。

欧几里得等量公理 ⟶ 皮亚诺公理 ⟶ 大数域公理，到个案比较 ⟶ 个案生成 ⟶ 体系生成 ⟶ 体系比较，这就是这三大公理体系顶层架构设计的根本区别。

正是由于大数域理论传承公理的存在，才完美解释了本章开始提出的问题。

第十二章 大数域理论第十一公理：可遍历公理

大数域理论可遍历公理是要说明如下问题：为什么几千年来人类可以随心所欲在自己定义的各个无穷大数域上取值而没有遇到取不到值的问题呢？我们知道：

（A）无限不可分无穷大数域整数数域里所有元素都是可访问可获取其属性的；

（B)由整数数域所生成的所有无限可分无穷大数域如分数数域的元素都是可以被批次访问和获取其属性的；这个批次可遍历即保证每个由整数生成的无穷大子域可以被遍历，从而保证生成的子域里每个元素被遍历；

（C）由整数分数生成的实数、超越数和基数数域任何一个生成的无穷大子域元素都是可以被批次访问和获取其任何一个元素属性的，

（D）这些分数、实数、超越数和基数数域元素的可遍历性是由大数域传承公理保证的，即整数数域的可遍历性可以通过生成规则传承给所有后续衍生无穷大大数域的。

这就是几千年来传统数学可以在整数、分数、实数和超越数数域的定义域上取值的公理基础。

因此有如下公理：

可遍历公理：整数数域和由整数数域以及大数域生成原理和规则生成的所有后续衍生无穷大数域的元素都是可遍历的，或者单个元素逐个可遍历，或者无穷大数域的子域批次可遍历。

第十三章 大数域理论大一统生成公理

大数域理论大一统生成公理是第一公理到第十公理的总结：

(1) 0是自然数；

(2) 每一个确定的自然数 a 且 a！=0，都有唯一一个确定的后继数 a′ 和唯一一个确定的前驱数 a″，a′ 和 a″也是自然数；

(3) 对每个自然数 b、c，b 有后继数 b′ 和前驱数 b″而 c 有后继数 c′ 和前驱数 c″；b = c 当且仅当 b′ = c′ 并且 b″= c″；

(4) 0 不是任何自然数的后继数，0 是 1 的前驱数；

(5) 只有无限不可分数域才有唯一确定的前驱数和后继数，无限可分数域没有唯一确定的前驱数和后继数；

(6) **无限不可分数域的生成：**加减乘整除幂运算是无限不可分数域唯一合理合法合规数值运算生成运算；

设 i 是原始起始元素；S 是当前元素，L 是生成元素（或生成步长 length 或生成函数 f(s)）；O 为有限次加减乘（整除）除幂运算生成规则 Operator，则表达式 SOL 从当前整数数域 *A* 的元素 S 生成出无穷大无限不可分数域 *A′* 的元素 a 的下一个后继元素 a′，所有元素构成：

（a）当 i =0，S =当前元素，L =1 常量，O 为一次性“+”加法，SOL 生成出**自然数数域**；

（b）当 i =0，S = 整数数域当前元素 *k*=0，L=2 常量，O 为一次性“+”加法，SOL 生成出**偶数数域**；

（c）当 i = 1，S= 整数数域当前元素 k=0，L =2 常量，O 为一次性“+”加法，SOL 生成出**奇数数域**；

（d）当 i ={0，1}，S = 整数数域当前元素 k=1， L ={0，1} 是 S 的初始前驱数序列前两个元素，O 为一次性“+”加法，SOL **是把前两个前驱数序列元素相加后产生的后继数，由此**生成出**斐波那契数数域**；

（e）当 i = 1，S =当前元素 k，L =k 常量，O 为一次性*乘法，SOL 生成出 k 为底，指数为 1，2，3……的**乘数数域**{k^1，k^2，k^3，……，k^n}，k = 2，3，4，5，……；

（f）当 i =2，S =整数数域当前元素 $k>2$，L ={2，3，……，k—1}即所有前驱序列元素；O 为前驱序列不完全遍历“/”整除除法(即只有不被所有前驱序列元素完全整除的数才是质数)，SOL 生成出**质数数域**；这是**遍历原理**；

（g）当 i =0，1，2，4， 5，……，或（不）规则变量或函数，S =（不）规则变量或函数，L =（不）规则变量或函数，O 为有限次加减乘除（整除）幂运算；SOL 生成出其他整数数域的**子数域**；

（h）对于由 O 为有限次加减乘（整除）除幂运算生成的任意两个元素是重复元素当且仅当两个元素数值相等并且它们距离初始起点 0 点的定位距离和方向完全相同，**这是不重复元素原理；**

（i）由 O 为有限次加减乘（整除）除幂运算产生的所有不重复元素构成该元素的数域；所有不重复元素的个数称为该元素数域的生成基数，这是**基数原理**；

（j）每一个由生成规则 O 生成的元素 a 都有一个且唯一一个确定的定位值；该定位值是 0 到该元素 a 的距离；即元素 a 本身的数值；该定位值的方向是由 0 指向元素 a 称为元素 a 的定位值的正方向，简称方向；由元素 a 指向 0 称为元素 a 定位值的反方向或简称反向，这是**定位原理**。

(7) 无限可分数域的生成：加减乘整除运算是无限可分数域唯一合理合法合规数生成运算；设 i 是原始起始元素；S 是当前元素 $S \in A$，L 是数域 A 全体生成元素{a_1，a_2，a_3，a_4，……}；O 为一次性完全遍历 A 的生成运算（即加减乘除幂生成规则运算 Operator），则表达式 SOL 是 S/L，表示 L 从当前数域 A 的元素 S 生成出无穷大无限可分数域 A' 的与 S 有关的全体元素；

（a）S 是任意一个属于数域 A 的元素，数域 A 是整数数域{1，2，3，4，……}， L 是 $\{\frac{1}{2},\frac{1}{3},\frac{2}{3},\frac{1}{4},\frac{3}{4},\frac{1}{5},...,\frac{1}{k},...\}$ 取遍数域 A 所有元素的数；O 为一次性“/”完全遍历 A 的生成除法运算，SOL 生成的所有不重复元素构成分数数域；这是**遍历原理**；

（b）S 是属于数域 A 和数域 I 的任意一个元素，数域 I 是整数数域{1，2，3，4，……}，数域 A 是分数数域 $\{\frac{1}{2},\frac{1}{3},\frac{2}{3},\frac{1}{4},\frac{3}{4},\frac{1}{5},...,\frac{1}{k},...\}$，L 是取遍数域 A 所有元素的数；O 为一次性“∧”幂运算

完全遍历 A 的生成运算，SOL 生成的所有不重复元素构成实数数域 $R=\{r_1,r_2,r_3,r_4,......r_k,...\}$；这是**遍历原理**；

（c）S 是属于实数数域 R 的任意一个元素，R 是实数数域 $R=\{r_1,r_2,r_3,r_4,......r_k,...\}$，L 是取遍数域 R 所有元素的数；0 为一次性“∧”幂运算完全遍历 A 的生成运算，这是**遍历原理**；

SOL 的第一次运算生成一阶超越数数域 T_{R1}；

S_1 是属于 T_{R1} 的任意一个元素，T_{R1} 是**一阶超越数数域** $T_{R1}=\{tr_1,tr_2,tr_3,tr_4,......tr_k,...\}$，

L 是取遍数域 T_{R1} 所有**一阶超越数**元素的数；0 为一次性“∧”幂运算完全遍历 T_{R1} 的生成运算，**SOL 的第二次运算生成二阶超越数数域 T_{R2}**；

……

S_{C_I-1} 是属于 $T_{R_{C_I-1}}$ 的任意一个元素，$T_{R_{C_I-1}}$ 是 C_I-1 **阶超越数数域**，L 是取遍数域 $T_{R_{C_I-1}}$ 所有 C_I-1 **阶超越数**元素的数；0 为一次性“∧”幂运算完全遍历 $T_{R_{C_I-1}}$ 的生成运算，SOL **的第 C_I 次运算生成 C_I 阶超越数数域 $T_{R_{C_I}}$**；这是**遍历原理**；

(8) 所有由加减乘除幂数值运算生成的无限可分数域里不重复元素的个数总和就是这个无限可分数域的基数，这是**基数原理；**

(9) 0 也不是任何可数数(分数，实数，超越数和基数等等)的前驱数和后继数；0 本身是没有方向，没有任何长度，宽度和高度值的起始原点；

(10) 对于每个分数 a、实数 b、超越数 c、基数 d，有任何一个分数 a′、实数 b′、超越数 c′、基数 d′，a = a′，b = b′，c = c′，d = d′ 当且仅当：

(a) 分数 a 与 a′ 分别化简后的最简分数值相等以及距离初始起点 0 点的定位距离值和方向完全相同；这是**定位原理**

(b) 实数 b 和 b′，超越数 c 和 c′ 以及基数 d 和 d′ 的数值相等以及距离初始起点 0 点的定位距离值相等和方向完全相同；这是**定位原理**

即完全相等的两个分数、超越数、实数和基数是重复数当且仅当化简以后他们的数值和定位值完全相等，这是大数域**不重复元素原理；**

（11）有分数 $\frac{a}{b}$，b = 0 作分母产生无穷大基数，基数数值等于元素 a 的取值数域的基数；

(a) 如果分子取值质数数域则分数 $\frac{a}{b}$ 结果为质数数域基数 C_P；

(b) 如果分子取值整数数域则分数 $\frac{a}{b}$ 结果为整数数域基数 C_I；

(c) 如果分子取值分数数域则分数 $\frac{a}{b}$ 结果为分数数域基数 C_F；

(d) 如果分子取值实数数域则分数 $\frac{a}{b}$ 结果为实数数域基数 C_R；

(e) 如果分子取值超越数数域则分数 $\frac{a}{b}$ 结果为超越数数域基数 C_{Tr}；

(f) 如果分子取值基数数域则分数 $\frac{a}{b}$ 结果为基数数域基数 C_C；

…….

(12) 0 也是 1 维，2 维，3 维，…，n 维，或任意维度空间里生成方向上任意两个完全相反方向的整数，分数，实数， 超越数和基数的原点和起点。

(13) 任意关于自然数的命题，如果证明：它对自然数 0 是真，且假定它对自然数 a 为真时或在区间[0，a]里恒为真时，可以证明对唯一确定的后继数 a′ 也为真或可以证明在唯一确定的后继数 a′ 的区间[0，a′]里也为真，那么，命题对**所有自然数和所有区间**都真。

(14) 分数，实数，超越数和基数以及分数数域，实数数域，超越数数域和基数数域等等都是由整数数域元素 1 和一系列加减乘除幂等运算规则生成的，因此，适用于整数数域的数学归纳法原理等也适用由整数及数值生成运算生成的全体分数数域，全体超越数数域，全体实数数域和全体基数数域等，从而被称为归纳法原理或连续区间归纳法原理。

(15) 大数域生成规则的可传递性和可继承性原理(传承原理)：整数数域里的数学归纳法和其他数值运算规则（加减乘除幂等）以及其他规则原理等都具有传递性，即在整数数域里有效的数学归纳法和其他数值运算规则（加减乘除幂等）以及其他规则原理如可分公理、分配律、结合律以及交换率等原理规律等都具有传递性，可以完整地将归纳法以及其他规则原理等的有效性全部传递给由整数数域生成的其他数域；以保证该数学归纳法和其他数值运算规则（加减乘除幂等）以及其他规则原理等在由整数数域生成的所有数域如分数数域、超越数数域、实数数域以及基数数域里仍然有效。这是自然数数域所有基本规则传承或继承原理。

(16) 由元素 0 和 1 以及加减乘除幂等数值生成规则生成的所有无穷大大数域组成大数域生成生态圈，这个大数域生成生态圈是闭环自洽生态圈；

公理（15）（16）第一次明确提出大数域数的生成规则和归纳法规则等基本原理规则在大数域生成规则生成的**大数域生成生态圈**内的可传递性和可继承性原理(传承原理)；大数域生成规则

生成的**大数域生成生态圈**就是由整数数域，以及由整数数域和基本加减乘除幂数值运算生成规则生成的所有其他无穷大数域如分数数域、实数数域、超越数数域和基数数域等及其元素组成的闭环自洽生态圈，在整数数域适用的加减乘除幂和数学归纳法以及其他原理规则等在这整个生成的闭环自洽生态圈里全部适用。

即在整个由数值运算规则和基于元素 0 和整数 1 生成的无穷大大数域闭环自洽生态圈里，所有无穷大数域都遗传了原始原生态母体数域整数数域所适用的所有基本原理规则。

传统数学和康托尔的经典无穷大理论不构成闭环自洽生态圈。因为这些理论的许多运算结果落值在这些理论定义的数域范围以外，比如许多以高斯欧拉公式、许多洛必达公式运算的分数数域和实数数域的基数数值等都落值在其理论没有定义的基数数域里面，这远超过传统数学公理体系框架划定的范畴，无法形成闭环自洽的内环生态圈而在发散无穷大范围处于完全开放状态。

第十四章 大体系第一公理：高维度公理

把前面的五个基本原则公理化，是因为我们发现，一个有价值的完整的公理化体系的重要性远远超过一个泛泛而谈的普适原则。对于任何一个理论体系，至少要满足如下几个基本公理，才是一个比较完整的可靠理论体系。我们可以用这五个基本的大体系公理，逐一检查审核欧几里得几何理论，检查审核牛顿的理论、爱因斯坦的相对论，基本都是完全吻合的，都符合这五个大体系公理，唯独康托尔的无穷大理论集合论和这五个基本体系公理格格不入。其实不要说五个基本公理全部不符合，只要有一个公理不符合，一个理论体系就岌岌可危面临崩溃的危险。康托尔的无穷大理论和五个基本大体系公理格格不入却居然存活一百多年而无人质疑，也是一大奇迹。有了这五个基本的大体系公理，我们可以比较容易判断一个科学理论体系（不管这个体系是数学理论体系还是什么物理理论体系或是其他学科的什么理论体系）是否成熟，是否可信，是否可靠，是否完备，是否具备进一步探索发展的价值。

高维度公理： 在高维度环境观察和思考解决低维度难题，简单说就是有目的纵向提升思考问题和观察问题的维度。人们如果对客观事物采用比以前观察和思维方式更高的维度就可以获得更加全面更加深刻的认识。高维度公理的关键就是尽可能增加与观察客观事物之间的距离，使得观察对象颗粒化、元素化、局部化，尽可能把所有观察对象收入眼底。

低维度的困难和问题只有在高维度环境才能被看清，被认识，被理解，被解决。在同一维度里是无法看清、理解和解决看起来是处于同一个维度其实是属于不同维度的问题。提升观察问题解决问题的维度，提升观察问题解决问题的层次，用更加全面、更加广阔、更加深远的眼光重新审视以前认为无法认识无法解决的问题，会获得出乎意料甚至前所未有的结果。纵向提升思考问题和观察问题的维度以及层次而不是漫无目的横向扩展，是化难为易解决问题的一个有效方法。

许多司空见惯的无解的难题和无法理解的客观事物其实都存在一个**维度困境**，或者说是**莫比乌斯带困境**，就和世世代代都生活在莫比乌斯带上的蚂蚁一样，从来没有思考过它们所处的莫比乌斯带存在一个局限，存在一个它们永远看不见也永远无法理解的天花板死死挡住了它们的所有视线，蚂蚁们的低级原生器官从来没有超越莫比乌斯带的视野和体验，永远无法理解莫比乌斯带以外发生的事情。这是康托尔传统无穷大理论所一直面临却浑然不知的**莫比乌斯带困境**的局限性。

在大数域理论里，高维度公理的本质是用连续抽象的方法用不同维度把研究的客观事物从无限变成有限，把全局变成局部，把无界变成有界。高维度公理能够突破莫比乌斯带困境的局限性，改变观察问题的角度，在更高维度和全新环境彻底解决问题。

第十五章 大体系第二公理：规范性公理

规范性公理，就是任何理论体系要完全合乎亚理士多德逻辑思维推理规范和标准（简称合规），这是人类几千年智慧的最伟大的结晶，人类的智商和人类的所有智力活动始终没有超越亚理士多德逻辑思维推理规范和标准的天花板：就是牛顿欧拉高斯爱因斯坦等这样的旷世天才也仍然在遵守沿用亚理士多德逻辑思维推理规范和标准。看似简单的三段论逻辑推理，一旦大前提小前提出了瑕疵甚至错误，结论就是大错特错，毫无价值。一个体系的理论推导过程中在不加说明的情况下偷梁换柱的随便更换前提，偷换概念，玩弄符号游戏，与亚理士多德逻辑思维推理规范和标准的要求背道而驰，是人们常犯的司空见惯的逻辑思维推理错误，是不合规的。可以用这个基本的大体系规范性公理，逐一检查审核欧几里得几何理论、牛顿的理论、爱因斯坦的相对论以及我们的大数域理论基本都是完全吻合的。

规范性公理本质上保证思维推理过程逻辑上完全合乎亚理士多德制定的思维科学规范。

即任何理论体系都要合乎亚理士多德制定的思维规范。也叫合规公理。

第十六章 大体系第三公理：兼容性公理

兼容性公理：任何后建立的新体系理论应该完全接纳包含以前的旧体系理论，把以前的旧体系理论当作一个低维度的特例而不是互相排斥格格不入，旧体系理论的所有规则原理公式等在新体系理论经过升级都是并行不悖仍然适用的特例。

人类文明发展是一个渐进的过程，任何理论体系都是在比较原始的胚胎萌芽的基础上逐步发展起来的，所有学科如欧几里得几何、开普勒的天文学、欧拉高斯传统数学以及黎曼几何，甚至物理学的牛顿力学和爱因斯坦的相对论等都是这样的发展起来的，都是站在前人的肩膀之上看得更远一些。就是说后来的科学只是以前科学的一个升级，一个站在更高更大维度上的扩展，因此所有后来学科都会对之前学科都有一个**向下兼容**或者**向前兼容的特性**，这种兼容的特性就是以前的处于初级状态的学科是升级版本学科的特例和个案。当然前提是以前的处于初级状态的学科是正确反映了客观事物的规律而不是闭门造车信口开河。因此兼容性公理强调高维度理论体系应该能够完全整合（包含）和兼容低维度理论，兼容性公理强调高维度升级版本的理论体系不但可以解释和解决低维度理论无法解释解决的现象和问题，还应该可以完美解释和深刻揭示低维度理论里已经解释和解决的所有现象和问题，因为低维度理论仅仅是高维度理论的一个特例或分支，是高维度理论基础的一部分。在适当扩展之后，几乎所有低维度理论里的规则原理结论等都可以在高维度存在里找到其适用范围。同样可以检验审核得出结论：欧几里得几何理论、牛顿的理论、爱因斯坦的相对论以及我们的大数域理论基本都是完全吻合的。爱因斯坦的光速环境和扭曲的时间空间的相对论可以完全兼容低速运动和时空静止不变的牛顿力学，大数域理论可以兼容欧几里得以来的所有传统和现代数学。不幸的是，传统无穷大理论和传统经典数学的几乎所有基本公理原理公式等都格格不入，背道而驰；就是说和传统数学根本不兼容，传统无穷大理论无法解释哪怕是传统经典数学里最基本最简单的欧拉和高斯公式，甚至无法解释同样是处理无穷大现象的洛必达法则。

兼容性公理本质是保证科学理论发展的连续性和可持续性以免自相矛盾产生悖论误入歧途。

第十七章 大体系第四公理：证据性公理

证据性公理：就是为一个基础理论提供可以由任何人用一种或多种相同或不同的方法重复检验这个理论而获得如理论提出者所说的相同结果的东西；大体系的证据性公理的本质就是一个理论的实验结果和预测结果用正确的方法是可实验、可重复、可以殊途同归的。

无法用实验结果和证据检验的理论本质上是一个有致命缺陷的理论，不能算科学理论。最多算一个猜想。大体系的证据性公理检验两个东西：第一检验该理论的逻辑推理结论是否正确；第二检验该理论从高维度的大视角俯视世界和客观事物的世界观是否正确；假如一个理论的几乎所有检验结果和证据与期望的理论预测结果不符，在现有条件下，这个理论的正确的可能性为0。再辅以检查这个理论的规范性原则，兼容性原则和一致性原则是否存在问题。

证据性公理本质是保证整个科学理论体系的正确性。

第十八章 大体系第五公理：一致性公理

一致性公理：在整个观察现象，检查前提，逻辑推理，证据验证过程的所有环节，必须保持概念、定义、范畴、前提、推理、结论、原理、规则等基本思维要素的一致性。即在前面提到的高维度公理、规范性公理和兼容性公理都完全保证的情况下，进一步检验全新理论体系里的概念、公理、假设、定理、运算规则以及公式和结论等是否不但在老旧体系内保持恒定一致，而且在全新理论体系里在所有情况下都保持恒定一致；而非根据主观需要随心所欲放宽或缩小约束范围和限制条件，改变规则，偷换概念。不能随心所欲不加说明更改概念的内涵和外延，更换前提条件，违背亚理士多德的基本科学思维原则，否则将导致悖论频发，推导出漏洞百出自相矛盾的谬论。

一致性公理本质是保证整个科学理论体系的所有基本元素（包括概念，定义，公理，假设，定理，运算规则以及公式和结论等）和架构及其应用的正确性。

第十九章 大体系第六公理：瞬时等差公理

基本概念定义 55：瞬时存在

分数实数数域等是无限可分的无穷大数域，即这些密集有序排列的所有无穷大元素之间的间距是可以无限划分下去，这个划分过程是无限的，而无论怎么划分，每一个元素都不存在唯一一个静态的前驱元素和后继元素。我们把趋于无限划分即任意无穷大元素之间的间距趋于0的某一瞬间时刻每一个元素和其相邻元素的瞬时静态关系，称为瞬时存在。

基本概念定义 56：瞬时动态前驱元素和瞬时动态后继元素

分数实数等这样无限可分无穷大数域元素之间存在一种奇特的关系，即密集有序排列的所有无穷大元素之间在无穷小无限可分的某个时刻可以认为是在那一极其短暂的瞬间时刻如果暂停继续划分，那么每个无限可分元素如分数和实数**在那一时刻**都**存在唯一一个瞬时相邻元素**如**瞬时前驱元素**或**瞬时后继元素**；这个**瞬时存在**的唯一一个瞬时前驱和瞬时后继元素就是**瞬时动态前驱**元素或**瞬时动态后继**元素，也叫**瞬时动态相邻元素**。

基本概念定义 57：瞬时动态相邻间距

所有密集有序排列的无穷大无限可分元素和自己唯一一个瞬时存在的瞬时动态相邻元素（即瞬时动态前驱元素或瞬时动态后继元素）之间的距离被称为**瞬时动态相邻间距**；

基本概念定义 58：无限可分瞬时等差

大数域理论认为，分数实数等这样无限可分无穷大数域元素是无限可分的，即任何一个分数或实数都不存在唯一一个确定的后继分数和后继实数和它们保持不变的间距；即使无限细分这个间距以趋于 0，它们的后继数仍然可以一直无限追寻下去。但是如果我们在间距无限趋于 0 的无穷小的某个瞬间暂时停止这个继续细分和追寻，**暂时定格这个无穷小瞬间的这个无穷小间距**，那么**在这定格的一瞬间**，可以认为所有分数和实数都存在一个**瞬时的暂时的**唯一一个后继分数或后继实数，而所有这些分数和实数与它们定格瞬间的唯一一个后继分数或后继实数的间距都是趋于 0 的无穷小，因此可以认为这些**定格瞬间的所有无穷小间距都是无限趋于 0 而相等的也就是无限可分瞬时等距或无穷小瞬时等距**的。如果我们**对一个数域的所有元素进行同时同步同分割（即同样分割方法）的无限可分来寻找所有这些分数的当前瞬时最近前驱分数和最近后继分数**，即可以认为对任意一个无限可分元素比如任意一个分数 a 或分数 b，分别有 a 和 a 的瞬时后继分数 a' 的间距 $d_a =|a-a'|\to 0$，以及 b 和 b 的瞬时后继分数 b' 的间距 $d_b =|b-b'|\to 0$，这个定格瞬间可以认为分数 a 或 b 都有**唯一一个瞬时的暂时的后继元素**且 $d_b =|b-b'|= d_a =|a-a'|\to 0$，即在这个瞬间所有无限可分元素和它们的**瞬时后继元素间距**是相等的。这种现象被大数域理论称为**无限可分瞬时等差或无穷小等差**或**瞬时动态等差或瞬时等差**。

在一个可分数域的所有元素进行**同时同步同分割**（即同样分割方法）的无限可分条件下的大数域**瞬时动态等差或瞬时等差或**无穷小等差概念完全继承拓展了传统数学的代数里的等差数列概念。见参考文献[86]。按定义“在等差数列中，任何相邻两项的差相等，该差值称为公差（common difference）”。这里大数域无限可分数域元素满足如下条件：有序，无限可分，任何一个元素 a 都不存在唯一一个确定的后继元素。假设在某个无限细分寻找某个元素 a 的后继元素 a′ 的时刻暂时停止无限细分下去，a 和 a' 之间的间距为 $d_a =|a-a'|\to 0$，我们把这个间距 d_a 设为所有

分数实数等和它们的**瞬时后继元素之间**的标准间距，这个标准间距就是**瞬时动态等差或瞬时等差，即这些有序有值无限可分的元素在无限细分趋于 0 的定格瞬间是一个无穷小等差序列**。在大数域理论看来，这个概念无疑大大扩展了普通代数里的等差数列的概念。区别是：

（1）无穷小等差**或瞬时动态等差或瞬时等差**序列是无限可分的，公差趋于 0，是个无穷小变量；而代数等差序列是不可分的，公差不是趋于 0，而是个常量；

（2）无穷小等差**或瞬时动态等差或瞬时等差**序列基数一般都远远大于代数等差序列基数；

（3）无穷小等差**或瞬时动态等差或瞬时等差**序列的公差是暂时的为计算方便设

定的，是趋于 0 的无穷小量，是永恒无限可分动态过程中的一个暂时静态值，代数等差序列的公差是恒定不变的永恒静态常量；

(4)代数等差是永恒**静态等差**而无穷小等差是暂时**动态等差**;代数等差是无穷小等差的特例；

瞬时动态等差或瞬时等差或无穷小等差概念的原创使得所有在代数系统的原则公式原理可以畅通无阻完全传递和继承在大数域理论里。**瞬时动态等差概念开辟的领域和解决的难题是几千年来所有传统数学公理体系完全无能为力的。**见公式（33），（34），（35），（179），（180),（182），（183），（184），（185）等。

基本概念定义 59：有限质变运算

大数域理论把只有经过有限次（包括 1 次）加减乘除幂运算才能产生的和参与运算元素性质完全不同的元素的运算称为有限质变运算。

所有普通数值运算加减乘除幂里只有除法是有限质变运算。除法是改变数的性质的伟大运算。除法的本质是可分。几乎所有基数比整数数域基数大的数域都是除法生成的，所以**可分生万物**。

基本概念定义 60：无限质变运算

大数域理论把只有经过无限次加减乘除幂运算才能产生的和参与运算元素性质完全不同的元素的运算称为无限质变运算。

基本概念定义 61：初始最小前驱数和初始最大后继数

对于在[0，1]区间里任何一个由整数生成的无限可分无穷大数域，尽管每个元素都不存在唯一一个确定的静态的无穷大大数域的前驱元素和后继元素，但是可以临时假设在[0，1]区间里 0

是任何一个元素的动态初始最小前驱数，也临时假设在[0，1]区间里 1 是任何一个元素的动态初始最大后继数。

这个临时假定非常重要，可以帮助我们发现许多有趣的东西。

基本概念定义 62：当前动态前驱数和当前动态后继数

对于在[0，1]区间里任何一个由整数生成的无限可分无穷大数域，尽管每个元素都不存在唯一一个确定的静态的无穷大大数域的前驱元素和后继元素，任何正在寻找一个可分元素前驱数和后继数过程里的前驱数和后继数被称为无限可分过程中的当前动态前驱数和当前动态后继数。

比如开始无限细分过程后第一步，对所有分数，0 就是它们所有分数元素的当前动态前驱数，而 1 就是它们所有分数元素的当前动态后继数。

基本概念定义 63：下一个动态前驱数和下一个动态后继数

对于在[0，1]区间里任何一个由整数生成的无限可分无穷大数域，在无限可分过程中由当前动态前驱数和该元素数按照某种分割方法分得的新的动态前驱数（一般是当前动态前驱数和该数相加除 2）就是下一个动态前驱数，由当前动态后继数和该元素数按照某种分割方法分得的新的动态后继数（一般是当前动态后继数和该数相加除 2）就是下一个动态后继数。

基本概念定义 64：动态前驱后继数间距

在[0，1]区间里任何一个由整数生成的无限可分无穷大数域，对任何一个数域元素在无限可分过程中无论初始，当前还是下一个动态前驱数以及下一个动态后继数，同一个时态的动态前驱数以及动态后继数之差就是该元素无限分割过程的该时态的动态前驱后继数间距。

区间[0，1]就是动态初始最小前驱数 0 和动态初始最大后继数的初始动态前驱后继数间距。

基本概念定义 65：动态前驱后继数的时态

对于在[0，1]区间里任何一个由整数生成的无限可分无穷大数域，对任何一个数域元素在寻找其最近相邻前驱数和后继数的无限分割过程中，一共有三个时间状态，初始时态，当前时态和下一个时间状态；简称动态前驱后继数的时态。

初始时态就是还没有开始分割；当前时态就是正在进行分割；下一个时态就是从当前时态转到进入未来寻找时态开始下一步分割。

另外还可假设可分数域元素比如分数的其他初始动态前驱数和后继数，结果也一样，比如分数数域里有一个元素 $\frac{1}{2}$，假设 $\frac{1}{2}$ 初始动态后继数是 $\frac{3}{4}$ 而初始动态前驱数是 $\frac{1}{3}$，有不等式：$\frac{1}{3}<\frac{1}{2}<\frac{3}{4}$，下面开始分解过程寻找 $\frac{1}{2}$ 下一个最邻近的下一个动态前驱数和下一个动态后继数：采用平分的方法即由当前动态后继数和该元素数相加除 2 得到下一个动态后继数；同时当前动态前驱数和该元素数相加除 2 得到下一个动态前驱数；这个方法的特点是简单快捷，不用平分用三分甚至 n 分效果一样，

第 1 对当前最近相邻前驱和后继数：

当 $0<\frac{1}{3}<\frac{1}{2}<\frac{3}{4}$；那么在 $\frac{1}{3}$ 和 $\frac{1}{2}$ 之间就有 $(\frac{1}{3}+\frac{1}{2})/2=\frac{5}{12}$ 使得不等式 $\frac{1}{3}<\frac{5}{12}<\frac{1}{2}$ 成立；同样后继数不等式也有 $\frac{1}{2}<\frac{5}{8}<\frac{3}{4}$，我们得到 $\frac{1}{2}$ 的第 1 次当前最近相邻前驱数 $\frac{5}{12}$ 和第 1 次当前最近相邻后继数 $\frac{5}{8}$：$\frac{5}{12}<\frac{1}{2}<\frac{5}{8}$；即 $\frac{1}{2}$ 的当前最近相邻前驱数 $\frac{5}{12}$ 比 $\frac{1}{3}$ 更加靠近 $\frac{1}{2}$；$\frac{1}{2}$ 的当前最近相邻后继数 $\frac{5}{8}$ 比 $\frac{3}{4}$ 更加靠近 $\frac{1}{2}$；$\frac{5}{12}$ 和 $\frac{5}{8}$ 被称为 $\frac{1}{2}$ 的第 1 对当前最近相邻前驱数和后继数；

$D_{b1}=|\frac{5}{12}-\frac{1}{2}|=0.08333333333$ 是 $\frac{1}{2}$ 的第 1 次当前前驱间距；b=before；

$D_{a1}=|\frac{1}{2}-\frac{5}{8}|=0.125$ 是 $\frac{1}{2}$ 的第 1 次当前后继间距；a=after；

第 2 对当前最近相邻前驱和后继数：

我们有 $0<\frac{5}{12}<\frac{1}{2}<\frac{5}{8}$；那么在 $\frac{5}{12}$ 和 $\frac{1}{2}$ 之间就有 $(\frac{5}{12}+\frac{1}{2})/2=\frac{11}{24}$ 使得不等式 $\frac{5}{12}<\frac{11}{24}<\frac{1}{2}$ 成立；同样后继数不等式也有 $\frac{1}{2}<\frac{9}{16}<\frac{5}{8}$，我们得到 $\frac{1}{2}$ 的第 2 次当前最近相邻前驱数 $\frac{11}{12}$ 和第 1 次当前最近相邻后继数 $\frac{9}{16}$：$\frac{11}{24}<\frac{1}{2}<\frac{9}{16}$；即 $\frac{1}{2}$ 的当前最近相邻前驱数 $\frac{11}{24}$ 比 $\frac{5}{12}$ 更加靠近 $\frac{1}{2}$；$\frac{1}{2}$ 的当前最近相邻后继数 $\frac{9}{16}$ 比 $\frac{5}{8}$ 更加靠近 $\frac{1}{2}$；$\frac{11}{24}$ 和 $\frac{9}{16}$ 被称为 $\frac{1}{2}$ 的第 2 对当前最近相邻前驱数和后继数；

$D_{b2}=|\frac{11}{24}-\frac{1}{2}|=0.04166666\quad 666$ 是 $\frac{1}{2}$ 的第 2 次当前前驱间距；

$D_{a2}=|\frac{1}{2}-\frac{9}{16}|=0.0625$ 是 $\frac{1}{2}$ 的第 2 次当前后继间距；

……

更一般的，在区间[0，1]里，我们有任意分数$\frac{b}{a}$，a > b ；分数$\frac{b}{a}$的初始动态前驱数和后继数分别是 0 和 1；我们开始寻找$\frac{b}{a}$的下一个动态对称前驱数和下一个动态对称后继数，即前驱后继是对于给定分数 B/A 是距离相等对称存在的；这个无限分割寻找过程开始以后，初始动态前驱数和后继数就变成当前动态前驱数和当前后继数分别是 0 和 1。分数$\frac{b}{a}$的下一个

（1）第 1 个动态前驱数：$(0 + \frac{b}{a}) / 2 = \frac{1}{2} * \frac{b}{a}$；

（2）第 2 个动态前驱数：$(\frac{1}{2} * \frac{b}{a} + \frac{b}{a}) / 2 = (\frac{1}{2})^2 * \frac{b}{a} + (\frac{1}{2}) * \frac{b}{a}$；

（3）第 3 个动态前驱数：$((\frac{1}{2})^2 * \frac{b}{a} + (\frac{1}{2}) * \frac{b}{a} + \frac{b}{a}) / 2 = (\frac{1}{2})^3 * \frac{b}{a} + (\frac{1}{2})^2 * \frac{b}{a} + \frac{1}{2} * \frac{b}{a}$;

......

得如下通项公式：

（n）第 n 个动态前驱数通项公式：

$$(168) \qquad e_{precursor} = \frac{b}{a} * (1 - (\frac{1}{2})^n)$$

可以看出，随着 n 的增加，第 n 个动态前驱数越来越逼近分数$\frac{b}{a}$，即第 n 个动态前驱数和分数$\frac{b}{a}$的间距越来越小而趋于 0。

同样，分数$\frac{b}{a}$的初始动态后继数就变成当前后继数是 1。分数$\frac{b}{a}$的下一个

（1）第 1 个动态对称后继数：$\frac{b}{a} + \frac{b}{a} * \frac{1}{2}$;

（2）第 2 个动态对称后继数：$\frac{b}{a} + \frac{b}{a} * (\frac{1}{2})^2$;

（3）第 3 个动态对称后继数：$\frac{b}{a} + \frac{b}{a} * (\frac{1}{2})^3$;；

......

得如下通项公式：

（n）第 n 个动态对称后继数通项公式：

(169) $$e_{successor} = \frac{b}{a} + \frac{b}{a} * (\frac{1}{2})^n$$

这样，分数$\frac{b}{a}$在任意分割时刻的动态前驱数和动态后继数之差即**动态前驱数和后继数间距**是：

(170) $$d_{p\_s} = \left(\frac{b}{a} * (1 - (\frac{1}{2})^n) + (\frac{1}{2})^n\right) - \left(\frac{b}{a} * (1 - (\frac{1}{2})^n)\right) = (\frac{1}{2})^n;$$

我们发现，以 0 和 1 为初始前驱和初始后继求分数下一个瞬时前驱和瞬时后继的无限分割，任何一个分数在第 n 次分割在任何时态（初始时态，当前时态和下一个时态）的**动态前驱数和动态后继数之差即动态前驱数后继数间距**仅仅和分割的次数 n 以及分割的方法（这里是 2 分法即除以 2）有关，而和分数本身的值无关。采用 2 分法，就得$\frac{1}{2}$，三分法得$\frac{1}{3}$；$\frac{j}{k}$分法，就得$\frac{j}{k}$，即：3 分法得$\frac{1}{3}$有公式：$(\frac{1}{3})^n$；……；$\frac{j}{k}$分法有公式：$(\frac{j}{k})^n$；

这些公式的意义在于，对于所有无穷大可分数域元素，无论采用何种分割方法寻找任意时态的任意分数的动态前驱数和动态后继数，在无限分割的任何一步，所有分数的当前时态的动态前驱数和动态后继数之差即动态前驱数后继数间距是完全相等的，与分数的数值无关。这就是我们发现的无穷大可分数域元素动态前驱数后继数间距在同一分割时态恒等定理。

公式(170)说明无穷大大数域元素的瞬时动态前驱数和瞬时动态后继数的间距存在稳定的整合一体的逻辑关系。不能单独分割研究，要统一在一起才能看出规律。

元素动态前驱后继数间距在同一时态恒等定理：存在一种分割方式使得在给定区间[0，1]里，对于所有无穷大可分数域元素，无论采用何种分割方法寻找任意时态的任意分数的瞬时动态前驱数和瞬时动态对称后继数，在无限分割的任何一步，所有分数的当前时态的瞬时动态前驱数和瞬时动态对称后继数之差即动态前驱数后继数的间距是完全相等的，与分数的数值无关，而与分割的方法有关。

由公式（168）和（169），在[0，1]区间我们有前驱间距和后继间距公式如下：

(171) $$d_{pre\_aft} = \frac{b}{a} * (\frac{1}{2})^n$$

由公式（171），因为 a > b，所以$\frac{b}{a}<1$；分数$\frac{b}{a}$在第 n 次分割的瞬时动态前驱间距和对称后继间距都是$\frac{b}{a} * (\frac{1}{2})^n$；当 n 趋于无穷大时，$(\frac{1}{2})^n \xrightarrow{n\to\infty} 0$；则$\frac{b}{a} * (\frac{1}{2})^n \xrightarrow{n\to\infty} 0$；即寻找分数的前驱后继趋近于 0 的无限分割过程存在这样一个瞬间使得在这一短暂瞬间所有分数都有当前暂时唯一确定的动态瞬间前驱和对称后继，而且它们都是趋于 0 的并且是相等的，就是说在这一时刻在[0，1]区间，所有分数都是无穷等差序列。

基于无穷大无限可分分数数域生成的实数数域和超越数数域的元素完全传承这些属性，即也都是有序无限可分无穷小瞬间等差。

大体系第六公理：在同时同步同分割（即同样分割方法）的无限可分条件下，无限可分无穷大数域所有元素是有序无限可分动态无穷小瞬间等差序列。简称动态无穷小瞬时等差公理。

按照这个公理，可以得到如下几个非常重要的推论：

推论一：所有整数生成的不重复分数组成的有序序列在无限可分无穷小某个瞬间是一个动态瞬时等差数列。

推论二：所有整数和不重复分数生成的不重复实数组成的有序序列在无限可分无穷小某个瞬间也是一个动态瞬时等差数列。

推论三：所有整数，不重复分数和不重复实数生成的不重复超越数组成的有序序列在无限可分无穷小某个瞬间也是一个动态瞬时等差数列。

推论四：所有不重复分数，不重复实数以及它们生成的不重复超越数组成的无穷大数域在无限可分无穷小某个瞬间也是一个动态瞬时均匀分布的。

推论四是说无穷小动态瞬时等差和无穷小动态瞬时均匀分布是等价的。

推论五：和无限可分无穷小某个瞬间的**动态瞬时等差序列**不同，不可分数域的等差级数整数数域、分数数域和偶数数域都是**静态恒定等差序列**。即传统数学的静态等差序列是无穷大无限可分的动态瞬时等差序列的一个特列。无穷大无限可分的动态瞬时等差序列是等差序列的一个更加一般的数学形式。**这五个重要推理都来自这个意义非凡的无穷小瞬时等差公理。**

推论四和大数域理论的猜想不同，推论四强调无限可分数域元素在动态无限可分的无穷小某个瞬间是一个**动态瞬时均匀分布**，而大数域理论的猜想都是元素的静态均匀分布。二者不矛盾。

从公式（33）等可以看到**大体系第六公理**——无穷小瞬时等差公理及其推论的威力。应该说千百年来人类都想知道所有真分数之和等于多少，所有实数之和等于多少以及所有超越数之和等于多少，这个看似简单的问题所有人都束手无策。因为问题简单但是背后的框架不简单，深层的公理体系更不简单。只有大数域理论第一次彻底解决这个问题。

第二十章 遍历运算和增量运算的区别

我们已经有了遍历运算和增量运算的概念，已经知道了整数数域是由最简单的加法增量运算生成的，而基数大于整数数域的分数数域和实数数域以及超越数数域的生成都不是由简单加法增量运算生成的，而是由除法分别在底数和指数上遍历运算生成的。即使基数比整数数域小无穷大倍的质数数域，也是由逐一遍历给定整数的前驱序列的每一个元素的除法生成的，显然除法遍历运算比加法增量要复杂得多。其实增量运算是遍历运算的一个特列，即仅仅用加法遍历给定整数的前驱序列的第一个元素即 1 而已，因此只要是生成的元素不落值在整数数域内（质数落值在整数数域），遍历运算至少遍历前驱序列（即不完全逆向前驱遍历）而遍历运算结果的个数始终大于 1，所生成的数域基数就远远大于整数数域基数，因为质数的不完全逆向前驱序列遍历运算仅仅生成 1 个元素（当该元素为质数时）或 0 个元素（当该元素不为质数时）。遍历运算是产生不同基数数域的主要原因。

第二十一章 大数域理论公理体系的重要性

一套完备的公理体系是一门科学尤其是数学的最基础的基石，见参考文献[58]。不但能够作出新的发现并经得起海量证据的苛刻检验，最重要的是，后人采用该公理体系里的公理不能产生任何重大的原则性错误和悖论，除了可以兼容以前的成熟理论，还要经得起人类文明进步客观的长时间的实践极其严酷苛刻的证据考验。

公理体系是数学体系的框架、灵魂和核心，什么样的公理体系就可以培育出什么样的数学，欧几里德、欧拉、高斯、黎曼能做出伟大发现基本就是严格遵循欧几里德公理体系原则或者改进公理体系某些不足和缺陷做出的，任何公理体系的最大适用范围都不会作出超过该公理体系的基本公理所划定的范畴。所以说公理体系是数学基础理论的天花板也不为过。整个数学体系的发展无论是横向杂交交叉还是纵向深入，在总的体量上不会超过这个公理体系设定的天花板的最大高度极限和最大数域的平面范围所包围的空间，如图 46 和图 47。比如欧几里德等量公理体系不可能发现并解释皮亚诺公理体系所揭示的客观事物及自然现象。因为欧几里德等量公理体系关注的是客观事物的当前现在的存在，而皮亚诺算术公理体系关注的是客观事物存在的过去、现在和将来的**整个历史过程**，关注的是客观事物存在的来龙去脉。然而欧几里德等量公理体系和皮亚诺算术公理体系是互相独立互相补充并行不悖无法替代的关系。

研究表明欧几里得等量公理和几何公理、皮亚诺算术公理并非无所不包，都有它们的极大局限性，并没有解释所有现象，并没有揭示所有客观事物的一切客观规律，而是仅仅解释和揭示了无穷无尽大自然的一部分自然现象和一部分客观规律，在无穷大探索里仍然束手无策望洋兴叹。

任何一个超出某个公理体系的最大范围的自然现象都不属于该公理体系的基本公理所划定和解释的范畴。凡是超出某个公理体系的最大范围的自然现象及其本质都需要全新的公理体系和全新的规律规则来解释和揭示。

一个公理体系最大特点是不要掺杂任何人为设定的东西，尤其不要掺杂任何人为标准。

但是如果公理体系有偏差和缺陷，甚至没有考虑到更复杂的客观事物和自然现象，也就不可能看到超出这个体系以外的东西，因而会错过其他有意义的发现。一个完备正确的公理体系应该尽可能摒弃一切人为主观因素，尽可能采用揭示客观事物本质的客观规律，才能真实完整全面地反映客观事物的本质。任何掺杂人类主观意识的东西都有致命基因缺陷。

这里涉及到一个极其严峻又深刻的问题，人们基于建立自己公理体系的基础和根据是什么？千百年来，人们世世代代都梦想用最少的假设条件来建立一个极其简练又无所不包的万能的理论体系，再试图用这个万能的理论体系去解释人们所已经看到的和暂时没有看到的各种自然现象，揭示这些现象背后隐藏的深刻的客观规律。但是，我们看到的是，至少在无穷大领域里，形形色色五花八门的大数域的生成过程是一个复杂程度远远超过人们想象的自然现象，几乎所有现有的公理体系都束手无策。就是说现有的所有公理体系，都无法解释分数、实数、超越数、基数等等复杂数及其所构成数域的来龙去脉的生成问题。因此我们需要一个全新的完备的自洽的兼容的一致的公理体系来解释我们发现的问题。然而，欧几里得几何公理、集合论、罗素公理、皮亚诺公理、希尔伯特公理体系等等著名公理都存在缺陷，都无法解释无穷大探索遇到的极其复杂的自然现象背后的深刻规律。见参考文献[65]等。

只要任何公理体系含有任何人为主观的因素，含有非自然的因素，那么基于这个公理体系建立的所有逻辑推理系统以及相应的符号系统都是有致命缺陷的，最终都会产生悖论，都无法作出有价值有意义的重大发现。和这些现有的公理体系不同的是，大数域的基本公理体系是完全客观的不以人们意志为转移的存在，不含有任何非自然的因素，是完全建立在这些客观的数值运算的基本原理之上的，而这些数值运算规则的基本原理又是经过几千年人类各种各样形形色色文明形态的无数的生产和生活实践反复检验被证明是完全正确的，无需节外生枝画蛇添足采用其他大量涉及主观因素的牵强附会生拉硬拽的如一一对应映射原则等等掺杂诸多片面武断因素的人为规定作为画蛇添足的所谓公理。大数域生成原则用几个简单的成熟的久经人类文明实践考验的基本数值运算规则，就把所有现存已有的形形色色的公理体系都兼收并蓄完全整合在一起了，成为浑然天成的一体。这和以特征属性的分类或选择为基础的集合论的分类原则或选择原则是根本上是完全不同的。就是说数值运算的公理性、真实性、全面性、完备性以及证据性是几千年人类文明最伟大最辉煌的结晶，远远高于、优于和深刻于人们自以为是闭门造车捏造出来的所谓分类公理和选择公理。后者只是人们盲人摸象片面观察的一些管窥结果，远没有数值运算的公理性深刻。这也是数值运算几千年来没有产生以所谓分类公理和选择公理建立的理论体系所产生的无法自圆其说自相矛盾漏洞百出的众多悖论和根本无解的谬论的根本原因。

大数域理论建立的公理体系里的各个公理都是完全互相独立的，其中第一到第十公理互相之间没有交集。即这些不同的公理互相之间是不能生成推导出来的。

如果没有大数域公理体系，仅仅依靠已有的皮亚诺加法算术公理、欧几里得等量公理等以及康托尔创建的可数等概念和一一对应映射方法等，是完全无法揭示连续统问题的本质的，也无法发现大数域分数生成率大常数以及基数数域等更加深层的客观规律，更无法完成大数域的大一统整合。就是说，单单用皮亚诺加法算术公理和欧几里得等量公理，甚至加上康托尔的一一对应映射方法也无法解释清楚除了整数数域以外的其他数域比如质数数域、分数数域、实数数域、超越数数域以及基数数域是怎么来的，以及这些数域的基数有多大等等非常基础的根本性的问题。因为生成这些数域所遵循的生成规则和公理体系与生成整数数域所遵循的规则和公理是完全不同的。前者要比后者复杂得多。

一般而言，公理体系本身除了提供公认合理的解决方案，还提供理论依据，按照约定俗成公认合理的规则或原则解释应该如何做以及为什么这样做是对的。大数域公理体系就是解释为什么大数域理论成立，为什么一一对应映射方法和原则天生带有很多人为主观因素的基因缺陷会推导产生许多自相矛盾的结论而在无穷大探索中有极大局限性不能无限制推广，为什么分数基数比整数多，为什么存在一个大数域生成率大常数，为什么所有可分数域和不可分数域都可以用大数域生成率大常数整合联接在一起成为一个有机完整的整体，为什么加减乘除幂运算数学归纳法等原则在整数数域里适用却在分数、实数、超越数、基数等及各自数域也仍然适用，这些大是大非根本的原则性问题长久以来鲜有理论作出系统的回答，大数域理论算是第一个。

第二十二章 建立大数域理论公理体系需要的最少观察维度

我们发现，存在一个建立大数域理论公理体系需要的最少观察维度，缺少这个最少观察维度或者数目少于这个维度都无法发现和建立大数域理论公理体系。

第一个观察维度：康托尔的基数概念，这是探索认识无穷大的基础，没有这个基础，无法发现大数域分数生成率大常数 $\mathcal{Q}$，也就无法发现分数数域的基数，更不用说发现实数等其他大数域的基数了，而基数的概念是康托尔以前的传统数学完全没有的。发现并独创基数概念，为人类解决无穷大问题开辟了一条大道，这是康托尔比其他数学前辈如欧几里得、欧拉、高斯和黎曼等看得远得多的地方。因为无论欧拉也好，高斯黎曼也好，贡献都是基本被局限在整数、分数和实数或者最多超越数的范围，都是在欧几里得几何公理和等量公理的框架里作一些传统的整数、分数和实数或者最多是超越数的范围的应用层面的工作，没有作出任何触动数学根基的贡献。没有实数或者超越数，欧拉、高斯和黎曼的许多公式都无用武之地，而康托尔的基数发现直接产生了全新的不同于传统的数的全新的数——基数，这个数人类前所未见，触动了数学的根基。和实数的发现一样，基数的发现是数学史上开天辟地的大事，其意义甚至超过哥伦布发现美洲新大陆。基数的发现是人类文明进步历史上里程碑式的划时代的贡献。

第二个观察维度：意大利数学家皮亚诺的算术公理，这是完全不同于欧几里得几何公理和等量公理的数域生成公理体系，皮亚诺开启了一个伟大的全新的公理体系，可惜其他人只从运用层面看到符号体系的实际具体用处，没有发现皮亚诺算术公理背后极其深刻的哲学原理，就是老子哲学大名鼎鼎的道生一，一生二，二生三，三生万物的关键词生成的意义，这是一个更加抽象的层面，更加高的观察维度。由于皮亚诺算术公理表述过于简单，许多人认为是小学算术的重复因而忽略了其中极其深刻的内涵，忽略了皮亚诺开辟的全新领域。而皮亚诺公理体系的建立是人类第一次在整数数域里把老子哲学的精髓进行了量化，欧几里得公里体系则在数与平面方面作了量化。而其它数域的量化工作，几千年了一直都没人能彻底理解先圣们的这些成果的深刻意义以及本质，无法理解其伟大意义，因此更无法融会贯通这些原理，更别谈整合东西方鼻祖级的哲学家思想家们的思维理论体系了。客观说，追根溯源，皮亚诺是第一个用量化方式在宏观范围开始揭示大数域本质的思想家，在数与数域的溯源工作上也只有皮亚诺一人迈上了老子所描述的大道，尽管仅限于整数数域；而大数域理论的公理体系的思考维度则在皮亚诺基础上走得更远，用分数生成率大常数 Q 整合了所有**可分**数域和**不可分**数域。

第三个观察维度：现代人类文明结晶的计算机科学，没有这个维度，人类根本无法发现大数域理论的基石的分数生成率大常数 Q 以及分数数域和其他数域的基数，只能胡思乱想瞎猜一气，空口白话没有真实凭据，无法验证到底是发现还是推测。没有这些基本数据和证据，也就没有了大数域理论的根基，大数域理论公理体系也就无从谈起。

第四个观察维度：中国古代伟大哲学家老子的生成哲学，没有这个维度，人们无法看清事物的来龙去脉，无法探索无穷大的过去、现在和将来究竟是是怎么演变的。没有对老子理论的深刻认识，就无法彻底理解皮亚诺公理的深刻含义。

第二十三章 从可分公理分析欧拉公式

我们知道，欧拉公式是分子为 1 而分母为所有整数之和，我们要问，构成欧拉公式的分子为 1 而分母为所有整数的分数数域的基数是多少呢？很简单，是整数数域基数 C_I。那我们用可分公理分析欧拉公式并且检验一下，看看所有的分子为 1 而分母为所有整数的分数子数域是不是可分的呢？即是否存在唯一一个前驱数和存在唯一一个后继数呢？在分数数域：$1,\frac{1}{2},\frac{1}{3},\frac{1}{4},\frac{1}{5},\ldots,\ \frac{1}{n};n\to C_I$ 让我们看看任意一个数，比如 $\frac{1}{2}$，在这个特殊数域里，看看 $\frac{1}{2}$ 有没有唯一一个前驱数和/或存在唯一一个后继数呢？我们可以发现，$\frac{1}{2}$ 有唯一一个后继数，也有唯一一个前驱数，因为分子是 1，而 2 是所有整数里除 1 以外最小的数，所以所有的其余分数都比 $\frac{1}{2}$ 小，都落值在 $\frac{1}{2}$ 的左面靠近 0 的地方。但是 $\frac{1}{2}$ 存在唯一一个前驱数 $\frac{1}{3}$，而 $\frac{1}{2}$ 和 $\frac{1}{3}$ 之间不存在 $\frac{1}{k}$ 使得 $2<k<3$；所以这个特殊分数子数域是无限不可分的。看来，并非所有分数组成的无穷大子域都是无限可分的。

同样，分子为 1 而分母为所有质数等数域元素组成的分数数域也是不可分的，基数 C_P 也是小于整数数域基数 $C_P<C_I:\frac{1}{2},\frac{1}{3},\frac{1}{5},,\frac{1}{7},\frac{1}{11},\ldots,\ \frac{1}{P};P\to\infty;$

分析结果和前面一样。

第二十四章 数学发展的主脉络

老子哲学和皮亚诺公理具有高度的相似性：老子的宇宙生成哲学是皮亚诺公理的哲学抽象版本，皮亚诺公理是老子哲学的数学量化版本。两个思想巨人时间间隔两千多年，殊途同归，不谋而合，见参考文献[87]。

老子的宇宙生成哲学强调“道生一，一生二，二生三，三生万物”，这个道就是生成规则，生成规则就是加法。在老子哲学里，已经有了万物万数的起点，有了后继数，有了后继生成序列。就是说，2000 多年前的伟大思想家哲学家老子已经基本为后人后世的数学做好了基本框架。皮亚诺公理只是完善了量化了老子的宇宙生成哲学。

老子生成哲学是讲这个宇宙万物客观世界是怎么来的，是怎么生成的；讲整个客观世界的来龙去脉；老子生成哲学描述整个客观世界的发生、发展和未来。

皮亚诺生成公理是讲这个客观世界的最初的简单抽象——整数的生成过程，主要是讲整数是怎么来的，是怎么生成的；讲整个整数数域的来龙去脉；皮亚诺生成公理通过量化老子生成哲学描述整个客观世界的抽象——整数和整数数域的发生、发展和未来。

大数域生成公理体系是讲这个客观世界的最初的简单抽象整数以及复杂抽象如分数，实数和超越数等如何由整数以及可分规则等生成规则衍生出来的形形色色的其他不同性质的数，主要是讲所有的数比如分数、奇数、偶数、质数、斐波那契数、乘积数、实数、超越数、基数等以及它们的数域是怎么来的，是怎么生成的；讲所有数和数域的来龙去脉；大数域生成公理体系通过量化老子生成哲学和可分公理以及传承公理等描述整个客观世界的抽象——所有数和所有数域的发生、发展和未来，描述这些数域之间是什么遗传基因继承关系并且是通过大常数 Q 纽带完美整合紧密联系在一起的。还描述了大数域大一统整合之前为什么无穷大数域是一盘散沙支离破碎的。

而庄子的可分哲学则是反映了客观世界整个生物进化的细胞分裂过程，一分二，二分四，。。。，无穷无尽。无限可分本生也是无限生成的过程，这和老子的生成哲学不谋而和。只是老子用的是最简单低阶的加法，而庄子用的是复杂高阶的除法。因此和老子哲学相比，庄子的可分哲学比较难于量化和公理化。

大数域原理则是量化和公理化了庄子的可分哲学的伟大思想。

老子生成哲学以及皮亚诺公理和大数域公理体系的生成公理体系序列构建了客观世界万物万数生成链中的最重要的几个节点。

数学史上**数**的发展脉络是：**道 ⟶ 数 ⟶ 数域 ⟶ 大数域。**

欧几里得等量公理只是描述这个客观世界万物万数**生成链**中的一个环节。

数学史上**公理体系**的发展脉络是：**欧几里得等量公理 ⟶皮亚诺整数生成公理 ⟶大数域生成公理 。**

人类文明进步史上，数学的任何伟大的实质性进步几乎都是建立在新的数的发现或者改进拓展旧的公理体系以及新的公理体系的建立的根本性进步的基础之上的，而不是建立在边边角角鸡毛蒜皮无关大局的某个个案猜想的解决的基础之上的。

数的发展脉络和公理体系发展的脉络构成了人类文明数学历史发展的主脉络。

文明就是这样通过一步一步的不断抽象提高和升华进步的。

第二十五章 现代数学与大数域的基础底盘，支柱和框架

整个传统和现代数学体系的发展无论是横向交叉杂交还是纵向深入比如欧几里得几何公理第五公设的扩展（比如黎曼几何等）和更加伟大的基数的发现，在规律发现的总量上不会超过这个公理体系设定的天花板的最大高度极限和最大数域范围所包围的空间。这个空间尽管无穷大，但是在更高的维度、更大的框架下也是相对有限有界的，这个空间就是通俗理解的如来佛的手掌。孙悟空无论多么厉害，一个跟头可以翻十万八千里，但无论如何也翻不出如来佛的手心。见图 45。

这个如来佛手心和莫比乌斯带的局限是很相似的。这就是为什么用传统数学和传统哲学以及传统逻辑思维的眼光完全无法理解和解释高维度环境即如来佛手心外面和莫比乌斯带外面的事物一样。仅凭人们有限的习惯性传统思维和感官直觉是完全感觉不到这个天花板和极限的存在的，因为如来佛手心外面和莫比乌斯带外面的事物和如来佛手心里面和莫比乌斯带上面的事物是本质上完全不一样的。不但基础底盘的大数域完全变了，而且框架支柱和公理体系也完全不一样了。图 47 是图 46 的详细描述。

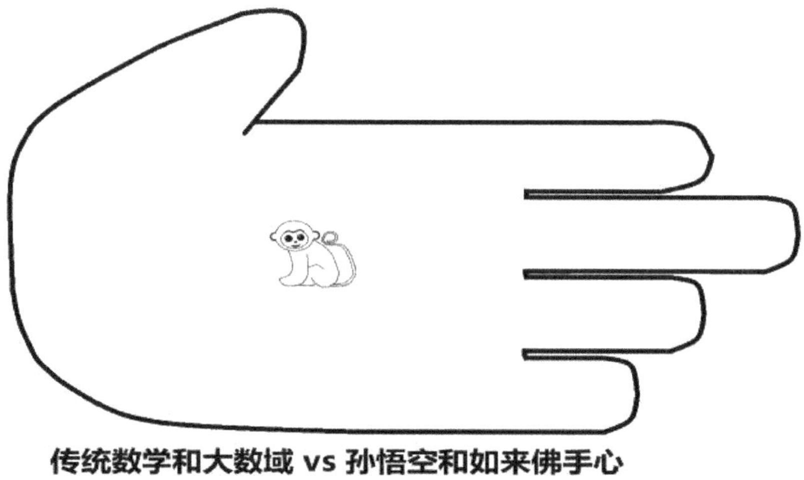

图 45 传统数学现代数学的局限

从图 46 可以看出，大数域理论的基础底盘是基数数域，比现有已知最大数域的超越数数域的基础底盘大无穷大倍，大数域理论不但完全包含兼容传统和现代数学的公理体系如欧几里得等量公理体系以及皮亚诺的算术加法公理体系，还扩充创建了更加庞大更加完备的大数域公理体系。

所有的无穷大的大数域都和整数数域息息相关，都和大数域分数生成率大常数 Q 息息相关，无论是在传统数学，现代数学还是在全新的大数域理论，这个如擎天柱一般伟大的大数域分数生成率大常数 $Q = 0.303963$ ...... 作为一个完整的整合纽带都扮演着不可分割举足轻重的作用，这是历史上所有其他大常数如 $\pi = 3.1415926....$ 和 $e = 2.71828......$ 所完全不具备的。

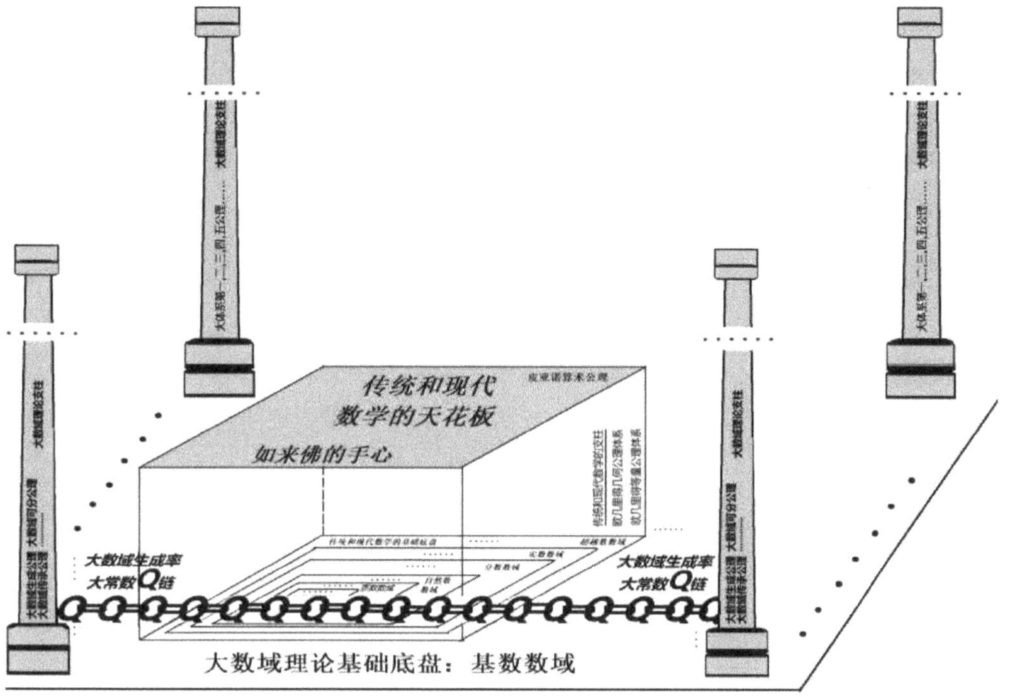

图 46 传统数学现代数学和大数域的基础底盘框架和天花板

无论是大常数圆周率 $\pi = 3.1415926$ ...... 也好，欧拉常数 $e = 2.71828$ ...... 也好，大数域理论之前没有一个**大常数**有能力把所有数和所有无穷大数域完美无缺的整合在一起使之成为一个完整有机的大一统的数学整体。大数域分数生成率大常数 $Q = 0.303963$ ...... 更深刻更伟大的意义将在以后的探索发现中逐步展现出来。

和人类现代文明信息革命互联网整合人类社会和生产资源促进生产力大爆发引爆新一轮文明革命一样，大数域理论完全整合最核心的数学基础底盘——所有无穷大大数域所形成新的**大一统数学**所能爆发的威力，远不是基础底盘处于离散分离割裂状态的传统数学可以想象和相提并论的。

图 47 是整合图 20，图 46 和图 51 的一览图，是跳出莫比乌斯带冲破传统数学天花板后在三个不同超级维度鸟瞰无穷大大数域之间的关系的图。

把三个图合并成一个图，稍加比较就可以感觉到维度变化和视角变化所带来的不同的结果以及产生的强大的视觉冲击力。见图 47 大一统大数域整合，这是一种全新的世界观，一种超越莫比乌斯带维度的三个不同维度视角下的大数域关系。

随着维度的不断提升，整数数域和整个传统无穷大数域的疆域都在不断缩小，最后在第三超越维度，小到可以忽略不计。

然而，三个图有一个共同特点，就是都有一个大数域分数生成率大常数 Q 联接链。无论站在那个维度观察，联系和整合所有无穷大数域的包括迄今为止最大的基数数域，都是由大系统大数域分数生成率大常数 Q 紧密维系在一起的。没有这个大系统大常数 Q 的发现，人类所有已知的所有可分数的合理基础将不复存在，无穷大大数域之间所有合理的逻辑联系都不复存在。

图 47 展示了大数域生成率大常数 Q 生成，整合和统一所有无穷大大数域的强大功能，这个生成、整合和大一统贯通融合的功能是数学历史上目前人类已知的所有大常数如 $e = 2.71828...$ 和 $\pi = 3.1415926.....$ 都做不到的。因为这些已知的大常数 e 和 π 只是特定几何形状或特定代数公式的常数，而不是不同层次不同无穷大大数域之间大系统的生成常数，不具备生成和整合各个无穷大大数域之间联系的功能。

大常数 Q 完整阐述了的老子的生成哲学和庄子的可分哲学的光辉思想，凝聚了老子的生成哲学和庄子可分哲学的伟大智慧，展示着老子的生成哲学和庄子的可分哲学的在基础数学发展上毋庸置疑的指导作用。从来没有一个常数在数学如此基础层面如此关键环节扮演如此重要开天辟地创造万数的作用，因为大数域大系统大体系大常数 Q 的存在决定了从整数数域衍生生成的所有其他无穷大数域的生死存亡。老子的生成哲学和庄子的可分哲学手挽手在基础理论诞生的过程中交织在一起催生了全新的大数域理论。

整合的无穷大大数域将爆发无穷大倍无穷大倍于未整合的支离破碎的无穷大大数域的威力。

没有大常数 Q，就不可能生成出所有的无限可分无穷大数域，而大常数 e 和 π 不具备生成其他大数域的能力，更不要说去整合其他无穷大大数域的能力了。所以 Q 是超大常数，是远远超越传统的大常数 e 和 π 的大常数，而非普通大常数。

看到这一幅慑人魂魄波澜壮阔的大数域生成历史的宏伟画卷，如同看到人类百万年生成进化史，看到蓝星地球生命几亿年生成演化史，看到宇宙几百亿年生成发展史，从 0 到 1，从无到有，从小到大，从简到繁，从一团漆黑到五彩缤纷。我们感慨宇宙造物主万物生成的伟大力量，感慨无穷大大数域生成的伟大力量，感慨老子生成哲学的伟大及洞察宇宙万物规律的深邃和穿越千年时空的强大穿透力，感慨数学美轮美奂深不可测的魅力，感慨自然规律鬼斧神工气吞山河的伟岸，感慨大自然令人肃然起敬的庄严和神圣不可挑战的尊严，感慨人类自以为是的渺小和微不足道，感慨数这个比人类比星球比星系还要永恒的存在。

公理体系的微小变化引发文明进步的巨大变化；

公理体系的巨大变化引发文明进步的伟大革命。

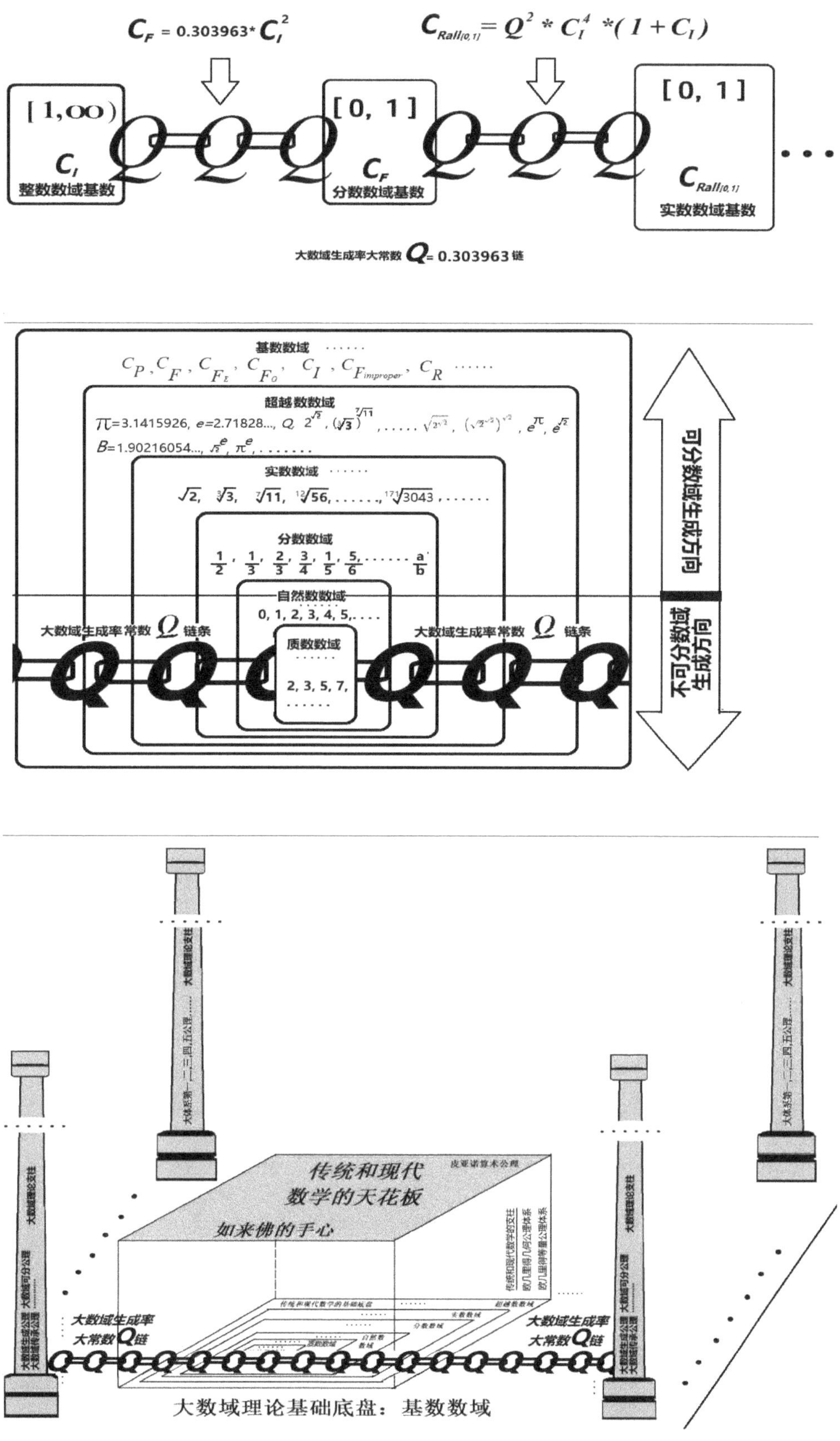

图 47 三个不同维度视角下的大数域关系：大一统大数域整合

第七篇

实数数域的基数

第一章 整数为底分数为指数生成的实数

所有普通数值运算加减乘除幂的无限次运算才可以生成和参与运算元素性质完全不同元素，比如 π，e，大常数 Q 等等超越数，都是有限质变运算无法生成的性质完全不同元素的运算。

按照前面实数定义，全体实数是由底数为整数和分数而指数为分数运算产生的数，那么只要计算这两类数的基数是多少就可以了，而由底数为整数，分数和实数指数为实数运算产生的数属于超越数，也定义好了，只要单单独计算超越数数域的基数就可以了。还是采用贯穿本书的基本原则，在给定区间[0, n]内，首先计算所有由**这些**整数生成的不重复分数是多少；再计算由这些整数和不重复分数**生成的**不重复假分数是多少；最后计算由底数为**这些**整数和**生成的**分数而指数为**这些生成的**不重复分数和**生成的**不重复假分数运算产生的实数是多少。计算时候特别注意，只能取给定区间[0，n]内的全体整数，以及这些**生成的**全体不重复分数和**生成的**不重复假分数，再取这些生成的不重复分数和不重复假分数进行遍历计算求出全体只有由这些整数和分数**生成的**所有实数。超出这个区间范围的值是由其他数生成的，早晚都会出现，这里不考虑是为了避免重复计算。这就是数学归纳法的精髓和实质。比如给定整数 10，在区间[0，10]内有 10 个整数，可以生成 31 个不重复分数。有人会问，分数 $\frac{3}{123450}$ 为什么不包括在里面呢？因为分数 $\frac{3}{123450}$ 是由整数 3 和整数 123450 两个数生成的，虽然 3 在区间[0，10]里面，但是整数 123450 不在区间[0，10]里面，分数 $\frac{3}{123450}$ 不是当前区间[0，10]生成的分数，而是区间[0，123450]里整数生成的分数。

我们采用前面定义的实数生成的概念探索实数数域的基数。首先要了解实数的几类主要生成来源。第一类就是以整数为底而以分数为指数生成的实数。我们知道整数数域的基数，也知道分数数域的基数，那么我们就很容易求出所有以整数为底而以分数为指数生成的实数数域的基数。我们有整数数域 I ={1，2，3，4，…，K，……}和分数数域 F ={ $\frac{1}{2}$, $\frac{1}{3}$, $\frac{2}{3}$, $\frac{1}{4}$, $\frac{3}{4}$,…… }，整数数域的基数是 C_I 而分数数域的基数是 C_F，那么，除去 1 从 2 开始有如下几种情况：

以 2 为底而以所有分数为指数生成的实数 $\{2^{\frac{1}{2}},2^{\frac{1}{3}},2^{\frac{2}{3}},2^{\frac{1}{4}},...\}$ 的个数有 C_F 个；

以 3 为底而以所有分数为数生成的实数 $\{3^{\frac{1}{2}},3^{\frac{1}{3}},3^{\frac{2}{3}},3^{\frac{1}{4}},...\}$ 的个数有 C_F 个；

以 4 为底而以所有分数为指数生成的实数 $\{4^{\frac{1}{2}},4^{\frac{1}{3}},4^{\frac{2}{3}},4^{\frac{1}{4}},...\}$ 的个数有 C_F 个；

以 5 为底以所有分数为指数生成的实数 $\{5^{\frac{1}{2}},5^{\frac{1}{3}},5^{\frac{2}{3}},5^{\frac{1}{4}},...\}$ 的个数有 C_F 个；

………

以整数 K 为底而以所有分数为指数生成的实$\{K^{\frac{1}{2}}, K^{\frac{1}{3}}, K^{\frac{2}{3}}, K^{\frac{1}{4}}, K^{\frac{3}{4}}, ...\}$ 的个数有 C_F 个；为简化起见 $K \xrightarrow{K\to\infty} C_I$，而所有分数的基数是 C_F，所以，以所有整数为底而以所有分数为指数生成的实数的个数应该是：

(172) $C_{R_{int}} = C_I * C_F = Q * C_I^3$；

特别要注意的是第一类实数就是以所有整数为底而以所有分数为指数生成的实数是不在区间[0，1]里而在整个数轴区间上的全体实数里面，这一类实数的个数是很小很小甚至微不足道的一部分，小到可以忽略不计。最主要的是这些以全体整数为底而以分数为指数生成的实数不在区间[0，1]之内，故不算作区间[0，1]里的实数。

以所有整数为底假分数为指数生成的实数不落值在我们关心的区间[0，1]之内。仅仅影响整个数轴的实数的基数。

(173) $C_{R_{F_{Int\_Imp}}} = C_I * C_{Fall} = Q * C_I^4$；

第二章 分数为底真分数为指数生成的实数

我们仍然继续采用前面定义的实数生成的概念探索实数的其他几类主要生成来源。第二类就是以所有分数为底而以所有分数为指数生成的区间[0，1]里实数。我们知道所有分数数域的基数 C_F，那么我们就很容易求出所有以真分数为底同时以所有真分数为指数生成的实数数域的基数。我们有真分数数域 $F_1=\{\frac{1}{2}, \frac{1}{3}, \frac{2}{3}, \frac{1}{4}, \frac{3}{4}, \frac{1}{5}, ...\}$ 和真分数数域 F_2 $=\{\frac{1}{2}, \frac{1}{3}, \frac{2}{3}, \frac{1}{4}, \frac{3}{4}, \frac{1}{5}, \frac{2}{5}, \frac{3}{5}, ...\}$，而真分数数域的基数是 C_F，那么，从 $\frac{1}{2}$ 开始有如下几种情况：

以真分数 $\frac{1}{2}$ 为底而以所有不重复真分数为指数生成的实数

$\{\left(\frac{1}{2}\right)^{\frac{1}{2}}, \left(\frac{1}{2}\right)^{\frac{1}{3}}, \left(\frac{1}{2}\right)^{\frac{2}{3}}, \left(\frac{1}{2}\right)^{\frac{1}{4}}, \left(\frac{1}{2}\right)^{\frac{3}{4}}, \left(\frac{1}{2}\right)^{\frac{1}{5}}, \left(\frac{1}{2}\right)^{\frac{2}{5}}, \left(\frac{1}{2}\right)^{\frac{3}{5}}, ...\}$ 的个数有 C_F 个；

以真分数 $\frac{1}{3}$ 为底而以所有真分数为指数生成的实数

$\{\left(\frac{1}{3}\right)^{\frac{1}{2}}, \left(\frac{1}{3}\right)^{\frac{1}{3}}, \left(\frac{1}{3}\right)^{\frac{2}{3}}, \left(\frac{1}{3}\right)^{\frac{1}{4}}, \left(\frac{1}{3}\right)^{\frac{3}{4}}, \left(\frac{1}{3}\right)^{\frac{1}{5}}, \left(\frac{1}{3}\right)^{\frac{2}{5}}, \left(\frac{1}{3}\right)^{\frac{3}{5}}, ...\}$ 的个数有 C_F 个；

以真分数$\frac{1}{4}$为底而以所有不重复真分数为指数生成的实数

$\{\left(\frac{1}{4}\right)^{\frac{1}{2}},\left(\frac{1}{4}\right)^{\frac{1}{3}},\left(\frac{1}{4}\right)^{\frac{2}{3}},\left(\frac{1}{4}\right)^{\frac{1}{4}},\left(\frac{1}{4}\right)^{\frac{3}{4}},\left(\frac{1}{4}\right)^{\frac{1}{5}},\left(\frac{1}{4}\right)^{\frac{2}{5}},\left(\frac{1}{4}\right)^{\frac{3}{5}},......\}$ 的个数有 C_F 个；

以真分数$\frac{1}{5}$为底而以所有不重复真分数为指数生成的实数

$\{\left(\frac{1}{5}\right)^{\frac{1}{2}},\left(\frac{1}{5}\right)^{\frac{1}{3}},\left(\frac{1}{5}\right)^{\frac{2}{3}},\left(\frac{1}{5}\right)^{\frac{1}{4}},\left(\frac{1}{5}\right)^{\frac{3}{4}},\left(\frac{1}{5}\right)^{\frac{1}{5}},\left(\frac{1}{5}\right)^{\frac{2}{5}},\left(\frac{1}{5}\right)^{\frac{3}{5}},......\}$ 的个数有 C_F 个；

………

以真分数$\frac{1}{K}$为底而以所有不重复真分数为指数生成的实数

$\{\left(\frac{1}{K}\right)^{\frac{1}{2}},\left(\frac{1}{K}\right)^{\frac{1}{3}},\left(\frac{1}{K}\right)^{\frac{2}{3}},\left(\frac{1}{K}\right)^{\frac{1}{4}},\left(\frac{1}{K}\right)^{\frac{3}{4}},\left(\frac{1}{K}\right)^{\frac{1}{5}},\left(\frac{1}{K}\right)^{\frac{2}{5}},\left(\frac{1}{K}\right)^{\frac{3}{5}},......\}$ 的个数有 C_F 个；

但是，当 K 趋于无穷大∞时，真分数$\frac{1}{K}$为底全体不重复真分数为指数的个数是趋于 C_F；而所有不重复真分数的基数是 C_F，所以，以所有不重复真分数为底而以所有不重复真分数为指数生成的实数的个数应该是：

(174) $C_{R_{Proper}} = C_F * C_F = C_F^2 = Q^2 * C_I^4$

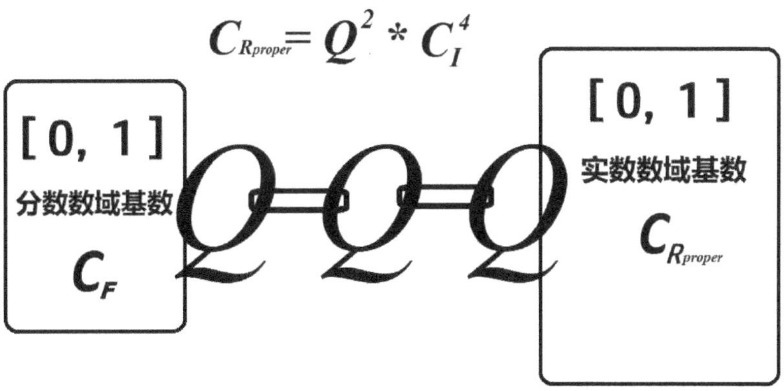

图 48 真分数为底真分数为指数生成的全体实数

见图 48。特别要注意的是这里第二类实数是以所有真分数为底而以所有真分数为指数生成的实数的个数是全体实数里面最主要的甚至举足轻重的一部分，因为，区间[0，1]里分数的基数比整数的基数大得多的多。大 $Q*C_I$ 倍。

尽管不是同一个区间[0，1]里的值，我们仍然好奇公式（172）和公式（174）两个公式的比值差是多少。从公式（167）和公式（168）我们得知，以全体整数为底而以分数为指数生成的实数的个数和以全体分数为底而以全体分数为指数生成得实数的个数是不一样的，我们希望知道到底差别是多少。

公式（174）： 公式（172）我们有：

(175) $$\frac{C_F^2}{C_I * C_F}=\frac{C_F}{C_I}=\frac{Q * C_I^2}{C_I}=Q * C_I;$$

由公式（175）我们知道，区间[0，1]里以全体真分数为底而以真分数为指数生成的实数的个数比在整个数轴区间上以全体整数为底而以全体分数为指数生成得实数的个数大无穷大倍，等于$Q * C_I$。因此，以全体整数为底而以全体分数为指数生成得实数的个数相对于以全体分数为底而以分数为指数生成的实数的个数可以忽略不计。公式（174）就是区间[0，1]里所有真分数生成的部分实数数域的基数$C_F^2=Q^2 * C_I^4$。

第三章 真分数为底假分数为指数生成的实数

我们发现，这个以全体真分数为底以全体真分数为指数生成的实数尽管全部落在区间[0，1]之内，但是仍然只是实数基数的一部分而已，还有更多的实数没有考虑，这就是以全体真分数为底以全体假分数为指数生成的实数也是全部落在区间[0，1]之内，这一部分实数更多。有真分数数域 $F_1=\{\frac{1}{2},\frac{1}{3},\frac{2}{3},\frac{1}{4},\frac{3}{4},\frac{1}{5},......\}$和假分数数域 $F_2=\{1\frac{1}{2},2\frac{1}{3},3\frac{2}{3},4\frac{1}{4},5\frac{3}{4},9\frac{1}{5},......\}$，假分数数域的基数是$Q * C_I$，$\frac{1}{2},\frac{1}{3},\frac{2}{3},\frac{1}{4},\frac{3}{4},\frac{1}{5},......$ 那么，从真分数底数$\frac{1}{2}$开始的遍历生成有如下几种情况：

以真分数 1/2 为底数而以所有假分数为指数生成的实数

$\{\left(\frac{1}{2}\right)^{1\frac{1}{2}},\left(\frac{1}{2}\right)^{2\frac{1}{3}},\left(\frac{1}{2}\right)^{3\frac{2}{3}},\left(\frac{1}{2}\right)^{4\frac{1}{4}},\left(\frac{1}{2}\right)^{5\frac{3}{4}},\left(\frac{1}{2}\right)^{6\frac{1}{5}},\left(\frac{1}{2}\right)^{7\frac{2}{5}},\left(\frac{1}{2}\right)^{8\frac{3}{5}},......\}$ 的个数有$C_I * C_F$个；

以真分数 1/3 为底数而以所有假分数为指数生成的实数

$\{\left(\frac{1}{3}\right)^{1\frac{1}{2}},\left(\frac{1}{3}\right)^{2\frac{1}{3}},\left(\frac{1}{3}\right)^{3\frac{2}{3}},\left(\frac{1}{3}\right)^{4\frac{1}{4}},\left(\frac{1}{3}\right)^{5\frac{3}{4}},\left(\frac{1}{3}\right)^{6\frac{1}{5}},\left(\frac{1}{3}\right)^{7\frac{2}{5}},......\}$ 的个数有$C_I * C_F$个；

以真分数 1/4 为底数而以所有假分数为指数生成的实数

$\{\left(\frac{1}{4}\right)^{1\frac{1}{2}},\left(\frac{1}{4}\right)^{2\frac{1}{3}},\left(\frac{1}{4}\right)^{3\frac{2}{3}},\left(\frac{1}{4}\right)^{4\frac{1}{4}},\left(\frac{1}{4}\right)^{5\frac{3}{4}},\left(\frac{1}{4}\right)^{6\frac{1}{5}},\left(\frac{1}{4}\right)^{7\frac{2}{5}},......\}$ 的个数有 C_I*C_F 个；

以真分数 1/5 为底数而以所有假分数为指数生成的实数

$\{\left(\frac{1}{5}\right)^{1\frac{1}{2}},\left(\frac{1}{5}\right)^{2\frac{1}{3}},\left(\frac{1}{5}\right)^{3\frac{2}{3}},\left(\frac{1}{5}\right)^{4\frac{1}{4}},\left(\frac{1}{5}\right)^{5\frac{3}{4}},\left(\frac{1}{5}\right)^{6\frac{1}{5}},\left(\frac{1}{5}\right)^{6\frac{2}{5}},......\}$ 的个数有 C_I*C_F 个；

………

以整数 1/*K* 为底数而以所有假分数为指数生成的实数

$\{\left(\frac{1}{K}\right)^{1\frac{1}{2}},\left(\frac{1}{K}\right)^{2\frac{1}{3}},\left(\frac{1}{K}\right)^{3\frac{2}{3}},\left(\frac{1}{K}\right)^{4\frac{1}{4}},\left(\frac{1}{K}\right)^{5\frac{3}{4}},\left(\frac{1}{K}\right)^{6\frac{1}{5}},\left(\frac{1}{K}\right)^{7\frac{2}{5}},......\}$ 的个数有 C_I*C_F 个；

真分数 $\frac{1}{K}$ 为底数全体不重复真分数为指数的个数趋于 C_F；而所有分数的基数是 C_F，所以，在区间[0，1]里，以所有真分数为底而以所有假分数为指数生成的实数的个数应该是：

(176) $C_{R_{[0,1]}}=C_F*(C_I*C_F)=C_I*C_F^2=Q^2*C_I^5$

见图 49。

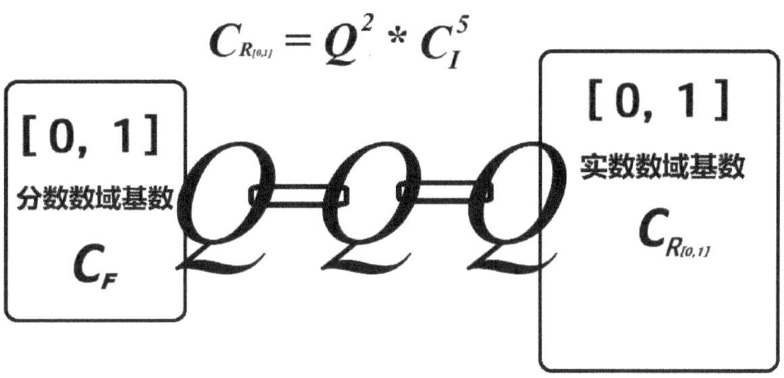

图 49 真分数为底假分数为指数生成的全体实数

由公式（174）和（176），区间[0，1]里所有不重复真假分数生成的实数总个数应该是：

(177) $C_{R_{all[0,1]}}=Q^2*C_I^5+Q^2*C_I^4=Q^2*C_I^4*(C_I+1)$

表 53 就是验证所有 10 以内整数预先生成不重复分数及区间[0,10]以内的整数和不重复分数生成的真假分数所生成的实数估值公式计算值与实际值。

表格生成步骤如下：

第一，先由 1，2，……， 10，生成全部 31 个不重复分数；

第二，由这**生成的** 31 个不重复分数和 10 个整数再**生成的** 341 个假分数；

第三，分别以这**生成的** 31 个不重复分数为底数和以**生成的** 31 个真分数为指数生成第一批**生成的**实数，31*31=961；删除其中重复实数；

第四，分别以这**生成的** 31 个不重复分数为底数和以**生成的** 341 个假分数指数生成第二批**生成的**实数，31*341=10571；删除其中重复实数；

第五，将第一和第二批删除重复实数结果相加，有**生成的**不重复实数个数为 10190。这个**生成的**不重复实数 10190 就是整数 10 可以**生成的**不重复实数的个数。

表 53　指数为不重复真/假分数生成的(重复)实数示意

	分数	1/2	1/3	2/3	1/4	1/8	1/9	4/9	5/9	7/9	8/9	1/10
分数	分数值	0.5000000000	0.3333333333	0.6666666667	0.2500000000	0.1250000000	0.1111111111	0.4444444444	0.5555555556	0.7777777778	0.8888888889	0.1000000000
1/2	0.5000000000	0.7071067812	0.5773502692	0.8164965809	0.5000000000		0.3333333333	0.6666666667	0.7453559925	0.8819171037	0.9428090416	0.3162277660
1/2+1	1.5000000000	0.3535533906	0.1924500897	0.5443310540	0.1250000000		0.0370370370	0.2962962963	0.4140866625	0.6859355251	0.8380524814	0.0316227766
1/2+2	2.5000000000	0.1767766953	0.0641500299	0.3628873693	0.0312500000		0.0041152263	0.1316872428	0.2300481458	0.5335054084	0.7449355390	0.0031622777
1/2+3	3.5000000000	0.0883883476	0.0213833433	0.2419249129	0.0078125000		0.0004572474	0.0585276635	0.1278045255	0.4149486510	0.6621649236	0.0003162278
1/2+4	4.5000000000	0.0441941738	0.0071277811	0.1612832752	0.0019531250		0.0000508053	0.0260122949	0.0710025141	0.3227378397	0.5885910432	0.0000316228
1/2+5	5.5000000000	0.0220970869	0.0023759270	0.1075221835	0.0004882813		0.0000056450	0.0115610199	0.0394458412	0.2510183197	0.5231920384	0.0000031623
1/2+6	6.5000000000	0.0110485435	0.0007919757	0.0716814557	0.0001220703		0.0000006272	0.0051382311	0.0219143562	0.1952364709	0.4650595897	0.0000003162
1/2+7	7.5000000000	0.0055242717	0.0002639919	0.0477876371	0.0000305176	0.0000001686	0.0000000697	0.0022836583	0.0121746423	0.1518505885	0.4133863019	0.0000000316
1/2+8	8.5000000000	0.0027621359	0.0000879973	0.0318584247	0.0000076294	0.0000000211	0.0000000077	0.0010149592	0.0067636902	0.1181060133	0.3674544906	0.0000000032
1/2+9	9.5000000000	0.0013810679	0.0000293324	0.0212389498	0.0000019073	0.0000000026	0.0000000009	0.0004510930	0.0037576057	0.0918602325	0.3266262139	0.0000000003
1/2+10	###########	0.0006905340	0.0000097775	0.0141592999	0.0000004768	0.0000000003	0.0000000001	0.0002004858	0.0020875587	0.0714468475	0.2903344123	0.0000000000
1/3	0.3333333333	0.7937005260	0.6933612744	0.8735804647					0.8220706914	0.9196413921	0.9614997135	0.4641588834
1/3+1	1.3333333333	0.3968502630	0.2311204248	0.5823869765		0.0625000000			0.4567059397	0.7152766383	0.8546664120	0.0464158883
1/3+2	2.3333333333	0.1984251315	0.0770401416	0.3882579843		0.0078125000			0.2537255221	0.5563262742	0.7597034774	0.0046415888
1/3+3	3.3333333333	0.0992125657	0.0256800472	0.2588386562		0.0009765625			0.1409586234	0.4326982133	0.6752919799	0.0004641589
1/3+4	4.3333333333	0.0496062829	0.0085600157	0.1725591041					0.0783103463	0.3365430548	0.6002595377	0.0000464159
1/3+5	5.3333333333	0.0248031414	0.0028533386	0.1150394028		0.0000152588			0.0435057480	0.2617557093	0.5335640335	0.0000046416
1/3+6	6.3333333333	0.0124015707	0.0009511129	0.0766929352	0.0001537990		0.0000009046	0.0058818063	0.0241698600	0.2035877739	0.4742791409	0.0000004642
9/10	0.9000000000	0.5358867313	0.3720410580	0.6942531627					0.5891891565	0.7975721442	0.8994203919	0.1258925412
9/10+1	1.9000000000	0.2679433656	0.1240136860	0.4628354418					0.3273273091	0.6203338899	0.7994847928	0.0125892541
9/10+2	2.9000000000	0.1339716828	0.0413378953	0.3085569612					0.1818485051	0.4824819144	0.7106531492	0.0012589254
9/10+3	3.9000000000	0.0669858414	0.0137792984	0.2057046408		0.0003005724			0.1010269473	0.3752637112	0.6316916882	0.0001258925
9/10+4	4.9000000000	0.0334929207	0.0045930995	0.1371364272		0.0000375715			0.0561260818	0.2918717754	0.5615037228	0.0000125893
9/10+5	5.9000000000	0.0167464604	0.0015310332	0.0914242848	0.0002804439	0.0000046964	0.0000023441	0.0083583999	0.0311811566	0.2270113808	0.4991144203	0.0000012589
9/10+6	6.9000000000	0.0083732302	0.0005103444	0.0609495232	0.0000701110	0.0000005871	0.0000002605	0.0037148444	0.0173228648	0.1765644073	0.4436572625	0.0000001259
9/10+7	7.9000000000	0.0041866151	0.0001701148	0.0406330155	0.0000175277	0.0000000734	0.0000000289	0.0016510419	0.0096238138	0.1373278724	0.3943620111	0.0000000126
9/10+8	8.9000000000	0.0020933075	0.0000567049	0.0270886770	0.0000043819	0.0000000092	0.0000000032	0.0007337964	0.0053465632	0.1068105674	0.3505440098	0.0000000013
9/10+9	9.9000000000	0.0010466538	0.0000189016	0.0180591180	0.0000010955	0.0000000011	0.0000000004	0.0003261317	0.0029703129	0.0830748858	0.3115946754	0.0000000001
9/10+10	###########	0.0005233269	0.0000063005	0.0120394120	0.0000002739	0.0000000001	0.0000000000	0.0001449474	0.0016501738	0.0646138000	0.2769730448	0.0000000000
生成实数总计	10571											
不重复总计	9909	341	341	341	176	174	176	176	341	341	341	341
删除总计	662	0	0	0	165	167	165	165	0	0	0	0

之所以限定整数 10 的区间范围，是因为超过 10 的整数及其分数和假分数的计算都会在 10 以后的计算里遇到，现在计算只会引起重复。

下面计算实数数域的基数估值公式（177）的实数个数估值公式计算值：

$$C_{R_{all[0,1]}} = Q^2 * C_I^4 (C_I^1 + 1) = 0.303963^2 * 10^4 * (10+1) = 10163 \text{；}$$

估值公式计算值：10163；实际生成实数个数值：9909；估值公式计算值误差：(9909-10163)/9909=2.56332%。删除重复实数：662 个。可以看出，精度误差为 2.56332%。总数 10571 个。删除重复实数 $\frac{662}{10571} = 0.06262416043$ 占总数百分比：6.2416043%。由于计算量太大，目前只能计算到整数 10。

由此可知，全体重复实数在全体生成实数的占比在区间趋于无穷大时是趋于 0 的，可以忽略不计。因此不重复实数的生成通项估值公式可以约等于公式（177）。

公式（177）是真分数为底数真假分数为指数生成的全体实数公式，见图 50。

图 51 是整数、分数和实数数域的大一统整合关系。通过这个大一统整合图，可以清楚看到大数域常数 Q 所起的巨大的不可替代的纽带联接作用。这是人类历史上第一次清晰完整地看到一个大常数 Q 前所未有地天衣无缝完美统一和整合了所有的无穷大大数域。

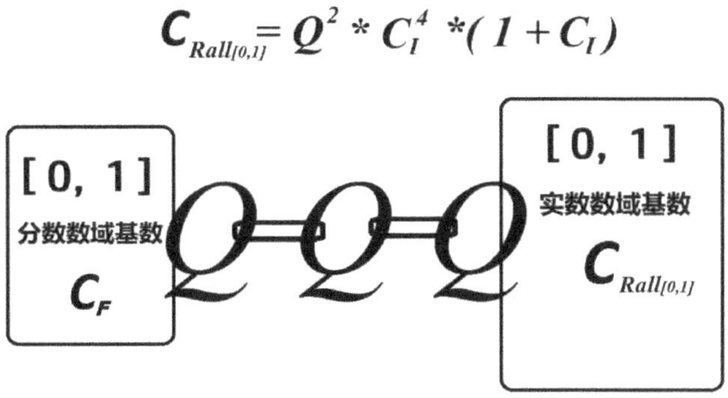

图 50 真分数为底真假分数为指数生成的全体实数

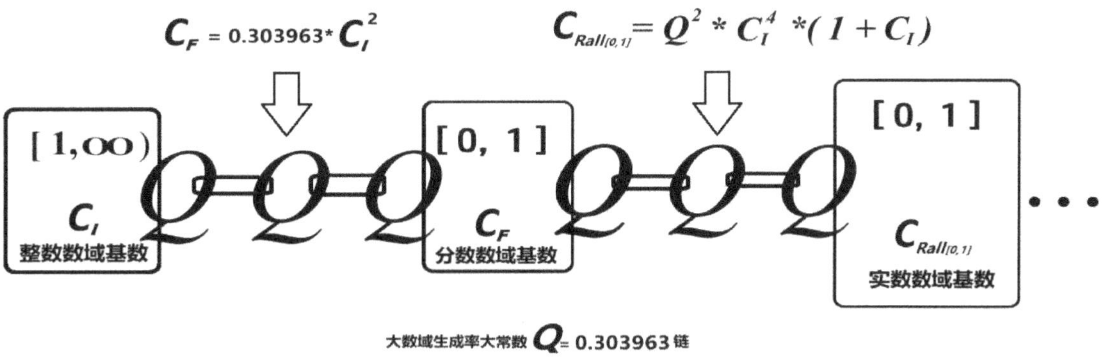

图 51 整数，分数和实数数域的大一统整合关系

第四章 整个实数轴上实数的基数

同样，由公式（177）我们知道区间[0，1]整个数轴上由整数和分数为底以分数和假分数为指数运算生成的全体实数的基数是 $C_{R_{all[0,1]}} = Q^2 * (C_I^5 + C_I^4)$，这里按照本书定义生成的所有实数在区间[0，∞）整个数轴上都是根据大数域无穷小动态瞬间等差公理，即所有由实数组成的实数数域的元素序列也是动态瞬间等差序列，整个数轴有 C_I 个[0，1]区间，因此我们得到如下区间[0，∞）整个数轴的不重复实数的基数的通项公式：

(178) $$C_{X_{Rall}} = C_I * C_{R_{all[0,1]}} = Q^2 * C_I^5 (C_I + 1)$$

第五章 实数的一些重要基数

有了整个数轴实数和分数的基数公式，我们可以计算整个二维平面和三维空间实数和分数的基数。

整个二维平面实数的基数公式如下：

(179)
$$C_{Area_{Rall}} = C_{X_{Rall}} * C_{X_{Rall}} = \left(C_I * C_{R_{all[0,1]}}\right)^2 = \left(Q^2 * C_I^5(C_I+1)\right)^2 = Q^4 * C_I^{10}(C_I+1)^2$$

整个二维平面分数的基数公式如下：

(180)
$$C_{Area_{Fall}} = \left(C_I * C_F\right)^2 = Q^2 * C_I^6$$

整个三维空间实数的基数公式如下：

(181)
$$C_{Cube_{Rall}} = (C_{X_{Rall}})^3 = \left(C_I * C_{R_{all[0,1]}}\right)^3 = \left(Q^2 * C_I^5(C_I+1)\right)^3 = Q^6 * C_I^{15}(C_I+1)^3$$

整个三维空间分数的基数公式如下：

(182)
$$C_{Cube_{Fall}} = (C_I * C_F)^3 = Q^3 * C_I^9$$

第六章 区间[0，1]所有实数值之和

由公式（177）我们知道区间[0，1]以内由整数和分数为底以分数和假分数为指数运算生成的全体实数的基数是$C_{Rall_{[0,1]}} = Q^2 * C_I^4(C_I+1)$，这里根据大数域无穷小动态瞬间等差公理，即在区间[0，1]所有由实数组成的实数数域的元素序列也是动态瞬间等差序列，这样其最大值为 1 最小值为 0，所以我们得到如下区间[0，1]内全体不重复实数值之和的通项公式：

(183)
$$C_{Sum_{Rall[0,1]}} = \frac{(0+1)}{2} * C_I * C_{R_{[0,1]}} = \frac{1}{2} * Q^2 * C_I^5(C_I+1)$$

这里采用了前面定义的无穷小瞬时等差的重要概念。这是因为按照本书定义的数学原理传承公理，实数数域是完全由整数数域生成的，因此完全继承整数数域的所有原理和规则，整数的等差级数公式在间距为无限可分无穷小时可视为无穷小等差的情况下完全适用。因为所有具有相同无限小间距的实数就是一种极端情况：在无限可分的无穷小瞬时等差级数，等差间距为无限小。

第七章 区间[0, ∞)所有实数值以及分数之值之和

同样，由公式（178）我们知道区间[0，∞)整个数轴上由整数和分数为底以分数和假分数为指数运算生成的全体实数的基数是$C_{Rall} = Q^2 * C_I^5(C_I + 1)$，这里假设所有按照本书定义生成的所有实数在区间[0，∞）整个数轴上都是均匀分布的而且之间的间距在无限可分的某个无穷小时刻可以认为是无穷小等距，这样其最大值为C_I最小值为0，所以我们得到如下区间[0，∞）整个数轴全体实数值之和的通项公式：

(184) $$C_{Sum_{Rall}} = \frac{(0+C_I)}{2} * C_I * C_{R_{[0,1]}} = \frac{1}{2} * Q^2 * C_I^6(C_I + 1)$$

顺便补充一下，由公式（33），区间[0，1]内全体分数数值之和的通项公式：

(185) $$C_{Sum_{F[0,1]}} = \frac{(0+1)}{2} * Q * C_I^2 = \frac{Q}{2} * C_I^2$$

区间[0，∞)数轴上全体分数数值之和的通项公式：

(186) $$C_{Sum_{Fall}} = C_I * \frac{Q}{2} * C_I^2 = \frac{Q}{2} * C_I^3$$

从公式（184）可以看出，区间[0，1]已经非常非常拥挤了，除了已经插入的整数数域基数C_I平方个分数即C_F个分数，又插入了整数数域基数C_I的6次方数量个数的实数。即使是这样，区间[0，1]里仍然还有巨大空间，还可以插入比实数多无穷多倍的超越数。我们后面会讨论超越数数域的基数。

第八章 二维平面所有分数值之和

由公式（185）得区间[0，∞)数轴上全体分数数值之和的通项公式：

(187) $$C_{Sum_{Fall}} = C_I * \frac{Q}{2} * C_I^2 = \frac{Q}{2} * C_I^3$$

我们可以求出整个二维平面分数数值之和的基数公式如下：

(188) $$C_{Area_{Fall}} = (\frac{Q}{2} * C_I^3)^2 = \frac{Q^2}{4} * C_I^6$$

第九章 三维空间所有分数值之和

由公式（187）得知：区间[0，∞)数轴上全体分数数值之和的通项公式：

$$C_{Sum_{Fall}} = C_I * \frac{Q}{2} * C_I^2 = \frac{Q}{2} * C_I^3$$

我们可以求出整个三维立体空间分数数值之和公式如下：

(189) $$C_{Cube_{Fall}} = (\frac{Q}{2} * C_I^3)^3 = \frac{Q^3}{8} * C_I^9$$

第十章 重复实数

第一节 重复实数的来源

我们知道给定区间[0，1]里的全体实数是由以全体不重复真分数为底以全体不重复假分数为指数进行幂运算而得到的。

下面的幂运算就会生成重复实数和就会生成相同的实数：$(\frac{1}{4})^{\frac{1}{4}}$ 和 $(\frac{1}{2})^{\frac{1}{2}}$ 就会生成相同的实数 $(\frac{1}{4})^{\frac{1}{4}}$，这在大数域理论里被称为重复实数。研究重复实数的目的是看看到底有多少重复实数以便删除重复实数获得所有不重复实数以便计算实数数域基数。

普通的以整数或分数为底数的加减乘除以及以整数为指数的加减乘法是无法产生实数的。就是说产生实数的条件非常苛刻。不是什么运算都可以产生实数的。既然只有在给定区间[0，1]里可以由以全体不重复真分数为底以全体不重复假分数为指数进行幂运算得到实数，和分数情形一样，这个不重复真分数为底不重复假分数为指数运算的实数有没有重复的呢？如果有，有多少重复的实数呢？由公式（176）我们知道区间[0，1]以内由整数和分数为底以分数和假分数为指数运算生成的全体实数的基数是 $C_{Rall_{[0,1]}} = Q^2 * C_I^4(C_I + 1)$，那么删除这些重复实数对计算实数的准确基数 $C_{Rall_{[0,1]}}$ 有多大的影响呢？？这一节我们试图回答这些问题。

第二节 分数为底真假分数为指数生成的重复实数

由公式（95）我们知道，孪生数域基数公式是：$C_{TF\ 22} = C_{TF\ 21} = Q * C_I$。给定区间[0，10]，就有 2 阶孪生数域 $A_{22} = \{\frac{1}{4}, \frac{1}{9}, \frac{4}{9}\}$，$B_{22} = \{\frac{1}{2}, \frac{1}{3}, \frac{2}{3}\}$ 和 3 阶 $A_{33} = \{\frac{1}{8}\}$，$B_{33} = \{\frac{1}{2}\}$；高于 3 阶孪生数域在[0，1]区间就没有了。因为 $\frac{1}{3}$ 的 3 次方已经落值在区间[0，10]整数生成的分数数域之外了，需要比区间[0，10]更大区间的计算才能够生成。区间[0，10]里有两对孪生数域 $A_{22} : B_{22}$；$A_{33} : B_{33}$，一共有 7 个不重复分数：$\frac{1}{2}, \frac{1}{3}, \frac{2}{3}, \frac{1}{4}, \frac{1}{8}, \frac{1}{9}, \frac{4}{9}$ 其中 2 阶 2 次方的有 3 个：$\frac{1}{4}, \frac{1}{9}, \frac{4}{9}$；3 阶 3 次方的有 1 个：$\frac{1}{8}$；$\frac{1}{2}, \frac{1}{3}, \frac{2}{3}$ 是 $\frac{1}{4}, \frac{1}{9}, \frac{4}{9}$ 被 2 阶开 2 次方的不重复分数和 $\frac{1}{2}$ 是 $\frac{1}{8}$ 被 3 阶开 3 次方的不重复分数。

第三节 重复实数的基数

我们下面计算所有[0,10]区间整数生成的所有 31 个不重复真分数为底数以及所有 31 个不重复真分数和整数 1 到 10 生成的全体 341 个不重复假分数在区间[0,1]内所生成的全体 10571 个实数，看看有多少重复和不重复实数以及有什么规律。表 54 表明在生成全体 10571 个实数后所有重复实数都集中在这 4 个 $\frac{1}{4}, \frac{1}{8}, \frac{1}{9}, \frac{4}{9}$ 不重复分数为底数的区域内。

我们先看 2 阶 2 次方的不重复分数为底可以生成的实数有多少重复实数。$\frac{1}{4}$ 为底数而全体 341 个真/假分数为指数可以在区间[0，1]内生成如下 176 个不重复实数和 165 个重复实数：

$(\frac{1}{4})^{1/3} = \left(\frac{1}{2}\right)^{0+2/3}$；$(\frac{1}{4})^{1+1/3} = \left(\frac{1}{2}\right)^{2+2/3}$；$(\frac{1}{4})^{2+1/3} = \left(\frac{1}{2}\right)^{4+2/3}$；$(\frac{1}{4})^{3+1/3} = \left(\frac{1}{2}\right)^{6+2/3}$；$(\frac{1}{4})^{4+1/3} = \left(\frac{1}{2}\right)^{8+2/3}$；$(\frac{1}{4})^{5+1/3} = \left(\frac{1}{2}\right)^{10+2/3}$；$(\frac{1}{4})^{6+1/3} = \left(\frac{1}{2}\right)^{12+2/3}$；

最后一个 $(\frac{1}{4})^{6+1/3} = \left(\frac{1}{2}\right)^{12+2/3}$ 是不重复实数，因为 6>5，2*6=12>10，不在当前区间[0，10]内。就是说，当作为指数的假分数的整数部分超过 $\frac{10}{2} = 5$，所得的实数就是不重复实数。即一个孪生数域的元素在区间[0，1]里在整数范围[1，10]一共可以生成 $C_F * (C_I + 1)$ 个实数；其中最多可以生成 $C_F * (C_I + 1)/2$ 个重复实数。

我们可以验证 $\frac{1}{9}$ 和 $\frac{4}{9}$ 等都符合这个规律。2 阶 2 次方孪生数域里一共有 3 个不重复孪生分数 $\frac{1}{4}, \frac{1}{9}, \frac{4}{9}$，所以一共最多有重复实数 $\frac{3 * C_F * (C_I + 1)}{2}$ 个。

要注意的是，整数只能取 1 到 10，底数一定是整数 1 到 10 即区间[1, 10]里所有整数生成的 31 个不重复分数，指数一定是整数 1 到 10（包括 0，一共 11 个）和 31 个不重复分数生成的全体真假分数。然后区间[0，100]，区间[0，1000]，区间[0，10000]，……，逐步外推，直到无穷大。

表 54　生成实数的计算及删除重复实数

	分数	1/2	2/3	1/4	1/9	4/9	5/9
分数	分数值	0.5000000000	0.6666666667	0.2500000000	0.1111111111	0.4444444444	0.5555555556
1/2	0.5000000000	0.707106781187	0.816496580928	0.500000000000	0.333333333333	0.666666666667	0.745355992500
1/2+1	1.5000000000	0.353553390593	0.544331053952	0.125000000000	0.037037037037	0.296296296296	0.414086662500
1/2+2	2.5000000000	0.176776695297	0.362887369301	0.031250000000	0.004115226337	0.131687242798	0.230048145833
1/2+3	3.5000000000	0.088388347648	0.241924912867	0.007812500000	0.000457247371	0.058527663466	0.127804525463
1/2+4	4.5000000000	0.044194173824	0.161283275245	0.001953125000	0.000050805263	0.026012294874	0.071002514146
1/2+5	5.5000000000	0.022097086912	0.107522183497	0.000488281250	0.000005645029	0.011561019944	0.039445841192
1/2+6	6.5000000000	0.011048543456	0.071681455664	0.000122070313	0.000000627225	0.005138231086	0.021914356218
1/2+7	7.5000000000	0.005524271728	0.047787637110	0.000030517578	0.000000069692	0.002283658261	0.012174642343
1/2+8	8.5000000000	0.002762135864	0.031858424740	0.000007629395	0.000000007744	0.001014959227	0.006763690191
1/2+9	9.5000000000	0.001381067932	0.021238949826	0.000001907349	0.000000000860	0.000451092990	0.003757605662
1/2+10	10.5000000000	0.000690533966	0.014159299884	0.000000476837	0.000000000096	0.000200485773	0.002087558701
1/3	0.3333333333	0.793700525984	0.873580464736				0.822070691443
1/3+1	1.3333333333	0.396850262992	0.582386976491				0.456705939691
1/3+2	2.3333333333	0.198425131496	0.388257984327				0.253725522050
1/3+3	3.3333333333	0.099212565748	0.258838656218				0.140958623361
1/3+4	4.3333333333	0.049606282874	0.172559104145				0.078310346312
1/3+5	5.3333333333	0.024803141437	0.115039402764				0.043505747951
1/3+6	6.3333333333	0.012401570719	0.076692935176	0.000153798956	0.000000904616	0.005881806306	0.024169859973
1/3+7	7.3333333333	0.006200785359	0.051128623451	0.000038449739	0.000000100513	0.002614136136	0.013427699985
1/3+8	8.3333333333	0.003100392680	0.034085748967	0.000009612435	0.000000011168	0.001161838283	0.007459833325
1/3+9	9.3333333333	0.001550196340	0.022723832645	0.000002403109	0.000000001241	0.000516372570	0.004144351847
1/3+10	10.3333333333	0.000775098170	0.015149221763	0.000000600777	0.000000000138	0.000229498920	0.002302417693
2/3	0.6666666667	0.629960524947	0.763142828369				0.675800221730
2/3+1	1.6666666667	0.314980262474	0.508761885579				0.375444567628
2/3+2	2.6666666667	0.157490131237	0.339174590386				0.208580315349
2/3+3	3.6666666667	0.078745065618	0.226116393591				0.115877952972
2/3+4	4.6666666667	0.039372532809	0.150744262394				0.064376640540
2/3+5	5.6666666667	0.019686266405	0.100496174929	0.000387549085	0.000003914045	0.010099481175	0.035764800300
2/3+6	6.6666666667	0.009843133202	0.066997449953	0.000096887271	0.000000434894	0.004488658300	0.019869333500

由公式（94）区间[1，C_I)里一共有 Q^*C_I 个 2 阶 2 次方个孪生分数，故一共最多可以生成如下个重复实数：

$$C_{R_{TF21\_Duplicate}}=[Q^*C_I]^*\frac{C_F{}^*(C_I+1)}{2} \tag{190}$$

现在验证一下公式的误差。由表 54 可以得知，区间[0，10]里所有整数生成的 31 个不重复分数里全体 3 个 2 阶孪生分数生成的全体实数里有 3*166-1=497 个重复实数，我们的计算值为

$$C_{R_{TF21\_Duplicate}}=0.5^*3^*Q\ \ ^*C_I{}^2{}^*(C_I+1)$$

$$=0.5^*0.303963\ ^*3^*10^2{}^*(10+1)=501.5\approx 501$$

误差=|(497-501)|/491=0.804%，应该说误差很小。

再看 3 阶孪生分数 $\frac{1}{8}$ 生成的重复实数个数。由公式（96）区间[1，C_I)里一共有 $Q^*C_I{}^{\frac{2}{3}}\approx 1$ 个 3 阶 3 次方个孪生分数，故一共最多可以生成如下个重复实数：

(191) $$C_{R_{TF31\_Duplicate}}=[Q*C_I^{\frac{2}{3}}]*\frac{C_F*(C_I+1)}{2}$$

现在验证一下公式的误差。

$$C_{R_{TF31\_Duplicate}}=[Q*10^{\frac{2}{3}}]*\frac{C_F*(C_I+1)}{2}=0.5*1*Q*C_I^{2}*(C_I+1)$$
$$=0.5*0.3039\ *10^{2}*(10+1)=167.$$

实际重复实数个数值为166，误差=|(166-167)|/166=0.6024%，应该说误差很小。

更一般的，在区间[1，C_I）范围内，对任意m阶m次方不重复孪生分数（0，1或多个）一共最多可以生成如下个落值在区间[0，1]内的重复实数：

(192) $$C_{R_{TFm1\_Duplicate}}=[Q*C_I^{\frac{2}{m}}]*\frac{C_F*(C_I+1)}{2}$$

综合公式（190），（191）和（192）等，我们可以得出在区间[1，C_I）范围内，对所有2阶，3阶，……，m阶m次方孪生不重复分数一共最多可以生成如下个落值在区间[0，1]内的重复实数的总和是：

(193) $$\begin{aligned}C_{SUM_{R_{TFm1\_Duplicate}}}&=[Q*C_I]*\frac{C_F*(C_I+1)}{2}\\&+[Q*C_I^{\frac{2}{3}}]*\frac{C_F*(C_I+1)}{2}+\dots\dots+[Q*C_I^{\frac{2}{m}}]*\frac{C_F*(C_I+1)}{2}\\&=\left([Q*C_I]+[Q*C_I^{\frac{2}{3}}]+\dots\dots+[Q*C_I^{\frac{2}{m}}]\right)*\frac{C_F*(C_I+1)}{2}\end{aligned}$$

而如下是公式（100）$CSum_{Ftwin}$ 的结果：

$CSum_{Ftwin}=Q*(C_I+C_I^{\frac{2}{3}}+C_I^{\frac{2}{4}}+C_I^{\frac{2}{5}}+C_I^{\frac{2}{6}}+C_I^{\frac{2}{7}}\dots+C_I^{\frac{2*\ln 2}{\ln C_I}})$；代入公式（193）得

(194) $$C_{SUM_{R_{TFm1\_Duplicate}}}=CSum_{Ftwin}*\frac{C_F*(C_I+1)}{2}$$

第四节　重复实数个数的占比

而我们知道，区间[0，1]所有生成得不重复实数个数是公式(177)：

$$C_{R_{all[0,1]}}=Q^2*C_I^4*(C_I+1)$$

将两个公式（194）和（177）进行比较，得：

$$(195)\quad \frac{C_{SUM_{R_{TFm1\_Duplicate}}}}{C_{R_{All[0,1]}}}=\frac{C_{Sum_{Ftwin}}*\frac{C_F*(C_I+1)}{2}}{Q^2*C_I^4*(C_I+1)}=\frac{C_{Sum_{Ftwin}}}{Q\ *C_I^2}$$

$$\frac{C_{SUM_{R_{TFm1\_Duplicate}}}}{C_{R_{All[0,1]}}}=\frac{Q*(C_I+C_I^{\frac{2}{3}}+C_I^{\frac{2}{4}}+C_I^{\frac{2}{5}}+C_I^{\frac{2}{6}}+C_I^{\frac{2}{7}}...+C_I^{\frac{2*\ln 2}{\ln C_I}})*(C_I+1)}{Q\ *C_I^2}$$

$$(196)\quad <\frac{Q*(C_I+C_I^{\frac{2}{3}}+C_I^{\frac{2}{4}}+C_I^{\frac{2}{5}}+C_I^{\frac{2}{6}}+C_I^{\frac{2}{7}}...+C_I^{\frac{2*\ln 2}{\ln C_I}})*2*C_I}{Q\ *C_I^2}$$

$$=\frac{(C_I+C_I^{\frac{2}{3}}+C_I^{\frac{2}{4}}+C_I^{\frac{2}{5}}+C_I^{\frac{2}{6}}+C_I^{\frac{2}{7}}...+C_I^{\frac{2*\ln 2}{\ln C_I}})}{C_I^2}$$

由公式（196），得知

$$\frac{C_{SUM_{R_{TFm1\_Duplicate}}}}{C_{R_{All[0,1]}}}<\frac{(C_I+C_I^{\frac{2}{3}}+C_I^{\frac{2}{4}}+C_I^{\frac{2}{5}}+C_I^{\frac{2}{6}}+C_I^{\frac{2}{7}}...+C_I^{\frac{2*\ln 2}{\ln C_I}})}{C_I^2}$$

$$(197)\quad =\frac{Q*(C_I+C_I^{\frac{2}{3}}+C_I^{\frac{2}{4}}+C_I^{\frac{2}{5}}+C_I^{\frac{2}{6}}+C_I^{\frac{2}{7}}...+C_I^{\frac{2*\ln 2}{\ln C_I}})}{Q*C_I^2}$$

$$=\frac{Q*(C_I+C_I^{\frac{2}{3}}+C_I^{\frac{2}{4}}+C_I^{\frac{2}{5}}+C_I^{\frac{2}{6}}+C_I^{\frac{2}{7}}...+C_I^{\frac{2*\ln 2}{\ln C_I}})}{C_F}\to 0$$

公式（197）说明，整个整数数域里所有整数生成的所有孪生分数数域元素生成的重复实数的个数的总和与所有整数生成所有不重复分数生成的[0，1]区间里全体实数的基数相比趋于0。可以忽略不计。因此即使删除所有重复实数，区间[0，1]里不重复实数的生成通项估值公式（177）不受影响。

第十一章 区间[0，1]里全体不重复实数值之和的通项估值公式

综合前面公式，我们得到如下区间[0，1]里**全体不重复实数值之和**的较准确的通项估值公式：

$$(198)\quad C_{R_{AllNonDup[0,1]}} = Q^2 * C_I^4 (C_I + 1) - C_{Sum_{Ftwin}} * \frac{C_F * (C_I + 1)}{2}$$

第十二章 不同数域的密度

基本概念定义 66：大数域元素的密度

我们定义大数域元素的密度为任意一个无穷大大数域 $\boldsymbol{K}$ 的基数 C_K 和原始母体数域基数即自然数数域基数 C_I 的比值就是该无穷大大数域 $\boldsymbol{K}$ 的元素的密度 $C_K : C_I = \frac{C_K}{C_I}$。原始母体数域的密度为单位密度，$C_I : C_I = \frac{C_I}{C_I} = 1$；

基本概念定义 67：大数域元素的绝对密度

我们定义大数域元素的绝对密度为任意一个无穷大大数域 $\boldsymbol{K}$ 的基数 C_K 和原始母体数域基数即自然数数域基数 C_I 的比值就是该无穷大大数域 $\boldsymbol{K}$ 的元素的绝对密度 $C_K : C_I = \frac{C_K}{C_I}$；

基本概念定义 68：大数域元素的相对密度

我们定义大数域元素的绝对密度为任意一个无穷大大数域 $\boldsymbol{K}$ 的基数 C_K 与另外任意一个无穷大数域 H 的基数 C_H 的比值就是该无穷大大数域 $\boldsymbol{K}$ 的元素相对于无穷大大数域 H 的元素的绝对密度 $C_K : C_H = \frac{C_K}{C_H}$。

有了相对密度和绝对密度的概念，我们就可以度量任何一个线段，一个平面，一个空间甚至一个曲面或者一个扭曲的空间里任何一个数域的相对密度和绝对密度。可以知道这些不同无穷大

大数域元素的在这些不同几何形状里的分布疏密情况以便为进一步的累积积分的各种应用场景提供理论基础。 我们有如下大数域元素密度定理：

大数域元素绝对密度定理：无穷大大数域 K 的绝对密度和该无穷大大数域 K 的基数成正比，和该无穷大大数域 K 的绝对发散速度成反比。

大数域元素相对密度定理：基数数值为 C_K 的无穷大大数域 K 相对于基数数值为 C_H 的无穷大大数域 H 的相对密度和该无穷大大数域 K 的基数 C_K 与无穷大大数域 H 的基数 C_H 的比值成正比，和该无穷大大数域 K 与无穷大大数域 H 的相对发散速度成正比。

第十三章 偶数奇数所生分数生成的实数及占比

从前面的公式（26）和（28）得知，由所有偶数生成的不重复真分数数域 F_E 的基数 C_{F_E} 是整个真分数数域基数的 $\frac{1}{3}$ 即 $\frac{1}{3}C_F$；由所有奇数生成的不重复真分数数域 F_O 的基数 C_{F_O} 是整个真分数数域基数的 $\frac{2}{3}$ 即 $\frac{2}{3}C_F$；我们进一步追问，

（1）以 F_E 为底数以 F_E 为指数生成的实数数域 R_{EFE} 的基数 $C_{R_{EFE}}$ 是多少？

（2）以 F_E 为底数以 F_O 为指数生成的实数数域 R_{EFO} 的基数 $C_{R_{EFO}}$ 是多少？

（3）以 F_O 为底数以 F_O 为指数生成的实数数域 R_{OFO} 的基数 $C_{R_{OFO}}$ 是多少？

（4）以 F_O 为底数以 F_E 为指数生成的实数数域 R_{OFE} 的基数 $C_{R_{OFE}}$ 是多少？

而其中 $C_{R_{EFE}}$，$C_{R_{EFO}}$，$C_{R_{OFO}}$，$C_{R_{OFE}}$ 占所有生成的实数的百分比又是多少？

我们计算得到如下公式：

(199) $C_{R_{EFE}} = \left[\frac{1}{3}\mathcal{Q} * C_I^2\right]^2 = \frac{1}{9}\mathcal{Q}^2 * C_I^4 = \frac{1}{9}C_F^2$ ；

(200) $C_{R_{EFO}} = \left[\frac{1}{3}\mathcal{Q} * C_I^2\right] * \left[\frac{2}{3}\mathcal{Q} * C_I^2\right] = \frac{2}{9}\mathcal{Q}^2 * C_I^4 = \frac{2}{9}C_F^2$ ；

(201) $C_{R_{OFO}} = \left[\frac{2}{3}\mathcal{Q} * C_I^2\right] * \left[\frac{2}{3}\mathcal{Q} * C_I^2\right] = \frac{4}{9}\mathcal{Q}^2 * C_I^4 = \frac{4}{9}C_F^2$ ；

(202) $C_{R_{OFE}} = \left[\frac{2}{3}Q * C_I^2\right] * \left[\frac{1}{3}Q * C_I^2\right] = \frac{2}{9}Q^2 * C_I^4 = \frac{2}{9}C_F^2$ ；

(203) $C_{R_{proper}} = C_{R_{EFE}} + C_{R_{EFO}} + C_{R_{OFO}} + C_{R_{OFE}}$

$C_{R_{EFE}}$，$C_{R_{EFO}}$，$C_{R_{OFO}}$，$C_{R_{OFE}}$ 占所有不重复真分数数域生成的实数的百分比见图 52：

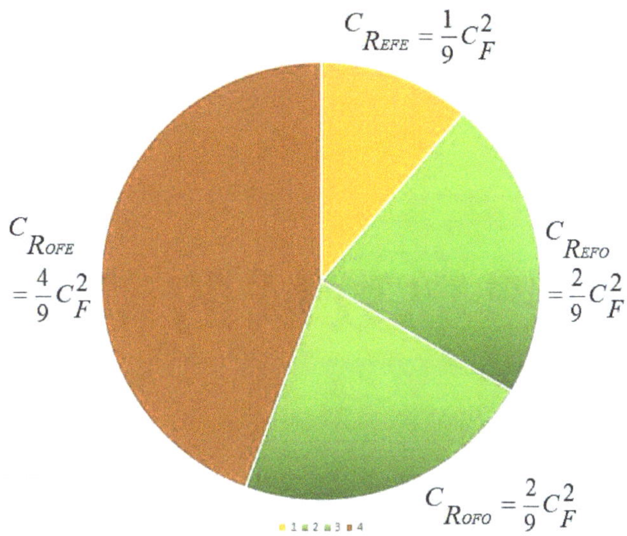

图 52　偶数奇数所生真分数生成的实数基数及占比

第八篇

超越数数域的基数

第一章 拥挤的[0，1]区间

我们通过计算，已经知道了在微不足道的狭小线段的[0，1]区间里已经挤满了所有的基数为 C_F 的不重复真分数，挤满基数为 $C_{R_{all[0,1]}}$ 的不重复实数。[0，1]区间里是不是就没有一点点空隙了呢？不是的。下面我们会看到，就这小小[0，1]区间里，还可以塞进去基数比 C_F 和 $C_{R_{all[0,1]}}$ 大无穷大倍数的超越数。

根据前面定义，我们知道超越数有至少两种以上生成方法，一种是加减乘除生成无限序列逼近方法，一种是有限或无限次指数幂运算生成方法，第二种相对比较可控，下面主要讨论第二种方法。

和前面实数生成过程一样，主要先讨论生成在[0，1]区间里的超越数，生成在[0，1]区间外的超越数都是迟早会生成的，属于重复生成，暂不讨论。

第二章 整数为底数实数为指数生成的超越数数域

和前面整数为底数而分数为指数生成实数的过程一样，其结果不落值在区间[0，1]之间，但在后续运算里是会计算的，为避免重复计数，故不讨论。而且整数数域基数远远小于分数数域基数，所生成超越数的个数也远小于分数数域生成的超越数的个数，因此对超越数最后基数的计数影响不大，可以忽略不计。比如： $2^{\frac{1}{2}}=(4*\frac{1}{2})^{\frac{1}{2}}=(4^{\frac{1}{2}})*(\frac{1}{2})^{\frac{1}{2}}=2*(\frac{1}{2})^{\frac{1}{2}}=2*0.70710678118=1.41421356237$

$$5^{1/3}=(125*(\frac{1}{25}))^{1/3}=(125)^{1/3}*(\frac{1}{25})^{1/3}=5*0.34199518933=1.70997594666$$

再比如：

即任何一个整数为底数而指数为分数的开方运算都可以化解为某个整数乘以一个真分数为底数而指数为分数的开方运算，后面部分“以一个分数为底数而指数为分数的开方运算”结果落值在区间[0，1]，即任何整数为底数分数为指数的幂运算都可化解为整数乘以[0，1]区间里的实数的运算，因此只要关注区间[0，1]里实数的基数就可以了。以整数为底数而以实数为指数生成超越数的情况也和上述情况相似，如：

$$2^{\sqrt{1/2}}=(4*\frac{1}{2})^{(1/2)^{1/2}}=(4*\frac{1}{2})^{(\frac{1}{4}*2)^{1/2}}=(4*\frac{1}{2})^{(1/4)^{1/2}*2^{1/2}}=(4*\frac{1}{2})^{(1/2)*2^{1/2}}=(4^{1/2}*(1/2)^{1/2})^{2^{1/2}}$$
$$=(2*0.7071678118)^{2^{1/2}}=(2*0.7071678118)^{1.41421356\ 237}=1.63252691\ 943$$

即以整数为底数而以实数为指数生成的超越数可以化为大于 1 的整数的实数次方乘以一个以小于 1 的实数或分数为底数而以实数为指数运算的值的乘积的运算。因此只要搞清楚区间[0，1]里超越数的基数就可以了。

第三章 分数为底数和实数为指数生成的超越数数域

限于客观条件和认识水平，大数域理论只能竭尽全力，大致计算主要由整数，分数以及实数经过幂运算生成的大部分超越数的一个大致的下限，更精确的整个超越数数域的下限和上以及准确的超越数数域的基数有待大家共同努力一起来计算。

超越数生成过程比实数的生成过程要复杂得多。超越数数域的基数计算极其困难。超越数数域的基数大的令人难以置信，令人瞠目结舌。

根据公式(177)等，我们知道区间[0, 1]里分数数域的基数是 C_F，实数数域的基数是 $C_{R_{all[0,1]}}$，则以分数为底数和实数为指数的运算是一个遍历运算，因此区间[0，1]里由该指数的运算生成的超越数数域基数是：

$$C_{T_0} = C_F * C_{R_{all[0,1]}} = C_F * Q^2 * C_I^4 * (C_I + 1)$$

$$= Q^3 * C_I^6 * (C_I + 1) \tag{204}$$

公式（204）仅仅是计算超越数数域基数的万里长征第一步，下面继续。

第四章 实数为底数和指数生成的一阶超越数数域

根据公式（204），有了最初步的最小生成的超越数数域，其基数为 C_{T_0}，下面用这个最小生成的超越数数域的每一个元素为底数，逐个遍历当前整个最小生成的超越数数域里的所有元素为指数进行计算，这个计算结果被称为一阶生成超越数，看看一阶生成超越数数域的基数是多少：

$$C_{T_1} = C_{T_0} * C_{T_0} = Q^6 * C_I^{12} * (C_I + 1)^2$$

(205) $$= Q^{3*2^1} * C_I^{6*2^1} * (C_I + 1)^{2^1}$$

这里，C_{T_1} 的 C_T 表示一阶生成超越数数域的基数，T 表示超越数，1 表示 1 阶。

可以验证，由重复实数生成的重复超越数的个数总和远远小于不重复超越数的个数总和，故可以忽略不计。为方便起见，省略检验重复超越数的过程。

第五章 一阶超越数为底数和指数生成的二阶超越数数域

根据公式（205），有了一阶生成超越数数域，其基数为 C_{T_1}，下面用这个一阶生成超越数数域的每一个元素为底数，逐个遍历整个一阶生成超越数数域里的所有元素为指数进行计算，这个计算结果，被称为二阶生成超越数，这个二阶生成超越数数域的基数是：

$$C_{T_2} = C_{T_1} * C_{T_1} = \left(Q^{3*2^1} * C_I^{6*2^1} * (C_I + 1)^{2^1} \right)^2$$

(206) $$= Q^{3*2^2} * C_I^{6*2^2} * (C_I + 1)^{2^2}$$

这里，C_{T_2} 的 C_T 表示阶生成超越数数域的基数，T 表示超越数，2 表示 2 阶。

可以验证，这个二阶生成超越数数域的元素和之前生成的一阶生成超越数数域的元素是不重复的。但是二阶生成超越数数域的基数的增长非常恐怖。

第六章 二阶超越数为底数和指数生成的三阶超越数数域

根据公式（206），有了二阶生成超越数数域，其基数为 C_{T_2}，下面用这个二阶生成超越数数域的每一个元素为底数，逐个遍历整个一阶生成超越数数域里的所有元素为指数进行计算，这个计算结果，被称为三阶生成超越数，这个二阶生成超越数数域的基数是：

$$C_{T_3} = C_{T_2} * C_{T_2} = \left(Q^{3*2^2} * C_I^{6*2^2} * (C_I+1)^{2^2}\right)^2$$
(207)
$$= Q^{3*2^3} * C_I^{6*2^3} * (C_I+1)^{2^3}$$
$$= Q^{24} * C^{48} * (C_I+1)^8$$

第七章 *K*阶超越数为底数和指数生成的*K*+1阶超越数数域

根据公式（207），以K阶超越数数域为底数和指数生成的K+1阶超越数数域的基数是：

$$C_{T_{K+1}} = C_{T_K} * C_{T_K} = Q^{3*2^{K+1}} * C_I^{6*2^{K+1}} * (C_I+1)^{2^{K+1}}$$
(208)

这里，*K*在整数数域区间[1, ∞）里取值，因此当$K \to C_I$时，公式变成，

$$C_{T_{C_I}} \approx Q^{3*2^{C_I}} * C_I^{6*2^{C_I}} * (C_I+1)^{2^{C_I}}$$
(209)

公式(209)是一个极其巨大的基数，比康托尔估算的全体实数(包括超越数)的基数公式2^{C_I}要大不知道多少倍。这才仅仅是超越数数域数值运算生成方法的一个下限，其他方法比如无限数值序列逼近生成方法生成的超越数数域都没有包括在内。

为了简化等式（209），在基数级别，可以认为$C_I + 1 \approx C_I$而不会影响整个超越数数域的基数，则公式（209）约等于：

(210)
$$C_{T_R} = C_{T_{C_I}} \approx Q^{3*2^{C_I}} * C_I^{6*2^{C_I}} * (C_I)^{2^{C_I}}$$
$$= Q^{3*2^{C_I}} * C_I^{6*2^{C_I}+2^{C_I}} = Q^{3*2^{C_I}} * C_I^{7*2^{C_I}}$$

我们试图用图53来表明整数数域，分数数域，实数数域和超越数数域之间的关系。目前暂时只能停步在超越数数域之前。只能望域兴叹，感叹超越数数域的巨大和无边无际，无法看清超越数数域的边界在哪里。而超越数数域的外面是更加庞大的基数数域。见图53。

大数域理论推导的超越数数域的基数的公式，完全推翻了康托尔用幂集概念推导的超越数数域基数的著名公式：2^{C_I}。证明了超越数数域的基数比康托尔估计的值2^{C_I}要大无穷大倍。

$C_{T_R} = Q^{3*2^{C_I}} * C_I^{7*2^{C_I}} >> 2^{C_I}$。

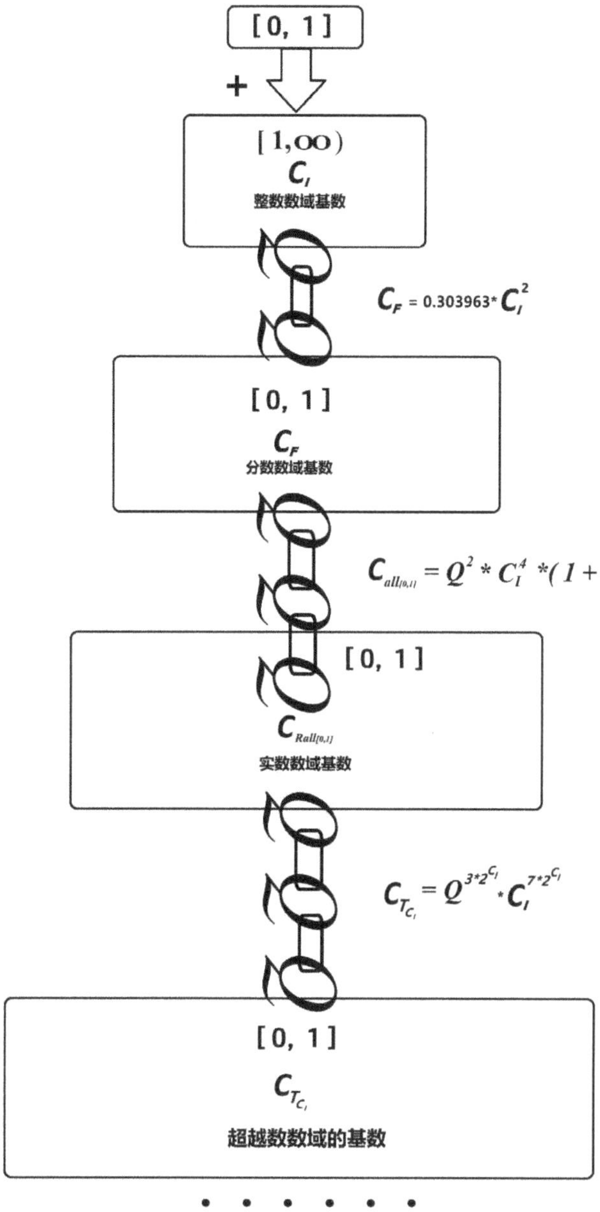

图 53 整数数域，分数数域，实数数域和超越数数域之间的关系

第八章 数轴平面和空间里超越数数域的基数

进一步，我们可得整个数轴上所有超越数数域的基数为：

(211) $C_{XT_R} = C_{XT_{C_I}} \approx Q^{3*2^{C_I}} * C_I^{8*2^{C_I}}$

整个平面里超越数数域的基数为：

(212) $C_{Area_{T_R}} = C_{XT_R} * C_{XT_R} = Q^{9*2^{C_I+1}} * C_I^{16*2^{C_I+1}}$

整个三维空间里超越数数域的基数为：

(213)
$$\begin{aligned} C_{Cube_{T_R}} &= C_{Area_{T_R}} * C_{XT_R} \\ &= (Q^{9*2^{C_I+1}} * C_I^{16*2^{C_I+1}}) * Q^{3*2^{C_I}} * C_I^{8*2^{C_I}} \\ &= Q^{12*2^{C_I+2}} * C_I^{24*2^{C_I+2}} \end{aligned}$$

(214) $C_{Cube_{T_R}} = (Q * C_I^2)^{12*2^{C_I+2}}$

(215) $C_{Cube_{T_R}} = (C_F)^{12*2^{C_I+2}}$

第九篇

大数域理论的猜想

由于大数域大常数 Q 的发现和连续统问题的彻底破解，引发了一系列基础数学前所未见更深刻更艰难的问题。在任意给定自然数 K，由 1 到 K 的所有自然数所生成的不重复分数在[0，1]区间里的分布状态是怎样的？是正态分布？均匀分布？还是泊松分布？还是集中聚集在某几个地方，比如聚集在直线坐标中是 0 或者 1 或者聚集在 1/2 ?在平面如何分布的呢？在扭曲的曲面和扭曲的空间里又是如何分布的呢？会不会和大部分人类一样都喜欢往生活方便的大城市跑，扎堆聚集在近水近交通干线的地方而舍弃边远山区呢？实数如何分布？超越数和基数又如何分布？等等。

这里猜想的元素分布是一种稳定不变的静态分布，不是暂时瞬间的动态分布。

第一章 自然数数域生成不重复分数在[0，1]区间的分布及猜想

我们首先计算了 1000 个自然数所生成的所有不重复分数的分布，这 1000 个自然数可以生成的分数总数为 304191； 我们把区间[0，1]分别等分为 100 个小区间和 10 个小区间，然后计算每个区间里到底落入多少这 304191 个不重复分数的元素。 我们预计，如果这 304191 个分数是均匀分布，那么每个小区间就应该分别有 3041 个左右和 30419 个左右由这 1000 个自然数可以生成的 304191 个不重复分数。请看表 55～表 57 是我们的计算结果。

表 55 整数 10^3 生成分数在 100 个区间分布

[0,1]区间步长为0.01	该区间里分数个数
1	3026
2	3052
3	3041
4	3044
5	3045
……	……
95	3041
96	3045
97	3044
98	3041
99	3052
100	3025
每个区间平均值	3041.89

表 56 10^3 生成分数在 10 个区间分布

[0,1]区间步长为0.1	该区间里分数个数
1	30414
2	30424
3	30421
4	30420
5	30416
6	30416
7	30420
8	30421
9	30424
10	30415
每个区间平均值	30419

表 55 表示每个单元中所拥有分数的总数都是大约 3040 个。即这 3040 个分数是分别基本均匀分布在区间[0，1]里划分的 100 个小区间里的；每个单元中所有分数的总数都是大约 3040 个。就是说，我们的猜想基本是正确的。

表 56 表示每个单元中所有分数的总数都是大约 304191 个。即这 304191 个分数是分别基本均匀分布在区间[0，1]里划分的 100 个和 10 个长度相同的小区间里的。

表 57 是整数 10000 生成 30397485 个不重复分数在区间[0，1]的 10 等分区间里的分布， 每个小区间中所有不重复分数的总数都是大约 3039748 个。这 3039748 个不重复分数是分别基本均匀分布在区间[0，1]里划分的 10 个小区间里的。不重复分数均匀分布与区间划分方法无关。表 58 表明分数分布是围绕 3040 左右摆动，而且当整数取值越大，比如 10^{20}，摆动越小，越趋近于稳定值，即分数分布是均匀的。表 55 和表 56 均可画出类似图 54 的分布图。

大数域理论第一大猜想：由所有自然数所生成的所有不重复真分数在[0，1]区间是均匀分布的。当然全体假分数在整个数轴上也是均匀分布的。

表 57 整数 10000 生成不重复分数在 10 等分区间里的分布

序号	区间	区间内分数总个数	区间内分数累计总个数	相邻区间分数总个数之差	区间平均值误差
1	0.1	3039744	3039744	4	0.0001480386%
2	0.2	3039740	6079484	19	0.0002796284%
3	0.3	3039759	9119243	10	0.0003454233%
4	0.4	3039749	12158992	1	0.0000164487%
5	0.5	3039750	15198742	0	0.0000493462%
6	0.6	3039750	18238492	1	0.0000493462%
7	0.7	3039749	21278241	11	0.0000164487%
8	0.8	3039760	24318001	21	0.0003783208%
9	0.9	3039739	27357740	6	0.0003125259%
10	1	3039745	30397485	4	0.0001151411%
每个区间平均		3039748.5		7.65	0.0002516656%

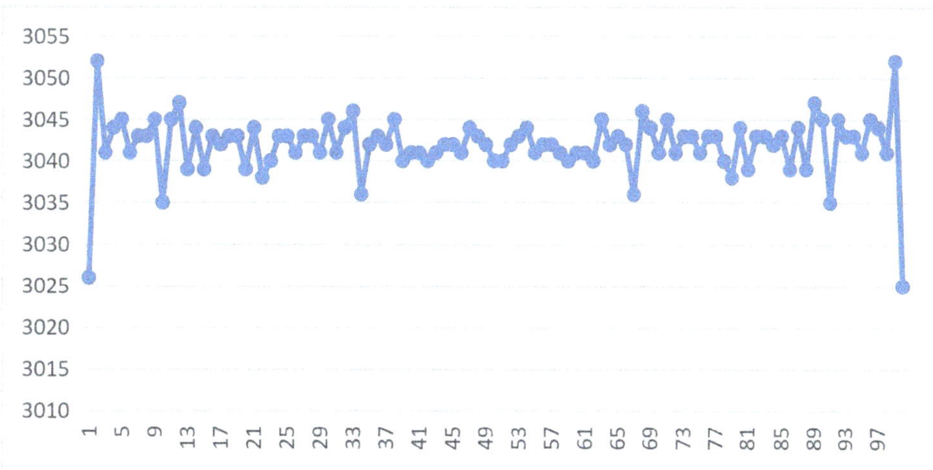

图 54 整数 1000 生成分数在 100 个等分区间里分数分布趋势图

这个猜想在自然数为 1000，10000 时已初步得到验证。希望在更大范围被验证，但这已经远远超出我们现有的能力和资源。希望这个猜想能够被证明。

第二章 质数数域生成不重复分数在[0，1]区间的分布及猜想

同样，我们计算区间[1，1000]的自然数里所有质数生成的所不重复分数的分布，这区间[1，1000]自然数一共有 168 个质数，可以生成的不重复分数总数为 **75959**；我们把区间[0，1]分别等分为 100 个小区间和 10 个小区间，然后计算每个区间里到底落入多少这 **75959** 个不重复分数的元素。 我们预计，如果这 75959 个分数是均匀分布，那么每个小区间就应该分别有 760 个左右和 7600 个左右由这 168 个质数可生成的 **75959** 个不重复分数。表 58，图 55～图 56 是计算结果。

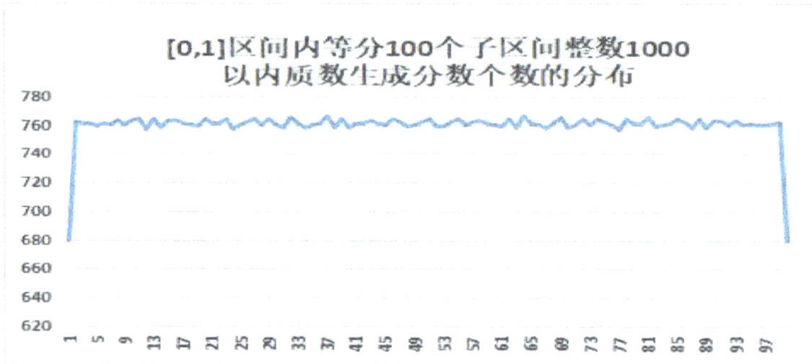

图 55 [0，1000]内质数生成不重复分数在 100 个等分区间里分数分布趋势

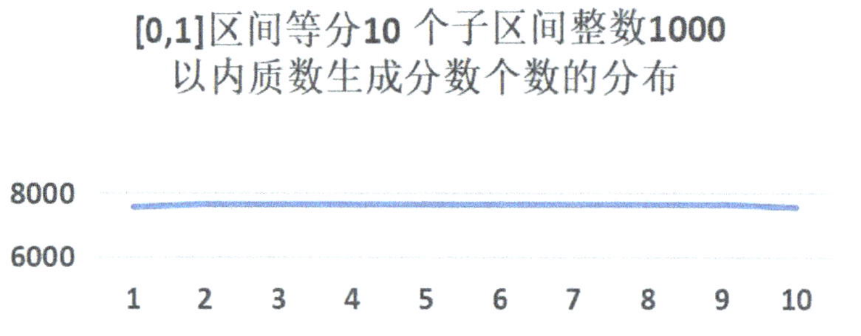

图 56 [0，1000]内质数生成不重复分数在 10 个等分区间里分数分布趋势图

表 58 [0，1]区间等分 100 个子区间整数 1000 以内质数生成分数个数的分布

序号	区间	区间内分布的质数生成分数个数
1	0.01	679
2	0.02	762
3	0.03	761
4	0.04	761
5	0.05	759
6	0.06	761
……	……	……
95	0.95	761
96	0.96	760
97	0.97	760
98	0.98	761
99	0.99	762
100	1.00	679

由表 58 和图 56 可以看出，无论区间[0，1]怎样等分，这 168 个质数生成的不重复分数基本均匀分布在这 10 个等分子区间里。于是我们有如下猜想：

大数域理论第二大猜想：所有质数生成的所有不重复分数是均匀分布在区间[0，1]的。

第三章　偶数数域生成不重复分数在[0，1]区间的分布及猜想

我们给出整数区间[1，1000]以内所有偶数生成不重复分数数据和分布曲线图可以看到，在这100 个等分的子区间里，每个子区间偶数生成不重复分数分布个数曲线非常接近一个常数值，就是说分布基本是均匀的。其他和前面整数生成不重复分数数据和分布曲线图一样，可自行推导验证。请看表 59——表 60 和图 57 是计算结果。

表 59　[0，1]区间等分 10 个子区间整数 1000 以内质数生成分数分布

序号	区间	区间内分布的质数生成分数
1	0.1	7529
2	0.2	7613
3	0.3	7614
4	0.4	7609
5	0.5	7614
6	0.6	7614
7	0.7	7610
8	0.8	7613
9	0.9	7614
10	1	7529

表 60　[1，1000]以内所有偶数生成不重复分数数据和分布曲线图

100个子区间序号	每个子区间偶数生成不重复分数分布个数
1	1047
2	1004
3	1006
4	1015
5	1015
……	……
95	1013
96	1016
97	1014
98	1006
99	1004
100	1048
平均值	1015.31

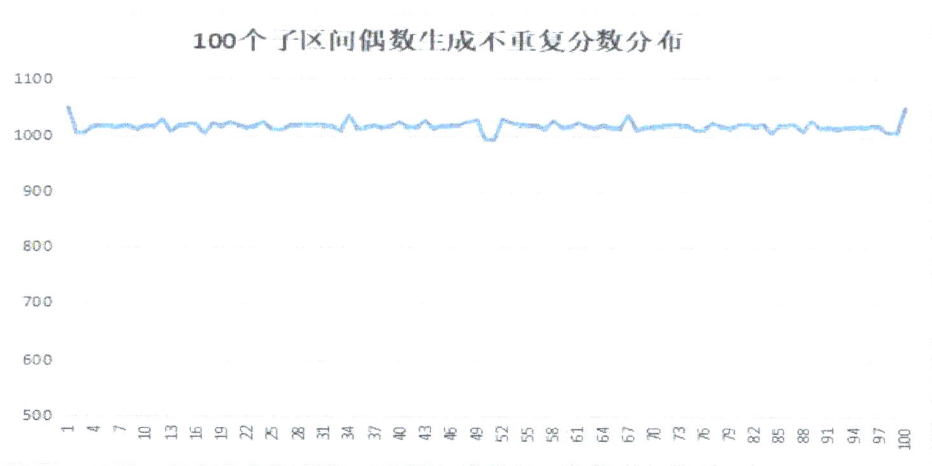

图 57　1000 以内偶数生成不重复分数分布

基于这些数据以及其他验证，我们推测：

大数域理论第三大猜想：偶数数域所有元素生成的所有不重复分数在区间[0，1]是均匀分布的。

第四章 奇数数域生成不重复分数在[0，1]区间的分布及猜想

同样我们给出整数区间[1，1000]以内所有奇数生成不重复分数数据和分布曲线图，可以看到，在这100个等分的子区间里，每个子区间奇数生成不重复分数的分布个数曲线非常接近一个常数值，就是说分布基本是均匀的。其他和前面整数生成不重复分数数据和分布曲线图一样，可以自行推导验证。请看图58和表61～表62是计算结果。基于这些数据以及其他验证，我们推测：

大数域理论第四大猜想：所有奇数生成的所有不重复分数在区间[0，1]是均匀分布的。

表61　[1，1000]以内所有奇数生成不重复分数

100个子区间序号	每个子区间奇数生成不重复分数分布个数
1	1978
2	2048
3	2035
4	2029
5	2030
.....	.....
95	2028
96	2029
97	2030
98	2035
99	2048
100	1978
平均值	**2026.6**

表62　前20个斐波那契数生成不重复分数

100个子区间序号	每个子区间斐波那契数生成不重复分数分布个数
1	111
2	118
3	115
4	118
5	116
......	......
95	114
96	116
97	118
98	115
99	118
100	111
平均值	**115.67**

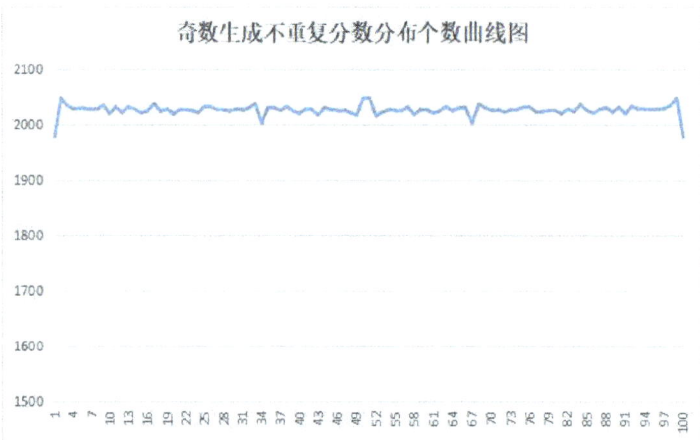

图58　1000以内奇数生成不重复分数分布

第五章 斐波那契数域生成不重复分数在[0, 1]区间的分布及猜想

我们知道，前 20 个斐波那契数：1，1，2，3，5，8，13，21，34，55，89，144，233，377，610，987，1597，2584，4181，6765，……，由于斐波那契数增长特别快，因此，第 20 个斐波那契数以后生成的不重复分数个数的计算已经超出我们的能力。这里仅仅示意一下。

基于这些数据以及其他验证，我们猜测：

大数域理论第五大猜想：斐波那契数数域所有元素生成的所有不重复分数是均匀分布在区间[0，1]的。请看图 59 计算结果。

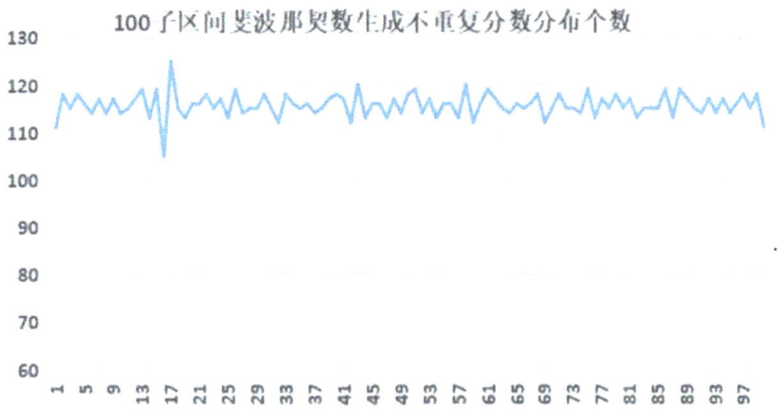

图 59　前 20 个斐波那契生成不重复分数分布

第六章 以 2 为底指数运算生成不重复分数的分布及猜想

我们知道，以 2 为底指数运算生成数域的元素为：2^1，2^2，2^3，2^4，2^5，2^6，2^7，2^8，…，2^i，……，i=1，2，3，4，5，……，由于以 2 为底指数运算生成数增长特别快，因此，第 15 次方以后生成的不重复分数个数的计算已经超出我们的能力。这里图 60 和表 63 也仅仅示意一下。

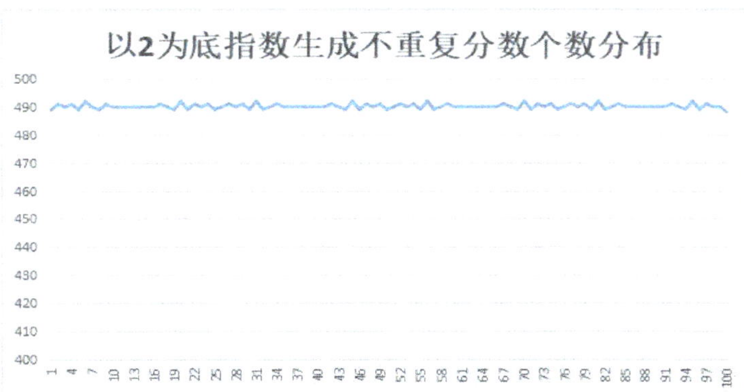

图 60　以 2 为底指数生成不重复分数个数分布

基于这些数据以及其他验证，我们猜测：

大数域理论第六猜想：以 2 为底，整数 i（i =2，3，4，5，......）为指数运算生成数域的所有元素所生成的所有不重复分数也是均匀分布在区间[0，1]的。

表 63　每个子区间以 2 为底指数生成不重复分数个数分布

100个子区间序号	每个子区间以2为底指数值生成不重复分数个数分布
1	489
2	491
3	490
4	491
5	489
......	......
95	492
96	489
97	491
98	490
99	490
100	488
平均值	490.095

第七章　以 k (k> 2)为底指数运算生成不重复分数的分布及猜想

同样，更加一般的情况，设整数 k， $k>2$，则以 k 为底指数运算生成数域的元素为：k^1，k^2，k^3，k^4，k^5，k^6，…，k^i，…；i = 1，2，3，4，5，…，和前面以 2 为底的指数运算一样，这里不重复，有兴趣的读者可以自行计算验证。我们猜测：

大数域理论第七大猜想：任何以 k（k 为整数 3，4，5，6，......）为底，整数 i（i =2，3，4，5，......）为指数的运算 k^i 生成数域所生成的所有不重复分数也是均匀分布在区间[0，1]的。

第八章　所有不重复分数在平面和曲面的分布的猜想

基于前面的第一大猜想，好奇心驱使我们继续发问：假如大数域理论第一大猜想成立，那么所有整数生成不重复分数在平面上也应该是均匀分布的，这样我们就有：

大数域理论第八大猜想：所有整数生成不重复分数在平面上和三维空间应该是均匀分布的。

但是我们不能确定在曲面上所有整数生成不重复分数是不是均匀分布的，如果是，为什么？如果不是，又为什么？

这样我们就冒昧猜想一下:

大数域理论第九大猜想：所有整数生成不重复分数在曲面上应该是不均匀分布的。

第九章 所有非 2 整数生成不重复分数的个数的猜想

通过对大量长期计算整数生成不重复分数的数据分析我们发现一个非常有趣的现象，就是除了 2 只能生成 1 个不重复分数以外，在我们有限能力范围内，我们验证了几乎所有随机的偶数，奇数，质数和斐波那契数等，发现它们都只能生成**偶数个数**的不重复分数，在找到证明之前，暂且把这个现象列为第十大猜想。可以看一下表 64。我们下面冒昧猜想一下：

表 64 除 2 以外所有整数都只能生成偶数个数的不重复分数

整数	整数生成不重复分数的个数	整数生成不重复分数										
2	**1**	1/2										......
3	**2**	1/3	2/3									......
4	**2**	1/4	3/4									......
5	**4**	1/5	2/5	3/5	4/5							......
6	**2**	1/6	5/6									......
7	**6**	1/7	2/7	3/7	4/7	5/7	6/7					......
8	**4**	1/8	3/8	5/8	7/8							......
9	**6**	1/9	2/9	4/9	5/9	7/9	8/9					......
10	**4**	1/10	3/10	7/10	9/10							......
......	......	......	......	......	......	......	......	......	......	......	......	......
90	**24**	1/90	7/90	11/90	13/90	17/90	19/90	23/90	29/90	31/90	37/90	......
91	**72**	1/91	2/91	3/91	4/91	5/91	6/91	8/91	9/91	10/91	11/91	......
92	**44**	1/92	3/92	5/92	7/92	9/92	11/92	13/92	15/92	17/92	19/92	......
93	**60**	1/93	2/93	4/93	5/93	7/93	8/93	10/93	11/93	13/93	14/93	......
94	**46**	1/94	3/94	5/94	7/94	9/94	11/94	13/94	15/94	17/94	19/94	......
95	**72**	1/95	2/95	3/95	4/95	6/95	7/95	8/95	9/95	11/95	12/95	......
96	**32**	1/96	5/96	7/96	11/96	13/96	17/96	19/96	23/96	25/96	29/96	......
97	**96**	1/97	2/97	3/97	4/97	5/97	6/97	7/97	8/97	9/97	10/97	......
98	**42**	1/98	3/98	5/98	9/98	11/98	13/98	15/98	17/98	19/98	23/98	......
99	**60**	1/99	2/99	4/99	5/99	7/99	8/99	10/99	13/99	14/99	16/99	......
100	**40**	1/100	3/100	7/100	9/100	11/100	13/100	17/100	19/100	21/100	23/100	......
总数	3043											

大数域理论第十大猜想:所有整数除了 2 以外的所有整数都只能生成**偶数个数**的不重复分数。

第十章 关于实数分布的猜想

由于所有实数都是由整数和分数通过指数层面的分数运算生成的，我们自然而然地想到，是不是所有实数也是均匀分布在区间[0，1]之间呢？下面我们冒昧猜想一下：

大数域理论第十一大猜想：所有以整数和分数为底，以所有分数为指数运算生成的所有不重复实数也是均匀分布在[0，1]区间的。

第十一章 关于超越数分布的猜想

由于所有超越数都是由整数和分数以及实数生成的，由大数域理论的传承公理，自然而然地想到，是不是所有超越数也是均匀分布在整个一维数轴，二维平面和三维空间上的呢？我们下面冒昧猜想一下：

大数域理论第十二大猜想：所有以整数和分数以及实数为底，以所有分数以及实数为指数运算生成的所有不重复超越数以及所有逼近运算生成的不重复超越数也是均匀分布在整个一维数轴，二维平面和三维空间上的。

第十二章 关于基数分布的猜想

由于所有基数都是由整数数域，分数数域，实数数域和超越数数域的元素生成的，我们自然而然地想到，是不是所有基数也是均匀分布在基数数域的呢？我们下面冒昧猜想一下：

大数域理论第十三大猜想：所有不重复基数是均匀分布在基数数域的。

第十三章 关于大常数 Q 的猜想

我们已经计算了 1 到 10^8 个整数生成不重复分数的个数，知道大常数 Q 的小数点后前 6 位都是神秘数字 0，3，6，9；我们推测：

大数域理论第十四大猜想：大常数 Q 全部是由 0，3，6，9 数字组成的。

第十四章 关于宇宙暗能量占比的猜想

如果说大常数 Q 是人类已知的明物质在宇宙总量的占比，我们计算 1-Q=0.696036...和最新天文观测的暗能量占宇宙之比的常数几乎不谋而合，更冒昧猜测这是否就是未来开启通往探索宇宙暗物质暗能量大门的钥匙，见参考文献[101]。 因此我们猜想：

大数域理论第十五大猜想：宇宙中的暗能量占宇宙总量是一个常数，是 69.6036%。

第十篇

大数域理论对无穷大∞探索的主要贡献

第一章 大数域理论和无穷大∞探索

最后，基于完整的逻辑推理，全新视角高维度思维和海量规模运算数据提供的证据证明，可以**把大数域理论对无穷大探索的主要**贡献简要归纳总结如下：

第一：首次发现**无限无界无穷**大分数数域与整数数域元素之间不存在人为主观的，极其牵强附会的表面的片面的静态的生硬僵化的所谓一一对应的映射关系；而存在客观的严密的深刻的稳定的内在的动态的不以人们的意志为转移的数值运算逻辑生成关系；即所有分数都可以由所有整数生成，整个分数数域可以完全由整数数域通过同样的数值运算生成。因此，分数数域的基数完全由整数数域的基数决定，而非由一一对应的映射关系决定。

第二：首次发现**大数域分数生成定理：分数数域的基数和整数数域的基数的平方成正比**，以及分数数域的基数的数学通项估值公式 $C_F \approx Q * C_I^2 = 0.303963 * C_I^2$ 。

第三：首次发现联接整数数域和分数数域之间的关键常数**大数域分数生成率** $\mathcal{Q}$=0.303963。该分数生成率大常数可以和人类所有文明和不同民族共同发现的人们熟知的伟大常数的圆周率常数π相媲美；但是发现维度更高，难度更大，领域更广泛，发现过程更加艰苦。

第四：首次发现人们熟知的实数数域和超越数数域之外还存在一个人类完全未知的更加宏大的**基数数域或超（级）数域**，该基数数域或超数域和所有已知的传统的常规数学数域如整数数域，分数数域和实数数域，超越数数域等等都完全兼容，所有已知的传统的常规数域只是基数数域的其中某一个局部数域（或子数域），且各个数域之间既互相独立又息息相关，密不可分。

第五：首次严格区分元素存在的各种不同属性，特别强调元素存在属性的第一优先的极端重要性以及在无穷大复杂情况下以元素的从属属性对元素分类方法的局限性和存在的基因缺陷。大数域理论认为，数的本质是对存在的描述的更为抽象的存在，即数是存在的存在，是超级或特殊的存在，或者说数本身就是存在。人们认识或认知的数是由依附于数的存在属性的数值属性和定位属性所体现的特殊度量功能来表达数域元素及其各种相同或不同属性之间的相互联系。

第六：首次发现整数和分数数域里都包含无穷多对客观存在的不同基数值为∞的**孪生数域**。

第七：首次发现基数具有极其诡异的**常量变量二象属性**，最令人吃惊的是基数作为无穷大的一个度量单位具有如此神秘的诡异性质，在不同维度不同参照系具有完全不同的特性，无穷大基数的常量变量二象性是造成人们难以理解无穷大实质的关键。

第八：首次发现**基数反比定理，** 即无穷大数域基数和数域元素相（绝）对发散速度成反比，为判别比较无穷大数域基数之间的大小找到了理论根据。

第九：首次发现极为抽象的**数域生成维度**，将人们认识数的思考和观察维度从传统的元素个案维度提升到数域生成维度的体系思维，以动态的全新的开放的观点从数域生成维度来认识客观世界和解决客观事物本质问题，实现了人们对数的认识从之前基于元素个案的初级的感性的静态的碎片的局部的肤浅认知上升到基于体系的由维度构成的动态的发展的整体的深刻认识的质的转变和根本突破。

第十：首次运用所发现的**基数数域**概念，数域生成维度概念和大数域理论，为解决经典的集合论里原本存在多年的一直争论不休的一系列诸多经典疑难问题提供了全新的大数域整体高维度解决方案。

第十一：大数域理论首次提出大系统**兼容性原则**在数学领域的适用性。即任何全新的数学理论，必须和传统数学理论相兼容。兼容性就是容许差异，接纳差异，承认特例，包容事物间有差异的存在。传统数学理论更多情况下只是更高维度大数域理论体系里的一个个特例和个案。大数域理论可以解释传统数学理论的所有现象，反之则不成立。大数域理论承前启后兼容包含传统经典数学，集传统经典数学的所有辉煌成果之大成，同时依据分数生成率大常数 $\mathcal{Q}$ 的独立发现，完全独立和自成体系地开辟出源于传统经典数学、但是视角的广度、立场的高度和思维的深度等都远远高于和深刻于传统经典数学的脱胎换骨的原创性的全新的大数域领域。

第十二：大数域理论展示了极其强大的整合传统数学所有辉煌成果的卓越的能力。在动态大视角高维度思维引导下，大数域理论成功地用自己独立发现的分数数域生成率大常数 $\mathcal{Q}$ 把原本离散的毫不相干的完全独立的质数数域、整数数域、分数数域、实数数域和基数数域等几大数域创造性地整合成为一个紧密相连，息息相关的一个大数域整体，使得所有传统的数值运算法则和公式常数等在所有数域里全部通行无阻，并行不悖。不但能够整合所有传统数域，还能够整合传统数学，可以传统数学为基础，从低维度数域的个别公式的简单个案提升，到更高维度和抽象归纳，再到更加一般和普遍的现象，在更大规模的基数数域领域里发现和揭示出比原先个别公式更加深刻更加广泛更加具有一般意义的客观规律。大数域理论的强大兼容性和整合性是一种更加广义更具有一般意义的有效性、自洽性和完备性的进一步拓展。大数域理论和原有的传统数学是完全整合的和一脉相承的。

第十三：大数域理论几近无限地拓展了传统极限理论里经典的洛必达法则处理的一些极端情况的难题，诸如 $\frac{1}{0},\frac{0}{0},\frac{\infty}{\infty},\ldots$ ，等等。并用自身独有的赋能优势全部赋予其完整的全新的意义，在更高的数域生成维度推出了完整的体系性整体解决方案。使得原先在低维度处理极端情况的传统极限理论的洛比达法则成为高维度大视野的大数域理论的一个低维度特例。

第十四：首次在无穷大探索领域突出强调保持逻辑推理的**前提的正确性和一致性原则**是确保获得逻辑推理正确结论的极端重要的首要前提，是无穷大逻辑推理的第一优先；首次强调突出无穷大探索的前提的正确性和一致性的极端重要性，是揭示客观真相的重要组成部分；首次强调提升维度的极端重要性，强调高维度思维是揭示客观真相，发现客观规律的关键因素和第一优先。

第十五：首次系统提出无穷大**新框架**的高维度思维和逻辑推理必须遵循的**五个基本原则：维度原则，规范原则，证据原则，兼容性原则和一致性原则。**

第十六：首次创立了基于大数域分数生成率大常数 Q =0. 303963…. 构建的**大数域基础理论框架和基础理论体系**，发现各个无穷大数域之间是以不同的基数为纽带紧密联系在一起的。在该基础理论框架内清晰地界定和规范了一系列便于人们探索无穷大所必需的大数域运算规则和基础理论框架体系，成功地将高维度里数域生成维度的基数数值的运算与低维度里传统经典数学常规数域中普通数的运算完美统一起来，有机地继承，有效地兼容和完整地整合了传统经典数学，使得后来的人们可以站在我们的肩上，继续进行无穷大未知领域的探索和发现。

第十七，首次提出**大数域生成原则**，始于原点 0 的步长为最小整数元素 1 生成整数数域；整数数域生成其他数域如质数数域，分数数域，实数数域，超越数数域以及基数数域等所有数域；整数数域元素间加减乘除幂运算的基本数值运算就是这些数域的基本生成规则。

第十八，首次创建大数域理论生成公理体系，独创了可分公理，传承公理，可遍历公理和瞬时等差公理，拓展了皮亚诺的算术公理。

第二章 大数域理论和信息科学互联网及工程实践的关系

源于几年前最初对信息科学的伟大结晶——现代互联网如何真正实现万网互联互通的大一统互联网整合的基础理论探索和软件技术开发所产生的实践问题，由此引出的互联网时代海量规模近乎无穷大信息资源管理的本质和核心是如何理解和纯数学基础理论里最为艰涩最为抽象也最为困难的无穷大理论体系在实际应用中的关系，其难度犹如老虎吃天无从下口几乎根本就找不到着力点，但是依据对传统的康托尔经典无穷大理论的深刻认识和理解，经过高度抽象思维和逻辑推理，在互联网资源管理层面上最终找到了突破口，成功分析解剖出了互联网最大资源这个解决问题的关键。最后借助无穷大基础理论，成功推导出大一统互联网整合的基础理论这个原本用传统数学根本无解的互联网整合难题，由此第一次真正切实地感受到了无穷大基础理论的巨大威力。

大数域理论和计算机科学的大一统互联网整合基础理论完全兼容，并行不悖。大数域理论的所有概念都适用于大一统互联网整合基础理论；反过来，大一统互联网整合基础理论又为大数域理论提供了强有力的证据和依托，证明这一理论的正确性。就是说，计算机科学的基础理论已经到了切实需要全新的基础数学理论来推动其进一步发展的新阶段。而大数域理论则需要计算机科学的进一步大发展来验证其正确性。相辅相成，相互促进，共生共荣。

我们相信正确的世界观的力量，我们相信逻辑的力量，我们相信证据的力量，我们相信客观真相的力量，我们相信真理的力量。

本书除一部分纯理论的推导外，书中的大部分公式都是经计算机海量数据验证过的，基本可以拿来就用。非常方便理论工作者和工程技术人员各取所需。

正如**大数域理论**宗旨所说，**大数域理论**植根于纯数学基础理论，面向工程技术；杜绝闭门造车的空谈，根除子虚乌有的凭空捏造，严禁毫无意义和毫无价值的玩弄符号游戏和胡编乱造，证据第一，数据为先，事实说话。大数域理论的所有探索发现都是为科学服务，为工程技术服务，为人类服务。

第三章 数学常数对数学发展的重要性

综观人类文明史，数学常数在揭示客观事物本质规律推动人类文明进步推动数学的发展上起着不可替代的作用。重要数学常数或称大常数甚至就是数学学科的支柱和基石，是数学发展进步的阶段性极其重要标志和**伟大里程碑**。

发现数学常数的难度举世皆知，发现重大数学常数难上加难。数学之王欧拉一生不过发现几个数学常数。根据资料，人们大约发现了 60 多个比较重要的数学常数，而重要大常数如 $\pi=3.1415926......$ 和 e 等寥寥无几屈指可数。这里只列出对人类文明进步贡献最大的几个常数。见参考文献[72]。

仅以基础数学对数学常数依赖性的程度不同，下面将数学常数大致初步划分为如下四个基本的层次，其他各类学科如天文物理化学等常数则暂不列入比较。

第一类：传统经典数学几何学的高阶常数：高阶基础常数。典型常数就是大名鼎鼎如雷贯耳的 $\pi=3.1415926......$。这个大常数是几何学的基石常数，也是最重要的基础常数之一，其原因是 π 是特定几何形状圆的面积与半径和周长与直径的逻辑关系常数，是一个乘积公式的系数常数，不是修正微小误差的补加的常数项常数。这个常数是全世界所有文明所有民族在不同地域长期的生产和生活实践中共同发现的，因为直观，所以相对而言比较容易发现。困难在于计算 π 的精确值。中国古代数学家祖冲之曾经对计算 π 作出重要贡献。可以不夸张地说，没有常数 π，人类文明直接倒退回刀耕火种饮血茹毛的蛮荒蒙昧的石器时代。

第二类：传统经典数学代数学的高阶常数：高阶重要常数。典型常数就是以欧拉名字命名的几个常数中最重要的大常数 $e=2.71828\ ...$，是一个特定代数公式的逼近值常数，属于代数学最重要的基础常数，见参考文献[23]。欧拉之前，不少数学家如约翰·纳皮尔，雅各布·伯努利以及莱布尼兹等均对 e 的发现作出贡献，欧拉是第一个确定 e 这个数为常数。欧拉的贡献在于把这么一个前人已经发现的普通代数公式之和的结果 e 不但扩展为整个代数的基础，而且还把两个原本看起来毫不相干的几何里的基石性常数 π 与代数的常数 e 完全整合成为一个整体，贯通了整个几何学和代数学，可谓开天辟地。由参考文献[28]我们知道，这就是被称为“上帝公式”的神来之笔的著名的欧拉公式：$e^{i\pi}+1=0$。它是数学里最令人着迷的一个公式，它将数学里 5 个最重要的数字联系和整合到了一起：两个超越数 e 和圆周率 π；两个单位——虚数单位 i 和自然数单位 1；以及被称为人类伟大发现之一的 0。数学家们评价它是“上帝创造的公式”。

按照大数域理论，自然对数的底 e，圆周率 π 都是传统经典数学里的高阶常数，是重要公式的系数或结果数值的常数，它们是构成某一重要数学学科如几何学和代数学等的基石性常数。没有了这些常数，这个学科比如几何或代数等就残缺不全，就无法整合成为一个完整的整体。和传统经典数学里的高阶常数对应的是低阶常数，即那些不是重要公式的系数或结果数值的常数，而是重要公式的结果数值的修正值常数，这类低阶常数通常仅仅影响精度，不影响主要结果。或许可以夸张地说，没有欧拉常数 e，人类文明有可能倒退回文艺复兴前的中世纪的黑暗时代。

第三个常数是布隆常数等于所有孪生素数的倒数和，其值为 B=1.90216054.，见参考文献[83]。尽管也是一个特别代数公式常数，但目前看布隆常数显然没有自然对数的底 e 和圆周率 π 对整体数学的贡献大。

第三类：**传统经典数学的低阶常数：低阶普通常数**。典型常数就是常数项常数，比如质数定理 $\frac{n}{ln(n)-1.08366}$ 里的勒让得常数 B =1.80633（见参考文献[8]和[39]），调和级数的欧拉常数又称欧拉-马斯克若尼常数，见参考文献[28]，近似值为 $\gamma\approx0.57721566$ 等。这些常数属于低阶常数，对最后计算结果仅仅起了修正作用，在探索无穷大领域，除了重要的高精度数值计算，当 n 趋于无穷大，基本可以忽略不计。即在大系统大体系范围内，低阶常数远远没有高阶常数来得重要。如前所说，历史上发现的 60 多个比较重要的数学常数大都属于这一类。这类常数比较多，恕不赘述，见参考文献[72]。

第四类：**大数域理论高维高阶数学常数：大数域分数生成率大常数 Q**。典型大常数就是大数域大体系分数生成率大常数 $Q=0.303963...$。该常数 Q 和所有上述的这些传统经典数学中仅仅揭示单纯**元素之间**关系的**直观低维度高**阶和**低阶常数**如 π 和 e 等完全不同，大数域理论发现的分数数域生成率大常数 Q 揭示无穷大数域**大系统大体系**之间深刻关系，是迄今为止人类体系性认识发现的最大规模大体系大数域常数 Q，是比几何常数 π 和代数常数 e 更高阶，更抽象，更复杂，更基础也更重要的**大常数**，是揭示数的更加深刻本质的基础常数，是人类文明几千年来第一次被发现，是极难发现的常数，是可以实现对上述三类基础性常数兼容和整合的**超级常数或超常数**，是构成整个大数域基础理论的基石性常数。该常数反复出现谜一般 3，6，9 的神奇数字暗示着它卓尔不凡的身世。可以预测，和 π，e 一样，大数域大体系分数数域生成率大常数 Q 的重要性在未来的数学发展中将慢慢显现出来。我们期待人们对这个大常数 Q 的进一步开发。

自 2019 年夏天我们在中国发现这个大常数 Q 以来，我们完全无法看清这个高维度高阶数学常数 Q 的真实面目以及常数 Q 在未来的文明浪潮和历史舞台上将扮演何种角色，因为大数域分数生成率大常数 Q 是人类历史上第一次被发现，我们完全无法预测常数 Q 对人类文明进步进程的影响。仅能从其由 3，6 和 9 等神秘的数字组成的诡异构成去粗略地猜测它卓尔不群的身世但仍难以预测其扑朔迷离的未来。只能直观地说，大数域里所有基数大于整数的无穷大数域都有这个大系统大常数 Q 顶天立地的挺拔脊梁和无处不在的伟岸身影。

e 支撑起代数半壁江山，π 支撑起几何半壁河山，大系统大常数 Q 则支撑起大数域理论整个大厦而构建成整个几何和代数等几乎所有数学学科的基础。所以，常数 Q 应该构建未来数学大厦。数学就数、形两个科学，分别对应产生的两个主要数学学科：代数、几何。以康托尔为开山祖师的整个现代数学是以构建为基础的。理论核心是所有的数是按某种分类方法构建出来的。大数域理论完全相反，理论核心是所有的数和数域是生成出来的，从最简单的 1 生成出整个整数数域，从整个整数数域生成出整个分数数域，从整个整数数域和分数数域生成出实数数域，再从整个整数数域、分数数域和实数数域生成出基数数域，在所有这些数域生成过程中，没有分数数域和伟大的常数 Q 的不可磨灭的贡献，是完全不可想象的。常数 Q 在整数生成分数数域里，在整数和分数生成实数数域里，都扮演了不可替代的作用。没有常数 Q ，就没有分数数域，没有分数数域，就没有实数数域。就没有代数几何。也就是说，数域元素里各种各样的数是“本”，是“根”和“源”，函数（如代数、几何等）是“末”，是“流”和“形”。正好符合老子的道生一，一生二，二生三，三生万物。数的生成学说比数的构建学说更加深刻地揭示了数的本质。

另外大数域分数生成率大常数 Q 与圆周率常数π不同的地方在于：

（1）大数域分数生成率大常数 Q 的值是计算机一个一个精确计数数出来的，不多不少，正好，不是估值和逼近值，而是准确值，Q 的计算值就是验证值。关于π最早的文字记载来自公元前 2000 年前后的古巴比伦人，它们认为π= 3.125，而古埃及人使用=π=3.1605。中国古籍里记载有“圆径一而周三”，即 π = 3，这也是《圣经》旧约中所记载的π值。古希腊大数学家阿基米德第一个给出了计算圆周率 π 的科学方法：圆内接（或外切）正多边形的周长是可以精确计算的，而随着正多边形边数的增加，会越来越接近圆，那么多边形的周长也会越来越接近圆周长。到公元 5 世纪，中国古代南北朝时期南朝的祖冲之，已算出被后人称之为“祖率”的介于 3.1415926 和 3.1415927 之间的π值，对数学研究做出了重大贡献。该纪录直到 16 世纪才被阿拉伯数学家阿尔·卡西打破，是世界上第一个把圆周率精准到小数点后七位数值的杰出数学家。人类历史上最早利用无穷数列计算π值的是印度数学家桑加马格拉马的马德哈瓦（公元 1350～1425 年），现在称为马德哈瓦数列或π的莱布尼茨公式，欧洲第一个发现的无穷项圆周率公式是无穷乘积（和一般用来计算π的无穷级数不同），由法国科学家弗朗索瓦·韦达在 1593 年发现，20 世纪初印度数学家斯里尼瓦瑟·拉马努金也对计算π值作出贡献。但在小数点的 1000，1000，10000，…，10^n 位以后，π的这些计算值仍然是估值和逼近值，而不是准确值。需要其他手段进一步验证，缺乏实实在在的证据验证如此高的π的计算精度，仍然需要用实际度量工具进行测量验证；见参考文献[60]～[62]和[99]；

（2）π近乎杂乱无章，几无规律；而常数 Q 目前看前六位几乎全部由 3，6，9 的宇宙神奇数字组成，非常有规律，进一步验证需要超算；

（3）π是以感知为主的一个特定直观几何图形常数，常数 Q 是基于海量数据被高度抽象提炼而成的最重要的大数域分数生成率大常数，常数 Q 涵盖范围更大，揭示的数作为存在之间的关系更深刻，因而常数 Q 要比π更加基础；因为常数 Q 涉及的是数的本质，大数域分数生成率大常数 Q 影响到所有的分数、实数、超越数和基数，同时大数域生成率大常数 Q 也深刻影响所有从定位属性衍生或派生的几何图形，其意义和影响极其深远，远超我们的想象力。几何是大数域元素数的定位属性的分支；圆只是众多几何图形中的一个图形，圆周率是圆这一个特殊图形的周长和直径的关系。到目前为止的研究表明，常数 Q 早已将π（以及 e 常数等）统一于自身体系之中，反之则不能。

（4）大数域分数生成常数 Q 为人类历史首见，常数 Q 直接联接和贯穿几乎所有无限可分和无限不可分数域，也就是所有数域基数比整数数域的基数大的数域，决定着这些所有无限可分数域的基数的大小和构成，可见大数域分数生成率大常数 Q 的重要性和意义非同一般，不是什么半壁江山那么简单的事情，见图 20。

第四章 质数定理的大一统整合

在本书早期文稿就要结束之时，突然对孪生质数基数产生了兴趣，那天正好是 2021 年 6 月 14 日中国农历的端午节，我们再次独立地发现了另外一种求解孪生质数个数通项公式——**孪生质数定理以及孪生质数对质数定理**的方法，完稿以后通过搜索居然发现我们的结果恰好和 100 年前哈代和李特尔伍德于 1921 年发现的**猜想**结果非常相似，见参考文献[29]。根本不同的是哈代和李尔伍德的结果属于猜想，哈代所根据的前提是存在有极大不确定性的概率和假设，见图 61。

而我们的发现中，方法一其前提则是高斯质数定理，是没有任何前提为概率和假设的不确定性的客观存在，方法二是从原始数据直接寻找发现规律，不用任何公式和假设，均属于非可能性猜想的完全纯数学推导，可信度大为提高。下面列出我们的方法供大家参考。见下面本章第二节《孪生质数定理方法二》一节的详细描述。基本思路是：既然知道了高斯和勒让得发现的质数定理和公式，也就知道了质数数域的基数，想找出孪生质数数域基数和质数数域基数之间的关系，我们希望能够通过已有的数据和已知的高斯质数定理而非概率猜测的方法来发现孪生质数数域基数和质数数域基数之间的数值逻辑关系，见表 65。

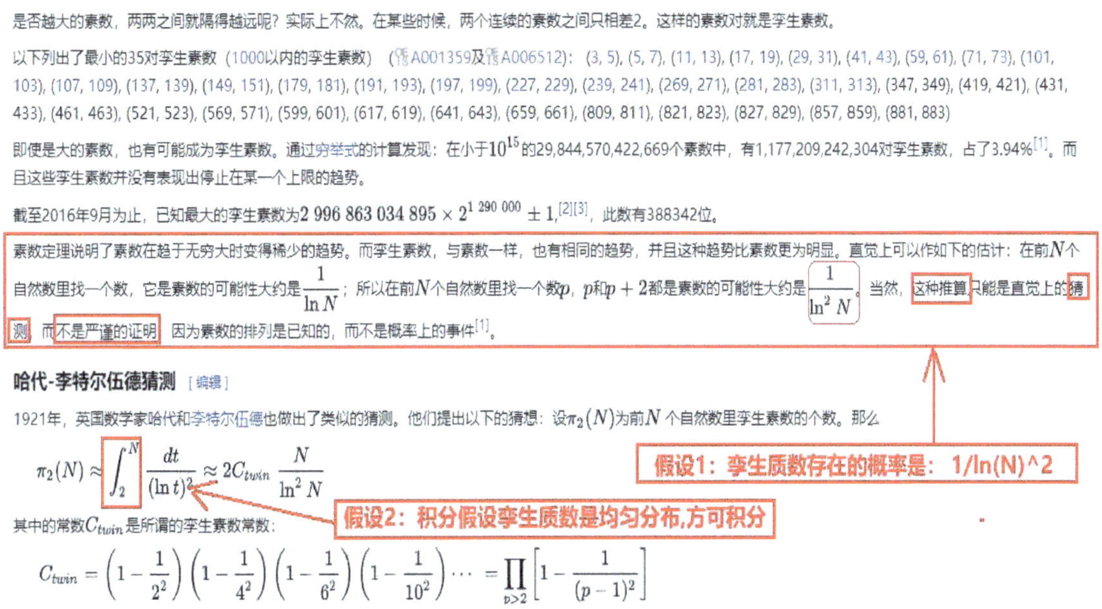

是否越大的素数，两两之间就隔得越远呢？实际上不然。在某些时候，两个连续的素数之间只相差2。这样的素数对就是孪生素数。

以下列出了最小的35对孪生素数（1000以内的孪生素数）（A001359及A006512）：(3, 5), (5, 7), (11, 13), (17, 19), (29, 31), (41, 43), (59, 61), (71, 73), (101, 103), (107, 109), (137, 139), (149, 151), (179, 181), (191, 193), (197, 199), (227, 229), (239, 241), (269, 271), (281, 283), (311, 313), (347, 349), (419, 421), (431, 433), (461, 463), (521, 523), (569, 571), (599, 601), (617, 619), (641, 643), (659, 661), (809, 811), (821, 823), (827, 829), (857, 859), (881, 883)

即使是大的素数，也有可能成为孪生素数。通过穷举式的计算发现：在小于10^{15}的29,844,570,422,669个素数中，有1,177,209,242,304对孪生素数，占了3.94%[1]。而且这些孪生素数并没有表现出停止在某一个上限的趋势。

截至2016年9月为止，已知最大的孪生素数为$2\,996\,863\,034\,895 \times 2^{1\,290\,000} \pm 1$,[2][3]，此数有388342位。

素数定理说明了素数在趋于无穷大时变得稀少的趋势。而孪生素数，与素数一样，也有相同的趋势，并且这种趋势比素数更为明显。直觉上可以作如下的估计：在前N个自然数里找一个数，它是素数的可能性大约是$\frac{1}{\ln N}$；所以在前N个自然数里找一个数p，p和$p+2$都是素数的可能性大约是$\frac{1}{\ln^2 N}$。当然，这种推算只能是直觉上的猜测，而不是严谨的证明，因为素数的排列是已知的，而不是概率上的事件[1]。

哈代-李特尔伍德猜测 [编辑]

1921年，英国数学家哈代和李特尔伍德也做出了类似的猜测。他们提出以下的猜想：设$\pi_2(N)$为前N个自然数里孪生素数的个数。那么

$$\pi_2(N) \approx \int_2^N \frac{dt}{(\ln t)^2} \approx 2C_{twin}\frac{N}{\ln^2 N}$$

其中的常数C_{twin}是所谓的孪生素数常数：

$$C_{twin} = \left(1-\frac{1}{2^2}\right)\left(1-\frac{1}{4^2}\right)\left(1-\frac{1}{6^2}\right)\left(1-\frac{1}{10^2}\right)\cdots = \prod_{p>2}\left[1-\frac{1}{(p-1)^2}\right]$$

图 61 参考文献对哈代-李尔伍德孪生质数猜想的分析

表 65 孪生质数数域基数和质数数域基数之间的数值逻辑关系

序号	整数	孪生质数个数	实际质数数域基数 C_p	质数数域基数/孪生质数数域基数: C_p/C_T
1	10	2	4	2
2	100	8	25	3.12500
3	1000	35	168	4.80000
4	10000	205	1,229	5.99512
5	100000	1,224	9,592	7.83660
6	1000000	8,169	78,498	9.60925
7	10000000	58,980	664,579	11.26787
8	100000000	440,312	5,761,455	13.08494
9	1000000000	3,424,506	50,847,534	14.84814
10	10000000000	27,412,679	455,052,511	16.60007
11	100000000000	224,376,048	4,118,054,813	18.35336
12	1000000000000	1,870,585,220	37,607,912,018	20.10489
13	10000000000000	15,834,664,872	346,065,536,839	21.85493
14	100000000000000	135,780,321,665	3,204,941,750,802	23.60388
15	1000000000000000	1,177,209,242,304	29,844,570,422,669	25.35197
16	10000000000000000	10,304,195,697,298	279,238,341,033,925	27.09948

在此需要特别提醒注意的是，我们的整个推导过程中没有使用任何人为假设作为前提，所有推理都是传统数学常规运算的等量变换。所以如果高斯-勒让得的质数定理 $\frac{C_I}{lnC_I}$ 是正确的，那么这里发现推导的公式也应该是正确的。

因为我们的独立发现过程和高斯定理的发现过程几乎一模一样，所依据的数据全部真实可靠。这和参考文献[29]里的哈代-李尔伍德以概率和分布等为假设前提条件的猜想推导的结论是本质上完全不同的。因此我们的发现应该是孪生质数定理而非猜想。整整 100 年过去了，猜想还是猜想，似乎没有任何进展，何去何从，毫无头绪，希望我们的发现能够把猜想变成定理。

第一节 孪生质数定理

通过仔细比较和严谨的运算我们惊奇地发现，因为对于每个给定整数或区间，我们有如下公式 $C_I = 10^1, 10^2, ..., 10^i, ..., 10^{16}...$；一般我们可以有以下公式来表达这种关系：

(216) $C_I = 10^i; i = 1,2,3,......;$

因此，我们有如下公式：

(217) $i = log_{10} C_I = \frac{lnC_I}{ln10}; i = 1,2,3,......;$

质数数域基数 C_P 和孪生质数数域基数 C_T 之间的比值 $C_P : C_T$ 在已知条件下居然存在一个线性关系 $C_P : C_T = y(i) = 1.7094 * i - 0.4338$， 见图 62。

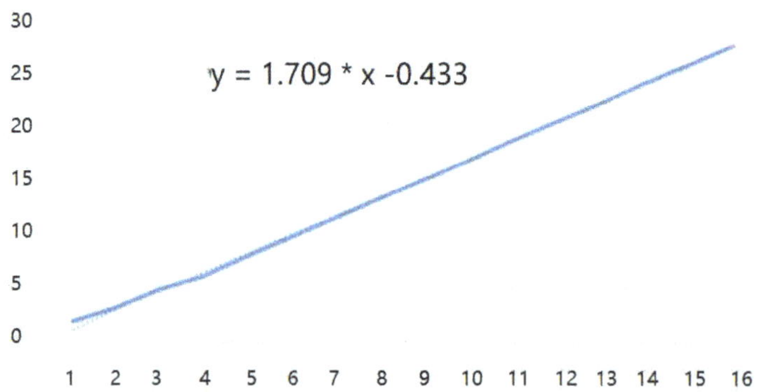

图 62　孪生质数数域基数和质数数域基数之间的比值关系

我们发现，从已知的高斯公式存在一个孪生质数数域基数通项估值公式如下：

(218) $C_P = 1.7094 * i * C_T - 0.4338 \approx 1.7094 * i * C_T$

由公式 $C_P : C_T = y(i) = 1.7094 * i - 0.4338$ ，当 $i \to \infty$ 即趋于无穷大时，常数项-0.4338 可忽略不计。经过调整系数，我们得到如下孪生质数数域基数和质数数域基数关系的近似通项估值公式：

(219) $C_P = 1.6937174746\ 3965 * i * C_T$

(220) $C_T = 0.59041724\ 19386278 * \frac{C_P}{i}$;

其中，i 是该质数所在整数区间的第 i 次方。

表 66 是从实际孪生质数数域基数经由我们发现的通项估值公式推算质数数域基数的精度误差表。从表 66”误差”一列中可以看出，公式（219）由已知孪生质数基数通项公式计算的质数数域基数与实际质数数域基数的误差精度在 10 的 16 次方区间完全一致。误差为 0。我们唯一期待的就是如果能够得到 10^{22} 乃至 10^{100} 次方以内孪生质数和质数的数目，就可以进一步验证我们发现的**孪生质数定理**通项公式的准确性。

表 66　**孪生质数定理**通项公式的准确性验证

序号	整数	孪生质数个数	实际质数数域基数CP	从孪生质数基数计算估值质数公式 1.69371747463965*CT	误差
1	1^1	2	4	4	0.000000000000000%
2	1^2	8	25	28	12.000000000000000%
3	1^3	35	168	178	5.952380952380950%
4	1^4	205	1,229	1,389	13.018714401952800%
5	1^5	1,224	9,592	10,366	8.069224353628020%
6	1^6	8,169	78,498	83,016	5.755560651226780%
7	1^7	58,980	664,579	699,269	5.219845947584860%
8	1^8	440,312	5,761,455	5,966,114	3.552210335757200%
9	1^9	3,424,506	50,847,534	52,201,311	2.662424101039000%
10	1^10	27,412,679	455,052,511	464,293,335	2.030715967195270%
11	1^11	224,376,048	4,118,054,813	4,180,325,968	1.512149736410030%
12	1^12	1,870,585,220	37,607,912,018	38,018,914,499	1.092861738251470%
13	1^13	15,834,664,872	346,065,536,839	348,652,831,784	0.747631494494549%
14	1^14	135,780,321,665	3,204,941,750,802	3,219,629,049,227	0.458270370165844%
15	1^15	1,177,209,242,304	29,844,570,422,669	29,907,897,974,964	0.212191200604108%
16	1^16	10,304,195,697,298	279,238,341,033,925	279,238,341,033,925	0.000000000000000%

更进一步，我们希望通过已知给定区间整数数域的基数如 $C_I = 10^{15}$ 这里（$i = 15$）来计算的孪生质数数域基数的通项估值公式，从而找出从高斯质数定理的直接推导的**孪生质数定理**，并推算我们发现的通项估值公式——**孪生质数定理**的结果和孪生质数数域基数的实际结果的精度误差。

我们设 t =0.5904172419386278，我们用公式（217）带入（220）得：

(221) $C_T = t * \frac{C_I}{i * lnC_I} = t * \frac{C_I}{\frac{lnC_I}{ln10} * lnC_I}$

(222) $C_T = t * ln10 * \frac{C_I}{(lnC_I)^2}$

(223) $C_T = 1.35948593\ 9932155 * \frac{C_I}{(lnC_I)^2}$

调整误差以后得到：

(224) $C_T \approx 1.39857396\quad 98561 * \frac{C_I}{(lnC_I)^2} = Z * \frac{C_I}{(lnC_I)^2}$

(225) $Z = 1.3985739698561$

由公式（224）我们得知：

孪生质数定理：孪生质数基数和整数基数成正比而和整数基数自然对数的平方成反比。

我们经由公式（217）推导出来公式（224）是从实际的整数数域基数来求解该给定 C_I 区间里孪生质数数域基数的通项估值公式。这样，得到了孪生质数数域基数生成率大常数 Z =1.39857396 98561，表 67 就是从整数数域基数经由通项估值公式（224）推算孪生质数数域基数的精度误差表。

表 67 从整数数域基数推算孪生质数数域基数的精度误差表

序号	整数	整数	孪生质数个数	从整数基数计算孪生质数估值公式 $\frac{1.3985739698561*C_I}{(ln(C_I))^2}$	精度误差
1	10^1	10	2	3	50.0000000000000000%
2	10^2	100	8	7	12.5000000000000000%
3	10^3	1000	35	29	17.1428571428571000%
4	10^4	10000	205	165	19.5121951219500000%
5	10^5	100000	1,224	1,055	13.8071895420000000%
6	10^6	1000000	8,169	7,327	10.3072591504460000%
7	10^7	10000000	58,980	53,834	8.7249915225000000%
8	10^8	100000000	440,312	412,168	6.3918312469339000%
9	10^9	1000000000	3,424,506	3,256,635	4.9020501059130000%
10	10^10	10000000000	27,412,679	26,378,741	3.7717510207594000%
11	10^11	100000000000	224,376,048	218,006,124	2.8389500000000000%
12	10^12	1000000000000	1,870,585,220	1,831,857,013	2.0703791832590000%
13	10^13	10000000000000	15,834,664,872	15,608,722,476	1.4268846093454600%
14	10^14	100000000000000	135,780,321,665	134,585,413,189	0.8800300000000000%
15	10^15	1000000000000000	1,177,209,242,304	1,172,388,488,226	0.4095069852293200%
16	10^16	10000000000000000	10,304,195,697,298	10,304,195,697,298	0.0000000000000000%

从表 67 精度误差一列中可以看出，公式（224）从已知整数数域基数 C_I 推算孪生质数基数计算结果和实际孪生质数数域基数的精度误差在 10^{16} 次方区间是 0，计算和估值完全已知完全一致。误差为 0。而且误差趋势是收敛状态。

同样， 我们唯一期待的就是用更多的数据进一步验证我们发现的通项公式(218)的准确性。顺便补充一句，这里孪生质数数域和前面定义的整数孪生数域和分数孪生数域在大数域理论体系里，没有矛盾，可以整合为一个全新的领域。这是我们的下一步目标。整数孪生数域和分数孪生数域所指的都是整数和分数里面成双成对的由某种运算生成的存在。更一般的孪生质数只是大数域孪生数域的一个特例，大数域理论扩展了这个课题。

第二节 孪生质数定理方法二

我们还发现不用高斯质数定理可直接从真实数据推导出孪生质数定理。

为此，我们还特别得到如下的二次函数关系，见图 63 和表 68。

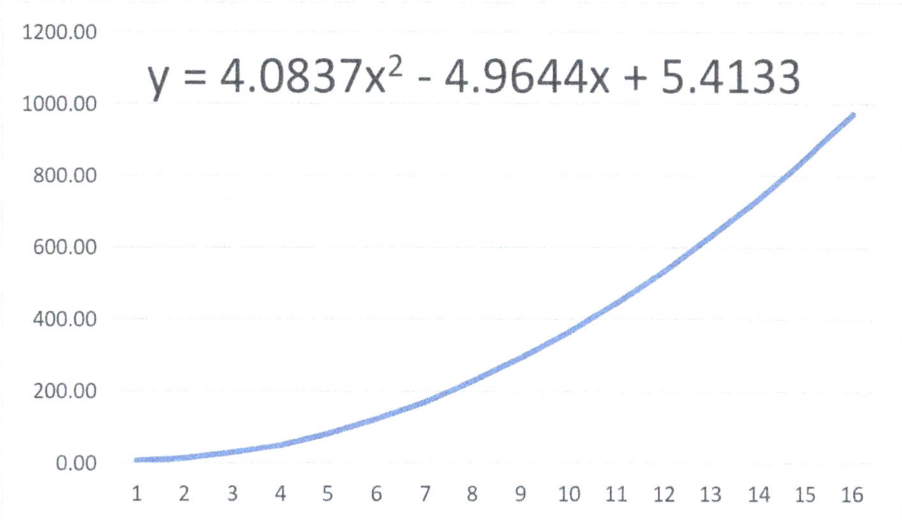

图 63 整数与孪生质数比值关系表

孪生质数数域基数和整数数域基数之间的比值 $C_I:C_T$ 在已知条件下存在一个平方关系 $\frac{C_I}{C_T}=y(x)=4.0837*x^2-4.9644*x+5.4133$。

于是我们发现，完全不用已知的高斯公式，纯粹从原始数据和简单计算，我们就可以从整数基数直接推导出如下的孪生质数数域基数的通项估值公式：

(226) $$\frac{C_I}{C_T}=y(x)=4.0837*x^2-4.9644*x+5.4133$$

由公式（226）当 $x\to\infty$ 即趋于无穷大时，-4.9644*x+ 5.4133 可忽略不计。

(227) $$\frac{C_I}{C_T}=y(x)\approx 4.0837*x^2$$

由公式（217），我们得到

(228) $$x=i=log_{10}C_I=\frac{lnC_I}{ln(10)};i=1,2,3,.......;$$

把公式（228）代入（227）我们得到

(229) $$\frac{C_I}{C_T}=y(x)\approx 4.0837*\left(\frac{lnC_I}{ln(10)}\right)^2$$

做等量变换后得

(230) $$C_T = \left(\frac{ln(10)}{4.0837 \ * lnC_I}\right)^2 * = 1.2983 \ * \frac{C_I}{ln^2 C_I}$$

由于省略了-4.9644*x + 5.4133，我们需要调整一下系数，提高精度，得到：

(231) $$C_T = 1.35948593 \ 9932155 \ * \frac{C_I}{(lnC_I)^2}$$

方法 2 误差精度验证和方法 1 完全一样，此略。方法 2 说明，整数数域基数和孪生质数数域基数之间存在牢固的稳定的数理逻辑联系，即使不使用高斯质数定理，仅用最原始的真实数据和我们在这里发明的方法，也可以完全推导出孪生质数定理。

表 68 孪生质数定理方法二原始数据

序号 (1)	整数(2)	孪生质数个数(3)	孪生质数个数:整数 (3):(2)
1	10	2	5.00
2	100	8	12.50
3	1000	35	28.57
4	10000	205	48.78
5	100000	1,224	81.70
6	1000000	8,169	122.41
7	10000000	58,980	169.55
8	100000000	440,312	227.11
9	1000000000	3,424,506	292.01
10	10000000000	27,412,679	364.79
11	100000000000	224,376,048	445.68
12	1000000000000	1,870,585,220	534.59
13	10000000000000	15,834,664,872	631.53
14	100000000000000	135,780,321,665	736.48
15	1000000000000000	1,177,209,242,304	849.47
16	10000000000000000	10,304,195,697,298	970.48

第三节 孪生质数对质数定理

由公式(217)和（220）我们得知由质数的个数生成孪生质数的方法是，

(232) $$C_T = 0.59041724 \ 19386278 * \frac{C_P}{\frac{lnC_I}{ln10}};$$

(233) $$C_T = 1.3985739698561 * \frac{C_P}{lnC_I} = Z * \frac{C_P}{lnC_I} == Z * \frac{C_I}{(lnC_I)^2};$$

(234) $$C_P \approx 0.73557215 \ 3139111 * lnC_I * C_T;$$

(235) $$F = 0.73557215 \ 3139111$$

这样，经调整系数得到公式（234）就是我们发现的没有任何假设前提而直接从原始的真实数据和高斯质数定理推导出来的**孪生质数定理另外一类形式**。

同样经过调整系数，得到公式（234）就是我们发现的没有任何假设前提而直接从原始的真实数据和高斯质数定理推导的**孪生质数对质数定理**。即由公式（234）：

孪生质数对质数定理：质数基数与整数基数的自然对数以及孪生质数基数的乘积成正比。

公式（235）即为孪生质数数域基数生成率大常数之二 F。

这样我们就得到了有关质数的三个基本定理：分别是**高斯质数定理**，和我们发现的两个质数定理：一个**孪生质数定理**和一个**孪生质数对质数定理**。

这里提出的方法和证明完全基于著名的高斯质数定理。我们希望我们在这里提出的方法和证明有助于解决这个孪生质数基数的问题。如果这个证明被接受，我们发现从这个孪生素数定理将可以推导出很多有趣的和意想不到的结论。

第四节 质数三大定理大一统整合

我们对这三个重要质数公式之间的逻辑关系表现出特别的关注。

根据我们之前发现的**孪生质数定理**和**孪生质数对质数定理**，我们希望找出整数个数 C_I、质数个数 C_P 和孪生质数的个数 C_T 之间的一些逻辑关系。

图 64 深刻揭示整数，质数和孪生质数的个数 C_I, C_P 和 C_T 之间的逻辑关系。

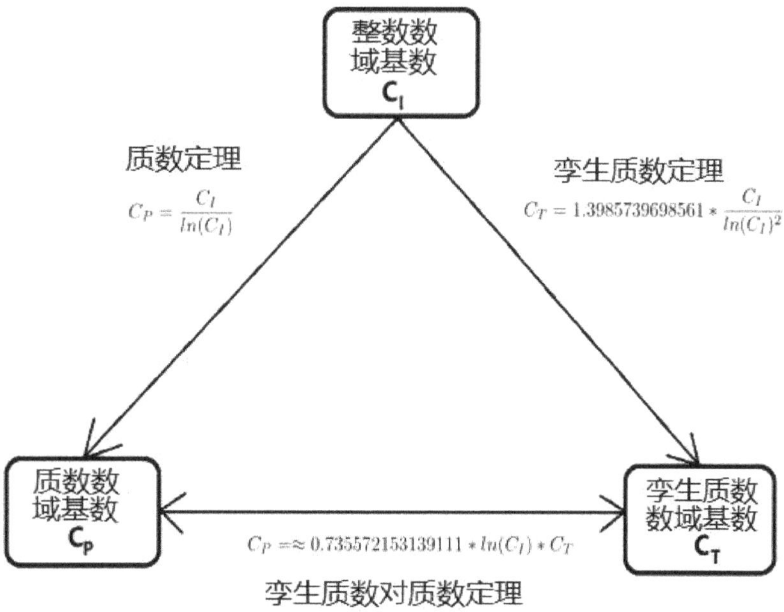

图 64 质数三大定理大一统整合关系图

由这三个伟大的定理：高斯质数定理、孪生质数定理和孪生质数对质数定理，它们可以天衣无缝地整合成为一个完整的整体，形成一个可以互相推导互补支持的稳定逻辑关系。这就是图 64

所展示的三大定理大一统整合的重要性。

孪生质数定理和孪生质数对质数定理的独立发现和证明再次展示了高维度思维，体系思维对低维思维和个案思维所具有的毁灭性和压倒性优势。让我们领略到大数域理论兼容整合与发展传统数学的独特魅力和整合能力，也再一次让人们深刻认识到亚里士多德-欧几里德思维体系+高维度思维的空前伟大无与伦比的威力。

图 65 是整数数域基数，质数数域基数和孪生质数数域基数之间的相对大小关系。

总之，大一统整合的威力在于产生体系，体系思维的效率远远高于个案思维。从对质数三大定理的大一统整合人们应该不难发现，质数三大定理和大数域理论完全兼容。

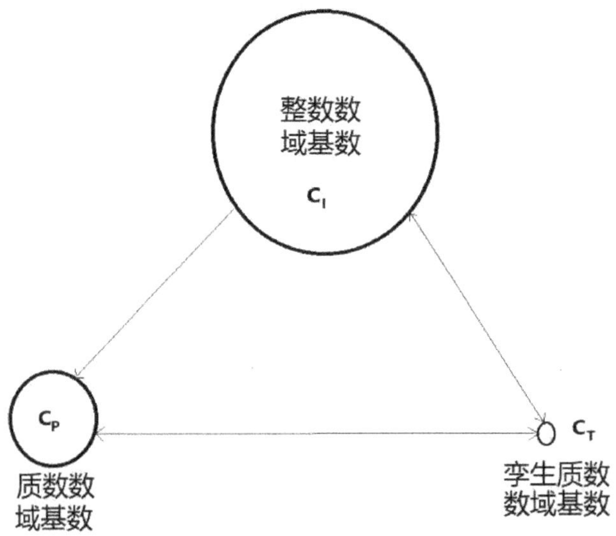

图 65 整数数域、质数数域和孪生质数数域相对大小示意

第五节 质数三大定理的启示

小结质数三大定理给我们的基本启示是：

（1）整数数域基数比质数数域基数大得多，大 $ln(C_I)$ 倍；

（2）质数数域基数比孪生质数数域基数也要大得多，至少要大 $F*ln(C_I)$ 倍；差不多是整数数域基数和质数数数域基数的倍数差距；

（3）整数数域基数比孪生质数数域基数大得多得多，大 $F*(ln(C_I))^2$ 倍；

（4）孪生质数数域基数 C_T 也是无穷大。

第六节 孪生质数生成分数数域基数

既然有了孪生质数定理，就有了孪生质数数域的基数，我们就可以求出**孪生质数数域生成分数数域基数**，借助大数域理论独创的瞬时等差公理，经过大量计算我们得到如下估值公式：

(236) $C_{FT}=1.4170733585*\frac{C_I^2}{(\ln C_I)^2}=H*\frac{C_I^2}{(\ln C_I)^2}$

(237) $H=1.4170733585$

见表 69，推导过程这里就省略了，有兴趣的读者可以自己推导一下。

这里的常数 $H=1.4170733585$ ，即是孪生质数生成分数常数。

表 69 孪生质数数域生成分数数域基数估值表

序号	整数	实际孪生质数数域基数累计 C_T	实际孪生质数数域生成分数数域基数 C_{FT}	从整数基数计算孪生质数生成分数数域基数估值公式 $C_{FT}=H*\frac{C_I}{(lnC_I)^2}$; $H=1.4170733585$	计算和实际值精度误差%
1	10	2	12	27	125.0000000000%
2	100	8	470	669	42.3404255319%
3	1000	35	24,164	29,698	22.9018374441%
4	10000	205	1,725,996	1,670,479	3.2165196211%
5	100000	1,224	109,112,118	106,910,645	2.0176246602%
6	200000	2,160	388,497,206	380,452,484	2.0707284057%
7	300000	2,994	804,127,214	801,860,378	0.2819001721%
8	400000	3,804	1,368,105,218	1,362,653,475	0.3984885759%
9	500000	4,565	2,051,565,496	2,057,350,196	0.2819651633%
10	600000	5,331	2,894,478,512	2,881,944,712	0.4330244619%
11	700000	6,061	3,841,735,104	3,833,305,532	0.2194209588%
12	800000	6,766	4,899,746,478	4,908,876,686	0.1863404166%
13	900000	7,472	6,100,812,838	6,106,508,090	0.0933523475%
14	1000000	8,169	7,424,350,304	7,424,350,304	0.0000000000%

第七节 孪生质数生成分数数值之和

我们继续加大问题的难度，看看孪生质数可以生成的全体不重复分数的分数值之和是多少，这个问题是传统数学和康托尔无穷大理论完全没有涉及完全没有想到的问题，再次用大数域理论的牛刀小试一下，看看几分钟能不能解决这个传统数学即使想到了永远也无法解决的问题。

既然有了孪生质数定理，就有了孪生质数数域生成分数数域的基数公式（236），有了高斯公式（1）和质数生成分数数值之和公式（38）的**单个质数生成分数值之和定理**，借助大数域理论独创的无穷小**瞬时等差公理**以及大量实际数据，可以求出全体孪生质数数域生成分数数值之和的通项估值公式，见表 70。

由表 70 可以看出，在 10^1 到 10^6 范围内，全体孪生质数生成分数数域基数与分数数值的比值是一个常数 2，孪生质数生成分数数域基数是该分数数值之和的 2 倍。

由**全体质数生成分数值之和定理**，我们直接用公式（236）和公式（38）得到全体孪生质数生成分数数值之和的公式如下：

$$(238)\quad C_{FTsum}=\frac{1.4170733585}{2}*\frac{C_I^2}{ln(C_I)^2}=0.70853667925*\frac{C_I^2}{ln(C_I)^2}$$

$$(239)\quad X=0.70853667925$$

这里常数 $X=0.70853667925$ 被称为**孪生质数生成分数数值常数**。

表 71 是该公式（238）在 100 万以内的计算值和实际数值的比较以及误差。

从表 71“计算值与实际值的误差”一列可以看出，当 $n\to\infty$，误差收敛趋于 0。

表 70 全体孪生质数生成分数数域基数与分数数值关系表

序号	区间	实际孪生质数数域基数累计 C_T	实际整数数域生成分数数域基数 C_F	实际质数数域生成分数数域基数 C_{PF}	实际孪生质数数域生成分数数域基数 C_T	实际孪生质数生成分数数值累积总数 C_{FTsum}	$C_T:C_{FTsum}$
1	10^1	2	31	13	14	6	2.3333333333
2	10^2	8	3,043	1,033	470	234	2.0085470085
3	10^3	35	304,191	75,959	24,164	12,081	2.0001655492
4	10^4	205	30,397,485	5,735,167	1,725,996	862,999	1.9999976825
5	10^5	1,224	3,039,650,753	454,386,945	109,112,118	54,556,058	2.0000000367
6	10^6	8,169	303,963,152,391	37,550,323,525	7,424,350,304	3,712,175,153	1.9999999995

表 71 孪生质数生成分数数值之和公式计算值与实际值的误差表

序号	孪生质数	单个孪生质数生成分数个数	孪生质数生成分数个数累积总数	单个质数生成全体分数值之和	孪生质数生成实际分数数值累积总数	公式计算值 $0.70853667925*\frac{C_I^2}{(ln(C_I))^2}$	计算值与实际值的误差
1	3	2	2	1.000000	1.000000	5.283430	4.283429805480
2	5	4	4	2.000000	3.000000	6.838390	1.279463468963
3	7	6	10	3.000000	6.000000	9.168807	0.528134570895
4	11	10	20	5.000000	11.000000	14.910331	0.355484636975
5	13	12	32	6.000000	17.000000	18.200841	0.070637698086
6	17	16	48	8.000000	25.000000	25.509481	0.020379240691
7	19	18	66	9.000000	34.000000	29.502881	0.132268215608
8	29	28	94	14.000000	48.000000	52.552791	0.094849819079
9	31	30	124	15.000000	63.000000	57.741542	0.083467582186
10	41	40	164	20.000000	83.000000	86.366702	0.040562680174
……	……	……	……	……	……	……	……
16330	999329	999328	7417352972	499664	3708676487	3707555338	0.000302304371
16331	999331	999330	7418352302	499665	3709176152	3707569104	0.000433262826
16332	999431	999430	7419351732	499715	3709675867	3708257433	0.000382360727
16333	999433	999432	7420351164	499716	3710175583	3708271200	0.000513286538
16334	999611	999610	7421350774	499805	3710675388	3709496574	0.000317681828
16335	999613	999612	7422350386	499806	3711175194	3709510343	0.000448604751
16336	999959	999958	7423350344	499979	3711675173	3711892792	0.000058630833
16337	999961	999960	7424350304	499980	3712175153	3711906565	0.000072353254

第五章 数的生成理论和构造理论

第一节 数的模型构造理论

经典传统数学认为，所有的数尤其是实数都是按照某种数学模型构造或定义而成的。即数是通过某种人们想象的数学模型构造出来的。这就是经典传统数学**数的构造理论**。见参考文献[54]。

数的构造理论的主要思路是：只要模仿的欧几里得几何公理体系，人为主观定义一套人们认为完美无缺的公理符号体系作为所有数学的基础，就可以推导出整个数学体系来。这样有了这个以坚实的公理符号体系作为所有数学的基础，数学宏伟大厦的架构就算完成了，于是数学的大一统理论也就完成了。事实证明此路不通，缺乏对数的本质的深刻认识根本无法揭示无穷大的奥秘。

第二节 数的运算生成理论

大数域理论第一次明确提出，所有的数如整数、质数、分数、实数及其基数等等以及所有的数域如整数数域、质数数域、分数数域、实数数域、超越数数域及其基数数域等等都是由原始元素 1 通过一系列基本数值运算如加减乘除幂等一步步生成出来的，没有任何重复多余的元素，也不漏掉任何元素，一个不多，一个不少。这就是大数域理论主张的**数的生成理论**。大数域的数的生成理论的广度、深度和精度远远超过经典传统数学的数的构造理论。

数究竟是数学天才们用数学模型由人为构造出来的，还是用已知的自然法则根据基本数值运算规则和基本初始元素 1 客观的自然而然的逐步生成出来的，看似是一个简单的问题，实则是涉及数的起源和本质的大是大非的问题。见参考文献[54]。这个涉及人类文明进步的大是大非大方向问题的争论的结果将决定数的未来，将决定数学的未来，也将决定人类文明的未来。

数的模型构造理论的最大缺陷是无法解释基数，无法发现整数和分数之间，分数和实数之间，整数、分数和实数与基数之间以及基数与基数之间的错综复杂和深刻的固有的数值逻辑关系，也根本无法发现基数数域；因为数的构造理论的基础是人为主观想象的某种数学模型，这些人为设计构造的各种数学模型始终没有解释清楚数的真正的来龙去脉，没有解释清楚数的发生，发展和未来走向，没有解释清楚各种各样数之间的最本质的超越元素数值的完全不同于元素数值之间的关系的更加深刻的数理逻辑关系。这可以从“对集合论的异议”一段看出来。见参考文献[54]。一个理论如果基本概念清晰无误，假设前提完全正确，观察角度足够全面，推导过程符合逻辑，那么该理论就根本不会产生任何悖论，也不会推导出任何有悖人类基本常识的奇谈怪论。欧几里得几何原理就是这样的伟大理论，除了第五公设有观察角度的基因缺陷以外，几千年来没有任何重大失误，也没有产生任何著名悖论。相反，康托尔的无穷大理论集合论一经面世就饱受诟病，悖论层出不穷，根本原因就是没有揭示数的本质，没有搞清各种各样数的来龙去脉，没有发现和揭示无穷大的本质，自始至终停留在关注单个或几个元素之间相互关系的低维度层面。后来的罗素公理、策梅罗分类公理等都是企图用公理化方法消除康托尔的无穷大理论集合论与生俱来的基因缺陷所产生的层出不穷的各种悖论和形形色色自相矛盾的推论。

这些公理体系的最大缺陷是用人为构造的一一对应映射方外绑定和无穷大数域生成毫无关系的没头没脑七无特征元素的集合元素。只能人为主观定设的分类标准有选择的描述和解释某些现象，企图用人为主观设计的几种模型框架去生搬硬套极其复杂的无穷大现象，不能全面地、深刻地认识数的本质，不能从根本上避免悖论产生，更不能作出任何有价值的重大发现。

大数域理论发现，通过简单加减乘除数值等数值运算可以从最小整数元素 1 生成最少整数数域{0，1}；从最少整数数域{0，1}生成整个整数数域；从整数数域生成其他数域如质数数域，分数数域，实数数域以及基数数域等所有数域；整数数域元素间加减乘除指的基本数值运算就是这些数域的基本生成规则，数值运算的基本公理体系就是大数域的基本公理体系。无需节外生枝画蛇添足多此一举。大数域生成原则把所有分类原则的公理体系都整合在一起了，成为自然而然的一体。这和以分类为基础的集合论的分类原则完全不同，生成原则比分类原则要更加深刻，更加全面，更加基础，更加客观，也拥有更高优先权。生成在先，分类在后，先有生成存在，后有对存在的分类。没有存在，无类可分，无物可分，无类可选，无物可选。

第六章 从无穷大到无穷大

如果说，康托尔的经典无穷大理论是从一到无穷大，那么大数域理论是从无穷大到无穷大；是从低阶无穷大到高阶无穷大，大数域理论是用无穷大认识无穷大，用无穷大生成无穷大，用无穷大度量无穷大，用无穷大整合无穷大。根本区别是经典无穷大理论是从元素层面认识理解和分析从一到无穷大；大数域理论是从无穷大大数域层面生成认识理解和分析从无穷大到无穷大。

从一到无穷大和从无穷大到更大的无穷大的探索发现的难度是天壤之别的，是呈指数暴增的，难度在于从一到无穷大仅仅欧几里得等量公理就足够了，不需要新的公理体系，不涉及新的世界观和更高的观察维度，更不需要文明升级进步的最新最伟大的结晶；而从无穷大到更大的无穷大仅仅欧几里得等量公理完全无能为力，不但需要全新的公理体系，需要新的世界观和更高的观察维度，还需要人类文明整体升级进步的最新最伟大的结晶：信息革命。

仅凭人类大脑肌肉蛋白的原始力量，人类是无法完成从无穷大到更大的无穷大的前无古人的伟大探索发现的空前壮举的。没有信息革命的伟大进步，没有信息文明的伟大升级，单凭农业文明和工业文明的狭隘眼界和低维度世界观，单凭人类罕有的数学天才可怜的计算力，根本不可能在无穷大探索上取得任何有价值的有意义的实质性进步，根本不可能解决连续统问题，更不要说难度远超连续统问题的所有无穷大大数域的大一统整合了。这些都是纯数学完全无能为力的。

第十一篇

可数集与一一对应映射方法的基因缺陷

康托尔独创的无穷大理论基础的可数集是一个非常有趣的东西。看看引自维基百科的最新定义："定义如果存在从 S 到自然数集合 N ={1，2，3，}存在单射函数，则 S 称为可数集。如果 S 还是满射，则同样是双射，则称 S 是无限可数集。换句话说，一个集合要想是无限可数集，它要和自然数集 N 有一一对应关系。"

这个定义什么意思呢？简单说就是可数集的基础是自然数数域。

下面我们侧重谈一下自然数数域的基本属性和集合的基本属性。讨论一下这个没头没脑的集合的怪物是怎么掺和卷入到无穷大探索里来的。

第一章 自然数数域的特点

兵法说，大军未动粮草先行。基本概念定义就是大数域理论先行一步的粮草，没有新的概念定义总结概括新的现象，大数域理论寸步难行。

基本概念定义 69：不可分数域元素的均匀分布

在任意给定整数 n 的区间[0，n]里，如果一个无限不可分数域里任意一个元素的后继数间距与其前驱数间距相等且等于一个常量，则该无限不可分数域元素在给定区间[0，n]里是均匀分布的。

很明显，自然数数域，偶数数域和奇数数域都是均匀分布的。而质数数域等不是均匀分布。无限可分数域元素比如分数，实数和超越数等的均匀分布情况比较复杂，将专门讨论。

基本概念定义 70：七无特征元素

无序，无标识，无定位，无数值，无均匀分布，无完备数值生成运算规则和公理体系，无可遍历元素；

很明显，无穷大集合元素就是**七无**特征元素。

基本概念定义 71：七有特征元素

有序，有标识，有定位，有数值，有均匀分布，有完备数值生成运算规则和公理体系，有可遍历的元素；

很明显，自然数元素就是**七有特征**元素。

自然数数域元素均匀分布定理：自然数数域里所有元素在数轴上都是均匀分布的。

证明简单，略。

为什么可数集非要死皮赖脸绑定自然数数域并以自然数数域为基础而不开宗立派自创一套呢？因为自然数数域是一个有序，有标识，有定位，有数值，有均匀分布，有完备运算规则和公理体系并且有可遍历元素的成熟系统，而可数集是寸草不生的荒滩乱石破砖烂瓦，根本不能用，需要人为制定补齐所有东西。绑定的目的何在呢？康托尔是想用**七无特征元素集合**解决前无古人又令他头疼不已的分数数域的基数问题。因为康托尔觉得一一对应映射似乎提供了一个解决思路。

可惜此路不通。

这就是大名鼎鼎的可数集和康托尔定理的由来。大数域理论分析发现，集合论是建立在可数集基础之上的，可数集又是建立在自然数基础之上的，自然数又是建立在皮亚诺算术加法公理之上的。见参考文献[78]。就是说**没有自然数数域，可数集将不复存在，集合论将不复存在。**

因此，集合论不是数的基础，数才是集合论的基础。

自然数是目前为止描述客观事物最基础的概念，自然数有至少七个特征为天生遗传的关键属性：**有序，有标识，有定位，有数值，有均匀分布，有完备运算规则和公理体系以及可遍历等的七有特征成熟系统**。

有序是指人们可以知道任意两个或多个数，它们之间的相对大小和顺序。

有标识是指人们可以用自己发明的数学符号 1，2，3，等等标定识别任何一个客观存在，比如用整数、分数、质数、超越数、基数等数来标定识别不同的客观存在。

有定位是指人们可以知道任何一个数，如整数、分数、质数、超越数、基数等等距离 0 点有多远。

有数值是指人们可以知道任何一个数，比如无论是整数，分数，质数，超越数还是基数，它们的确切数值是多少。

有均匀分布是指在整个数轴上，整数数域整数个数处处均匀分布。

有完备数值运算规则和公理体系的成熟系统是指在整个整数数域，所有整数天生遗传遵守加减乘除幂数值运算和遵守欧几里得等量公理。

可遍历是指整数数域的所有元素均可以被获取使用其所有属性。

从大数域理论我们知道，整数数域是所有无穷大数域的**原始母体数域**，所有其他数域都是由整数数域数域生成的。

第二章 集合元素的特点

由于康托尔发现了新的数——基数，为无穷大探索提供了有利的工具，可是研究分数数域的基数却遇到前所未有的麻烦，因为人类没有见过这类问题。根本不是如欧拉高斯一般搞个等量变换就可以搞出来的。就好像孙悟空一个跟头可以翻十万八千里，但是如来佛的手太大太大，孙悟空怎么翻也翻不出如来佛的手心。于是想到了一一对应映射，想简化问题难度创建一个比**七有特征元素的自然数更加抽象更加简略限制更少的概念，即大名鼎鼎的集合元素。这些元素的最大特点是**七无特征元素**；可是这样一个**七无特征元素**研究无穷大是毫无用处的，只好生拉硬扯人为制造一个可数集和**七有特征**元素的自然数数域（集合）绑定，绑定方法就是一一对应映射，就是说**七无特征**的集合论的最核心的基础仍然是**七有特征元素**自然数，仍然是大数域理论的所有无穷大数域的原始母体数域。绕了一大圈，又从一团乱麻的**七无特征元素**用人为绑定的方法回到**七有特征自然数数域**。即使是可数集，仍然是一个**七无特征**元素毫无意义组合的大杂烩，没有**七有特征自然数数域**的帮助，寸步难行。只好再以自然数作为其基础。

现在的问题是连续统问题是求解分数等数域的基数，为何要绕一大圈从**整数 → 可数集合 → 分数，即：数 → 可数集合 → 数**来求解分数等数域的基数呢？为什么要借助和自然数数域风马牛不相及的**七无特征**集合元素来研究**七有特征元素**分数数域的基数呢？实在看不出引入可数集对计算分数等数域基数有何必要反而画蛇添足越添越乱。大数域理论破解分数基数的发现过程，再一次证明康托尔借助集合概念解决连续统问题也就是分数基数的思路是无稽之谈，完全走不通的。人为绑定自然数的可数集的引入是无穷大探索里的致命败笔，不但于事无补反而误入歧途。

这些人为绑定的一一对应映射方法，如何保证把有标识有定位有序有数值的自然数数域里适用的所有公理、原则、计算规则和天生的属性用这种人为构建外在联系的一一对应的方法传递给无标识无定位无序无数值的集合元素以确保这些公理原则和计算规则在一团乱麻的集合里仍然有效呢？我们要问所有整数数域和规则系统及其元素的优良七有属性可以通过一一对应映射关系传递给可数集合元素吗？我们要进一步问，整数数域的规则和属性是怎么传递的？哪些规则和属性可以传递，哪些不能传递？为什么？

不就是求解无穷大集合分数数域等无穷大数域的基数吗？与其多此一举绕一个大弯，横插一个碍手碍脚与有标识有定位有序有数值的自然数数域风马牛不相及的毫无用处寸步难行的可数集，从数到集合再到数，即**数 → 可数集合 → 数**，为何不像大数域理论那样直接从自然数数域生成所有数域，这样直截了当可以保证在有标识有定位有序有数值的自然数数域里适用的所有公理、原则、计算规则和天生的属性万无一失地遗传给所有衍生数域而不必担心任何遗失问题呢？显然从高效、逻辑、方便、合理、快捷等角度，探索无穷大的基础大数域理论就遥遥领先，更胜一筹。这就是集合论致命的基因缺陷，就是说从可数集的基本定义开始，就包含了太多人为参与的因素，就决定了集合论的无药可救和注定失败的悲惨命运，是个一出生就无法存活的畸形怪胎。而我们要找的是无穷大领域的**没有任何人为因素参与干涉**的客观规律，寻找那些**不以人们意志为转移的客观规律**，一旦有人为的因素参与，一定不会产生有意义有价值的结果。

为何不直接从整数数域研究分数数域的基数呢？根本原因是发散无穷大规律发现难度太大，康托尔根本找不到规律。从大数域大常数 $\mathcal{Q}$ 的发现过程可以看出，难度系数呈指数爆增。

因为康托尔没有深刻理解数的本质，没有发现分数，实数，超越数等的生成规律，没有发现数域的生成规律，没有看懂同时代皮亚诺公理的深刻含义，没有看清皮亚诺公理和欧几里得公理的本质区别，没有看清无穷大大数域的来龙去脉，他的无穷大探索败走麦城是自然而然的事情。

不绑定七有特征的自然数数域，原先就无本无源空穴来风的七无特征的集合论的游戏根本玩不下去。集合论不是先天残疾而是不伦不类的畸形怪胎。不但不能解决连续统问题，反而忙中添乱误导误判，成为无穷大探索的巨大障碍。

大数域理论从生成哲学原理入手，抛弃人为主观设定一一对应映射，破解无穷大深层奥秘。

数是万事万物的最高抽象，正是有序，有标识，有定位，有数值，有均匀分布，有完备运算规则和公理体系有可遍历元素的**七有元素**把无序无标识无定位无数值无均匀分布无规则公理体系不可遍历的宇宙万物完全量化才使得人类有可能掌控。使人们可用具备**七有特征**的整数去理解和描述原本看似一团乱麻的宇宙。破解无穷大数域的奥秘不去探索数的本质而采用与数域毫不相干的**七无特征元素**的集合论来投机取巧无异于舍近取远，舍有取无，舍序取乱，完全是节外生枝偷梁换柱画蛇添足自找麻烦毫不可取的。

大数域理论证明，用**七有特征元素自然数数域**探索无穷大是最佳选项，可避免许多似是而非的悖论，而画蛇添足节外生枝借助**七无特征元素集合论**则是误入歧途。

第三章 一一对应映射方法的缺陷

通过前面的相关实证分析不难发现，一一对应映射的研究方法在无穷大探索里是有许多致命基因缺陷的，其中人为主观随心所欲的成分太多，过于肤浅，粗糙，简陋和浅薄，根本不能胜任无穷大探索和发现这个人类有史以来极其艰巨极其复杂极其艰难的工作。由于涉及内容太多，限于篇幅恕难详述，我们将另出专门文章加以讨论，这里暂且点到为止。见参考文献[78]。

康托尔是人类历史上第一个认识到大数域基数是数学重大基础理论问题关键的人，这是康托尔卓越的抽象思维远远超过欧拉、高斯、黎曼等天才的地方，但抛弃整数数域和皮亚诺生成公理而节外生枝采用可数集却使得探索无穷大连续统问题的解决走入歧途，走上不归之路。

除了一一对应映射方法不可救药的基因缺陷以外，现有公理体系的**重大缺失不足**也是妨碍连续统问题彻底解决的一个重要因素。这个现有公理体系就是现有整个数学的框架的天花板。几千年来，人们一直在数与数的关系上兜圈子，在数与数关系的天花板和欧几里得等量公理等公理体系支柱构成的狭小空间里变着花样翻跟头，目前已知的人类所有的发现，公式和定理都没有超出这个天花板限定的狭窄的空间。这个天花板实在太高了，就是康托尔这样的不世出的天才都根本感觉不到它的存在。如果连天花板有没有和在哪里都不知道，突破天花板无疑痴人梦呓。

大数域理论发现了这个天花板。可以参见图 46。

要彻底解决连续统问题，更进一步要大一统整合所有无穷大大数域，要建立前所未有的大统一数学，在数学最基础的底层把最基本的所有的数和数域统一在一起，现有的基础底盘和支柱性公理构成的基本框架显然是无能为力的。非大数域公理体系不可。

为什么一一对应映射方法在探索无穷大领域会遇到滑铁卢一般的灾难性结局呢？最关键的是没有在哲学层面彻底分清有限和无限以及有界和无界是两对重大质变拐点。有限变无限和有界变无界都需要极其谨慎，需要前所未有的强大的大数域理论的传承公理作基础，而传承公理是传统数学所完全没有的。完全独立于欧几里得等量公理的皮亚诺公理完整解释了在整数数域，从整数1可以生成整个整数数域，尤其是作为数学归纳法的皮亚诺第五公理，已经清晰解释了加法等数值运算可以从有限推广到无限，从有界推广到无界。即整数数域的生成数值运算可以成功跨越有限变无限和有界变无界这两个最重要最致命的质变拐点，在有限无限和有界无界所有领域畅通无阻。而人为主观设定的一一对应映射方法完全不具备皮亚诺公理和大数域传承公理的基本属性，无法跨越有限变无限和有界变无界质变拐点，因此必败无疑。

除非基因遗传，不属于生成规则体系生成的客观存在不可以滥用属于生成规则体系生成的客观存在里所有的规则、原理、公理、方法和原则。

即任何客观存在任何集合元素无法通过一一对应映射获得整数数域的基本遗传属性如七有特征元素自然数数域属性。

一一对应映射不具备整数数域的生成规则体系的基因遗传的传承属性。

一一对应映射方法不具备自然数一生万物一生无穷的生成哲学基础。没有生成属性，就没有遗传和继承的基因和功能；没有传承基因，就没有传承属性；没有传承属性，就不具备继承拥有整数数域的所有方法，原理，公理和原则的基本功能。

就好像人天生没有翅膀和飞行功能，这个飞行的基因是无论如何也不可能通过一一映射方法从鸟类映射到人的身体上、使得人可以长出鸟的翅膀像鸟一样在天空自由飞翔，更不可能通过一一映射方法从鸟类映射到石头上使得石头可以像鸟一样在天空自由飞翔。鸟就是鸟，人就是人，石头就是石头，来自完全不同的生成基因。而一一映射方法不自觉地于潜（或无）意识中偷换概念，悄悄使用了原本属于整数数域生成基因才具有的许多属性和原则公理原理，随心所欲随随便便不加证明就跨越有限变无限和有界变无界的质变拐点，于是才能推导出一堆自相矛盾漏洞百出无法自圆其说解释阐述混乱不堪的悖论和谬论。

而质变拐点好比水在0摄氏度和100摄氏度。液态水变成固态水的质变拐点就是0摄氏度，液态水变成气态水的质变拐点是100摄氏度，尽管都是水分子组成但气态水，液态水和固态水是性质完全不同的物质。处理固态、液态和气态水的方法是完全不一样的。

同样一一对应映射的质变拐点就是无限无界，越过其中一个或两个，一一对应映射方法完全失效而成为谬论。因为可数集并不具备整数数域的七有特征。

大数域理论从哲学层面反复证明基于一一对应映射方法的传统无穷大理论在哲学基础理论层面是完全错误的，属于无源之流，无稽之谈，无根之木。

简要总结，基于一一对应映射方法的康托尔经典无穷大理论有如下致命缺陷：

（1）缺乏提升观察客观事物的维度；

（2）缺乏在无限无界范围令人信服的证据；

（3）缺乏正确逻辑推理的前提；

（4）缺乏正确的坚实的哲学基础如缺乏老子生成哲学和庄子的可分哲学原理；

（5）集合论元素缺乏七有特征元素基本属性，需要人为的额外绑定自然数数域；

（6）缺乏正确清晰的基本概念定义。比如缺乏大数域定义的一系列基本概念；

（7）缺乏一系列正确的基本原则。比如大数域理论的五大基本原则；

（8）缺乏完整的全新的独立的有价值的公理体系，如缺乏大数域理论的可分公理和瞬时等差公理以及传承公理等；

(9) 缺乏对皮亚诺公理和欧几里得等量公理体系的深刻理解；

(10) 缺乏对有限有界无限无界等哲学概念的深刻理解。

通过前面的相关实证分析不难发现，一一对应映射的研究方法在无穷大探索里是有许多致命基因缺陷的，其中人为主观随心所欲的成分太多，过于肤浅，粗糙，简陋和浅薄，根本不能胜任无穷大探索和发现这个人类有史以来极其艰巨极其复杂极其艰难的工作。由于涉及内容太多，限于篇幅恕难详述，我们将另出专门文章加以讨论，这里暂且点到为止。见参考文献[78]。

第四章 无穷大资源分析

如前所说，集合论为了解决连续统分数基数的问题，引入七无特征元素的可数集合，用一一对应映射方法把劣质的七无特征元素的可数集合人为地死死绑定最优质的七有特征元素自然数集合，仍然无法获得分数基数，于是发明对角线方法，“证明”分数数域基数和整数数域基数一样多。接着发明幂集概念，论证幂集的基数是 2^{C_I}，再证明幂集的基数 2^{C_I} 和实数的基数一样多，从此完成引入七无特征元素的可数集合来解决整数数域基数，分数数域基数和实数数域基数的艰巨任务。这个论证推理过程就是从**自然数集合的基数 → 可数集集合的基数 → 幂集集合的基数 → 实数**（康托尔时代定义的实数还包括超越数，即以所有整数，分数，实数为底数，以实数为指数生成的超越数等）**集合的基数**，就是说，是从**数的集合的基数 → 集合的基数 → 更复杂集合的基数 → 更复杂数的集合的基数**，显然突如其来的集合的出现打断了数的正常推理过程，搅乱了整个逻辑推理链。就是说，没有可数集的概念，没有幂集的概念，不借助可数集合这样外来的存在，仅仅凭借人们对数已有的基本认知，传统无穷大理论是无法推导出实数和超越数数域的基数的。**即传统无穷大理论认定：从简单的自然数的集合的基数 → 更复杂数的集合的基数的直接推理是不存在的。整数和实数之间没有内在的深刻的逻辑关系，必须借助外来的毫不相干的人为设定的集合元素，必须借助一一对应映射方法，才能破解无穷大数域的基数奥秘。大数域理论用证据证明，康托尔的这个逻辑完全错误。**

这里传统无穷大理论的推理过程是：数（自然数）集合的基数可以决定可数集的基数；可数

集的基数可以决定幂集的基数；幂集的基数可以决定实数的基数；实数的基数可以决定其与数（自然数）集合的基数孰大孰小。

简单说康托尔的逻辑就是，把**优质资源**的七有特征元素的整数集合和**劣质资源**的人为编造的七无特征元素的可数集合用一一对应映射人为绑定，用一种简单自然数 I 集合的基数 C_I 决定另外一种与 I 毫无关系的可数集合 A 的基数 C_A，A 再构造另外一种复杂的不可数集合 B（A 的幂集），可以从可数集合 A 的基数 C_A 求出不可数集合 B（A 的幂集）的基数 C_B，再根据一一对应映射，不可数集合 B（A 的幂集）可以和更复杂的数 R 集合建立一一对应映射关系，所以不可数集合 B（A 的幂集）的基数 C_B 可以和更复杂的不可数集合 R 的基数 C_R 完全相等。这种混乱的概念和混乱的逻辑推理导致的结果是灾难性的。

奇葩的是，可数集合 A 可以随随便便就生成不可数集合 B（A 的幂集），即映射的一边可数集合 A 和不可数集合 B 之间存在一个生成链；而自然数集合 I 却没有明确直接的生成途径生成出完整的不可数实数 R 集合，即映射的另外一边（也是映射发起边）可数自然数集合 I 和不可数集合 R 之间却不存在一个生成链。即映射两边是两个完全不同性质的推理过程，也是两个完全不对称不一致的推理链。至少是两边生成过程的生成规则完全不对称不一致。两边生成过程生成元素也完全不对称不一致。

推理链的第一条是大数域的各个无穷大数域，采用的是几千年文明发展极其成熟优质资源称为数字作为基本元素，遵循同样可靠坚实的哲学原理，使用的都是完全一致的成熟的经得起时间考验没有悖论的加减乘除幂运算生成规则，推理和结果可以经得起千百年无数证据反复检验，生成结果都是同一类不同性质可以经得起千百年无数证据反复检验的数字元素，最后构成的是大数域的各个无穷大数域；

而推理链的第二条是完全都是人为捏造的一系列客观实际完全不存在主观设定的规则，采用的是不堪大用的极其贫瘠的资源称为集合元素，没有任何可靠坚实的哲学原理可以遵循，使用的都是人为捏造的生成规则，进行的是人们自以为是想入非非的所谓推理，生成的是推理者自己都不明白的东西，这些东西除了悖论没有一个结果是可以是经得起时间证据反复检验的；然后用一一对应映射方法把两个完全不对称不一致不同性质不同推理过程的推理链的结果进行一厢情愿的人为绑定，最后欢呼雀跃第一条推理链的生成过程的结果可以和另外一条风马牛不相及的推理链的生成过程的结果完全相等，世界上恐怕再也找不到比这个推理更荒谬更可笑的逻辑了。

大数域理论认为，整个从数域到集合再到集合再到数域的循环逻辑论证的传统无穷大理论的逻辑推导链是毫无意义没有价值的，无穷大大数域有自己发生生成发展的内在规律，根本没有必要人为地和任何身外之物绑定，任何人为绑定只会搞乱逻辑推理的思路。大数域理论证明，实数数域的基数不等于 2^{C_I}，而超越数数域的一个下限都远远大于康托尔推导的 2^{C_I}。

大数域理论证明，康托尔关于实数数域的基数等于 2^{C_I} 的结论是错误的。

第十二篇

大数域理论和文明进步接力赛

第一章 万数归一

从大数域理论从基本元素整数 1 开始，生成整个整数数域，再生成整个分数数域，再生成整个实数数域，再生成整个超越数数域，最后生成整个基数数域，我们看到大自然创造万物的有条不紊循序渐进生生不息的伟大生命力，惊叹造物主那只看不见的巨手在创造茫茫宇宙五彩缤纷的大千世界。或许是鬼斧神工的造物主的有意安排，被我们有幸意外发现，伟大的大数域生成率大常数 $\mathcal{Q}$ 展示了其生成和整合所有无穷大大数域的惊天动地的能力。由于大常数 $\mathcal{Q}$ 的发现，我们或许可以说，万数始于一，万数源于一，万数归于一。伟大的数 1 是所有数的源头和祖先，是这个小如尘埃的微不足道的蓝色星球上人类社会的火种，现代文明的源头。

第二章 万形归圆

顺着大一统大数域整合的脉络，再看正三角形，正四边形，正五边形，正六边形，……，正 n 边形，…… 最后当 n 趋于无穷大时，这些正多边形的边长和内切圆直径的比值始终是趋近于一个不大于 5 最后趋于 3 左右的常数。

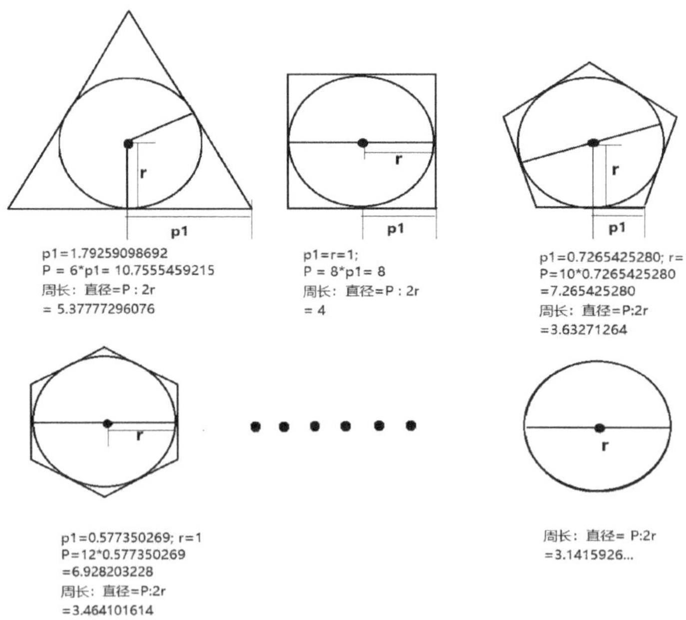

图 66 万形归圆

看看这些正多边形边长和内切圆直径的比值呈现收敛趋势：

正三角形，边长和内切圆直径的比值 P：2r =5.37777296076

正四边形，边长和内切圆直径的比值 P：2r =4

正五边形，边长和内切圆直径的比值 P：2r =3.63271264

正六边形，边长和内切圆直径的比值 P：2r =3.464101614

……

正无穷多边形，边长和内切圆直径的比值 P：2r =3.1415926；

见图 66，即：**万形归圆**。圆成了所有封闭几何形状的最后归宿。

同理，万形归圆也可以从中国三国时代数学家刘徽的割圆术得到证明，见参考文献[99]。

第三章 万域归 $\mathcal{Q}$

大数域生成率大常数 Q 联结整合所有可分数域的出类拔萃的整合能力前面已经阐述得比较清楚了。就是说所有大数域基数大于整数数域基数的数域的生成都离不开大常数 Q。我们甚至可以说，所有可分数域的元素都起源于和大常数 Q 密切相连的整数数域。所有无穷大可分数域都和大常数 Q 息息相关，即万域归 Q。见图 67。

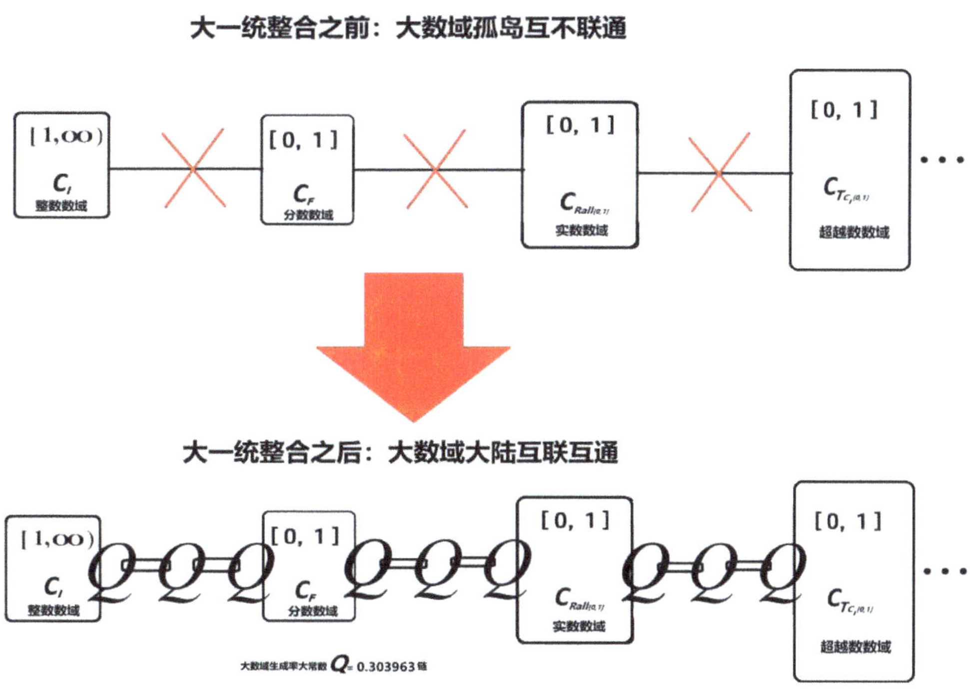

图 67 大一统大数域整合

第四章 从无穷大∞到无穷大∞

数就是客观事物高度抽象的终极标识。宇宙万事万物均可标识。简单的客观存在可用整数标识，复杂一点的整数无法标识的客观存在可用分数标识，比较复杂的分数无法标识的客观存在可用实数标识，更加复杂的实数无法标识的客观存在可用超越数标识，极其复杂的超越数无法标识的客观存在可用基数标识，到基数数域层面，就是用低阶无穷大标识高阶无穷大。

数学就是这样一步一步进步的。人类文明也是这样一步一步缓慢进步的。

康托尔揭开了从 1 到无穷大的帷幕，大数域理论开辟了从无穷大到无穷大的通途。

从生命发展史看， 从 0 到 1，从无到有，生命在蓝星这个浩瀚宇宙里微不足道的灰尘上为了生存苦苦挣扎了几亿年，终于站稳了脚跟；

从 1 到 3，人类的祖先在这个跟随太阳高速飞奔的星球上为了摆脱饥饿寒冷疾病走出黑暗寻找光明前赴后继浴血奋斗了几百万年，历尽艰辛终于爬到食物链顶端；

从 1 到无穷大，人类的先贤和哲人带领这个不屈不挠的伟大种群走出愚昧走出黑暗找到了现代文明的火种最终引发伟大的农业革命，工业革命和信息革命，踏上了文明升级换代的康庄大道；

从无穷大到无穷大，人类高举自己族群最优秀的先知先哲点燃的文明火炬，携文明升级进步势如破竹雷霆万钧胜利余威，义无反顾踏上奔赴星辰大海探索茫茫宇宙的伟大征程。

人类锲而不舍艰苦卓绝孜孜不倦的探索发现是这个蓝星有史以来漫漫几十亿年生物进化史上空前绝后旷日持久最伟大的种群文明进步接力赛，是最为可歌可泣的伟大传奇。这个伟大的种群一棒接着一棒，一代接着一代，一个民族接着一个民族，一个文明接着一个文明，一批英雄接着一批英雄，奋不顾身，舍生忘死，前赴后继，薪火绵绵，代代相传，从饮血茹毛荒郊野岭开辟出波澜壮阔气吞山河的现代文明。所有参加这个伟大探险文明进步接力赛的国家民族和披荆斩棘的探险者们都是这个伟大种群里最有生命力最优秀最出类拔萃的佼佼者，都在这个伟大种群的文明发展进步史上书写下惊天地泣鬼神气贯长虹的伟大篇章，刻下光芒万丈的不朽英名，成为人类历史上彪炳青史万古流芳的一座座伟大的丰碑，成为文明进步征途的星空上璀璨夺目的一颗颗耀眼的恒星， 成为人类走出地球摇篮走向茫茫星海的一盏盏指路的明灯；成为文明进步阶梯金光闪闪的一级级坚实的台阶，激励下一代踩着他们的肩膀继续攀登。他们的传奇被后人代代传颂，他们的榜样被子孙竞相仿效。

所有没有机会或放弃机会选派自己最优秀的选手参加这场蓝色星球上最伟大的经久不衰的世纪盛世事——奥林匹克文明进步接力赛的国家民族和文明，无论曾经多么辉煌灿烂，最终都会被历史的巨浪所淘汰，被文明进化浩浩荡荡的世界潮流所淹没，成为文明发展的长河上一朵朵稍纵即逝绚丽的浪花，步玛雅文明和阿兹台克文明的后尘，走进历史博物馆，成为反面教训的经典，成为令人扼腕叹息的千古绝唱。

茹毛饮血，结绳为主；刀耕火种，记事为主；青铜文明，识字为主；农耕文明，考试为主；现代文明，发现为主。今天，探索发现成为现代文明的主旋律和引擎，成为文明升级的进步阶梯。

破解连续统问题作为起点，站在先驱康托尔搭建的连续统高台跳板上纵身一跳，飞跃横亘在人类文明前进道路上几千年的发散无穷大的无底鸿沟，用大一统大数域整合的大数域理论的如椽巨手，稳稳接住了一个多世纪前德国天才康托尔传过来的沉甸甸的人类进步文明接力赛的接力棒，披荆斩棘，风雨兼程，大步流星意气风发又踏上了新的征程。

第十三篇

大数域大统一

第一章 笛卡儿对人类文明的伟大贡献

大道至简。最伟大最深刻的真理常常是用最简单最朴素的语言描述的。

首先从数学史上开天辟地前无古人的整合鼻祖法国伟大科学家笛卡儿说起。

人类数学史上第一次数和形的大整合是 17 世纪法国伟大思想家笛卡儿开创的。

按照维基百科的说法，早年的笛卡尔，并没有如欧拉高斯一般显示出过人的数学天赋，似乎只是对哲学特别感兴趣。他 8 岁进入皇家大亨利学院学习，20 岁毕业。毕业后笛卡尔对父亲期望的律师专业犹豫不决，决心游历欧洲各地，专心寻求“世界这本大书”中的智慧。22 岁当兵，突然对数学感兴趣，23 岁发现了人类文明历史上划时代的具有里程碑标志的大名鼎鼎的笛卡尔坐标系，成为人类历史上第一个整合代数和几何，整合数和形的恒星级别的伟大人物。见参考文献[84]。

数和形是数的存在属性的两个最重要的从属属性：数的数值属性和数的定位属性。笛卡儿第一次用伟大的笛卡儿坐标系量化了几何图形，把数的数值属性和数的定位属性完美整合统一在一个框架里。可以说，笛卡尔坐标系是笛卡儿第一次发现数的定位属性， 笛卡儿的伟大发现第一次把代数几何这两个外表似乎毫不相干的数学学科完美整合统一在一起了，为后来的现代物理以及黎曼几何等等现代科学和数学开辟了全新的领域。笛卡尔坐标系和笛卡儿独创的解析几何成为现代数学不可或缺的坚实基础。今天我们几乎可以在现代文明所有的层面和现代社会所有生产和生活场景，看到笛卡儿坐标系的伟大身影。

今天人类已经步入信息文明时代，我们生活的方方面面都和一代恒星笛卡儿几百年前的伟大发现息息相关。从现代物理和现代数学航空航天宇宙开发以及计算机互联网等翻天覆地的辉煌成果，我们可以看到笛卡儿的伟大发现对人类文明进步无与伦比的伟大贡献和深远意义，看到量化图形实现数和形**大一统整合**所爆发的威力。

基于笛卡儿坐标系建立的解析几何所揭示的本质正是数和形**大一统整合**。

笛卡儿的发现对人类文明的进步作出了里程碑式的不可磨灭的伟大贡献。

第二章 无穷大大数域的大一统整合

比连续统更加深刻的问题是：所有的无穷大大数域目前都是各自为政一盘散沙的分离状态，是不是可以找到大数域之间具有的某种抽象共性，通过这种共性把所有大数域统一起来整合成为一个有机的整体呢？和计算机的工业企业应用整合 EAI 和互联网的大一统整合 UII 不一样的地方是，数学不同学科比如代数和几何的整合难度更大，因为数和形是两个完全不同的客观存在。数学的**大一统整合**寻找的是更加深刻更加普遍更加难以发现的客观事物的深层具有共性的联系。数的定位属性的发现为笛卡儿的坐标系提供了**大一统整合**数和形的理论基础。比数的数值属性和定位属性更加抽象的数的存在属性**大一统整合**的探索直接导致大数域生成率大常数 Q 的发现。而大数域生成率大常数 Q 的发现为大数域理论提供了坚实的理论基础。

康托尔发现基数的伟大贡献所引发的连续统问题直接导致大数域理论的发现，曾经困惑人类一个多世纪的连续统问题成了大数域理论最初级入门问题，几乎所有大数域理论涉及和讨论的问题的难度和深度都远远超过连续统问题。大数域理论发现了不同无穷大数域之间存在牢不可破的内在的极其深刻的数值逻辑生成关系，发现了联接这些不同无穷大数域之间数值逻辑生成关系的关键大常数 Q，提出了一个更加基础更加深刻的问题，这些自古以来都是各自为政老死不相往来的独立的似乎毫不相干的一盘散沙的无穷大大数域，是不是可以用一个类似笛卡儿坐标系的方法，利用数的比定位属性或数值属性更加抽象的属性——存在属性，把这些从来没有任何本质联系的大数域整合统一在一起，形成一个前无古人的大一统整合的完整统一的大数域呢？如果有，是什么方法呢？看看笛卡儿坐标系完成的数和形大一统整合或者数的数值属性和数的定位属性这两个数的存在属性的从属属性的大一统整合所产生的翻天覆地的变革以及给人类文明带来的前无古人的空前巨变，那么更加基础更加深刻的数的存在属性的大数域完成大一统整合以后会给人们生活以及人类文明带来什么变化呢？这就是大数域理论的使命，用大常数 Q 整合所有的无穷大数域。

凭借伟大的大数域生成率大常数 Q 的神助，当所有的无穷大大数域全部完成大一统整合完成联接贯通以后尤其是和前所未有的基数数域贯通以后，其爆发的威力一定蔚为壮观，不容小觑。站在这个人类前所未见的大一统整合大数域的新大陆上，人们一定会有所发现，有所前进。 三大基本无穷大数域整数数域，分数数域和实数数域的大一统生成整合图， 参见图 67。

第三章 来自不同文明的数学

回顾著名的欧拉公式： $1+\frac{1}{2}+\frac{1}{3}+\frac{1}{4}+\frac{1}{5}+\frac{1}{6}+\frac{1}{7}+\frac{1}{8}+....+\frac{1}{n}=ln(n)+\gamma;$ 再看看大数域发现的所有不重复真分数之和公式（33）：

$$\frac{1}{2}+\frac{1}{3}+\frac{2}{3}+\frac{1}{4}+\frac{3}{4}+\frac{1}{5}+\frac{2}{5}+\frac{3}{5}+\frac{3}{5}....+\frac{n-2}{n}+\frac{n-1}{n}+... =$$

$$C_{F_{Sum}}=[Q*C_I^2]*(0+1)*\frac{1}{2}=0.15198177\ 58182955*C_I^2;$$

这两个公式看起来没有什么特别的地方，其实这只是表面现象。本质上这两个公式和其他几乎所有大数域公式一样，都是**来自完全不同数学和完全不同文明的产物**。

欧拉公式来自后农业文明和前工业文明；大数域公式（33）来自信息文明。

因为后农业文明和前工业文明是无法发现大数域生成率大常数 Q 的，这个大常数 Q 的发现需要的是文明革命的进步，需要的是维度远远高于农业文明和工业文明的信息文明革命创造的高速计算机提供的空前强大计算力。

大数域理论和传统数学是来自完全不同公理体系不同文明的产物。

这两个公式来自两个差距极其巨大的不同文明。这两类公式背后是极其悬殊的文明的代差。

这两个公式代表两个不同公理体系不同文明的最新成果。

应该说公式（33）难度和深度远远超过欧拉公式，别忘记公式（33）仅仅是大数域理论众多公式里最不起眼的一个普通公式而已。因为公式（33）不单单涉及大数域生成率大常数 Q 的发现，还涉及全新的大数域公理体系尤其是**传承公理**和**无限可分瞬时等差公理**。这两个公理已经远远超过传统的欧几里得等量公理体系和皮亚诺原始的生成公理的范畴。估计当年发现欧拉公式的伟大天才欧拉以及后来的高斯黎曼等数学天才也曾经思考过所有真分数之和的通项公式，也想得到类似公式（33）的结果，因为这是举一反三非常自然的事情。无奈最后都无疾而终。**因为问题的难度和解决问题所需要的人类整体资源和认识水平总和以及文明进步的程度，已经远远超过他们所处的环境和时代所能提供的可利用资源的最大上限。**

大常数 Q 是划分这两个不同文明不同公理体系的基础数学的伟大分界线。

再伟大的天才也有自己的时代局限，很难超越自己的时代所处文明技术环境能拥有的全部能量所创造的文明结晶所能够提供的基本条件允许的超越时代的发现。

另外一个例子是大名鼎鼎的布朗常数，即所有孪生质数倒数之和。

$$B_2=(\frac{1}{3}+\frac{1}{5})+(\frac{1}{5}+\frac{1}{7})+(\frac{1}{11}+\frac{1}{13})+(\frac{1}{17}+\frac{1}{19})+(\frac{1}{29}+\frac{1}{1})+\ldots\approx 1.902160578$$

这个公式也是典型的工业文明的公式，而不是信息文明的公式，因为它处理的是极其简单的特列。常数特征比较明显简单，不需要借助信息文明的最新成果的帮助，仅凭简单计算就可以估计出结果的常数。

而大数域理论的公式（238）则是更加一般更加困难更加抽象的普遍情况：所有孪生质数生成的分数的值之和。

$$C_{FTsum}=0.70853667925*\frac{C_I^2}{(\ln C_I)^2}$$

公式（238）和布朗公式的难度差距是显而易见的，深刻程度和重要性完全不是一个数量级的。可以说公式（238）所解决的问题，工业文明根本无解，而公式（238）仅仅是大数域理论诸多原创公式里一个普通公式而已。

类似大数域公式（33）和公式（238），本书里大部分其他的原创公式都是信息文明的产物，都不可能在低档次的农业文明和工业文明被发现，和天才智商无关。

欧拉常数和布朗常数等都是人类数学史上信息文明前的工业文明的巅峰之作， 大常数 Q 不但是信息文明的辉煌结晶，更有可能是全新文明的起点。巨大文明代差显而易见。大常数 Q 是横亘在这两个文明之间的巨大鸿沟。几百年来在这个方向上，人类再未前进一步。因为从特殊到一般，从有限到无限，从有界到无界，从无穷大到无穷大，人类无路可走。要跨越这文明代差的巨大鸿沟，人类要耗费几百年时间。

大常数 Q 和大数域理论扫清了这条道路上的所有障碍，天堑变通途。

大数域理论把人类认识的疆界拓展到新的无穷大，拓展到新的数域，拓展到新的公理体系。

传统数学公式主要来源是等量变换公理体系；

大数域数学公式主要来源是等量变换公理体系和全新生成公理体系；表面看是简单不重复分数数量的改变，本质上是寻找解决方案的思维和观察事物的维度以及提供解决手段的文明层次已经发生翻天覆地的变化。

当传统数学还在农家小院用铁锨翻腾自己一亩三分地的时候，大数域理论已经遥控着无人联合收割机驰骋在广袤无垠的美洲大平原收割堆积如山的大豆玉米和小麦了。

这就是量变引起质变。信息革命引起的量变的量是骇人听闻前所未有的海量和巨大，因此引起质变的量变的门槛也令人恐怖的高得出奇，信息文明质变门槛如此之高令人窒息难以置信，远不是农业文明工业文明可以想象的，没有信息革命结晶的计算机的伟大帮助人类根本不可能完成信息文明的使命，更不可能完成文明升级的使命。

和传统数学不同的是，大数域理论是大维度，大视野，大格局，大框架，大体系，大方案。

大数域生成率大常数 Q 是辞别工业文明的依依不舍的悲壮挽歌，是闪耀信息文明夺目光芒的辉煌结晶，是进阶星际文明的高歌猛进的光辉灯塔。

第四章 大数域重要常数一览表

探索研究无穷大 ∞ 以来，我们已陆续发现和验证了一系列对大数域理论以及所有生成数域的存在与发生和发展有着重大影响起着举足轻重作用的相关常数以及几个极为重要的大数域基数。由于受到笔者所能掌握资源的限制，在本书中所展示发现和计算得到的一些常数我们只能给出大约近似的范围，更加精确的常数值，还有待于全世界英豪们的共同努力和贡献。

为便于读者使用和记忆，在此特将前面书中提到一些已发现的初成体系的重要数域常数情况按照公式编号的顺序或所处篇章归拢在一起，以助读者在应用中查找和对照。见表 72。

表 72　大数域重要常数及其相互关系与数域基数公式一览表

序号	常数符号	常数名称	常数值与相互关系	基数所在公式号或篇章节
1	Q	分数数域生成率大常数	$Q = 0.303963...$	(18) (20)
2	J	奇数数域生成率大常数	$J = 0.20264173\ 3232$	(27)
3	Y	偶数数域生成率大常数	$Y = 0.1013211... = \frac{J}{2} = \frac{Q}{3}$	(29)
4	G	质数生成分数常数	$G = 0.51600669\ 113239...$	(32)
5	S	区间[0，1]内全体分数数值之和常数	$S = 0.15198177\ 5818 = \frac{Q}{2}$	(33)
6	W	质数生成分数之值总和常数	$W \approx 0.25800334\ 556 = \frac{G}{2}$	(39)
7	q_C	整数基数的自然对数 $ln(C_I)$ 和整数基数生成对数 $lq(C_I)$ 的关系常数	q_c=1.11173579748	第二篇 第五十一章 第二节
8	L	大数域质数升级常数	$L = 1.01800918\ 9433703079\ 011874$	(140)
9	C_{F_B}	斐波那契数域基数公式	$C_{F_B} \approx 2.07835967\ \ 26 * ln(C_I) - 0.8038$	(146)
10	C_{F_BF}	斐波那契数域生成分数数域基数公式	$C_{F_BF} \approx 2.0232*(e^{(0.4814*n)})$	(151)

11	Z	孪生质数数域基数生成率大常数	$Z = 1.3985739698561$	(225)
12	F	孪生质数数域基数生成率大常数之二	$F = 0.735572153139111$	(235)
13	H	孪生质数生成分数常数	$H = 1.4170733585$	(237)
14	X	孪生质数生成分数数值常数	$X = 0.70853667925$	(239)
15	FF	阶乘分数基数生成常数（简称阶分常数）	$FF = 1.22$	第二篇 第三十五章

第五章 大数域重要基数图谱一览表

同理，为帮助读者更好地理解大数域的基本原理，理清无穷大基数的主要脉络和便于运用，下面特别列出有关大数域的重要基数一览表以及大数域重要基数曲线图谱。见图 68 和表 73。

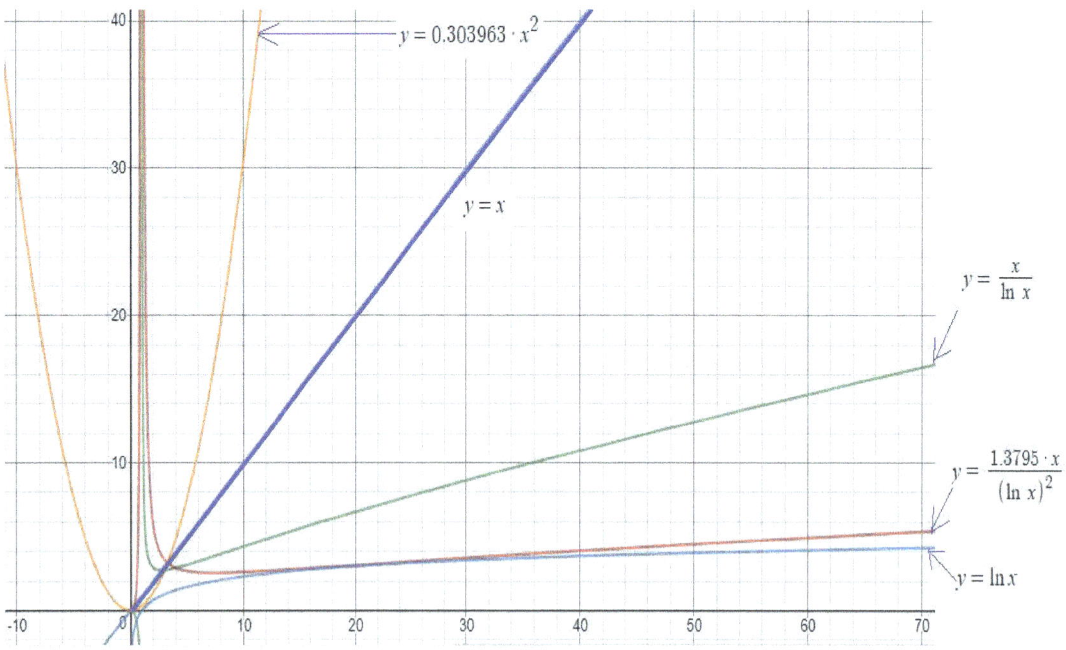

图 68　大数域重要基数曲线图谱

表 73　大数域重要基数一览表

序号	基数符号	基数名称	基数值相互关系	所在数域基数公式或篇章节
1	C_{Cantor}	康托尔基数	$C_{Cantor} = C_I$	(17) (19)
2	C_{Gauss}	高斯基数	$C_{Gauss} = \frac{C_{Cantor}}{C_{Euler}} = \frac{C_I}{ln(C_I)} = C_P$	(1)
3	C_{Euler}	欧拉基数	$C_{Euler} = ln(C_I)$	第二篇 第四十五章 第三节
4	C_F	分数基数	$C_F = Q * C_{Cantor}^2 = 0.303963 * C_I^2$	(17) (19)
5	C_O	奇数基数	$C_O = \frac{C_I}{2}$	(21) (24)
6	C_E	偶数基数	$C_E = \frac{C_I}{2}$	(22) (23)
7	C_R	奇数生成分数基数	$C_{F_o} = 0.20264173\ 3232 * C_I^2$	(26)
8	C_{F_E}	偶数生成分数基数	$0.1013211838788637 * C_I^2$	(28)
9	C_{FP}	质数生成分数基数	$C_{FP} = [\frac{0.51600669\ 113239 * C_I^2}{lnC_I}]$	(32)
10	$C_{Sum_{F[0,1]}}$	区间[0，1]内全体分数值之和	$C_{F_{Sum}} = \frac{Q}{2} * C_I^2$	(33) (185)
11	$C_{FP_{sum}}$	质数生成分数之值总和基数	$C_{FP_{sum}} \approx [\frac{0.25800334\ 556 * C_I^2}{ln(C_I)}] \approx \frac{C_{FP}}{2}$	(37)

12	$C_{Fimproper}$	假分数基数	$C_{F_{all}} = C_I * C_F$	(42)
13	$C_{I!}$	整数阶乘数域的基数	$\frac{4*\log_{10}(C_I)}{\ln(\log_{10}(C_I))+1.22} = C_{I!}$	(105)
14	C_{base2}	2 为底指数运算生成数域的基数	$\frac{\ln(C_I)}{\ln 2}$	(116)
15	C_{base3}	3 为底指数运算生成数域的基数	$\frac{\ln(C_I)}{\ln 3}$	(117)
16	C_{baseN}	N 为底指数运算生成数域的基数	$\frac{\ln(C_I)}{\ln(N)}$	第二篇 第五十四章 第六节
17	$lq(C_I)=C_q$	整数基数的生成对数	$C_q = 0.89949428835 * \ln C_I$	(126)
18	C_{baseQ}	生成对数基数和自然对数基数的关系	$lq(C_I) = C_{baseQ} =$ $C_q = 0.89949428835 * \ln C_I$	(132)
19	q	生成对数和自然对数关系常数	$\ln(C_I) = 1.11173579748 * C_{baseQ}$ $= q * lq(C_I)$	(133)
20	C_{P_Upda}	大数域升级版高斯质数公式	$C_{P\_Update} = L * \frac{C_I}{\ln(C_I)} = 1.0180($	(141)
21	C_{F_B}	斐波那契数域的基数	$C_{F_B} \approx \left(\frac{\ln(\sqrt{5} * C_I)}{\ln(\frac{(1+\sqrt{5})}{2})} \right)$	(144)
22	∂	斐波那契数域的基数公式的修正常数	$\partial = -0.80388$	(146)

23	K	斐波那契数域的基数公式的系数常数	$K = 2.07835967\,2$	（146）
24	C_{F_BF}	n 个斐波那契数生成的所有不重复分数数域的个数的通项公式	$2.0232*(e^{(0.4814*n)})$	（151）
25	$C_{F_{base\ 2}}$	以 2 为底 k 为指数的数域生成的分数数域基数	$C_{F_{base2}} = 1+2*(2^{\frac{ln(C_I)}{ln2}-1}-1)$	（152）
26	$C_{F_{base\ 3}}$	以 3 为底 k 为指数的数域生成的分数数域基数	$C_{F_{base3}} = 2+3*(3^{(\frac{ln(C_I)}{ln3}-1)}-1)$	（153）
27	$C_{F_{base\ 4}}$	以 4 为底 k 为指数的数域生成的分数数域基数	$C_{F_{base4}} = \frac{2}{3}*(4^{\frac{ln(C_I)}{ln4}}-1)$	（154）
28	$C_{F_{base\ 5}}$	以 5 为底 k 为指数的数域生成的分数数域基数	$4+5*(5^{\frac{ln(C_I)}{ln5}-1}-1)$	（155）
29	$C_{F_{base\ 6}}$	以 6 为底 k 为指数的数域生成的分数数域基数	$2+\frac{2*6*(6^{\frac{ln(C_I)}{ln6}-1}-1)}{6-1}=2+\frac{12*(6^{\frac{ln(C_I)}{ln6}-1}-1)}{5}$	（156）
29	$C_{F_{base\ 7}}$	以 7 为底 k 为指数的数域生成的分数数域基数	$C_{F_{base7}} = 6+\frac{6*7*(7^{\frac{ln(C_I)}{ln7}-1}-1)}{7-1}$	（157）
30	$C_{F_{base\ 8}}$	以 8 为底 k 为指数的数域生成的分数数域基数	$C_{F_{base8}} = 4+\frac{4*8}{8-1}*(8^{\frac{ln(C_I)}{ln8}-1}-1)$	（158）
31	$C_{F_{base\ 9}}$	以 9 为底 k 为指数的数域生成的分数数域基数	$6+\frac{6*9}{9-1}*(9^{\frac{ln(C_I)}{ln9}-1}-1)$	（159）
32	$C_{F_{base\ 10}}$	以 10 为底 k 为指数的数域生成的分数数域基数	$C_{F_{base10}} = \frac{40}{9}*(10^{\frac{ln(C_I)}{ln10}-1}-1)$	（160）

33	$C_{F_{baseN}}$	任意整数 *N* 的指数数域 I_{baseN} 能生成的所有不重复分数个数通项公式；*M* 是整数 *N* 可生不重复分数个数	$M+\frac{M*N*(N^{\frac{ln(C_I)}{ln(N)}-1}-1)}{N-1}$	（161）
34	$C_{F_{P!}}$	质数 P 的阶乘乘数生成的不重复分数基数	$\frac{P!}{(0.257657*(\frac{P}{ln(P)})+4.2162)}+2$	（164）
35	$C_{P!}$	质数阶乘数域的基数	$\frac{\log_{10}(C_I)-[((\log_{10}(C_I))*\ln(\log_{10}(C_I)),0)]}{10}+1$	（167）
36	$e_{precursc}$	分数 B/A 的 1/2 分割方法的动态前驱数通项公式	$\frac{b}{a}*(1-(\frac{1}{2})^n)$	（168）
37	d_{p_s}	分数 B/A 的 1/2 分割方法的动态前驱数和动态后继数间距通项公式	$d_{p\_s}=(\frac{1}{2})^n$	（170）
38	$C_{R_{[0,1]}}$	真分数为底为指数生成实数基数	$C_{R_{[0,1]}}=C_F*(C_I*C_F)=C_I*C_F^2=Q^2*C_I^5$	（176）
39	$C_{Rall_{[0,1]}}$	区间[0，1]内真分数为底真假分数为指数生成实数基数	$C_{R_{all[0,1]}}=Q^2*(C_I^5+C_I^4)$	（177）
40	$C_{X_{Rall}}$	数轴全体实数基数	$Q^2*C_I^5(C_I+1)$	（178）
41	$C_{Cube_{Fall}}$	三维空间分数的基数公式	$C_{Cube_{Fall}}=(C_I*C_F)^3=Q^3*C_I^9$	（182）
42	$C_{Sum_{Rall[0,1]}}$	区间[0，1]内全体实数值之和	$C_{Sum_{Rall[0,1]}}=\frac{1}{2}*Q^2*C_I^5(C_I+1)$	（183）

43	$C_{SUM_{Rall}}$	实数轴上全体实数值之和	$C_{SUM_{Rall}}=\frac{1}{2}*Q^2*C_I^6(C_I+1)$	（184）
44	$C_{Sum_{Fall}}$	数轴全体分数值之和	$C_I*\frac{Q}{2}*C_I^2=\frac{Q}{2}*C_I^3$	（186）
45	C_{T_R}	区间[0，1]里超越数数域的基数	$C_{T_R}=C_{T_{C_I}}\approx Q^{3*2^{C_I}}*C_I^{7*2^{C_I}}$	（210）
46	C_{XT_R}	数轴上超越数数域的基数	$C_{XT_R}=C_{XT_{C_I}}\approx Q^{3*2^{C_I}}*C_I^{8*2^{C_I}}$	（211）
47	$C_{Area_{T_R}}$	平面上超越数数域的基数	$C_{Area_{T_R}}=Q^{9*2^{C_I+1}}*C_I^{16*2^{C_I+1}}$	（212）
48	$C_{Cube_{T_R}}$	三维立体空间超越数数域的基数	$C_{Cube_{T_R}}=Q^{12*2^{C_I+2}}*C_I^{24*2^{C_I+2}}$	（214）
49	C_T	孪生质数基数	$C_T=Z*\frac{C_{Cantor}}{ln(C_{Cantor}^2)}=1.3985739698561*\frac{C_I}{ln(C_I^2)}$	（224）
50	C_{FT}	孪生质数生成分数数域基数	$C_{FT}=1.41707335 85*\frac{C_I^2}{(\ln C_I)^2}$	（236）
51	C_{FTsum}	孪生质数生成分数数值之和	$0.708536679625*(\frac{C_I}{\ln C_I})^2$	（238）

第六章 大数域重要定理一览表

为梳理和掌握大数域理论的主要脉络和主体思想，我们用一览表方式在下面特别列出大数域理论独立发现的重要定理，以简要说明有关情况。见表 74。

表 74 大数域重要定理一览表

序号	定理名称	定理内容	定理所在公式或篇章节
1	大数域分数生成定理	分数数域的基数和整数数域的基数的平方成正比	(19)
2	奇偶数生成分数大常数定理	全体自然数生成分数大常数 Q 等于全体偶数生成分数大 Y 常数与奇数生成分数大常数 J 之和；	(30)
3	整数分数定理	所有整数生成分数的值之和为整数生成分数基数的二分之一	(33)
4	偶数分数定理	所有偶数生成分数的值之和为整数生成分数基数的六分之一	(34)
5	奇数分数定理	所有奇数生成分数的值之和为整数生成分数基数的三分之一	(35)
6	整数分数整合定理	所有奇数生成分数的值之和为整数生成分数的值之和的三分之二，所有偶数生成分数的值之和为整数生成分数的值之和的三分之一，所有奇数和偶数生成分数的值之和正好等于整数生成分数的值之和	(36)
7	全质分值定理	**全体质数生成分数值之和定理**：全体质数所生成的所有不重复分数的值之和恰好是全体质数所生成的所有不重复分数的基数的一半	(37)
8	单质分值定理	**单个质数生成分数值之和定理**：质数和质数所生成的所有不重复分数的值之和之间是一个定数，其值等于该质数减 1 后余下的一半	(38)
9	基数反比定理 1：绝对反比定理	和**基准数域**元素相比较，一个数域元素的**绝对**发散速度和其数域元素的基数成反比	(52)
10	基数反比定理 2：相对反比定理	和非**基准数域**元素相比较，一个数域元素的**相对**发散速度和其数域元素的基数成反比	(53)
11	孪生质数定理	孪生质数基数和整数基数成正比而和整数基数对数的平方成反比。	(224)

12	孪生质数对质数定理	质数基数与整数基数的对数以及孪生质数基数的乘积成正比	（234）
13	大数域元素生成定理	可以按照一定运算规则，从最基础最原始的数域的元素比如 0 和 1，衍生生成出其他所有数域的元素	第四篇 第一章 第一节
14	分数生成 全息定理	任何一个分数都包含整个分数数域所有元素的基本生成信息；每一个分数都可以通过加减乘除基本运算生成出全部不重复分数来	第四篇 第一章 第一节
15	最大分数生成 比率定理	在任意给定区间的所有整数里，最大质数 P 所生成的不重复分数的个数最多为 P−1。当 P 趋于无穷大时，最大质数 P 和 P 所生成的不重复分数的个数之比即最大分数生成比率为 1	第四篇 第四章 第一节
16	最小分数生成 比率定理	在任意给定区间的所有整数里，该区间里所有质数 2，3，5，……，P 的乘积（简称质数乘积 $P!$）所生成的不重复分数的个数为最少。当 P 趋于无穷大时，该区间质数乘积 $P!$ 与 $P!$ 所生成的不重复分数的个数之比即最大分数生成比率为 0 或者某个接近 0 的常数 C	第四篇 第四章 第二节
17	无限不可分数 域最大基数定 理	所有无限不可分数域的基数不会超过基础数域即整数数域的基数；整数数域的基数是无限不可分数域的最大基数，也是无限不可分数域基数的上限	第五篇 第一章
18	无限可分数域 最小基数定理	所有无限可分数域的基数不会小于基础数域即整数数域的基数；整数数域的基数是所有无限可分数域的最小基数，也是所有无限可分数域基数的下限。	第五篇 第一章
19	可分不可分数域 基数定理	所有无限可分数域的基数远大于所有无限不可分数域的基数	第五篇- 第十章
20	元素动态前驱后继数 间距在同一时态恒等 定理	在给定区间[0，1]里，对于所有无穷大可分数域元素，无论采用何种分割方法寻找任意时态的任意分数的动态前驱数和动态后继数，在无限分割的任何一步，所有分数的当前时态的动态前驱数和动态后继数之差即动态前驱数和后继数间距是完全相等的，动态前驱数后继数间距与分数的数值无关，而与分割的方法有关	第五篇 第十八章
21	大数域元素 绝对密度定理	无穷大大数域 K 的绝对密度和该无穷大大数域 K 的基数成正比，和该无穷大大数域 K 的绝对发散速度成反比	第六篇 第六章
22	大数域元素 相对密度定理	基数数值为 C_K 的无穷大大数域 K 相对于基数数值为 C_H 的无穷大大数域 H 的相对密度和该无穷大大数域 K 的基数 C_K 与无穷大大数域 H 的基数 C_H 的比	第六篇 第六章

		值成正比，和该无穷大大数域 K 与无穷大大数域 H 的相对发散速度成正比	
23	自然数数域元素均匀分布定理	自然数数域里所有元素在数轴上都是均匀分布的。	第十一篇 第一章 第一节

第七章 大数域重要公理一览表

同样，我们用一览表方式在下面特别列出大数域理论独立发现的重要公理，以简要说明大数域理论的顶层框架设计。见表 75。

表 75 大数域重要公理一览表

序号	公理名称	公理内容	公理所在篇章
1	大数域理论第一公理	大数域第一公理：加法数值运算生成公理	第五篇-第二章
2	大数域理论第二公理	大数域第二公理：乘法运算生成公理	第五篇-第三章
3	大数域理论第三公理	大数域第三公理：除法运算分数生成公理	第五篇-第四章
4	大数域理论第四公理	大数域第四公理：除法运算质数生成公理	第五篇-第五章
5	大数域理论第五公理	大数域第五公理：幂运算实数生成公理	第五篇-第六章
6	大数域理论第六公理	第六公理：逼近运算超越数生成公理	第五篇-第七章
7	大数域理论第七公理	第七公理：幂运算超越数生成公理	第五篇-第八章
8	大数域理论第八公理	大数域理论第八公理：基数生成公理	第五篇-第九章
9	大数域理论第九公理	大数域理论第九公理：可分公理	第五篇-第十章
10	大数域理论第十公理	大数域理论第十公理：规则传承公理	第五篇-第十一章

11	大数域理论第十一公理	大数域理论第十一公理：可遍历公理	第五篇第十二章
12	大数域理论大一统生成公理	大数域理论大一统生成公理	第五篇-第十三章
13	大体系第一公理	大体系第一公理：高维度公理	第五篇-第十四章
14	大体系第二公理	大体系第二公理：规范性公理	第五篇-第十五章
15	大体系第三公理	大体系第三公理：兼容性公理	第五篇-第十六章
16	大体系第四公理	大体系第四公理：证据性公理	第五篇-第十七章
17	大体系第五公理	大体系第五公理：一致性公理	第五篇-第十八章
18	大体系第六公理	大体系第六公理：瞬时等差公理	第五篇-第十九章

第十四篇

讨论

数是本，函数是末，不变的是数，变的是函数。函数始于数，归于数。

函数千姿百态，千变万化，万变不离其宗，函数万变不离数域，函数运算结果全部落回数域。

如果无穷大大数域出了问题，那一定是惊天动地天塌地陷的大问题。没有数学，现代文明寸步难行。因为现代文明赖以生存的基础是数学，而现在数学的基础底盘大数域出大事了。

数域是数的大本营，哪个数域大本营的基数越大，那个数域的维度就越高，那个数域的空间就越大，包含能力就越强，所揭示的规律就越深刻，能够解释的自然现象就越多，该数域所涉及的规律也就越难以发现。而质数数域的基数非常小，质数数域的规律非常有限，在无穷大范围，质数数域对数域全局的影响非常小，远不如分数数域对大数域的影响来得大。

大数域理论发现，比传统数学相对简单的数和数的关系更加复杂更加抽象的是数和数域的关系以及数域和数域的关系。

无穷大的探索，说到底是数的探索，是对数的本质的认识的探索。

人类对数的任何深刻理解认识都会对函数产生极其重大的影响，都会对数学产生极其重大的影响， 都会对其他科学产生极其重大的影响。

人类文明几千年来，高度抽象的数和数学已经把原本杂乱无章表面纷繁的无名无序无标识的客观事物抽象化、标识化、有序化、定位化和公理化了，已经解决了标识、有序、定位和公理化、体系化的一些基本问题，使得人类有了一整套比较完整的思维方法去理解和掌控以前杂乱无章纷乱繁复的世界。但是康托尔无穷大理论采用的某种分类方法的出现，似乎打乱了人类渐以清晰成熟的思维脉络，重新回归到某种无名无序无标识的混乱状态，搞出的那个不伦不类的以有序等七有元素的自然数为一一对应映射无名无序无标识对象七无元素的集合论就是最为典型的代表。康托尔无穷大基础的有序集合一一对应映射到整数数域，完全以整数数域为集合论的基础，等于是绕了一大圈又回到集合论的原始起点：整数数域。即本来想研究更加抽象更加一般的无序无标识无定位无数值无规则公理体系不可遍历的无限无界无穷大的客观事物的集合元素，结果发现根本没有规律可循，只好用人为主观的一一对应映射的办法，把无序无标识无定位无数值无规则公理体系不可遍历的客观事物的集合元素和有序有标识有定位有数值有完备运算规则和公理体系可遍历无限无界的整数数域的数（元素）死死绑定，成为集合论最原始的基础，离开了整数数域，整个集合论就完全崩溃了。这种多此一举的循环定义是导致集合论悖论迭出无法进一步发展的根本原因。

大数域理论正好相反，专心致志探索有序有标识有定位有数值有完备运算规则和公理体系可遍历的成熟系统的整数数域的规律，而不是误入歧途浪费时间在人为绑定的**无序无标识无定位无数值无规则公理体系不可遍历**的画蛇添足节外生枝主观制造的所谓集合的规律，反朴归真化繁为简，紧紧抓住自然数数域这个源头和一切主要数域主要矛盾的根本起因，因此最终成功破解大数域的奥秘，破解无穷大的真正奥秘。

自从康托尔 Georg Cantor 于 100 多年前首次使用对角线法证明分数数域基数与自然数数域基数相等以来，分数数域的基数到底是多少一直是基础数学第一号难题，也是一个备受争议被许许多多人反复质疑的热门话题，正反双方都拿不出令人信服的数据和证据。正如本书前言所说，分数数域的基数直接影响实数数域的基数。因此连续统问题直接触碰现代数学的基石。本著作用严谨科学分析的方法提供了一种全新的思维方式。通过我们的方法，可以让人们便捷地精确计算分数数域的基数。这些方法让我们再度质疑日常生活中遇到的所有事物的基本概念及其起源的本质，让我们能以全新的视角重新审视所有那些看似简单而又熟悉、早就司空见惯习以为常、以及在原有认知领域被视为稀奇古怪不可思议或毫无意义，但其本质对人们而言却是似懂非懂，并没有彻底理解的，让人们迷茫了很久很久的事物和似乎以前人们还没有完全彻底理解的那些基本概念，而沉迷于毫无实际意义的符号游戏。人们曾经仅通过传统的，模棱两可的，肤浅的和过分自信的定义来理解它们，这些定义可能会引起很多混乱和许多错误，但是此前我们却始终认为它们是正确的。对分数和无穷大的基数的研究和分析在很大程度上已经成为可行和可实现的，这是由于高速现代计算机的发明，它可以完成大量的计算工作。没有计算机，对无穷大的探索是极其困难、极度乏味和几乎不可能完成的艰巨工作，因为规模极其巨大的计算工作量阻碍了人类对无穷大的研究；没有计算机，我们还会停留在模糊的定性猜测阶段，而不是量化找寻规律的阶段，当然也就根本无法量化并证明我们的质疑和想法。我们这里只做了一个简单的计算，就可以发现， 即使拥有像天才高斯这样的超级计算能力，即便他不吃不喝不睡觉，能够做到每天工作 24 小时，每年 365 天连续工作 100 年，并且假设高斯 Gauss 能够在 1 秒内确定任何大分数比如 $\dfrac{9999998}{9999999}$ 是否是重复分数即最简不可约分数，他仍然无法完成从 1 到 10000000 所生成的所有分数的验证工作。而目前要想发现无穷大集合（数域）基数的规律，以及发现本著作讨论的规则、公式尤其是分数生成常数或**分数生成率** Q (FGC)，所需要计算的自然数是 10^7、10^8、10^9 或更大。这需要成千上万个高斯连续不断的工作 100 年还不一定能够保证完成。这远远超过了人类大脑有限蛋白细胞的能力。因此，无穷大中一些非常重要的规律发现并不仅仅取决于智力，还要取决于计算机无与伦比的非凡卓越的计算能力——人类大脑的延伸和扩展。在以后的文章和著述中，我们将讨论其他重要课题。

验证自然数 10^9、10^{10}、10^{11}、10^{12}、10^{13}、10^{14}、10^{15}、…等可以生成的不重复分数的数量是否遵循分数生成常数或**分数生成率**（FQC， Fraction Generating Constant）或 Q **分数生成率**的相同规则以及是否遵循我们发现的公式是一项十分艰巨的任务，远远超出了我们个人的能力和资源。但是我们很想看到自然数 10^{10}、10^{20}、10^{30}、10^{40}、10^{50}，…，10^{100} 等的测试结果。我们团队鼓励世界上所有对数学感兴趣的人和无畏的勇士们能够使用超级计算机和其他方法（如量子计算机等）

来继续探索，计算和验证这些公式以及大数域生成率大常数 Q，并以有力的证据来挑战，更新甚至反驳我们的发现。

大常数 Q 在召唤每一个热爱数学，热爱科学，热爱大自然，热爱真理的勇士。

我们在这里第一次看到神秘的大数域分数生成率大常数 Q（FQC，Fraction Generating Constant）的庐山真面目，**大数域生成率**大常数 Q 的发现极大地激发了我们人类的好奇心和想象力。关于大常数 Q 我们想知道更多更多。因为大常数 Q 开辟的许多新领域正在等待人类去探索。

大数域理论非常重视数学公式的发现，因为数学公式是客观事物的深层规律的正确反映。人类历史上所有伟大的数学公式都具有简洁深刻包罗万象气吞山河的特征。正所谓大道至简。

大数域理论非常重视数学常数的发现，因为人类历史上发现的所有有重要价值的数学常数一共不过 60 多个，见参考文献[72]。而具有基础支柱性质的特别重要的常数更是屈指可数，某种意义上说，大常数比公式更加难以发现，需要的抽象思维程度更高。

大数域理论特别重视全新公理体系在解决连续统问题以及大一统大数域整合中所扮演的角色。大数域理论深刻认识到，人类文明演进曾有过欧几里得几何公理的第五公设的一个微小改动变更都可以引起数学史上翻天覆地的革命，引发创建非欧几何的伟大变革（黎曼几何和罗氏几何，见参考文献[96]和[97]）依此推理，如果触动了整个欧几里得等量公理体系而独创与欧几里得等量公理体系完全不同的全新的公理体系会引发什么样的数学变革，可想而知。大数域理论更深刻地认识到比解决连续统问题更重要的是揭示连续统现象后面的公理性规律，使之成为放之四海而皆准的一般性原理，而不是简单寻求连续统问题的一个答案，其对于数学的真正的进步具有开天辟地的空前非凡的意义。这种全新公理体系的发现和创立远比发现几个常数，发现几个公式，解几个难题和证明几个猜想的意义要重大得多，影响要深远得多。

大数域理论最重视的是哲学思维的正确性，因为哲学思维是数学的基础，也是一切科学的基础，是大道，大方向，大是大非。哲学基础一旦错了，大方向一旦错了，所有的推理结论都是错的，都没有价值，都毫无意义。整个理论无可救药，全盘皆错。康托尔的一一对应映射思维就是典型案例。人为主观地设定一堆毫无价值的游戏规则，连质变量变根本原因的哲学原理都没有分析清楚，更谈不上深刻认识生成哲学和可分哲学对数的来龙去脉的主导支配作用。

大数域理论认为：比客观现象深刻的是数学公式，比数学公式深刻的是数学常数，比数学常数深刻的是数学公理，比数学公理深刻的是数学公理体系，比数学公理体系深刻的是哲学。升维思维（抽象思维维度升级），逐层递增。

历史上几乎所有开天辟地原创发现一开始都命运多舛，被视为异端邪说而被扼杀于摇篮之中的更是不计其数。哥白尼的日心说，罗巴切夫斯基的非欧几何，门捷列夫的元素周期表等一经发表就饱受批评。据史料记载，1619 年，行星运动的第三个定律被开普勒奇迹般地发现后，被誉为天空立法者的开普勒在《天体和谐》发表他的第三定律时说，“或许我要等上一个世纪才会有读者，但是这有什么关系呢？上帝不是也等了 6000 年才有信仰者吗？”。见参考文献[82]。历史总会有惊人的相似之处……

第十五篇

大数域理论展望

第一章 卡尔达肖夫的文明能级理论

卡尔达肖夫（又译“卡尔达舍夫”）是前苏联天才的天文学家。20 世纪 70 年代，他通过对类星体的研究，依据地球上人类利用能源的有关历史数据和大量的计算，独立推导出以其名命名的指数来量化的表达文明能级理论假说。下面文字均引自维基百科的介绍（参考文献[21]）：

“卡尔达肖夫指数（英语：Kardashev Scale，俄语：Шкала Кардашёва，又译“卡尔达肖夫尺度”）是根据一个文明所能够利用的能源量级，来量度文明层次及技术先进程度的一种假说。

“1964 年苏联天文学家尼古拉·卡尔达肖夫首先提出用能量级把文明分成三个量级：I 型、II 型和 III 型。I 型文明使用在它的故乡行星所有可用的能量，II 型文明利用它的行星所围绕的恒星所有的能量，III 型文明则利用它所处星系的所有能量。一般认为人类文明现在接近但尚未达到 I 型文明。

“在 1964 年由苏联天文学家尼古拉·卡尔达肖夫首先提出定义文明的三个层次，根据各个文明使用能源功率数量的量级：

“I 型——文明对行星可以驾驭的能量大约是 10^{16} W。实际的数字是有很多变数的，地球的特定变数为 1.74×10^{17} W。（此处存疑）卡尔达肖夫指数原定义为 4×10^{16} W。

”II 型——文明对一个恒星所可以驾驭的能量大约是 10^{26} W。同样地，实际的数字是有很多变数的，太阳输出的指数约为 3.86×10^{26} W。卡尔达肖夫指数原定义为 4×10^{26} W。

“III 型——文明对一个星系所驾驭的能量大约是 10^{36} W。这个数字是有极多变数的，因为星系的体积在变化中。卡尔达肖夫指数原定义为 4×10^{37} W。（W，瓦特=J/s，焦耳/每秒，即 I 型文明在一秒即可输出亿亿焦耳的能量，相当于两千万吨 TNT 当量——大型核弹），在现阶段，上述文明类别纯为假定。但是卡尔达肖夫指数被搜寻地外文明计划研究人员、科幻小说作家和预言家用来作理论基础。”

“卡尔·萨根建议定义中间值（不考虑在卡尔达肖夫的原指数），由类型 I（10^{16} W），类型 II（1026 W）和类型 III（10^{36} W）的值来做内插和外插，得出下面的公式：$K = \frac{Log_{10} P - 6}{10}$，

其中的 K 是一个文明的卡尔达肖夫指数，P 是它使用的电力，以瓦特为单位。他计算出人类文明类型指数（在 1973 年）是 0.7 左右，用外推法（显然 1970 年代人类使用了 10 太瓦（TW）的数值）。

“2012 年，总世界能源消耗量量为 553 艾焦（553×1018 J=153，661 TWh），相当于平均功耗为 17.54 太瓦（1.504×10^{13} W ，或 **0.724** 上的卡尔达肖夫指数）。从 1973 年到 2012 年该指数每年平均增长 0.0008 左右。

“地球的总光合生产力是大约 1500 至 2250TW 之间，或每年 47,300～71,000 艾焦（EJ），相当于 0.9 卡尔达肖夫指数。”，见参考文献[21]。

第二章 大数域理论和卡尔达肖夫的文明能级理论

数学应该为人类文明进步服务。数学应该为人类文明升级服务。

大数域理论认为，和本文开头提到的 100 年前伟大数学家希尔伯特提出的 23 个世纪数学问题勾勒的现代数学框架一样，卡尔达肖夫的文明能级理论从一个全新的视角为人类文明进步的进程勾勒出了一个从低级阶段进化发展升级到高级阶段比较完整的进步阶梯和发展框架。因此，作为推动人类文明进步的原动力——科学与科学的探索和发现也就有了更加比较清晰比较宏伟的目标。这就至少要比现在好似无头苍蝇一般漫无目的乱打乱撞多少有点碰运气式的发展要有效得多。按照卡尔达肖夫的文明能级理论，尽全力提高人类驾驭能源的能力应该是快速提高文明能级使之能达到一级文明的康庄大道和正途。

尽管卡尔达肖夫的文明能级理论是一个根据人类迄今为止对能源利用情况的大量真实数据推导出来的假说，但是他基于各个不同阶段人类文明和人类文明在该阶段利用的能源的程度的数值关系的逻辑推理还是非常有道理的，也是非常超前和有远见的。卡尔达肖夫的文明能级理论把文明和能源这两个看似原本毫不相干没有任何交集的客观存在，却用极端抽象的数学公式将这两个浩瀚宇宙最基本的存在完美地联系和整合在一起。大数域理论之所以在这里提到这个天才的理论，是因为作者完全从大数域理论整合所有无穷大数域以形成新的维度的出类拔萃具有独特优势的整合能力中，看到了卡尔达肖夫的文明能级理论有整合人类文明和能量的卓越的整合能力和可能性。大数域理论是整合所有无穷大数域，卡尔达肖夫的文明能级理论则是整合文明和能量。我们想知道的是在目前人类所处的 0.724 级文明和一级文明之间究竟存在着怎样的不可逾越的鸿沟，拦阻了人类文明进步的脚步，让我们一直艰难地徘徊不前？，大数域理论的运用有没有可能为弥补这个看不见的鸿沟，为人类至少登上一级文明的台阶做出一点点实实在在有益的贡献？

第三章 卡尔达肖夫文明能级理论的启迪

我们已经看到了卡尔达肖夫的文明能级理论卓越的整合能力以及量化整合能源和文明进步等级之间关系的非凡的数学能力，看到了数学为人类文明进步服务的伟大前景。我们猜想：如果人类要完成从目前文明指数 0.724 级文明进阶到文明指数为 1 的 I 型文明，是不是需要一个和目前我们熟悉的数学体系完全不同的数学体系？进一步猜想，是不是目前的基础数学的发展还远远落后于卡尔达肖夫的文明能级理论里提到的一级文明的基本要求，以至于成为文明进步的障碍和陷阱而非动力和进步的阶梯？是不是要反省一下，现代文明的所有科学的基础数学是不是出了问题，而数学里的基础数学是不是也出了问题，以至于工业革命以后甚至信息革命开始以来直到以后的人类文明都始终徘徊在文明指数 0.724 而无法进步到更高的一级文明？

我们设想，如果可以把卡尔达肖夫的文明能级理论看作人类文明进步的量化指标来衡量人类文明进步的程度，有些类似 100 多年前希尔伯特提出的 23 个世纪数学问题所标识的现代数学框架和进步阶梯，可以时刻衡量和检验数学进步的程度。

用文明能级理论这个量化的指标引领和检验我们人类的思维，科学尤其是数学的进步程度，究竟距离这个伟大的一级文明指标还有多远。是不是还需要除了工业革命、信息革命以外的其他什么革命才可能大幅度推进人类文明进程达到能够完全掌握地球上所有资源以及所有能量的总和这样更高的一级的行星文明，把人类文明由现在的 0. 724 提高到 1 级文明而获得空前伟大的进步，以至人类未来能够大量的收集以及利用太阳的能量并能够自由地穿梭整个太阳系的恒星级二级文明或者能够利用整个银河系能量的三级文明？

这里的猜想仅仅是抛砖引玉，以期看到更多的无畏的科学勇士和探险者作出更加杰出的贡献。

我们希望大数域理论助推人类文明从亚行星文明升级为星系文明。

结语

发散无穷大探索，难度举世皆知。人类历史上大名鼎鼎的三次数学危机都是由无穷大探索的重大发现引爆的。无穷大这个神秘的无边无垠无影无踪的领域让几乎所有人类天才望而却步。今天人类可以登陆火星，飞出太阳系，但对发散无穷大仍然一筹莫展，束手无策。几千年来，只有德国天才数学家康托尔一人仅仅略微撕开这个最最黑暗领域神秘面纱的一角。100 多年前康托尔惊世骇俗的观点震撼了整个世界的数学界哲学界和思想界，康托尔独创的经典集合论从此奠定现代数学基础，影响极其深远直至今日。康托尔的观点引发了长达一个多世纪思想界哲学界和数学界的激烈争论和尖锐质疑，至今余波未了。发散无穷大的探索，首先不是一个传统的纯粹的数学技巧的问题和玩弄符号逻辑的游戏，而是一个极其严肃认真一丝不苟的哲学问题和世界观问题，在人们的日常生活中原本看似遥不可及的无穷大，通过我们的研究与探索发现，实际上和我们的现实生活有着千丝万缕密不可分的联系，和思维科学、逻辑学、甚至人类已知的所有科学都息息相关，发散无穷大探索和人类文明的所有伟大进步尤其和人类有史以来最伟大的解放脑力劳动的革命——信息革命息息相关，绝非几个数学天才凭空想象人为制造一堆毫无意义的符号和随随便便轻轻松松推导一下就可以破解的神秘领域。任何脱离人类现代文明进步实践的无穷大探索都是毫无意义的。发散无穷大探索需要我们人类重新认识和深刻理解数，深刻理解数的来龙去脉。发散无穷大探索需要我们跳出传统纯数学的有限维度的重重局限，从哲学、逻辑、思维科学、计算机科学等等人类所有学科甚至工程学等应用科学领域的角度，以发展的眼光多学科通力合作融会贯通才能看出端倪，有所发现。

按照老子哲学，道生一，一生二，二生三，三生万物。数域也一样。我们的发现就是证明，可以从简单数域生成复杂数域，从低阶数域生成高阶数域，从小基数数域生成大基数数域，生成全新数域的关键是除法的数值运算。除法就是哲学基本原理无限可分的数学表达。

大数域理论告诉我们一个长期被人们完全忽视的重要原理：更复杂更抽象和更高维度的数学理论应该与人类已知的所有传统经典数学相兼容，应该能够整合所有传统数学的基础理论，应该并行不悖，应该承前启后兼收并蓄才能薪火相传继往开来，而不是完全割裂开来闭门造车自搞一套与传统经典数学格格不入；伟大的新的理论只能把传统经典理论看作是自己的特例而不是完全排斥。所有的差别和不同仅仅是观察者所处的维度不同。差别仅仅是处于高维度视角的观察者看到了发现了低维度视角的观察者所看不到的和发现不了的东西而已。世界还是那个世界，规律还是那个规律，一切客观存在都没有变，变的只是观察者的视角。低阶数域的基数决定高阶数域的基数；简单基础数域的基数决定复杂复合数域的基数；

大数域生成率大常数 $Q = 0.303963$ 是大数域理论第一个重要发现。

基数数域是大数域理论最伟大最激动人心的发现。

所谓复杂数域主要指数域基数大于整数基数的数域如分数数域或后继数存在且后继数间距是变量的数域如质数数域等；

从简单数域生成复杂数域，从不可分数域生成可分数域，所有生成全新数域的关键主要是有限次数的除法和无限次数的加减乘除数值运算；

一切皆可推理；一切皆可追踪；一切皆可定位。

大数域理论可以追踪定位每一个数的来龙去脉。

大数域理论的发现揭示了这样一个基本的规律，自然数（数域），分数（数域）和实数（数域）等几大数域是围绕**大数域生成率大常数** $\mathcal{Q}$=0. 303963….通过某种或某些数值运算（比如+，一，*，/，∧，…）产生的数域紧密联系结合在一起的，从 0 和 1 开始通过简单加法运算生成自然数域，再从自然数域开始，一个数域可以通过一些数值运算生成另一个更复杂的数域。自然数数域是所有其他分数数域和实数数域的起源。本书主要讨论分数的起源和实质以及基于分数数域引出的和自然数数域等数域的逻辑关系。本书提出一系列基础数学重要的独创性原创概念，尤其是给定区间和**大数域生成率大常数** $\mathcal{Q}$=0. 303963….的概念，把无穷大的量化过程和传统的**数学归纳法**完全统一起来，使得我们可以从有限精确地推导无限。分数生成规则概念则揭示了分数数域的起源。不重复分数概念则揭示了分数数域（或集合）基数的实质；**大数域**分数**生成率大常数** $\mathcal{Q}$=0. 303963…..更是完全揭示了自然数或整数数域基数与分数数域基数之间的逻辑关系。这里提出的两种定量方法与传统的一一对应映射方法完全不同，以计算分数集的基数开始，首次引入分数的生成规则的概念以揭示分数的起源。当我们追踪分数数域基数的根本原因时，彻底探索分数的起源是极端重要和非常有意义的，因此我们可以使用分析分数生成规则的方法，通过在自然数集（数域）中找到并建立每个自然数和其生成的不重复分数之间的稳定和牢固的逻辑关系来进行分析，我们发现在每个特定自然数和由它生成的所有不重复的真分数之间，该分数生成比率(ROG）关系非常稳定。只有不同的自然数会生成不同数量的不重复真分数。引入 ROG 的概念是为了揭示自然数与这些自然数生成的分数之间的深刻逻辑关系。本书特别引入分数生成大数域生成率**大常数** $\mathcal{Q}$=0. 303963……（FGC）的概念就是为了可以更好地来揭示自然数集合（数域）与分数数域基数之间存在着的深刻的数值关系，这是确定由这些自然数生成的真分数的基数的准确性所需要的基本依据和逻辑。我们使用以自然数集合（数域）的基数作为度量其他无穷大的基本度量单位，就可以准确地计算和测量分数数域的基数，并且得出非常可靠、可预测和可信的结论。引入数域生成维度作为体系化认识大数域领域的参照，以期推进人们对数的认识不断深入，成为推进人们跨越传统认知到更新对数进行一脉相承全面的系统的动态的联系发展的认识的关键环节，成为形象化理解大数域理论框架的重要标志。

总之，发现和运用前所未有的大数域**分数生成率大常数** $\mathcal{Q}$ (FGC)让我们可以用简单的通项估值公式极其准确极其迅速快捷方便地确定分数数域的基数。我们还运用我们发现的基数公式，完全独立地完整地整合兼容与拓展了传统极限理论里的洛必达法则原本仅只适于在低维度数域内有限条件下的解决方案可以在高维度新数域里自由的应用，诸如：

$\frac{1}{0},\frac{0}{0},\frac{\infty}{0},\frac{\infty}{\infty},\frac{0}{\infty},(\frac{\infty}{\infty})^{\frac{\infty}{0}},(\frac{\infty}{\infty})^{\frac{0}{0}},(\frac{\infty}{\infty})^{\frac{\infty}{\infty}},(\frac{\infty}{\infty})^{\frac{1}{0}},\frac{(\frac{\infty}{\infty})^{\frac{1}{0}}}{0},(\frac{\infty}{\infty})^{(\frac{\infty}{\infty})^{\frac{0}{0}}}$,...... 等几类极端情况的系列数学表达式（公式），使得这些公式在高维度的新数域里重新被赋予了全新的意义，在大数域理论里获得了全新的伟大的生命和自身存在必然性的特有价值，从而把传统数学和我们的发现紧密结合在一起，为基础数学的进一步发展开辟了全新的领域，开拓出更为广阔的认识和发展空间。我们还发现：不同数域元素发散的速度是不一样的，数域元素发散速度和该数域的基数大小成反比；即基数越大，发散速度越慢；基数越小，发散速度越快。我们还发现了传统的普通数和基数之间的辨证统一关系，发现了极其诡异难以琢磨的基数的常变二象特性，发现了**普通数+(－，*，/，∧)基数数值，一个全新的高维度基数**这个奇特的现象。最后，我们发现了由所有生成数域组成的数域生成维度，据此全新维度提供的参照，完全扩展了人类探索无穷大的视野，使得人们可以从更高的维度俯视这个人类世世代代都一直仰视却又困惑不已的无穷大的蛮荒世界。

以传统数学认识客观事物几近固化的狭窄视野与极其局限的观察角度，思维维度和技术手段，是不可能揭开无穷大的奥秘的。

以静态的，片面的，孤立的，有界有限的，低维度的，人为主观预先设定的，玩弄符号游戏和流于形式肤浅表面的一一对应方法为基础的传统无穷大理论也不可能揭开无穷大的真正奥秘。

发散无穷大探索，一百年来人类一直在做无用功，一直深陷泥潭迷茫无助，一直乱闯乱撞迷失方向，一直在原地徘徊浪费时间，找不到文明进阶升级的基础理论的突破口。

我们发现，哲学不通则大道不通，哲学不通则一窍不通，哲学不通则探索道路前面全是高山大海，沟壑险滩；哲学通则大道通，哲学通则一通百通，探索道路前面就是康庄大道，一马平川。

无穷大探索从一开始就是一个哲学问题，是一个是否完全彻底贯彻亚理士多德思维科学基本原理，是否彻底理解欧几里得等量公理体系实质和彻底理解皮亚诺公理体系实质的大是大非的问题，以及是否能够洞察欧几里得公理体系解决连续统问题仍然捉襟见肘力不从心需要更加强大的公理体系的问题，是一个能否从全新的更高的维度重新审视无穷大神秘世界，力图揭示无穷大内部所具有的客观存在的深刻的内在联系与规律的百分之一百的完完全全的世界观问题，而不是一个看似相对简单展示等量变换数学技巧，把玩纯粹逻辑推导和玩弄符号游戏的单纯数学问题。

没有大数域理论，在经典传统数学和经典无穷大理论的框架下，仅凭人类已有的认知，连续统问题以及无穷大问题完全无解，更别说更高层次的无穷大大数域的大一统整合。

分数数域是生成所有可分数域的咽喉要道，大常数 $\mathcal{Q}$ 是生成分数数域的咽喉要道，整数数域是生成大常数 $\mathcal{Q}$ 的咽喉要道，一环套一环，环环相扣，环环相生，环环相连，环环相通。这

个伟大的大常数 Q 第一次向人们展示了造物主开天辟地创造宇宙制定底层运行规则令人叹为观止的伟力。展示了数生万物，数生万数，数通万物，数通万数，数连万物，数连万域的贯地通天的鬼斧神工。

计算机的发明引爆了人类历史上迄今为止最伟大的文明革命——信息革命，为解放千百年来人类最卓越的思维器官大脑的繁重而艰苦的劳动开辟了前无古人的广阔前景。利用高速计算机人们可以亿万倍地大幅度超越古代数学天才们的极为稀有罕见的大脑蛋白细胞的计算能力去作出更多有意义有价值的探索发现，大数域理论尤其是大数域生成率大常数 Q 的发现就是现代文明革命——信息革命的结晶。作为人类大脑的延伸，计算机是人类探索无穷大最伟大最强有力的工具。站在人类恒星的伟大肩膀上，站在计算机的伟大肩膀上，还会继续作出更加伟大更加震撼人心更加惊心动魄的探索发现。

最后特别值得一提的是，在[0-1]区间内所有由整数数域的整数所生成的所有不重复分数的个数总量是遵循大常数 Q 的自然生成规则有序产生的，与最新科技的天文观测数据的计算结果的明物质的宇宙总量占比非常接近。这是用传统数学公式和传统数学理论框架计算的结果。我们建议天文学家和物理学家们不妨用大数域理论的思想和大常数 Q 以及大数域理论的全新公理体系和基础理论框架分别重新计算人类现在发现的明物质和暗能量占宇宙总量之比，而不是用传统数学的公理体系和基础理论框架的方法计算，看看能不能产生一些出人意料的结果。

和希尔伯特 23 个世纪数学问题的其他问题不一样的是，连续统问题的深度难度和对未来数学的影响深远程度都是其他难题望尘莫及的。尽管连续统问题仅仅是大数域理论的入门难题，大数域理论里几乎所有问题难度都远远超过连续统问题，但是连续统问题开启的不是一个可有可无的解题思路，而是开辟了一个前所未有的全新的领域，一个全新的世界，或许是一个未来的文明。

就在持续百年激烈争**辩**的**连续统问题**的**世纪大辩论**的帷幕将要随着大数域理论的面世徐徐落下的时候，我们要对拉开大幕的数学巨擘希尔伯特和始终居于世界数学舞台中心的天才主角康托尔的精彩呈现表示由衷深挚的谢意，他们的智慧，勇气，执着和远见让我们有机会一睹人类伟大数学家卓越思想家吞天吐地气贯长虹的风采，有机会一睹茫茫宇宙深处最神秘奥秘的最耀眼最叹为观止的壮丽景色。我们不禁再次赞叹康托尔卓越非凡的智慧和伟大胆识及超人勇气，赞叹希尔伯特高瞻远瞩洞察事物本质超群绝伦超前跨代的远大眼光，使得后人可以站在他们肩上薪火相传继往开来。

作者贡献与竞争利益

关于作者贡献：

查理王先生：连续统问题和大数域基础理论大常数以及主要公式和公理体系的探索发现者；持续追踪，探索，发现，概念化和设计整个大数域基础理论框架以及基本逻辑和所有基本概念，完成研究并进行所有概念和测试数据的直接运算操作与具体的分析，基础文稿的撰写和图表绘制，审阅，编辑和验证及书稿内容的最终确认。

王勇先生：进行所有概念与文稿的编写，审查，编辑，校对和修改完善及相关的分析与验证，以及帮助进行测试和计算。

王进先生：进行所有概念与文稿的编写，审查，编辑和相关的分析与验证，以及帮助进行测试和计算。

关于竞争利益：

作者宣称本书内容全部为从 0 到 1 的独立原创，没有利益冲突。

致 谢

值此大数域原理成书之际，作者首先特别感谢孙荷丽女士帮助协调测试和计算大数域生成率大常数 $\mathcal{Q}$ 在整数为 10^7，10^8 运算所付出的巨大努力和展示的远见卓识以及做出的独特贡献。孙荷丽女士在为测试计算大数域生成率大常数 $\mathcal{Q}$ 于整数 10^7 和 10^8（1000 万和 1 亿）中彰显的出类拔萃的协调能力令人钦佩。

作者特别感谢付嘉先生和刘佳帅先生分别在阿里云和 GPU 上为计算自然数 10^7 和 10^8 生成不重复分数先后提供的大力支持；刘佳帅先生使用 CUDA 在连续 40 天内每天 24 小时不间断的进行大量的计算工作，最终验证了我们发现的大数域**分数生成率大常数** $\mathcal{Q}$。作者特别感谢杨晓静女士对可分概念的贡献以及在无穷大讨论中表现出来的高度热情。作者特别感谢蒲源女士提供的一些非常有价值的文件。

最后，我们要衷心感谢承接本书出版业务的美国加州硅谷壹嘉出版公司刘雁女士等出版人的大力帮助。正是他们严格认真卓有成效的工作才使得我们多年来探索无穷大的研究成果终于能够在较短的时间里面世，从而为大数域理论的验证、传播和发展打下了必要的基础。

参考文献 References

[1]. 【美】G·伽莫夫 著 暴永宁 译，吴伯泽 校. 从一到无穷大[M].北京：科学出版社，1988：13

[2]. 原北京矿业学院高等数学教研组 编著 四川矿业学院数学教研组 增订.数学手册.[M].北京：煤炭工业出版社，1976：121-124

[3]. 现代数学手册编撰委员会 编. 现代数学手册—经典数学卷.[M].武汉：华中科技大学出版社，2002：前言 I

[4]. Cantor， G. Contributions to the Founding of the Theory of Transfinite Number (transl.Jourdain， P.E.B.) (Dover Publications，Inc，1915). pp86

[5]. Dauben， J. W. Georg Cantor His Mathematics and Philosophy of the Infinite (Princeton University Press， 1979).

[6]. Wallace， D. F. Everything and More： A compact History of Infinity (W.W. Norton & Company， Inc.， 2003). pp 243--249

[7]. Fraenkel， A. A. Abstract Set Theory (North-Holland Publishing Company， 1966).pp126--127

[8]. Burton， D. M. Elementary Number Theory McGraw-Hill， 2007： pp 374

[9]. 《Georg Cantor and the Origins of Transfinite Set Theory》Author(s)： By Joseph W. Dauben Scientific American ， Vol. 248， No. 6 (June 1983)， pp. 122-131

[10]. 希尔伯特的 23 个问题. 维基百科，自由的百科全书. 2021-5-24

[11]. 特斯拉说出的数字“369”，隐藏着什么秘密？新浪网. 2021-06-04

[12]. 数字 3、6、9 中隐藏宇宙真相？特斯拉的怀疑让人细思极恐. 搜狗网. 2020-09-24.

[13]. 论亚里士多德的实体学说及其意义. 百度文库. 2011-11-04

[14]. “火星男孩”解读河图洛书的数字秘密和《周易》.品略图书馆. 2019-08-12.

[15]. 调和级数. 科普中国. 科学百科. 2021-01-01.

[16]. 度量. 维基百科，自由的百科全书. 2021-02-10.

[17]. 欧几里德公理系统. 科普中国. 科学百科.2021-02-25.

[18]. 光线弯曲. 百度百科. 2021-07-18.

[19]. 一一对应. “科普中国”科学百科词条编写与应用工作项目. 2020-10-02.

[20]. 揭露“369”的奥秘（下篇）. 360 个人图书馆. 2019-12-21.

[21]. 卡尔达肖夫指数. 维基百科，自由的百科全书. 2021-03-20.

[22]. 素数定理简史. 博客园. 2021-01-27.

[23]. e（数学常数）. 维基百科，自由的百科全书. 2021-07-16.

[24]. 0 的 0 次方为何等于 1? 知乎. 2018-11-02.
[25]. 洛必达法则. 科普中国，科学百科.2021-01-25.
[26]. 素数定理. 维基百科，自由的百科全书. 2021-05-18.
[27]. 康托尔悖论. 百度百科，2020-09-14
[28]. 欧拉公式. 科普中国， 科学百科. 2021-04-04
[29]. 孪生素数猜想. 维基百科，自由的百科全书. 2021-03-07.
[30]. 莫比乌斯带. 维基百科，自由的百科全书. 2021-07-13.
[31]. 埃德温·哈勃. 维基百科，自由的百科全书. 2021-05-15.
[32]. 爱因斯坦勇于认错. 凤凰资讯 2010 年 01 月 27 日 10：56 文汇报
[33]. 伽利略落体实验. 维基百科，自由的百科全书. 2021-01-26.
[34]. 迈克耳孙-莫雷实验. 维基百科，自由的百科全书. 2021-04-25.
[35]. 双缝实验. 维基百科，自由的百科全书. 2021-04-11.
[36]. 数学危机. 维基百科，自由的百科全书. 2020-10-11.
[37]. 数学危机. 维基百科，自由的百科全书. 2020-07-02.
[38]. 三段论推理. 科普中国， 科学百科. 2021-04-28
[39]. 素数定理. 科普中国 科学百科. 2020-10-13
[40]. 【物理传奇】特斯拉揭露数字密码 369 与 124875 的秘密. 搜狐. 2018-09-23
[41]. 哥德尔不完备定理.维基百科，自由的百科全书. 2021-04-25
[42]. 无穷大 科普中国 科学百科. 2021-01-26
[42].地心说.百度百科. 2021-01-25
[43]. 无理数. 维基百科，自由的百科全书. 2021-06-19
[44]. 基数. 维基百科，自由的百科全书. 2021-01-20
[45]. 有序集. 科普中国，科学百科. 2021-03-17
[46]. 集合（数学）. 维基百科，自由的百科全书. 2021-01-31
[47]. 皮亚诺公理.维基百科，自由的百科全书. 2020-07-23
[48]. 集合论. 维基百科，自由的百科全书. 2020-02-24
[49]. 策梅洛-弗兰克尔. 集合论. 维基百科，自由的百科全书. 2020-12-02
[50]. 罗素公理体系. 维基百科，自由的百科全书. 2019-08-05
[51] 策梅洛分类公理. 维基百科，自由的百科全书. 2019-07-19
[52]. ZFC 系统无法确定的命题列表. 维基百科，自由的百科全书. 2021-07-08
[53]. 实数系. 科普中国，科学百科. 2021-01-26
[54]. e（数学常数)维基百科，自由的百科全书. 2021-08-27
[55]. 圆周率. 维基百科，自由的百科全书. 2021-08-26
[56]. 超越数. 维基百科，自由的百科全书. 2020-04-04
[57]. 可数集. 科普中国，科学百科 2020-04-02

[58]. 公理系统. 维基百科，自由的百科全书. 2020-12-20

[59]. 格奥尔格·康托尔. 百度百科. 2021-01-25

[60]. 圆周率. 维基百科. 自由的百科全书. 2021-09-19

[61]. π 的莱布尼茨公式维基百科，自由的百科全书 2021-04-11

[62]. 斯里尼瓦瑟·拉马努金维基百科，自由的百科全书 2021-08-24

[63]. 公理维基百科，自由的百科全书 2021-09-23

[64]. 欧几里得维基百科，自由的百科全书 2019-12-27

[65]. 希尔伯特演绎系统维基百科，自由的百科全书 2021-05-08

[66]. 连续统假设维基百科，自由的百科全书，2021-09-18

[67]. 选择公理维基百科，自由的百科全书，2021-09-13

[68] 公理系统维基百科，自由的百科全书，2020-12-20

[69]. 实数维基百科，自由的百科全书，2021-09-04

[70]. 构造性数学科普中国 2021-01-27

[71]. 数学构成主义维基百科，自由的百科全书，2020-10-11

[72]. 数学常数维基百科，自由的百科全书 2015-06-09

[73]. 交换律维基百科，自由的百科全书 2021-09-11

[74]. 结合律维基百科，自由的百科全书 2021-09-26

[75]. 分配律维基百科，自由的百科全书 2021-08-30

[76]. 数学归纳法维基百科，自由的百科全书 2021-10-03

[77]. 集合论公理维基百科，自由的百科全书 2013-03-27

[78] 可数集维基百科，自由的百科全书 2021-11-21

[79]. 可列集科普中国，科学百科 2021-03-24

[80]. 斐波那契数维基百科，自由的百科全书 2021-11-13

[81]. 卡尔·弗里德里希·高斯维基百科，自由的百科全书 2021-08-30

[82]. 约翰内斯·开普勒维基百科，自由的百科全书 2021-10-25

[83]. 布隆常数，百度百科，2020-05-15

[84]. 布朗常数（也叫布隆常数）维基百科，自由的百科全书 2021-11-13

[85]. 勒内·笛卡尔- 维基百科，自由的百科全书 2021-11-27

[86]. 等差数列维基百科，自由的百科全书 2020-09-16

[87]. 《老子·道德经》百度百科，2021-12-03

[88]. 《庄子·天下》百度百科，2021-07-04

[89]. 康托尔公理体系 百度百科 2021-11-16

[90]. ZFC 系统无法确定的命题列表 维基百科，自由的百科全书 2022-01-17

[91]. 公理系统 维基百科，自由的百科全书 2020-12-20

[92]. 遍历 科普中国，科学百科. 2021-07-17

[93].【古希腊】欧几里得 著. 兰纪正 朱恩宽 译，梁宗巨 张毓新 徐伯谦 校订，欧几里得几何原本.[M]. 西安：陕西科学技术出版社，2003.

[94].【前苏联】维诺格拉道夫 古齐明 著，齐大衍 译.逻辑学.[M].上海：中华书局出版社，1951.

[95].【英】埃弗里斯特(Everest，G.)，等 编著.数论导引 An Introduction to Number Theory(影印版).[M].北京：科学出版社，2011.

[96]. 黎曼几何 维基百科，自由的百科全书 2022-02-04

[97]. 罗氏几何（双曲几何） 维基百科，自由的百科全书 2020-12-31

[98]. 亚瑟·爱丁顿 维基百科，自由的百科全书 2020-12-15

[99]. 割圆术（刘徽）维基百科，自由的百科全书 2022-03-22

[100]. 希帕索斯 维基百科，自由的百科全书 2021-09-02

[101]. 物质约占宇宙总质能百分之三十一 科技日报 2020-09-30

附录和附件

[1] 附加信息建议：信函和材料请求可联络出版商或发送至 WQDSY2021@163.com

[2] 《大数域整合理论-第一部分-分数的实质》（作品登记证书，国作登字-2021-A-00043017，2021 年 02 月 23 日，此略）

[3]《大一统互联网整合 UII（Unified Internet Integration）基础理论与基本技术及应用》（作品登记证书，国作登字-2021-A-00188427，2021 年 08 月 18 日，此略）

《大数域原理》勘误表

序号	笔误所在页	原错误出处位置（表述）	应有的正确表述
1	P37	表 2 第 1 列序号有错	见下面附表 2, 见第一列黑框部分
2	P50	表 6 第 6 列标题错:“0.303958”	见下面附表第 6 列第一行“0.303968”
3	P86	P86 页第一段: 公式（71） $f_E(x)' = 2 = f_O(x)' = \frac{1}{2} f_I(x)'$	$f_E(x)' = 2 = f_O(x)' = 2 f_I(x)'$
4	P100	”表 23 步长区间增量为 1010 孪整比 ROTI”	“表 23 步长区间增量为 10^{10} 孪整比 ROTI”
5	P101	”表 24 步长区间增量为 1012 孪整比 ROTI”	“表 24 步长区间增量为 10^{12} 孪整比 ROTI”
6	P142	倒数第 8 行“因为基数 C_I 正好处于基数 C_I 中间”	倒数第 8 行“因为基数 $\frac{C_I}{2}$ 正好处于基数 C_I 中间”
7	P143	图 29 第 2 行：”偶数数域基数…… $\frac{C_I}{2}$ “	图 29 第 2 行：”偶数数域基数…… C_I “
8	P170	P170 **第二节第一段少了** number: 《Contributions to the Founding of the Theory of Transfinite》	P170 第二节第一段少了 number: 《Contributions to the Founding of the Theory of Transfinite Number》
9	P186	第五十五章第四段第一句，”在整数数域理取值”	第五十五章第四段第一句“在整数数域里取值”
10	P201	201 页第三段第三行缺一个分号， “如+，-*，/，∧等”，	第五十五章第四段第一句:“如+，-，*，/，∧等”

1. P37

表 2 整数生成不重复分数关系 ROG

序号	整数	整数生成的不重复分数						整数个数	整数生成的不重复分数个数	分数生成比率ROG
1	2	1/2						1	1	1:1
2	3	1/3	2/3					1	2	1:2
3	4	1/4	3/4					1	2	1:2
4	5	1/5	2/5	3/5	4/5			1	4	1:4
5	6	1/6	5/6					1	2	1:2
6	7	1/7	2/7	3/7	4/7	5/7	6/7	1	6	1:6
7	8	1/8	3/8	5/8	7/8			1	4	1:4
8	9	1/9	2/9	4/9	5/9	7/9	8/9	1	6	1:6
9	10	1/10	3/10	7/10	9/10			1	4	1:4
......	......	......	......	......	......	......	......	......	......	......
99	100	1/100	3/100	7/100	......	......	99/100	1	40	1:40
100	101	1/101	2/101	3/101	......	......	100/101	1	100	1:100
......	......	......	......	......	......	......	......	......	......	......
199	200	1/200	3/200	7/200	......	......	199/200	1	80	1:80
......	......	......	......	......	......	......	......	......	......	......
210	211	1/211	2/211	3/211	......	......	210/211	1	210	1:210
	......	......	......	......	......	......	......	......	......	......

2. P40

表 6 测试结果

整数基数 C_I	实际分数基数 C_F	$0.31*C_I^2$ 公式计算值	系数0.31计算与实际值误差%	$0.303968*C_I^2$ 公式计算值	0.303968计算与实际值误差
100	3043	3100	1.87%	3039	0.131622%
200	12,231	12400	1.38%	12158	0.600428%
300	27,397	27900	1.84%	27357	0.146215%
400	48677	49600	1.90%	48634	0.088416%
500	76115	77500	1.82%	75992	0.161859%
600	109499	111600	1.92%	109428	0.064883%
700	149017	151900	1.93%	148944	0.049012%
800	194749	198400	1.87%	194539	0.107948%
900	246325	251100	1.94%	246214	0.045083%
1000	304191	310000	1.91%	303968	0.073363%
2000	1216587	1240000	1.92%	1215872	0.058806%
3000	2736187	2790000	1.97%	2735712	0.017363%
4000	4863601	4960000	1.98%	4863488	0.002323%
5000	7600457	7750000	1.97%	7599200	0.016541%
6000	10943163	11160000	1.98%	10942848	0.002879%
7000	14895145	15190000	1.98%	14894432	0.004787%
8000	19455781	19840000	1.97%	19453952	0.009402%
9000	24621517	25110000	1.98%	24621408	0.000443%
10000	30397485	31000000	1.98%	30396800	0.002254%
....	......	......	......	......	......
38000	438934351	447640000	1.98%	438929792	0.001039%
39000	462332563	471510000	1.99%	462335328	0.000598%
40000	486345715	496000000	1.99%	486348800	0.000634%

3. P143:

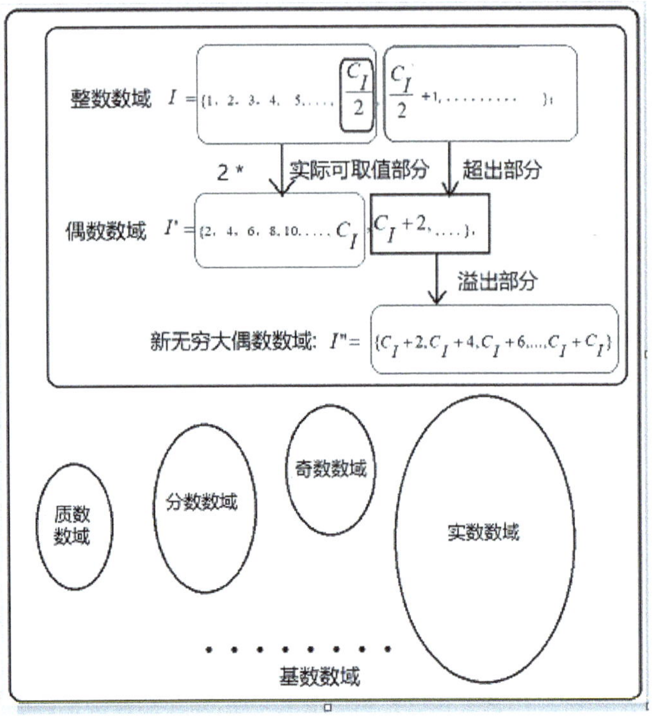

图 29 高维度容器法：高维度情形一一对应映射示意

www.ingramcontent.com/pod-product-compliance
Lightning Source LLC
LaVergne TN
LVHW081120061026
849535LV00012B/4083
* 9 7 8 1 9 4 9 7 3 6 4 8 9 *